核电厂运行人员专业技能培训教材

中核核电运行管理有限公司　组织编写

中国原子能出版社

图书在版编目（CIP）数据

核电厂运行人员专业技能培训教材 / 中核核电运行管理有限公司组织编写. —北京：中国原子能出版社，2020.11（2024.7 重印）
ISBN 978-7-5221-0955-8

Ⅰ. ①核… Ⅱ. ①中… Ⅲ. ①核电厂–运行–技术培训–教材 Ⅳ. ①TM623.7

中国版本图书馆 CIP 数据核字（2020）第 192090 号

核电厂运行人员专业技能培训教材

出版发行 中国原子能出版社（北京市海淀区阜成路 43 号 100048）
责任编辑 刘东鹏
装帧设计 赵 杰
责任校对 冯莲凤
责任印制 赵 明
印　　刷 中煤（北京）印务有限公司
经　　销 全国新华书店
开　　本 787 mm×1092 mm 1/16
印　　张 25.75
字　　数 643 千字
版　　次 2020 年 11 月第 1 版 2024 年 7 月第 2 次印刷
书　　号 ISBN 978-7-5221-0955-8 **定 价 166.00 元**

网址：http://www.aep.com.cn **E-mail：atomep123@126.com**
发行电话：010-88828678

核电厂运行人员专业技能培训教材

编审委员会

出版前言

为保障入职一年以上的核反应堆运行员工获得应对正常工况和紧急情况所需的工作技能和技术水平，中核核电运行管理有限公司运行领域各处室和综合培训处在完成运行专业技能培训科目编制和教学实施工作的基础上，继续推动了《运行专业技能培训教材合订本》的出版工作。

《运行专业技能培训教材合订本》中所有科目于 2016 年编制完成。2017 年开始面向运行领域入职一年以上的员工进行教学实施，并纳入中核核电运行管理有限公司各运行处室的岗位培训清单。《运行专业技能培训教材合订本》的所属科目对运行领域的员工技能培训工作中起到了“提高运行技能水平、保障机组安全生产”的作用。为了更好发挥运行专业技能培训教材的作用，配合核电厂运行领域工作的顺利有序开展，便于培训部门有效地组织培训，正确引导学员通过培训、学习，提高自身素质和能力，中核核电运行管理有限公司综合培训处组织印刷出版《运行专业技能培训教材》。

《运行专业技能培训教材》合订本内容紧扣运行领域入职一年后的员工所迫切需要掌握的运行相关技能；通过对核电厂共性化运行设备知识学习和基本操作技能演练，从而达到可以对核电厂涉及各专业、工种的共性化系统设备运行参数进行辨识和正确操作，进而提升核电厂现场值班员对现场设备进行规范操作的能力。

《运行专业技能培训教材》合订本是针对核反应堆运行现场值班员职业活动的领域，内容涉及压水堆、重水堆核电站具有共性和普遍性的专业级知识和技能。

《运行专业技能培训教材》合订本包含 10 个部分。其中第一部分 阀门类设备由范仕海负责编写，第二部分 泵类设备由张红兵、覃恩高负责编写，第三部分 风机类设备由闫明负责编写，第四部分 电机类设备由沈文龙负责编写，第五部分 低压电气设备由张彦义负责编写，第六部分 中压电气设备由孙伟光负责编写，第七部分 干式变压器由范仕海、胡伟平负责编写，第八部分 发变组保护由李定强、冒杰负责编写，第九部分 仪控知识由李定强负责编写，第十部分 500kV 联合开关站保护由王月春负责编写。各部分内容均涵盖核电厂工艺系统中涉及运行管辖的共性化设备常见操作技能。《运行专业技能培训教材》合订本基本操作技能培训及考核内容针对入职一年以上运行员工必须具备的基本操作技能，以符合实际运行值班员岗位基本要求。

《运行专业用技能培训教材》合订本的编制出版，凝聚着编、审、校、排、印及组织管理人员的大量辛勤劳动和心血，同时得到了相关部门的大力支持和热情帮助，在此表示深深地谢意！

《运行专业技能培训教材》合订本中如有不妥之处，恳请批评指正。

中核核电运行管理有限公司

目　　录

第一部分　阀门类设备

第二部分　泵类设备

第三部分　风机类设备

第四部分 电机类设备

第五部分　低压电气设备

第六部分　中压电气设备

第七部分　干式变压器

第八部分　发变组保护

第九部分 仪控知识

第十部分 500 kV 联合开关站保护

第一部分　阀门类设备

第一章　操作准备

1.1　原理描述

1.1.1　闸阀

1. 阀门结构（图 1-1）

图 1-1　阀门结构

1—操作手轮；2—支架；3—填料密封函；4—阀盖；5—阀杆；6—阀体；7—闸板

2. 工作原理

闸阀是依靠闸板密封面与闸座密封面的互相贴合来阻止介质流通，将闸阀的阀板提升至阀体的上部空间时，阀板离开了闸座保证了介质的通路。

3. 阀门特点

闸阀的优点是在完全打开时流体阻力小，非故障情况下打开和关闭闸阀时比较省力。另外，闸阀可以在介质双向流动的情况下使用，没有方向性要求，全开时密封面不易冲蚀，结构长度短，不仅适合做小直径阀门，而且适合做大直径的阀门。闸阀在电厂里有大范围的应用，其直径范围从 50 mm 至 1 200 mm 不等，在电厂包括核岛和常规岛的很多系统都有应用。

闸阀的缺点是高度大，完全打开或关闭闸阀所需要的时间会比较长。在打开或关闭过程中，阀门的密封面容易被冲蚀，不适合用于含悬浮物和析出结晶的场合。

4. 阀门类型

闸阀按阀杆的螺纹位置划分，可分为明杆闸阀和暗杆闸阀两种。明杆闸阀的闸板随阀杆一起做直线运动。暗杆闸阀的阀杆螺母设在闸板上，手轮转动带动阀杆转动，而使闸板提升。

1）明杆式

明杆式闸阀的阀杆螺纹露在阀杆的上部，与之配合的阀杆螺母装在操作手轮中心位置，旋转操作手轮就是旋转螺母，阀杆做上、下直线运动，从而使阀杆升降。

明杆式闸阀的打开或关闭程度可以从螺纹中看出，便于操作，另外也便于阀杆螺纹的润滑和检查，特别是螺纹部分不与介质接触，可避免腐蚀性介质的腐蚀。但是，明杆式闸阀的螺纹外露，容易粘上空气中的灰尘，会加速阀杆和螺母的磨损。

2）暗杆式

暗杆式闸阀的阀杆螺纹在阀杆的下部，与闸板中心螺母配合，升降闸板需要靠旋转阀杆来实现，阀杆随着操作手轮做旋转运动，闸板在中心螺母的带动下作上下直线运行，完成打开或关闭过程。

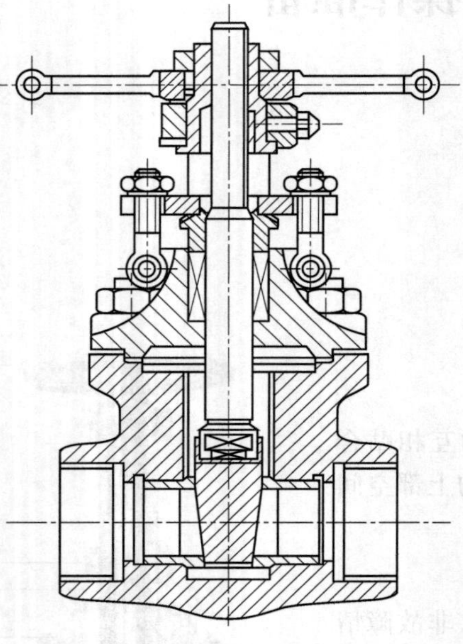

图 1-2 明杆式闸阀

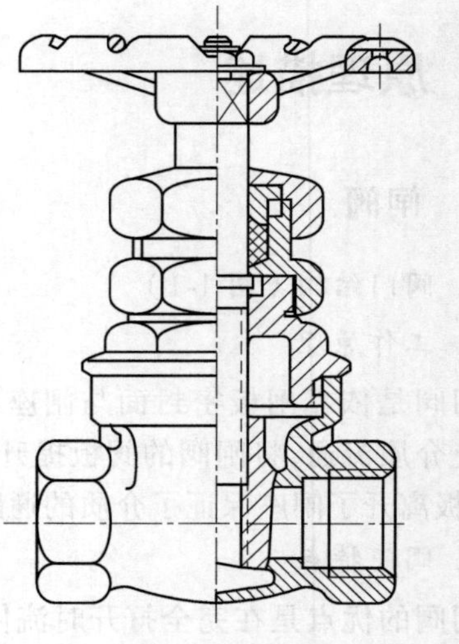

图 1-3 暗杆式闸阀

暗杆式闸阀在开启时手轮及阀杆并不升高，适合于安装在操作位置受到限制的地方，但它的打开或关闭程度难以掌握。另外，暗杆式闸阀的阀杆螺纹与介质接触，易腐蚀损坏。

5. 阀门的密封

闸阀的阀杆的密封最普遍的方法是用柔性材料充填的填料函密封方式。为了把有压力的流体保持在阀门内，填料函内的填料通过填密螺母或密封压盖受压缩，并紧贴阀杆。

对于密封要求比较高的场合，不允许介质泄露至空气中，一般在阀杆处设置多个填料函，并在填料函之间进行引漏，这样可以保证介质不会从阀杆泄露至外界。

6. 阀门的操作机构

闸阀有手动和动力驱动两种操作方式。手动闸阀的操作是通过转动安装在阀门顶部或侧面的操作手轮来完成的。顶装式操作手轮的闸阀(图 1-4)，其操作手轮上安装有螺母，转动操作手轮时螺母随操作手轮作圆周运动，阀杆则做上下直线移动。侧装式操作手轮的闸阀(图 1-5)，其操作手轮与阀杆之间通过减速齿轮（蜗轮、蜗杆）传动，操作手轮竖直安装与阀杆平行，转动操作手轮时，阀杆在齿轮减速机构的作用下做上、下直线移动。

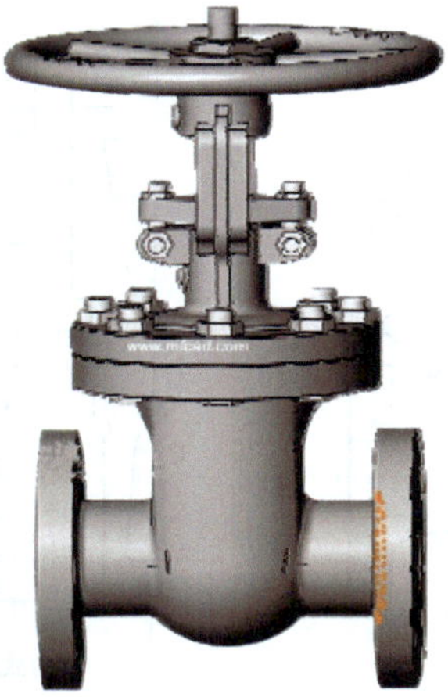

图 1-4　顶装式操作手轮的闸阀

图 1-5　侧装式操作手轮的闸阀

闸阀一般可由电动执行机构或气动执行机构提供动力驱动,完成阀门的操作。闸阀电动执行机构和气动执行机构的相关内容见 1.1.7 节。

1.1.2　截止阀

1. 阀门结构(图 1-6)

2. 工作原理

截止阀是依靠阀杆压力,使阀瓣密封面与阀座密封面紧密贴合,阻止介质流通,阀门在打开和关闭过程中阀杆沿轴向移动。

3. 阀门特点

截止阀在打开或关闭过程中,密封面之间摩擦力小,比较耐用。阀门的开启高度不大,不仅适用于中低压,而且适用于高压、超高压场合。截止阀只允许介质单向流动,安装时有方向性要求。它的结构长度大于闸阀,同时流体阻力较大,长期运行时,它的密封可靠性也不强。截止阀的作用主要是切断介质的通路,不能当节流阀使用。

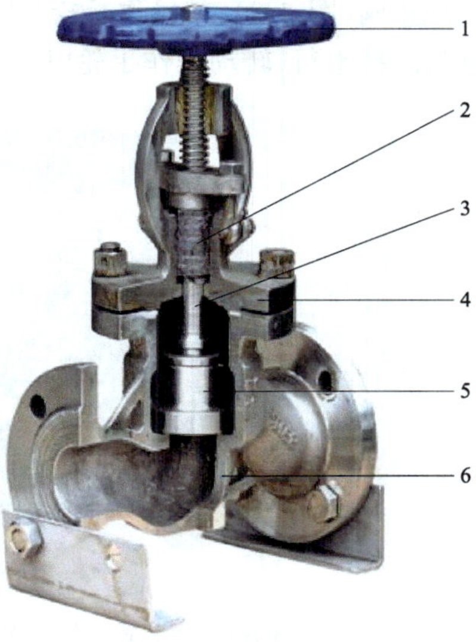

图 1-6　截止阀结构

1—操作手轮;2—填料密封函;3—阀杆;4—阀盖;5—阀芯;6—阀体

4. 阀门类型

截止阀按通道方向可以分三类:直通式、直角式、直流式。

1) 直通式截止阀安装于直线管路,由于操作方便,用得最多,但它的流体阻力大,介质在流过阀体时多次改变方向。

2) 直流式适用于阻力损失要求严的管路,但直流式阀杆倾斜,开启高度大,操作不便。

3) 直角式截止阀安装于垂直相交的管路,常用于高压(图 1-7)。

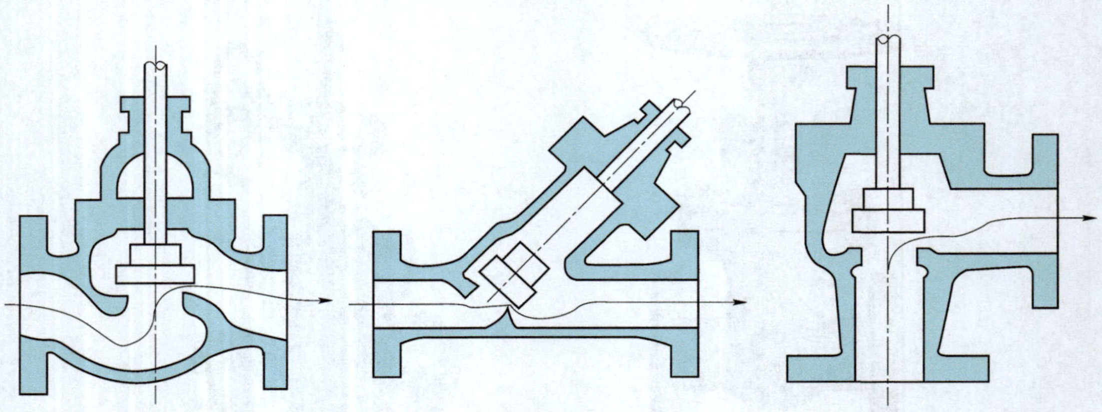

图 1-7 截止阀类型

5. 阀门的操作机构

截止阀有手动和动力驱动两种操作方式。手动截止阀的操作是通过转动安装在阀门顶部或侧面的操作手轮来完成的。顶装式操作手轮的截止阀(图 1-8),其操作手轮上安装有螺母,转动操作手轮时螺母随操作手轮作圆周运动,阀杆则做上下直线移动。侧装式操作手轮的截止阀(图 1-9),其操作手轮与阀杆之间通过减速齿轮(蜗轮、蜗杆)传动,操作手轮竖直安装与阀杆平行,转动操作手轮时,阀杆在齿轮减速机构的作用下做上、下直线移动。

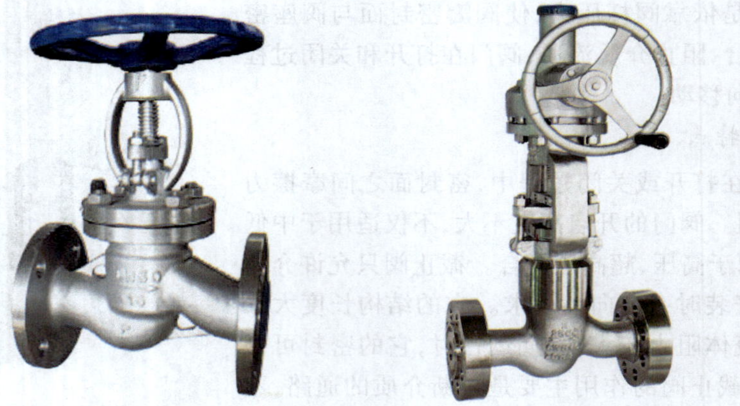

图 1-8 顶装式操作手轮的截止阀　　图 1-9 侧装式操作手轮的截止阀

截止阀可由电动执行机构或气动执行机构提供动力驱动,完成阀门的开关操作。电动执行机构和气动执行机构的相关内容见 1.1.7 节。

1.1.3 球阀

1. 阀门结构(图 1-10)

2. 工作原理

球阀是靠旋转阀芯来使阻止或打开介质通路的。球阀的阀芯是一个带贯通孔的球体,当该孔的中心轴线与阀门进出口的中心轴线重合时，介质通路畅通。当旋转阀芯 90°，使该孔的中心轴线与阀门进出口的中心轴线垂直时，介质通路闭塞。

3. 阀门特点

球阀开关轻便，相对体积小，可以做成很大通径的阀门。球阀密封可靠，结构简单，维修方便，密封面与球面常在闭合状态，不易被介质冲蚀。

球阀在介质回路中主要用于切断、分配和改变介质流动方向，并且设计成V形开口的球阀还具有良好的流量调节功能。

图 1-10　球阀结构

1—主阀体；2—阀座；3—阀杆；4—阀芯；5—副阀体

4. 阀门类型

球阀可分浮动球式球阀、固定球式球阀、弹性球式球阀，另外还有一种特殊的球阀——V 形球调节球阀，这种球阀可以作为调节阀使用。

1）浮动球式

浮动球式球阀的球体是浮动的，在球体两侧的介质压力差作用下，球体会产生一定的位移并紧压在出口端的密封面上，保证出口端的密封效果。

浮动球式球阀的结构简单，密封性好，但球体承受工作介质的载荷全部传给了出口密封圈，因此要考虑密封圈材料能否经受得住球体介质的工作载荷，在受到较高压力冲击时，球体可能会发生偏移。这种结构，一般用于中低压球阀。

2）固定球式

固定球式球阀的球体是固定的，在球体两侧的压力作用下不产生位移。固定球球阀都带有浮动阀座，受介质压力后，阀座产生移动，使密封圈紧压在球体上，以保证密封。通常在与球体的上、下轴上装有轴承，操作扭距小。

3）弹性球式球阀

弹性球式球阀的弹性球体是在球体内壁的下端开一条弹性槽，而获得弹性。当关闭通道时，用阀杆的楔形头使球体涨开与阀座压紧达到密封。在转动球体之前先松开楔形头，球体随之恢复原原形，使球体与阀座之间出现很小的间隙，可以减少密封面的摩擦和操作扭矩。

4）V 形球调节球阀（图 1-11）

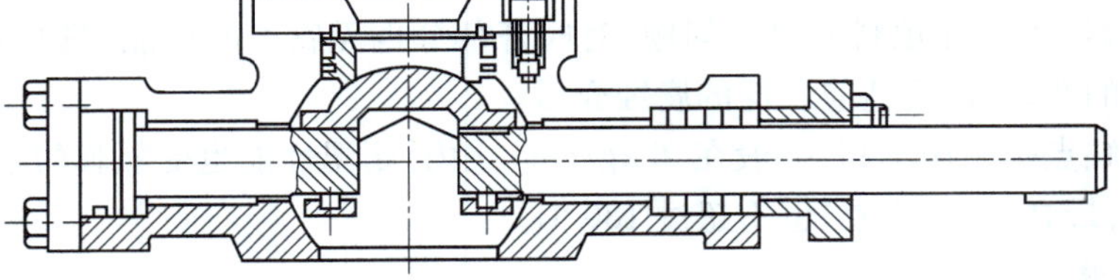

图 1-11　V 形球调节球阀

5. 阀门的操作机构

球阀有手动和动力驱动两种操作方式。手动球阀的操作是通过转动安装在阀门顶部或侧面的操作手轮或操作手柄来完成的。顶装操作手轮的球阀(图 1-12),其操作手柄直接与阀门的阀杆相连,转动操作手柄,阀杆在操作手柄的作用下带动球阀阀芯转动,每转动 90°完成一次开、关,一般在阀体上设置限位装置,操作手柄只能在限位内转动。

侧装操作手轮的球阀(图 1-13),其操作手轮与阀杆之间通过减速齿轮(蜗轮、蜗杆)进行传动,操作手轮竖直安装,转动操作手轮时,通过齿轮减速机构带动阀芯转动,同时位于齿轮箱顶部的阀位指示装置同步转动,指示阀门的当前开、关状态。

图 1-12　顶装操作手柄的球阀

图 1-13　侧装操作手轮的球阀

球阀也可由电动执行机构或气动执行机构提供动力驱动,完成阀门的开关操作或调节。电动执行机构和气动执行机构的相关内容见 1.1.7 节。

1.1.4　隔膜阀

1. 阀门结构（图 1-14）

2. 工作原理

隔膜阀是通过柔软的橡胶膜或塑料膜把流体与操作机构隔离,阀杆处也不再需要填料来阻止介质流过。柔性隔膜用拧进隔膜的双头螺栓与压缩器连接,压缩器在阀杆的带动下做上下运动。当压缩器升高时,隔膜提升到允许双向层流流动的流体通道的上方;当压缩器下降时,隔膜紧压住阀体的溢流道。

3. 阀门特点

隔膜阀的流体阻力小,能使用于含硬质悬浮物的介质,由于介质只跟阀体和隔膜接触,所以无须填料函,不存在填料函泄漏问题,对阀杆部分也无腐蚀的可能,只要对衬里材料和隔膜进行恰当的选择,便可适应广泛的腐蚀介质。

隔膜阀的缺点是耐压不高,一般在 6 kg/cm^2 之内,耐温性能也受隔膜的限制,一般只能耐 60 ℃、80 ℃,最高(氟化橡胶)也不超过 180 ℃。

4. 阀门类型

隔膜阀可按结构形式分三类:屋脊式、截止式、闸板式。

1）屋脊式

屋脊式隔膜阀也叫突缘式，是最基本的一类。阀体是衬里的，可以发挥它的耐腐蚀特性（图 1-15）。

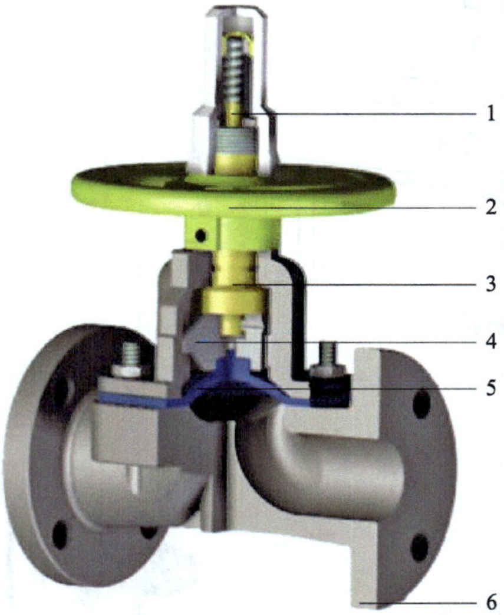

图 1-14　隔膜阀结构

1—阀杆；2—操作手轮；3—丝杆螺母；4—压缩器；5—橡胶膜；6—阀体

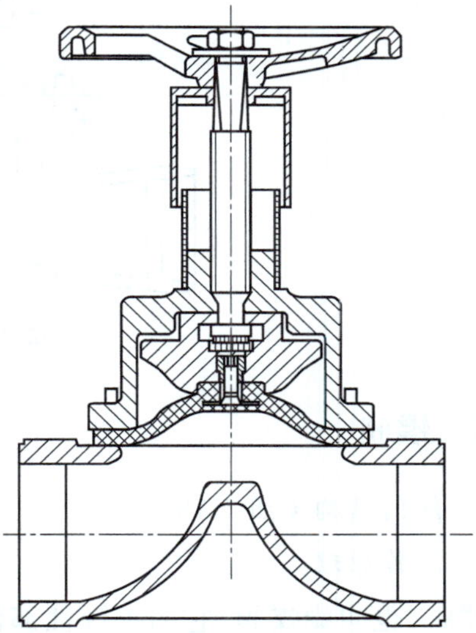

图 1-15　屋脊式隔膜阀

2）截止式

截止式隔膜阀的结构形状与截止阀相似。流体阻力比屋脊式大，但密封面积大，密封性能好，可用于真空度高的管路（图 1-16）。

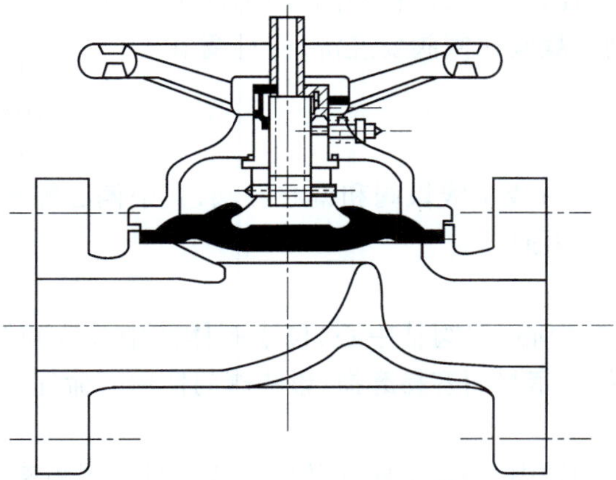

图 1-16　截止式隔膜阀

3）闸板式

闸板式隔膜阀的结构形式与闸阀相似。流体阻力最小，适合于输送粘性物料（图 1-17）。

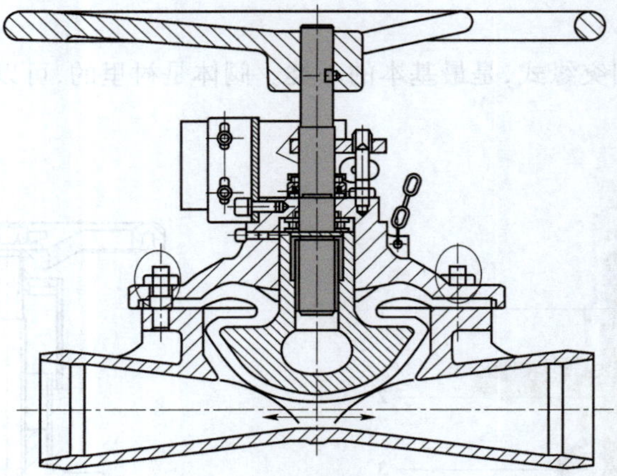

图 1-17 闸板式隔膜阀

1.1.5 蝶阀

1. 阀门结构（图 1-18）

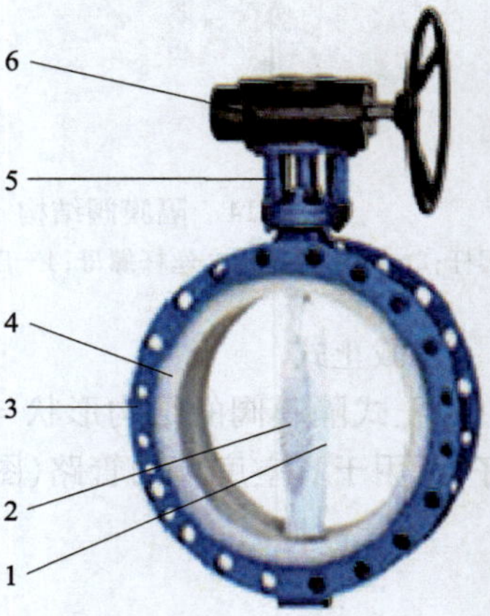

图 1-18 蝶阀结构

1—蝶板密封面；2—蝶板；3—阀体；4—阀座；5—支架；6—驱动装置

2. 工作原理

蝶阀，也叫蝴蝶阀，它的关键性部件好似蝴蝶逆风，自由回旋。实际上，它的阀瓣是一个圆盘，围绕阀座内的一个轴旋转。阀瓣旋角的大小，便是阀门的开闭度。

3. 阀门特点

蝶阀具有轻巧的特点，比其他阀门要节省许多材料，结构简单，开闭迅速，只需旋转 90°；切断和节流都能应用，流体阻力小，操作省力。

蝶阀可以做成很大口径，一般大口径蝶阀，使用蜗轮蜗杆或电力、液压来驱动。蝶阀比闸阀要经济，而且调节流量的性能也要好。

4. 阀门类型

根据结构形式，蝶阀可分成中线蝶阀和偏心蝶阀，其中偏心蝶阀又分为单偏心蝶阀、双偏心蝶阀、三偏心蝶阀三种类型。

1）中线蝶阀

中线蝶阀阀板的回转中心（即阀轴中心）位于阀体的中心线和蝶板的密封截面上的蝶阀。靠近阀轴处两端的阀座密封面容易磨损，影响阀门使用寿命（图 1-19）。

2）单偏心密封蝶阀

阀板的回转中心（即阀轴中心）位于阀体的中心线上且与蝶板密封截面形成一个偏置尺寸α的蝶阀。关闭蝶阀时，蝶板的外圆密封表面逐渐接近并挤压阀座使阀座产生弹性变形，形成的弹性力作为密封比压，保证密封。该阀全开时，蝶板与阀座密封面间形成一个间隙χ。优点是减少密封圈的摩擦，提高阀门使用寿命（图 1-20）。

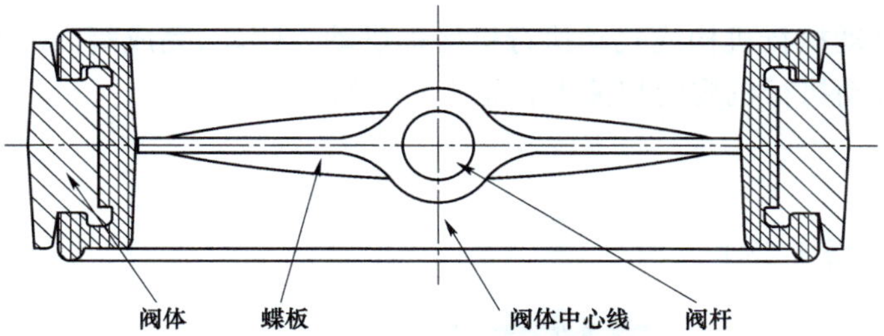

图 1-19　中线蝶阀

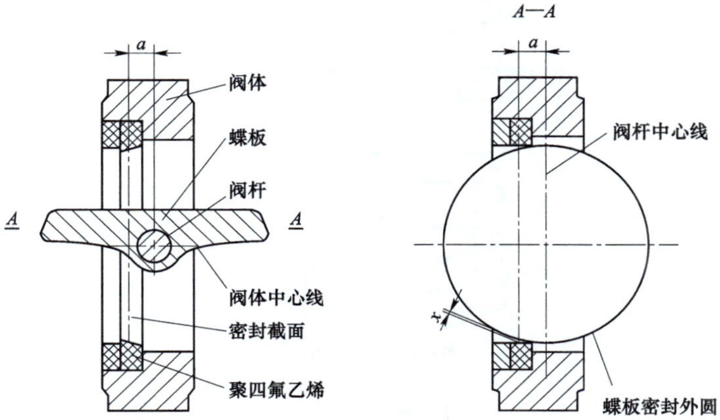

图 1-20　单偏心密封蝶阀

5. 阀门的操作机构

蝶阀有手动和动力驱动两种操作方式。手动蝶阀的操作是通过转动安装在阀门顶部或侧面的操作手轮或操作手柄来完成的。顶装操作手柄的蝶阀(图 1-21),其操作手柄直接与阀门的阀杆相连,转动操作手柄,阀杆在操作手柄的作用下带动蝶阀阀芯转动,每转动 90°完成一次开、关。一般在蝶阀的阀体上设置带有齿轮的限位装置,操作手柄只能在限位内转动,每次转动操作手柄时必须先解锁,再操作,将蝶阀打开到要求的开度后重新锁定。

侧装操作手轮的蝶阀(图 1-22),其操作手轮与阀杆之间通过减速齿轮(蜗轮、蜗杆)进行传动,操作手轮竖直安装,转动操作手轮时,通过齿轮减速机构带动阀芯转动,同时位于齿轮箱顶部的阀位指示装置同步转动,指示阀门的当前开、关状态。

图 1-21　顶装操作手柄的蝶阀

图 1-22　侧装操作手轮的蝶阀

蝶阀也可由电动执行机构或气动执行机构提供动力驱动，完成阀门的开关操作或调节。电动执行机构和气动执行机构的相关内容见 1.1.7 节。

1.1.6 减压阀

1. 阀门结构（图 1-23）

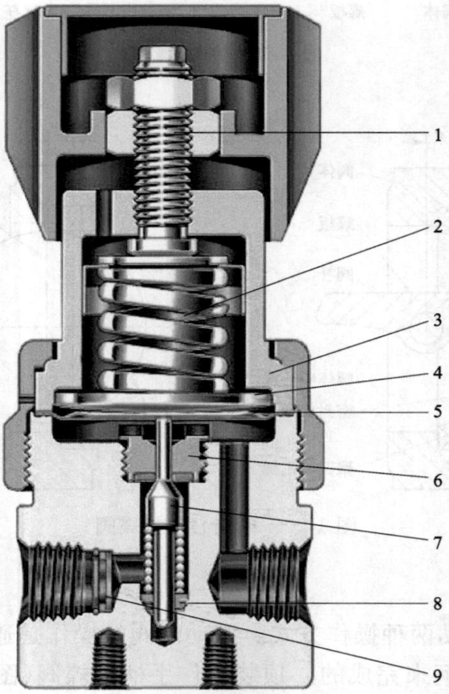

图 1-23 减压阀结构

1—阀杆；2—量程弹簧；3—两件式阀盖；4—止动板；5—波纹隔膜；6—阀座；7—阀芯；
8—提升阀芯减震器；9—网状进口过滤器

2. 工作原理

减压阀工作主要靠活塞、膜片、弹簧、先导阀等敏感元件改变阀瓣和阀座间的间隙来调节流体阻力，达到自动降低压力的作用。

3. 阀门特点

减压阀采用控制阀体内的启闭件的开度来调节介质的流量，将介质的压力降低，同时借助阀后压力的作用来调节启闭件的开度，使阀后压力自动保持在一定范围内，在进口压力不断变化的情况下，可以保持出口压力在设定的范围内。

减压阀的使用有方向性要求，其安装必须严格按照阀体上的箭头方向保持和流体流动方向一致。

4. 阀门类型

减压阀按结构形式可分为膜片式、弹簧薄膜式、活塞式、杠杆式和波纹管式，按阀瓣的位置不同可分为正作用式和反作用式。

1.1.7　动力驱动机构

阀门按驱动方式进行分类，可以分为自动阀类、动力驱动阀类和手动阀类。安全阀、止回路、减压阀都是属于自动阀类。闸阀、截止阀、球阀、蝶阀、隔膜阀可以与操作手轮结合成为手动阀，也可以与动力驱动机构相结合，成为动力驱动阀。

动力驱动阀的常见驱动方式是电力、压缩气体和液压，相应的执行机构分别称为电动执行机构、气动执行机构和液压执行机构。

（1）电动执行机构

电动执行机构可以分为电动马达执行机构和电磁执行机构，由电动马达驱动的阀门被称为电动阀，如电动隔离阀、电动调节阀。而由电磁驱动的阀门，被称为电磁阀。由电动马达执行机构驱动的阀门在我们电厂使用较为广泛，且部分情况下还需要人员参加阀门操作，所以这里主要介绍电动马达执行机构。

1）电动马达执行机构的主要结构

典型的电动马达执行机构如图 1-24 所示，主要由电动机、主传动机构（减速器）、转矩控制机构、行程控制机构、手动或电动切换机构、位置指示机构、手动操作机构、电气控制箱等组成。

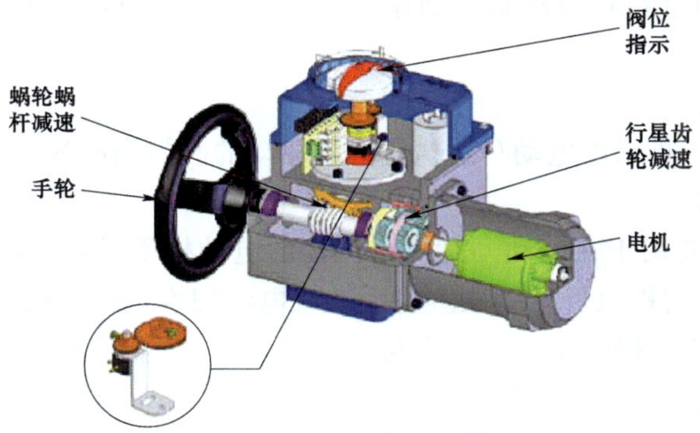

图 1-24　电动马达执行机构主要结构

① 电动机

电动机即电动马达用来提供执行机构驱动、阀杆移动、阀瓣动作所需要的动力。一般使用直流电机（DC）或三相交流电机（AC），在我们电厂中三相交流电机的电动马达执行机构使用较为广泛。

② 主传动机构

主传动机构的主要作用是降低电动机输出的高转速，并将动力转递至阀杆。由于电动机许多是高转速小力矩的，必须经过减速，才能驱动执行机构，所以主传动机构又被称为减速器。电动马达执行机构中常用的减速器有行星齿轮和蜗轮蜗杆两种，其中行星齿轮减速器由于体积小、传动效率高、承载能力大、单级速比可达 100 倍以上，在电动调节阀中获得广泛的应用。普通的电动马达执行机构中，一般采用减速齿轮和蜗轮蜗杆减速。

③ 转矩控制机构

转矩控制机构主要用于控制电动装置的输出转矩。当电动装置的输出转矩达到预整定的转矩时,转矩控制机构动作使相应的电动马达执行机构的电动机控制回路断电,从而切断电动机电源,使电动机停转。当电动马达执行机构意外过载时,自动切断电动机的电源,以保护电动马达执行机构和阀门。

④ 行程控制机构

行程控制机构用于控制由电动马达执行机构驱动的阀门开启和关闭过程的位置。包括行程终端位置和中间位置控制,并能在阀门开启和关闭过程的任意位置发送信号。当被驱动的阀门达到开启和关闭的终端位置或事先调整好的位置时,能自动切断电动机的电源,使电动机停止转动。

⑤ 手动或电动切换机构

手动或电动切换机构主要用于切换电动马达执行机构的驱动动力。将手动或电动切换机构切到手动时,电动机至执行机构的输出将被切断,而手动操作机构与执行机构相连,操作手轮提供的动力将驱动阀门动作。当手动或电动切换机构切到手动时,转矩控制机构和行程控制机构将无法参与阀门的控制。

将手动或电动切换机构切到电动时,手动操作机构至执行机构的联系将被切断,而电动机与执行机构相连,电动机将驱动阀门动作。转矩控制机构和行程控制机构将恢复参与阀门的控制。

⑥ 位置指示机构

位置指示机构用于指示由电动马达执行机构驱动的阀门当前的开度。

⑦ 手动操作机构

手动操作机构主要用于在电动马达执行机构的电动机不可用,或需要手动操作的情况下,为人员手动操作阀门提供一个手段。将手动或电动切换机构切换到手动,人员可以通过操作电动马达执行机构上操作手轮来操作阀门。

2) 电动执行机构(阀门)的控制原理

① 电动开启阀门:电动(执行机构)阀门控制手柄置于“开”位置,控制电源经开阀行程限位开关和开阀力矩开关后送至开阀接触器或开阀中间继电器的线圈,开阀接触器的主触点接通,三相交流电源经开阀接触器的主触点送至电动执行机构的电动机,电动机运转,并通过主传动机构使阀门向打开方向动作,当到达预定的开阀限位时,开阀行程限位开关接点断开,开阀接触器线圈失电,其主触点断开,电动机失电停转。

② 电动关闭阀门:电动(执行机构)阀门控制手柄开关置于“关” 位置,控制电源经关阀行程限位开关和关阀力矩开关后送至关阀接触器或关阀中间继电器的线圈,关阀接触器的主触点接通,三相交流电源经关阀接触器的主触点送至电动执行机构的电动机,电动机运转,并通过主传动机构使阀门向关闭方向动作,当到达预定的关阀限位时,关阀行程限位开关接点断开,关阀接触器线圈失电,其主触点断开,电动机失电停转。

(2) 气动执行机构

气动执行机构一般分为直行程(往复式,如图 1-25)和角行程气动执行机构。直行程气动执行机构又可以分为薄膜往复式气动执行机构和活塞式气动执行机构。

1）薄膜往复式气动执行机构的结构

薄膜往复式气动执行机构主要由膜盖、弹簧、膜片、推杆和支架组成，部分气动执行机构上还有操作手轮（如图 1-26）。膜片与上下两个膜盖，不同的组合形成两个不同的空间。

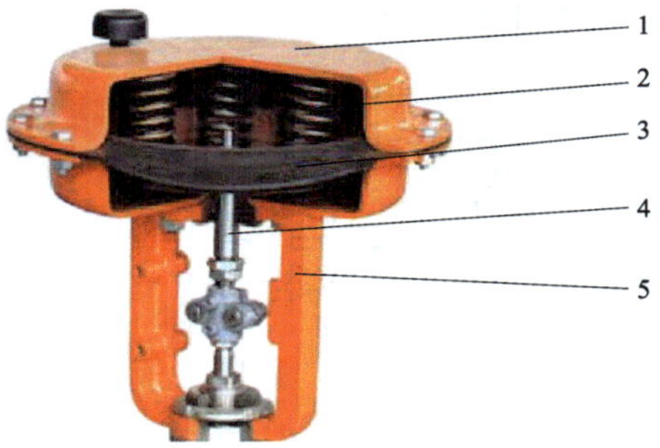

图 1-25　薄膜往复式气动执行机构的结构

1—膜盖；2—弹簧；3—膜片；4—推杆；5—支架

图 1-26　气动执行机构上的操作手轮

2）薄膜往复式气动执行机构的工作原理

薄膜往复式气动执行机构是通过压缩气体作用于膜片，从而带动推杆进行工作的。当压缩气体进入到薄膜气室（上图 1-25，膜片与下膜盖形成的空间），在膜片上产生一个向上的推力，与膜片相连的推杆也随之向上移动，将弹簧压缩，直到弹簧因压缩变形产生的反作用力与通入的压缩气体在薄膜上产生的作用力平衡为止，推杆带动阀门的阀杆动作，阀门便处于特定的开度，或全关。

3）活塞式气动执行机构的结构

活塞式气动执行机构主要由气缸、活塞、推杆和支架等组成，部分活塞气动执行机构上还带有手动操作机构。活塞将气缸分成上下两部分（图 1-27）。

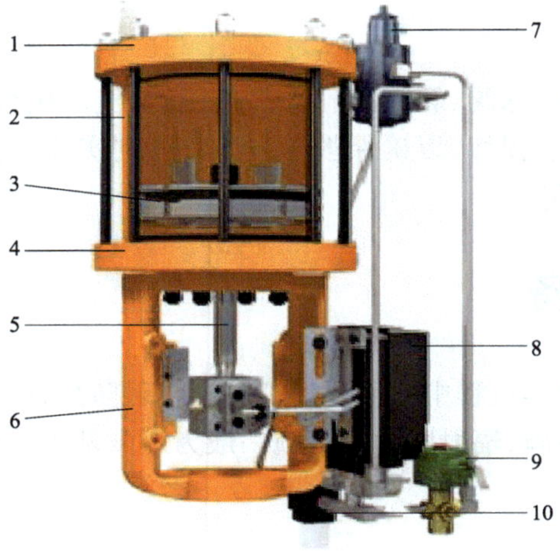

图 1-27　活塞式气动执行机构结构

1—上缸盖；2—气缸；3—活塞；4—下缸盖；5—推杆；6—支架；7—保位阀；

8—定位器；9—电磁阀；10—空气过滤器

4）活塞式气动执行机构的工作原理

活塞式气动执行机构是一种利用压缩气体为信号和驱动动力的活塞式驱动机构，当压缩气体进入上气缸（下气缸）作用于活塞上部（或下部），活塞将向下（或向上）运动，并通过推杆带动阀门开启、关闭或处一特定的开度。

典型的活塞式气动执行机构的供气回路如图 1-28 所示。

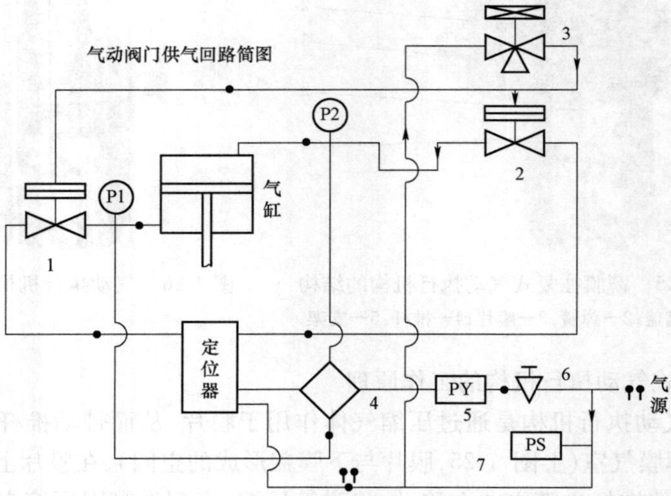

图 1-28　活塞式气动执行机构的供气回路

（3）驱动机构与阀门的组合

1）气动类：气动闸阀、气动截止阀、气动蝶阀、气动球阀、气动调节阀；

2）电动类：电动闸阀、电动蝶阀、电动球阀、电动调节阀。

1.2　设备准备

需要准备闸板、截止阀、球阀、蝶阀、隔膜阀、减压阀、气动执行机构、电动执行机构等设备。检查设备或模型是否有损坏，以确保教学过程的顺利实施。另外需要准备一套氮气供应回路以供减压阀操作使用。

1.3　辐射防护准备

模拟体无辐射风险，教学过程中不需要模拟实施辐射防护，但要说明在现场辐射控制区工作时，所要采取的防护措施，辐射防护的措施一般为穿戴基本的辐射防护用品，如手套、纸帽、连体服等。

1.4　工业安全准备

在实验室内培训不需要采取额外的工业安全防护措施。

第二章　操作实施

2.1　操作实施 1　打开手动闸阀

序号	操作步骤	操作要求	工器具	测评标准	备注
1	接受指令	接受指令。	纸、笔	1. 使用三向交流； 2. 信息包括：阀门的双重名称（设备编码、设备名称）和要求的设备状态。	
2	找到需确认的阀门	确认阀门正确。	手电筒	1. 使用自检确认； 2. 确认设备的双重名称（设备编码和设备名称）与要求一致。	
3	确认阀门的当前状态	确认阀门的开、关状态。	手电筒	1. 能够找到阀门的阀位指示装置（如果有阀位指示装置）； 2. 正确确认阀门状态。	
4	打开手动闸阀	1. 确认阀门所在系统的状态（运行或是停运）； 2. 确认系统中的介质情况（轻水、重水、压力、温度等）； 3. 确认阀门在系统中的位置或作用（疏水、排气、隔离）； 4. 根据以上信息，判断阀门由关闭至全开的风险，并做好防范措施； 1）如果系统运行，则要考虑阀门操作对系统设备和系统正常运行的影响。 2）如是疏水排气，则要考虑排出的介质对人员和其他周边设备的影响。 3）高温度介质，则要考虑人员烫伤风险。 4）根据阀门上游和下游的温度差别，确定阀门下游设备是否需要暖管，避免设备热应力过大和管道振动。 5）放射性介质，则要考虑辐射风险。 5. 确认阀门操作手轮的操作方向（打开阀门）；		1. 能正确做好防护措施； 2. 操作过程中，不确定时能停； 3. 正确打开阀门；	

续表

序号	操作步骤	操作要求	工器具	测评标准	备注
4	打开手动闸阀	1）如果阀门上有手轮开、关方向指示的，按指示的打开方向进行操作； 2）如果没有开、关方向指示的，一般按操作人员面向阀门操作手轮，顺时针转动操作手轮为关闭阀门，逆时针方向转动操作手轮为打开阀门的原则进行操作。 6. 确认阀门两侧的压力是否平衡； 1）若阀门两侧压力平衡，则向打开阀门的方向转动阀门的操作手轮，直至阀门全开； 2）若闸阀两侧压力不平衡； 小型闸阀： ① 缓慢向打开阀门的方向转动阀门操作手轮，直至阀门全开； 非小型的闸阀： ② 如果有旁路阀，则先缓慢打开闸阀的旁路阀至两侧压力基本平衡后，再向打开闸阀的方向转动阀门的操作手轮，直至阀门全开； ③ 没有旁路阀，则在保证系统运行安全稳定的情况下，向打开阀门的方向转动阀门的操作手轮至阀门全开。避免阀门长时间在节流工况下运行，导致密封面被冲蚀。 7. 确认阀门已打开至全开位置； 8. 确认系统的响应与预想的一致。		4. 在阀门开启过程中关注系统的响应或建立良好的沟通手段； 5. 最终阀门完全打开。	
5	汇报下令人	汇报最终的操作结果。		1. 使用三向交流； 2. 汇报阀门操作后状态。	

2.2 操作实施 2 关闭手动闸阀

序号	操作步骤	操作要求	工器具	测评标准	备注
1	接受指令	接受指令。	纸、笔	1. 使用三向交流； 2. 信息包括：阀门的双重名称（设备编码、设备名称）和要求的设备状态。	
2	找到需确认的阀门	确认阀门正确。	手电筒	1. 使用自检确认； 2. 确认设备的双重名称（设备编码和设备名称）与要求一致。	

续表

序号	操作步骤	操作要求	工器具	测评标准	备注
3	确认阀门的当前状态	确认阀门的开、关状态。	手电筒	1. 能够找到阀门的阀位指示装置(如果有阀位指示装置); 2. 正确确认阀门状态。	
4	关闭手动闸阀	1. 确认阀门所在系统的状态(运行或是停运); 2. 确认是否有介质从阀门流过; 3. 确认阀门关闭对其他系统设备的影响,特别是泵等运转设备的隔离阀; 4. 确认阀门操作手轮的操作方向(关闭阀门); 1) 如果阀门上有手轮开、关方向指示的,按指示的方向进行操作; 2) 如果没有开、关方向指示的,一般按操作人员面向阀门操作手轮,顺时针转动操作手轮为关闭阀门,逆时针方向转动操作手轮为打开阀门的原则进行操作。 5. 确认阀门是否有介质流通; 1) 若阀门中无介质流通,则向关闭阀门的方向转动阀门的操作手轮,直至阀门全关; 2) 若闸阀有介质流通,当有介质流通时,应避免阀门关闭过快造成水锤或汽锤。 ① 无旁路阀的闸阀:缓慢向关闭阀门的方向转动阀门操作手轮,直至阀门全关; ② 有旁路阀的闸阀:先缓慢关闭闸阀,再缓慢关闭其旁路阀。避免闸阀长时间在节流工况下运行,导致密封面被冲蚀 6. 确认阀门已至全关位置; 7. 确认系统的响应与预想的一致。		1. 能正确做好防护措施; 2. 操作过程中,不确定时能停; 3. 正确关闭阀门; 4. 在阀门关闭过程中关注系统的响应或建立良好的沟通手段; 5. 最终阀门完全关闭。	
5	汇报下令人	汇报最终的操作结果。		1. 使用三向交流; 2. 汇报阀门操作后状态。	

2.3　操作实施 3　打开手动截止阀

序号	操作步骤	操作要求	工器具	测评标准	备注
1	接受指令	接受指令。	纸、笔	1. 使用三向交流; 2. 信息包括:阀门的双重名称(设备编码、设备名称)和要求的设备状态。	

续表

序号	操作步骤	操作要求	工器具	测评标准	备注
2	找到需确认的阀门	确认阀门正确。	手电筒	1. 使用自检确认； 2. 确认设备的双重名称(设备编码和设备名称)与要求一致。	
3	确认阀门的当前状态	确认阀门的开、关状态。	手电筒	1. 能够找到阀门的阀位指示装置(如果有阀位指示装置)； 2. 正确确认阀门状态。	
4	关闭手动截止阀	1. 确认阀门所在系统的状态(运行或是停运)； 2. 确认系统中的介质情况(轻水、重水、压力、温度等)； 3. 确认阀门在系统中的位置或作用(疏水、排气、隔离)； 4. 根据以上信息,判断阀门由关闭至全开的风险,并做好防范措施； 1) 如果系统运行,则要考虑阀门操作对系统设备和系统正常运行的影响； 2) 如是疏水排气,则要考虑排出的介质对人员和其他周边设备的影响； 3) 高温度介质,则要考虑人员烫伤风险； 4) 根据阀门上游和下游的温度差别,确定阀门下游设备是否需要暖管,避免设备热应力过大和管道振动； 5) 放射性介质,则要考虑辐射风险。 5. 确认阀门操作手轮的操作方向(打开阀门)； 1) 如果阀门上有手轮开、关方向指示的,按指示的打开方向进行操作； 2) 如果没有开、关方向指示的,一般按操作人员面向阀门操作手轮,顺时针转动操作手轮为关闭阀门,逆时针方向转动操作手轮为打开阀门的原则进行操作。 6. 确认阀门两侧的压力是否平衡； 1) 若阀门两侧压力平衡,则向打开阀门的方向转动阀门的操作手轮,直至阀门全开； 2) 若阀门两侧压力不平衡则在保证系统运行安全稳定的情况下,向打开阀门的方向转动阀门的操作手轮至阀门全开。避免阀门长时间在节流工况下运行,导致密封面被冲蚀。 7. 确认阀门已打开至全开位置； 8. 确认系统的响应与预想的一致。		1. 能正确做好防护措施； 2. 操作过程中,不确定时暂停； 3. 正确打开阀门； 4. 在阀门开启过程中关注系统的响应或建立良好的沟通手段； 5. 最终阀门完全打开。	

续表

序号	操作步骤	操作要求	工器具	测评标准	备注
5	汇报下令人	汇报最终的操作结果。		1. 使用三向交流； 2. 汇报阀门操作后状态。	

2.4 操作实施 4 关闭手动截止阀

序号	操作步骤	操作要求	工器具	测评标准	备注
1	接受指令	接受指令。	纸、笔	1. 使用三向交流； 2. 信息包括：阀门的双重名称(设备编码、设备名称)和要求的设备状态。	
2	找到需确认的阀门	确认阀门正确。	手电筒	1. 使用自检确认； 2. 确认设备的双重名称(设备编码和设备名称)与要求一致。	
3	确认阀门的当前状态	确认阀门的开、关状态。	手电筒	1. 能够找到阀门的阀位指示装置(如果有阀位指示装置)； 2. 正确确认阀门状态。	
4	关闭手动截止阀	1. 确认阀门所在系统的状态(运行或是停运)； 2. 确认是否有介质从阀门流过； 3. 确认阀门关闭对其他系统设备的影响，特别是泵等运转设备的隔离阀； 4. 确认阀门操作手轮的操作方向(关闭阀门)； 1) 如果阀门上有手轮开、关方向指示的，按指示的方向进行操作； 2) 如果没有开、关方向指示的，一般按操作人员面向阀门操作手轮，顺时针转动操作手轮为关闭阀门，逆时针方向转动操作手轮为打开阀门的原则进行操作。 5. 确认阀门是否介质流通； 1) 若阀门中无介质流通，则向关闭阀门的方向转动阀门的操作手轮，直至阀门全关； 2) 若闸阀有介质流通，当有介质流通时，应避免阀门关闭过快造成水锤或汽锤，缓慢向关闭阀门的方向转动阀门操作手轮，直至阀门全关； 6. 确认阀门已至全关位置； 7. 确认系统的响应与预想的一致。		1. 能正确做好防护措施； 2. 操作过程中，不确定时暂停； 3. 正确关闭阀门； 4. 在阀门关闭过程中关注系统的响应或建立良好的沟通手段； 5. 最终阀门完全关闭。	

续表

序号	操作步骤	操作要求	工器具	测评标准	备注
5	汇报下令人	汇报最终的操作结果。		1. 使用三向交流； 2. 汇报阀门操作后状态。	

2.5 操作实施5 打开手动球阀

序号	操作步骤	操作要求	工器具	测评标准	备注
1	接受指令	接受指令。	纸、笔	1. 使用三向交流； 2. 信息包括：阀门的双重名称（设备编码、设备名称）和要求的设备状态。	
2	找到需确认的阀门	确认阀门正确。	手电筒	1. 使用自检确认； 2. 确认设备的双重名称（设备编码和设备名称）与要求一致。	
3	确认阀门的当前状态	确认阀门的开、关状态。	手电筒	1. 能够找到阀门的阀位指示装置； 2. 正确确认阀门状态。	
4	打开手动球阀	1. 确认阀门所在系统的状态（运行或是停运）； 2. 确认系统中的介质情况（轻水、重水、压力、温度等）； 3. 确认阀门在系统中的位置或作用（疏水、排气、隔离）； 4. 根据以上信息，判断阀门由关闭至全开的风险，并做好防范措施； 1） 如果系统运行，则要考虑阀门操作对系统设备和系统正常运行的影响； 2） 如是疏水排气，则要考虑排出的介质对人员和其他周边设备的影响； 3） 根据阀门上游和下游的温度差别，确定阀门下游设备是否需要暖管，避免设备热应力过大和管道振动； 4） 高温度介质，则要考虑人员烫伤风险； 5） 放射性介质，则要考虑辐射风险。 5. 使用操作手柄操作的球阀——操作手柄直接固定在阀杆上； 1） 确认阀门操作手柄的操作方向（打开阀门）：		1. 能正确做好防护措施； 2. 操作过程中，不确定时暂停； 3. 正确打开阀门；	

续表

序号	操作步骤	操作要求	工器具	测评标准	备注
4	打开手动球阀	① 如果阀门的操作手柄上有开、关方向指示的，按指示的打开方向进行操作； ② 如果阀门的操作手柄上没有开、关方向指示的，则检查阀门操作手柄与阀体上的“开”“关”限位挡块的相对位置确定阀门的打开方向。 2）确认阀门需要打开的开度，球阀由全关至全开位置，操作手柄需要转动 90°，操作手柄的最大行程不能超过阀体上的限位挡块位置，对于小型球阀，操作时切勿用力过大。 6. 使用侧装手轮操作的球阀——操作手轮与球杆通过减速齿轮转动； 1）确认阀门操作手轮的操作方向（打开阀门）； ① 如果阀门的操作手轮上有开、关方向指示的，按指示的打开方向进行操作； ② 如果阀门的操作手轮上没有开、关方向指示的，一般按操作人员面向阀门操作手轮，顺时针转动操作手轮为关闭阀门，逆时针方向转动操作手轮为打开阀门的原则进行操作。 2）确认阀门需要打开的开度，球阀由全关至全开位置，操作手轮需要转动圈数与减速齿轮的变比有关，各阀门不尽相同。因此，在打开侧装手轮球阀时，阀门的开度以阀门顶部（在变速齿轮箱上）的阀位指示为准； 3）当阀门的阀位指示到全开位时，切勿再使用蛮力转动操作手轮，以免损坏球阀的操作限位装置。 7. 确认阀门两侧的压力是否平衡； 1）若阀门两侧压力平衡，则向打开阀门的方向转动操作手柄至要求的开度（如果要全开，则直至阀门的全开限位）； 2）若阀门两侧压力不平衡，则缓慢开启球阀至要求位置，并关注系统的响应。 8. 确认阀门已打开至要求的开度； 9. 确认系统的响应与预想的一致。		4. 在阀门开启过程中关注系统的响应或建立良好的沟通手段； 5. 最终阀门完全打开。	
5	汇报下令人	汇报最终的操作结果。		1. 使用三向交流； 2. 汇报阀门操作后状态。	

2.6 操作实施 6 关闭手动球阀

序号	操作步骤	操作要求	工器具	测评标准	备注
1	接受指令	接受指令。	纸、笔	1. 使用三向交流; 2. 信息包括:阀门的双重名称(设备编码、设备名称)和要求的设备状态。	
2	找到需确认的阀门	确认阀门正确。	手电筒	1. 使用自检确认; 2. 确认设备的双重名称(设备编码和设备名称)与要求一致。	
3	确认阀门的当前状态	确认阀门的开、关状态。	手电筒	1. 能够找到阀门的阀位指示装置; 2. 正确确认阀门状态。	
4	关闭手动球阀	1. 确认阀门所在系统的状态(运行或是停运); 2. 确认是否有介质从阀门流过; 3. 确认阀门关闭对其他系统设备的影响,特别是泵等运转设备的隔离阀; 4. 使用操作手柄操作的球阀——操作手柄直接固定在阀杆上: 1) 确认阀门操作手柄的操作方向(关闭阀门); ① 如果阀门的操作手柄上有开、关方向指示的,按指示的方向进行操作; ② 如果阀门的操作手柄上没有开、关方向指示的,则检查阀门操作手柄与阀体上的“开”“关”限位挡块的相对位置确定阀门的关闭方向; ③ 球阀由全开至全关,操作手柄需要转动 90°,操作手柄的最大行程不能超过阀体上的限位挡块位置,对于小型球阀,操作时切勿用力过大。 5. 使用侧装手轮操作的球阀——操作手轮与球杆通过减速齿轮转动; 1) 确认阀门操作手轮的操作方向(关闭阀门); ① 如果阀门的操作手轮上有开、关方向指示的,按指示的方向进行操作;		1. 能正确做好防护措施; 2. 操作过程中,不确定时暂停; 3. 正确关闭阀门;	

续表

序号	操作步骤	操作要求	工器具	测评标准	备注
4	关闭手动球阀	② 如果阀门的操作手轮上没有开、关方向指示的，一般按操作人员面向阀门操作手轮，顺时针转动操作手轮为关闭阀门，逆时针方向转动操作手轮为打开阀门的原则进行操作。 2）球阀由全关至全开，操作手轮需要转动圈数与减速齿轮的变比有关，各阀门不尽相同。因此，在打开侧装手轮球阀时，阀门的状态以阀门顶部（在变速齿轮箱上）的阀位指示为准。 3）当阀门的阀位指示到全关位时，切勿再使用蛮力转动操作手轮，以免损坏球阀的操作限位装置。 6. 确认阀门是否有介质流通； 1）若无介质从阀门流通，则向关闭阀门的方向转动操作手柄至要求的位置； 2）若有介质从阀门流通，则缓慢向关闭方向将球阀至要求位置，并关注系统的响应。 7. 确认阀门已关闭； 8. 确认系统的响应与预想的一致。		4. 在阀门关闭过程中关注系统的响应或建立良好的沟通手段； 5. 最终阀门完全关闭。	
5	汇报下令人	汇报最终的操作结果。		1. 使用三向交流； 2. 汇报阀门操作后状态。	

2.7 操作实施 7 打开手动蝶阀

序号	操作步骤	操作要求	工器具	测评标准	备注
1	接受指令	接受指令。	纸、笔	1. 使用三向交流； 2. 信息包括：阀门的双重名称（设备编码、设备名称）和要求的设备状态。	
2	找到需确认的阀门	确认阀门正确。	手电筒	1. 使用自检确认； 2. 确认设备的双重名称（设备编码和设备名称）与要求一致。	
3	确认阀门的当前状态	确认阀门的开、关状态。	手电筒	1. 能够找到阀门的阀位指示装置； 2. 正确确认阀门状态。	

续表

序号	操作步骤	操作要求	工器具	测评标准	备注
4	打开手动蝶阀	1. 确认阀门所在系统的状态(运行或是停运); 2. 确认系统中的介质情况(轻水、重水、压力、温度等); 3. 确认阀门在系统中的位置或作用(疏水、排气、隔离); 4. 根据以上信息,判断阀门由关闭至全开的风险,并做好防范措施; 1) 如果系统运行,则要考虑阀门操作对系统设备和系统正常运行的影响; 2) 如是疏水排气,则要考虑排出的介质对人员和其他周边设备的影响; 3) 根据阀门上游和下游的温度差别,确定阀门下游设备是否需要暖管,避免设备热应力过大和管道振动; 4) 高温度介质,则要考虑人员烫伤风险; 5) 放射性介质,则要考虑辐射风险。 5. 使用操作手柄操作的蝶阀——操作手柄直接固定在阀杆上: 1) 确认阀门操作手柄的操作方向(打开阀门),检查阀门操作手柄与阀体上的“开”“关”限位挡块的相对位置确定阀门的打开方向; 2) 确认阀门需要打开的开度,蝶阀由全关至全开位置,操作手柄需要转动90°,操作手柄的最大行程不能超过阀体上的限位挡块位置,对于小型蝶阀,操作时切勿用力过大; 3) 安装有操作手柄的蝶阀,一般阀体上带有齿状的锁止装置; 操作蝶阀时,先要握住操作手柄上的解锁装置将手柄上的挡块从阀体上的齿轮中拔出,再进行操作; 操作后,需要将手柄上的挡块释放,卡入齿轮中,重新锁止; 4) 确认阀门两侧的压力是否平衡: ① 若阀门两侧压力平衡,则向打开阀门的方向转动操作手柄至要求的开度,并释放操作手柄上的锁止装置; ② 若阀门两侧压力不平衡,则缓慢开启阀门至要求位置后,释放操作手柄上的锁止装置,并关注系统的响应。		1. 能正确做好防护措施; 2. 操作过程中,不确定时暂停; 3. 正确打开阀门;	

续表

序号	操作步骤	操作要求	工器具	测评标准	备注
4	打开手动蝶阀	5）确认阀门打开在要求的开度，并确认操作手柄的锁止挡板卡入齿槽中。 6. 使用侧装手轮操作的蝶阀——操作手轮与球杆通过减速齿轮转动： 1）确认阀门操作手轮的操作方向（打开阀门）； ① 如果阀门的操作手轮上有开、关方向指示的，按指示的打开方向进行操作； ② 如果阀门的操作手轮上没有开、关方向指示的，一般按操作人员面向阀门操作手轮，顺时针转动操作手轮为关闭阀门，逆时针方向转动操作手轮为打开阀门的原则进行操作。 2）确认阀门需要打开的开度，蝶阀由全关至全开位置，操作手轮需要转动圈数与减速齿轮的变比有关，各阀门不尽相同，因此，在打开侧装手轮球阀时，阀门的开度以阀门顶部（在变速齿轮箱上）的阀位指示为准； 3）当阀门的阀位指示到全开位时，切勿再使用蛮力转动操作手轮，以免损坏阀门的操作限位装置； 4）确认阀门两侧的压力是否平衡： ① 若阀门两侧压力平衡，则向打开阀门的方向转动操作手轮至要求的开度； ② 若阀门两侧压力不平衡，则缓慢开启阀门至要求位置，并关注系统的响应。 7. 确认阀门已打开至要求的开度； 8. 确认系统的响应与预想的一致。		4. 在阀门开启过程中关注系统的响应或建立良好的沟通手段； 5. 最终阀门完全打开。	
5	汇报	汇报最终的确认结果。		1. 使用三向交流； 2. 汇报操作后的阀门状态。	

2.8 操作实施 8 关闭手动蝶阀

序号	操作步骤	操作要求	工器具	测评标准	备注
1	接受指令	接受指令。	纸、笔	1. 使用三向交流； 2. 信息包括：阀门的双重名称（设备编码、设备名称）和要求的设备状态。	

续表

序号	操作步骤	操作要求	工器具	测评标准	备注
2	找到需确认的阀门	确认阀门正确。	手电筒	1. 使用自检确认； 2. 确认设备的双重名称(设备编码和设备名称)与要求一致。	
3	确认阀门的当前状态	确认阀门的开、关状态。	手电筒	1. 能够找到阀门的阀位指示装置； 2. 正确确认阀门状态。	
4	关闭手动蝶阀	1. 确认阀门所在系统的状态(运行或是停运)； 2. 确认是否有介质从阀门流过； 3. 确认阀门关闭对其他系统设备的影响，特别是泵等运转设备的隔离阀； 4. 使用操作手柄操作的蝶阀——操作手柄直接固定在阀杆上： 1) 确认阀门操作手柄的操作方向(打开阀门)，检查阀门操作手柄与阀体上的“开”“关”限位挡块的相对位置确定阀门的关闭方向； 2) 蝶阀由全关至全开位置，操作手柄需要转动 90°，操作手柄的最大行程不能超过阀体上的限位挡块位置，对于小型蝶阀，操作时切勿用力过大； 3) 安装有操作手柄的蝶阀，一般阀体上带有齿状的锁止装置。 操作蝶阀时，先要握住操作手柄上的解锁装置将手柄上的挡块从阀体上的齿轮中拔出，再进行操作。 操作后，需要将手柄上的挡块释放，卡入齿轮中，重新锁止。 5. 确认阀门是否有介质流通： 1) 若无介质流通，则向关闭阀门的方向转动操作手柄至全关，并释放操作手柄上的锁止装置； 2) 若有介质流通，则缓慢关闭阀门至全关，释放操作手柄上的锁止装置，并关注系统的响应。 6. 确认阀门关闭，并确认操作手柄的锁止挡板卡入齿槽中； 7. 使用侧装手轮操作的蝶阀——操作手轮与球杆通过减速齿轮转动；		1. 能正确做好防护措施； 2. 操作过程中，不确定时暂停； 3. 正确关闭阀门；	

续表

序号	操作步骤	操作要求	工器具	测评标准	备注
4	关闭手动蝶阀	8. 确认阀门操作手轮的操作方向(关闭阀门): 1) 如果阀门的操作手轮上有开、关方向指示的,按指示的关闭方向进行操作; 2) 如果阀门的操作手轮上没有开、关方向指示的,一般按操作人员面向阀门操作手轮,顺时针转动操作手轮为关闭阀门,逆时针方向转动操作手轮为打开阀门的原则进行操作。 9. 蝶阀由全开至全关,操作手轮需要转动圈数与减速齿轮的变比有关,各阀门不尽相同, 因此,在关闭侧装手轮球阀时,阀门的开度以阀门顶部(在变速齿轮箱上)的阀位指示为准; 10. 当阀门的阀位指示到全关位时,切勿再使用蛮力转动操作手轮,以免损坏阀门的操作限位装置; 11. 确认阀门是否有介质流通 1) 若无介质流通,则向关闭阀门的方向转动操作手轮至全关; 2) 若有介质流通,则缓慢关闭阀门至全关,并关注系统的响应。 12. 确认阀门已全关; 13. 确认系统的响应与预想的一致。		4. 在阀门关闭过程中关注系统的响应或建立良好的沟通手段; 5. 最终阀门完全关闭。	
5	汇报	汇报最终的确认结果。		1. 使用三向交流; 2. 汇报操作后的阀门状态。	

2.9 操作实施 9 打开手动隔膜阀

序号	操作步骤	操作要求	工器具	测评标准	备注
1	接受指令	接受指令。	纸、笔	1. 使用三向交流; 2. 信息包括:阀门的双重名称(设备编码、设备名称)和要求的设备状态。	
2	找到需确认的阀门	确认阀门正确。	手电筒	1. 使用自检确认; 2. 确认设备的双重名称(设备编码和设备名称)与要求一致。	

续表

序号	操作步骤	操作要求	工器具	测评标准	备注
3	确认阀门的当前状态	确认阀门的开、关状态。	手电筒	1. 能够找到阀门的阀位指示装置(如果有阀位指示装置); 2. 正确确认阀门状态。	
4	打开手动隔膜阀	1. 确认阀门所在系统的状态(运行或是停运); 2. 确认系统中的介质情况(轻水、重水、压力、温度等); 3. 确认阀门在系统中的位置或作用(疏水、排气、隔离); 4. 根据以上信息,判断阀门由关闭至全开的风险,并做好防范措施: 1) 如果系统运行,则要考虑阀门操作对系统设备和系统正常运行的影响; 2) 如是疏水排气,则要考虑排出的介质对人员和其他周边设备的影响; 3) 根据阀门上游和下游的温度差别,确定阀门下游设备是否需要暖管,避免设备热应力过大和管道振动; 4) 放射性介质,则要考虑辐射风险。 5. 确认阀门操作手轮的操作方向(打开阀门): 1) 如果阀门上有手轮开、关方向指示的,按指示的打开方向进行操作; 2) 如果没有开、关方向指示的,一般按操作人员面向阀门操作手轮,顺时针转动操作手轮为关闭阀门,逆时针方向转动操作手轮为打开阀门的原则进行操作。 6. 确认阀门两侧的压力是否平衡: 1) 若阀门两侧压力平衡,则向打开阀门的方向转动阀门的操作手轮,直至阀门全开; 2) 若阀门两侧压力不平衡在保证系统运行安全稳定的情况下,向打开阀门的方向转动阀门的操作手轮至阀门全开。 7. 确认阀门已打开至全开位置; 8. 确认系统的响应与预想的一致。		1. 能正确做好防护措施; 2. 操作过程中,不确定时暂停; 3. 正确打开阀门; 4. 在阀门开启过程中关注系统的响应或建立良好的沟通手段; 5. 最终阀门完全打开。	
5	汇报下令人	汇报最终的操作结果。		1. 使用三向交流; 2. 汇报阀门操作后状态。	

2.10 操作实施 10 关闭手动隔膜阀

序号	操作步骤	操作要求	工器具	测评标准	备注
1	接受指令	接受指令。	纸、笔	1.使用三向交流; 2. 信息包括:阀门的双重名称(设备编码、设备名称)和要求的设备状态。	
2	找到需确认的阀门	确认阀门正确。	手电筒	1. 使用自检确认; 2. 确认设备的双重名称(设备编码和设备名称)与要求一致。	
3	确认阀门的当前状态	确认阀门的开、关状态。	手电筒	1. 能够找到阀门的阀位指示装置(如果有阀位指示装置); 2. 正确确认阀门状态。	
4	关闭手动隔膜阀	1. 确认阀门所在系统的状态(运行或是停运); 2. 确认是否有介质从阀门流过; 3. 确认阀门关闭对其他系统设备的影响,特别是泵等运转设备的隔离阀; 4. 确认阀门操作手轮的操作方向(关闭阀门): 1) 如果阀门上有手轮开、关方向指示的,按指示的方向进行操作; 2) 如果没有开、关方向指示的,一般按操作人员面向阀门操作手轮,顺时针转动操作手轮为关闭阀门,逆时针方向转动操作手轮为打开阀门的原则进行操作。 5. 确认阀门是否介质流通: 1) 若阀门中无介质流通,则向关闭阀门的方向转动阀门的操作手轮,直至阀门全关; 2) 若闸阀有介质流通,则缓慢向关闭阀门的方向转动阀门操作手轮,直至阀门全关; 6. 确认阀门关闭后切勿再用力操作阀门; 7. 确认阀门已至全关位置; 8. 确认系统的响应与预想的一致。		1. 能正确做好防护措施; 2. 操作过程中,不确定时暂停; 3. 正确关闭阀门; 4. 在阀门关闭过程中关注系统的响应或建立良好的沟通手段; 5. 最终阀门完全关闭。	

续表

序号	操作步骤	操作要求	工器具	测评标准	备注
5	汇报下令人	汇报最终的操作结果。		1. 使用三向交流； 2. 汇报阀门操作后状态。	

2.11 操作实施 11 减压阀(短时离线)操作

序号	操作步骤	操作要求	工器具	测评标准	备注
1	接受指令	接受指令。	纸、笔	1. 使用三向交流； 2. 信息包括：阀门的双重名称(设备编码、设备名称)和要求的设定值。	
2	找到需操作的减压阀	确认阀门正确。	手电筒	1. 使用自检确认； 2. 确认设备的双重名称(设备编码和设备名称)与要求一致。	
3	关闭减压阀	1. 如果减压阀安装了操作手轮(旋钮)锁止装置，则先将减压阀的操作手轮(旋钮)锁止装置解锁； 2. 按操作人员面向减压阀操作手轮(旋钮)，顺时针方向转动减压阀操作手轮(旋钮)可打开减压阀，逆时针方向转动减压阀操作手轮(旋钮)可关闭减压阀的原则进行操作，直至减压阀全关； 3. 确认减压阀全关。		1. 自检确认阀门正确； 2. 正确关闭减压阀。	
4	确认减压阀出口压力	1. 读取减压阀出口压力表读数； 2. 确认减压阀出口压力降至设定值以下，或对减压阀至其出口隔离阀之间的管线进行卸压。减压阀出口压力尽量低一些，以便于调节减压阀时，关注压力响应和变化。		确认减压阀出口压力低于设定值。	
5	关闭减压阀出口隔离阀	1. 找到减压阀出口隔离阀； 2. 关闭减压阀出口隔离阀。		1. 自检确认阀门正确； 2. 正确关闭减压阀出口隔离阀。	
6	确认减压阀入口隔离阀打开	1. 确认减压阀入口隔离阀打开或缓慢打开减压阀入口隔离阀； 2. 读取减压阀入口压力表的读数，确认减压阀入口压力上升至额定值。		1. 自检确认阀门正确； 2. 正确确认或打开减压阀入口隔离阀； 3. 确认减压阀入口压力正常。	

续表

序号	操作步骤	操作要求	工器具	测评标准	备注
7	调节减压阀	1. 顺时针方向缓慢转动减压阀的操作手轮(旋钮)； 如果减压阀安装了操作手轮(旋钮)锁止装置，则将减压阀的操作手轮(旋钮)锁止装置解锁。 2. 确认减压阀出口压力表读数缓慢上升； 3. 当减压阀出口压力表读数接近设定值时，停止转动减压阀的操作手轮(旋钮)； 4. 观察减压阀出口压力表读数，压力表读数稳定后读取压力表读数，并记录； 5. 确认减压阀出口压力表读数与要求一致后，如果减压阀安装了操作手轮(旋钮)锁止装置，则将减压阀的操作手轮(旋钮)锁止装置重新锁紧。		1. 自检； 2. 正确将减压阀调整至其出口压力达到设定值。	
8	打开减压阀出口隔离阀	1. 找到减压阀出口隔离阀； 2. 缓慢打开减压阀出口隔离阀； 3. 确认减压阀出口压力正常。		1. 自检； 2. 正确打开减压阀出口隔离阀； 3. 检查减压阀出口压力正常。	
9	汇报下令人	汇报最终的操作结果。		1. 使用三向交流； 2. 汇报阀门操作后状态。	

2.12　操作实施 12　手动操作活塞式气动阀

序号	操作步骤	操作要求	工器具	测评标准	备注
1	接受指令	接受指令。	纸、笔	1. 使用三向交流； 2. 信息包括：阀门的双重名称(设备编码、设备名称)和要求达到的状态。	
2	找到需操作的阀	确认阀门正确。	手电筒	1. 使用自检确认； 2. 确认设备的双重名称(设备编码和设备名称)与要求一致。	

续表

序号	操作步骤	操作要求	工器具	测评标准	备注
3	手动关闭或打开活塞式气动阀	1. 确认活塞式气动阀无法气动控制或需要手动操作； 2. 确认活塞式气动阀当前的状态及阀门开度； 3. 确认活塞式气动阀需要达到的状态(全开或全关)； 4. 关闭活塞式气动阀的压空供气隔离阀； 5. 打开活塞式气动阀上、下气缸之间的平衡阀； 注：部分压缩空气供气隔离阀和活塞式气动执行机构的上下气缸平衡阀为一四通阀，操作一次即可同时完成两个阀门的状态改变(即关闭压缩空气的供气隔离阀，打开两个气缸间的平衡阀)。 6. 将活塞式气动阀切换至手动操作模式，将气动阀的手动操作机构与阀门的执行机构通过蜗轮蜗杆啮合。 注：不同类型的活塞式气动执行机构，手、气动模式的切换方式也不同，需要根据阀门的自身要求进行切换； 7. 确认活塞式气动阀操作手轮的操作方向： 1) 如果阀门上有手轮开、关方向指示的，按指示的方向进行操作； 2) 如果没有开、关方向指示的，一般按操作人员面向阀门操作手轮，顺时针转动操作手轮为关闭阀门，逆时针方向转动操作手轮为打开阀门的原则进行操作。 8. 将活塞式气动阀打开或关闭。		1. 正确将活塞式气动阀由手动操作模式切换至气动模式； 2. 正确将活塞式气动阀手动关闭或打开。	
4	汇报下令人	汇报最终的操作结果。		1. 使用三向交流。 2. 汇报阀门操作后状态。	

2.13 操作实施 13 活塞式气动阀由手动模式切换至气动模式

序号	操作步骤	操作要求	工器具	测评标准	备注
1	接受指令	接受指令。	纸、笔	1. 使用三向交流； 2. 信息包括：阀门的双重名称(设备编码、设备名称)和要求达到的状态。	

续表

序号	操作步骤	操作要求	工器具	测评标准	备注
2	找到需操作的阀	确认阀门正确。	手电筒	1. 使用自检确认； 2. 确认设备的双重名称（设备编码和设备名称）与要求一致。	
3	手动关闭或打开活塞式气动阀	1. 确认活塞式气动阀在手动操作模式； 2. 确认活塞式气动阀的压空供气隔离阀关闭； 3. 确认活塞式气动阀当前的开度与气动阀的控制器输出要求一致，否则通过手动调节阀门的开度或调节阀门控制器的输出，使两者一致； 4. 将活塞式气动阀切换至气动模式，将气动阀的手动操作机构与阀门的执机构解啮。 注：不同类型的活塞式气动执行机构，手、气动模式的切换方式也不同，需要根据阀门自身的要求进行切换； 5. 关闭活塞式气动阀两个气缸之间的平衡阀； 6. 打开活塞式气动阀的压空供气隔离阀； 注：部分压缩空气供气隔离阀和活塞式气动执行机构的上下气缸平衡阀为一四通阀，操作一次即可同时完成两个阀门的状态改变（即关闭两个气缸间的平衡阀，打开压缩空气的供气隔离阀）。 7. 通过气动操作，确认活塞式气动阀动作正常。		正确将活塞式气动阀由手动操作模式切换至气动模式。	
4	汇报下令人	汇报最终的操作结果。		1. 使用三向交流； 2. 汇报阀门操作后状态。	

2.14 操作实施 14 将失效打开的薄膜往复式气动阀手动锁止在关闭状态

序号	操作步骤	操作要求	工器具	测评标准	备注
1	接受指令	接受指令。	纸、笔	1. 使用三向交流； 2. 信息包括：阀门的双重名称（设备编码、设备名称）和要求达到的状态。	

续表

序号	操作步骤	操作要求	工器具	测评标准	备注
2	找到需操作的阀	确认阀门正确。	手电筒	1. 使用自检确认； 2. 确认设备的双重名称(设备编码和设备名称)与要求一致。	
3	手动锁止薄膜往复式气动阀在关闭状态	1. 确认薄膜往复式气动阀在失效打开状态； 2. 解锁气动阀的操作手轮； 3. 确认气动阀的操作手轮的操作方向。如操作手轮上有操作方向指示，则以操作手轮的方向指示为准。如操作手轮上无操作方向指示，则以操作人员面向操作手轮，顺时针方向旋转操作手轮为关闭阀门，逆时针方向旋转操作手轮为打开阀门的原则进行操作。 4. 操作气动阀的操作手轮将气动阀摇至全关位置。		正确将失效打开的薄膜往复式气动阀手动锁止在关闭状态。	
4	汇报下令人	汇报最终的操作结果。		1. 使用三向交流； 2. 汇报阀门操作后状态。	

2.15 操作实施 15 手动操作电动执行机构(阀)

序号	操作步骤	操作要求	工器具	测评标准	备注
1	接受指令	接受指令。	纸、笔	1. 使用三向交流； 2. 信息包括：设备的双重名称(设备编码、设备名称)和要求达到的状态。	
2	找到需操作的设备	确认设备正确。	手电筒	1. 使用自检确认； 2. 确认设备的双重名称(设备编码和设备名称)与要求一致。	
3	手动操作电动执行机构(阀)	1. 确认电动执行机构已断电； 2. 确认电动执行机构上的阀位指示； 3. 找到手、电动切换机构的切换手柄； 4. 确认手、电动切换手柄指向电动位(AUTO)； 5. 将手、电动切换手柄切至手动位(MAN)，并保持；		正确手动操作电动执行机构(阀)。	

续表

序号	操作步骤	操作要求	工器具	测评标准	备注
3	手动操作电动执行机构(阀)	(注:不能松开手,要将切换手柄保持在手动位,否则切换手柄会自动回到电动位。) 6. 确认操作手轮的转动方向: 如,操作手轮上有操作方向指示,则以操作手轮的方向指示为准。 如,操作手轮上无操作方向指示,则以操作人员面向操作手轮,顺时针方向旋转操作手轮为关闭阀门,逆时针方向旋转操作手轮为打开阀门的原则进行操作。 7. 转动电动执行机构的操作手轮,确认操作手轮已吃上力; (注:部分电动执行机构在旋转操作手轮时,始终需要用手将手、电动切换手柄保持在手动位;部分电动执行机构在操作手轮吃上力后可以将手、电动切换手柄松开,切换手柄能保持在手动位。) 8. 转动电动执行机构上的操作手轮,通过电动执行机构上的阀位指示,确认操作方向正确,继续转动操作手轮直至到要求的阀门状态; 9. 松开电动执行机构上的手、电动切换手柄。 10. 确认手、电动切换手柄恢复至电动位(见注)。 (注:部分电动执行机构的切换手柄会自动恢复到电动位。) 另外一些电动执行机构的切换手柄不能通过手动的方式放回到电动位。一般在进行一次电动操作后便能自动回到电动位。		正确手动操作电动执行机构(阀)。	
4	汇报下令人	汇报最终的操作结果。		1. 使用三向交流; 2. 汇报设备操作后状态。	

2.16　实施中需要特别注意的几个关键点

1）打开阀门时要综合阀门所在系统的运行情况、阀门在系统的相对位置及作用、系统压力、温度等考虑;

2）当阀门出口对空,避免人员直接面对阀门出口,如果是液体介质还要提前做好准备防止液体溅出；

3）当管道中有介质流动，关闭阀门时要缓慢，避免关阀速度过快产生水或汽锤；

4）单体阀门操作时，人员禁止将手伸入阀体内以免受伤；

5）小型阀门严禁使用像F扳手一类的助力工具进行操作，特别是隔膜阀；

6）遇到无法打开阀门的情况时，要汇报并发工作申请，由维修人员进行处理；

7）在投运氮气回路时，要保持房间窗户和门均打开，就地的氧浓度表显示正常。减压阀操作时，要注意是否有氮气泄露，关注就地氧气浓度的变化，当氧浓度低报警时，人员要撤离操作区域。

第三章　故障检查和处理

序号	故障现象	判断方法	故障原因分析	故障排除方法
1	疏水阀、排气阀泄漏	阀门出口是否有介质流出	阀门未关到位	将阀门重新关闭到位
			阀芯与阀座间有异物	在获得授权的情况下，稍开阀门以便将异物冲走，再重新关闭阀门
			阀门损坏	发工作申请
2	安全阀泄漏	管道压力明显低于安全阀设定压力，安全阀出口是否仍有介质流出	安全阀未回座到位	发工作申请
3	止回阀泄漏	泵未运行，但反转	泵出口止回阀内漏	汇报，发工作申请
			泵出口止回阀未关到位	有重锤等外在机构的止回阀，可以通过外力助阀门关闭到位，否则，发工作申请
4	阀门填料处泄漏	是否有介质沿阀杆向外渗漏，或填料密封处的引漏管是否有介质流出	阀门填料或阀杆有缺陷	泄漏量小，发工作申请，监视故障是否扩大
				泄漏量大，采取措施进行隔离，发工作申请 （注：部分阀门可以摇至全开或全关位以减少泄漏）
5	阀体渗漏	阀体上有介质渗出	阀体砂眼	泄漏量小，发工作申请，监视故障是否扩大
				泄漏量大，采取措施进行隔离，发工作申请
6	蝶阀泄漏	阀门隔离不严，无法疏水完全	阀门未关到位	手动蝶阀：将阀门重新关闭到位
				电动蝶阀：发工作申请，维修人员调整行程开关。
			阀门过关，超过全关限位	手动蝶阀：重新调整阀门到全关位，检查关限位装置是否故障，发工作申请

续表

序	故障现象	判断方法	故障原因分析	故障排除方法
6	蝶阀泄漏	阀门隔离不严,无法疏水完全	阀门过关,超过全关限位	电动蝶阀:发工作申请,维修人员调整行程开关
			阀门密封面损坏	发工作申请
7	气动阀响应不正常	阀门实际开度与要求不一致	气源未投	检查气动阀的供气阀,并打开供气阀
			控制回路故障	发工作申请,如有必要手动控制阀门开度
			阀门定位器连杆断裂	发工作申请
			气缸或薄膜存在漏气	发工作申请
8	阀杆断裂	阀杆断裂	阀杆锈蚀	发工作申请
			操作阀门时使用了助力工具,操作力矩过大	发工作申请,不能使用助力工具操作阀门,阀门关不动或开到位时不能再加大力矩
9	无法通过操作手轮或操作手柄开、关手动阀	无法转动操作手轮或操作手柄	手轮操作方向错误或已到限位位置	确认阀门的开、关状态,向要求的操作方向转动操作手轮
			阀门卡涩	切勿强行操作阀门,联系维修人员处理或发工作申请
10	电动阀驱动电机过载	电动阀供电电源开关热跳	阀门关闭过紧或卡涩	手动摇松阀门后,再使用电动进行操作
			阀门两侧压差过大	打开电动阀旁路阀,减小电动阀两侧压差,或手动将电动阀摇(打开)到一定的开度
			过力矩保护设定值不合理(过高),或电机热偶保护设定值不合理(偏低)	发工作申请,由维修人员重新设定保护值
			行程开关或力矩开关故障	发工作申请,由维修人员进行处理
			电动机故障	发工作申请
11	减压阀设定值漂移	减压阀出口压力是否无法维持在要求值	减压阀流量过大或阀门下游的压力过低	检查减压阀下游设备及管道是否有泄漏,并隔离泄漏点

续表

序	故障现象	判断方法	故障原因分析	故障排除方法
11	减压阀设定值漂移	减压阀出口压力是否无法维持在要求值	减压阀设计流量无法满足系统最大流量要求	确认减压阀下游系统或设备无泄漏,更换阀门
			减压阀未调整至设定值	重新调整调减阀的设定值
			阀门故障	发工作申请

第四章　操作结束

4.1　总结

电厂的阀门类型较多，一般由电动执行机构、气动执行机构、液压执行机构等驱动的阀门带有阀位指示装置，部分手动阀也有阀位指示装置，对于这些阀门在操作前、后以阀位指示来判断阀门开、关状态。

手动阀门中一般暗杆式的阀也会带有阀位指示装置，但明杆式多数是不带有阀位指示装置。有阀位指示的暗杆式、明杆式阀门，运行人员均需要在确认阀位指示装置无明显缺陷的情况下，以阀位指示装置的指示作为阀门开、关状态判断的依据。明杆式阀门在无阀位指示装置的情况下可以通过检查阀杆的位置来进行判断，特别是在设备隔离时，还需要辅以系统压力、流量、疏水排气等情况来判断。

打开手动阀门时除需要注意阀门所在系统的状态、介质类型、压力、温度，考虑开阀对系统和人员的影响和风险。对于高温介质在打开阀门前要注意阀门两侧的温差，需要时通过暖管等方式减少两侧的温差，避免高温介质进入低温设备中，造成管道或设备损坏。

其关键点为：接受任务时需要使用三向交流，并在确认时核对阀门的编码和名称一致。并准确无误地操作阀门，将阀门置于要求的状态全开、全关或节流。阀门无法操作，或无法判断阀门状态时要如实汇报，以寻求专业人员的帮助。

4.2　评价

学员对阀门的状态进行确认，并对操作阀门的过程进行阐述，并说明其中的关键点以及注意事项。教员对学员的陈述简要记录，根据学员的阐述评判学员的掌握情况，并对学员的学习情况做出整体评价。

第五章　经验反馈

1. 事件简述

2015 年 11 月 13 日，方家山 1 号机组大修进行中，大修值执行 1D28-04(类似对 RCW 系统充水排气)，发现 1SRI045VN、1SRI047VN 阀门带有关闭上锁的隔离(主隔离 1PW16068)，为防止实际阀门位置与隔离不一致，安排两组人在不打开锁链的情况下，用 F 扳手顺时针拧，拧不动，认为阀门已经关到位，继续进行 SRI 在线以及充水排气。至 19 时左右，现场已从低点至高点逐步确认排气阀出水后关闭相应排气阀，发现高位水箱液位仍在下降，报主控关自动补水阀；同时现场报 8.5 m 层有跑水。现场人员到 1SRI045VN、1SRI047VN 阀门处，撬开锁后 4 个人不能关闭这两个阀门，后改由两人用 F 扳手并由 4 人配合才把阀门关闭。同时关闭了 1SRI006VD(高位水箱稳压管道截止阀)。

随后对 0 m 层和−7.5 m 层设备进行遮盖、吸水清理，联系维修人员对重要设备进行吹干、烘干，测绝缘。

2. 事件后果

10 m 层和−7.5 m 层部分设备被水淋，PT 柜前门缝隙顺着前沿有少量滴水，处理及时，无设备损坏。

3. 获得的经验

对执行系统在线时核实阀门状态的两组人员进行访谈，均表示该阀门无限位或行程指示，当时带有关闭上锁的隔离，因此以 F 扳手向关闭方向施加力矩来确认是否关到位；人员执行阀门开关操作的技能不足。

主隔离执行人员回忆：当时阀门关不动，质疑了阀门操作方向，于是向打开方向进行操作，发现阀门操作灵活，后继续向关闭方向用力(使用了 F 扳手)至阀门不动，行程不明显，但认为阀门之前被别人关到位，于是上锁挂。人员执行隔离时对设备原状态质疑的态度不足，在没有足够依据的情况下判断阀门本来就在关状态。

第六章 习 题

鉴定点:减压阀手动操作

试题1:减压阀(可短时离线)手动调节

1. 准备要求

考场准备:

(1) 试题名称:减压阀(可短时离线)手动调节

(2) 本题分值:50

(3) 考核时间:20 min

(4) 考核形式:实操

(5) 设备设施准备:

序号	名称	规格	单位	数量	备注
1	带减压阀的氮气供气回路		套	1	

2. 考核要求

(1) 本题分值:50

(2) 考核时间:20 min

(3) 考核形式:实操

(4) 具体考核要求:按要求调节减压阀的出口压力至 2 MPa

(5) 否定项说明:无

3. 配分与评分标准:

序号	考核内容	考核要点	配分	评分标准	扣分	得分
1	接受指令	接受指令。	2	1. 使用三向交流; 2. 信息包括:阀门的双重名称(设备编码、设备名称)和要求的设备状态。		
2	找到需要操作的阀门	确认阀门正确。	2	1. 使用自检确认; 2. 确认设备的双重名称(设备编码和设备名称)与要求一致。		
3	关闭减压阀入口隔离阀	1. 找到减压阀入口隔离阀; 2. 关闭减压阀入口隔离阀。	4	1. 自检确认阀门正确; 2. 正确关闭减压阀入口隔离阀。		

续表

序号	考核内容	考核要点	配分	评分标准	扣分	得分
4	确认减压阀出口压力	1. 读取减压阀出口压力表读数； 2. 确认减压阀出口压力降至设定值以下，或对减压阀出口管线进行卸压。	5	确认减压阀出口压力低于设定值。		
5	关闭减压阀	1. 如果减压阀安装了操作手轮（旋钮）锁止装置，则先将减压阀的操作手轮（旋钮）锁止装置解锁； 2. 按操作人员面向减压阀操作手轮（旋钮），顺时针方向转动减压阀操作手轮（旋钮）可打开减压阀，逆时针方向转动减压阀操作手轮（旋钮）可关闭减压阀的原则进行操作，直至减压阀全关； 3. 确认减压阀全关。	6	1. 自检确认阀门正确； 2. 操作手轮（旋钮）锁止装置解锁； 3. 正确关闭减压阀。		
6	关闭减压阀出口隔离阀	1. 找到减压阀出口隔离阀； 2. 关闭减压阀出口隔离阀。	4	1. 自检确认阀门正确； 2. 正确关闭减压阀出口隔离阀。		
7	开启减压阀入口隔离阀	1. 缓慢打开减压阀入口隔离阀，直至全开； 2. 读取减压阀入口压力表的读数，确认减压阀入口压力上升至额定值。	4	1. 自检确认阀门正确； 2. 正确打开减压阀入口隔离阀； 3. 确认减压阀入口压力正常。		
8	调节减压阀	1. 顺时针方向缓慢转动减压阀的操作手轮（旋钮）； 2. 确认减压阀出口压力表读数缓慢上升； 3. 当减压阀出口压力表读数接近设定值时，停止转动减压阀的操作手轮（旋钮）； 4. 观察减压阀出口压力表读数，压力表读数稳定后读取压力表读数，并记录；	17	1. 自检；		

续表

序号	考核内容	考核要点	配分	评分标准	扣分	得分
8	调节减压阀	5. 减压阀出口压力表读数与要求一致时，停止调节减压阀操作手轮(旋钮)。 如果减压阀安装了操作手轮(旋钮)锁止装置，则将减压阀的操作手轮(旋钮)锁止装置重新锁紧。		2. 正确将减压阀调整至其出口压力达到设定值。		
9	打开减压阀入口隔离阀	1. 找到减压阀出口隔离阀； 2. 缓慢打开减压阀出口隔离阀。	4	1. 自检； 2. 正确关闭减压阀出口隔离阀。		
10	汇报下令人	汇报最终的确认结果。	2	1. 使用三向交流； 2. 汇报操作后的阀门状态。		

否定项：

评分人：　　年　　月　　日　　　　　　　　核分人：　　年　　月　　日

第二部分　泵类设备

第一章　操作准备

1.1　原理描述

1.1.1　核电厂常用泵的分类

泵的应用广泛，种类繁多，常根据科研、生产等需要从以下几个方面进行分类。按泵所产生的全压高低分：

低压泵：扬程小于 2 MPa；

中压泵：扬程在 2～6 MPa 之间；

高压泵：扬程大于 6 MPa。

按泵的工作原理分：

1）叶片式泵。依靠装在主轴上的叶轮旋转，由叶轮上的叶片对流体做功来提高流体能量的泵。根据流体在其叶轮内的流动方向和所受力的性质不同又分为：离心式、轴流式及混流式三种形式。

2）容积式泵。利用工作室容积周期性的变化来输送流体的泵。如往复式、回转式泵。

3）其他类型的泵。无法归入叶片式或容积式的各类泵。如射流泵、水锤泵等。

1.1.2　叶片泵结构及工作原理

1. 叶片泵结构

叶片泵的流道可分成三部分：将液体引向工作轮（以下简称叶轮）的进水流道——吸水室；转换能量的叶轮，出水流道——压水室。

吸水室与压水室一般是固定不动的，而液体在叶轮的流动情况较为复杂，它在流过叶轮的同时又被叶轮强迫着一起转动，使得研究和分析比较困难，叶片泵的基本理论也主要集中在叶轮流道中液体运动规律的研究和叶轮的水力设计上。

叶轮流道几何形状常用轴面投影图和平面投影图表示。前者将叶轮流道用圆柱投影法投影在通过旋转轴线的平面上，后者是将流道投影于垂直轴线的平面上。

分析离心泵叶轮流道中液体流动规律时，我们暂且引用以下三点假设：

1）通过叶轮的液流，可看成是无数层流面的总和，每层流面的流动互不相干；

2）叶轮叶片数 Z 为无穷多；

3）液体在叶片间的流动呈轴对称。

根据第一点假设，可将整个液流分离成单个流面来研究。流面是液体质点运动迹线——流线绕叶轮轴心线回转一周所形成的，流线必在流面上。根据第二点假设可以认为叶轮的叶片是一些无厚度的骨线（或称型线），液体质点相对运动轨迹与叶片骨线的形状完全一致，这样，绘出液体相对运动轨迹也就得到了叶片的骨线。第三点假设说明同一半径的圆周上液体质点有相同大小的速度。每一层流面上的流线形状完全相同，每层流面只须研究一条流线即可。

2. 离心泵结构

离心泵用途广泛，结构形式繁多（图 1-1）。但是，其基本工作原理和主要部件的作用相同，其中许多同名部件的形状也相近。故本节以单级、单吸离心泵的结构为例，对主要部件的名称、作用、位置、构造、原理等作如下介绍（图 1-2）。离心泵的构造，从部件的动静关系看是由转动、静止以及部分可转动这三大类部件组成的。其中所有可转动的零部件统称为转子。离心泵转子的主要部件有叶轮、主轴、轴套和联轴器；静止的主要部件有吸入室、压出室、机架、蜗壳式泵的径向力平衡装置以及节段式多级泵的导叶轮；部分或某些型式的部分可转动的主要部件是密封装置（包括内、外密封装置），轴向推力平衡装置以及轴承。如果从部件与流道（液体在泵内经过的通道）的关系看，离心泵又是由流道组成的部件和非流道组成的部件组成的。其中吸入室、叶轮、导叶、压出室的通道依次相接组成流道，故它们都是流道组成部件，其他部件则都为非流道组成部件。

图 1-1 离心泵

(1) 叶轮

叶轮的作用是将原动机的机械能传给液体，使液体的静压能和动能均有所提高。

离心泵的叶轮如图 1-3 所示，叶轮内有 6～12 片弯曲的叶片。图 1-3 中(a)所示的叶片两侧带有前盖板 2 及后盖板 3 的叶轮，称为闭式叶轮。液体从叶轮中央的入口进入后，经两盖板与叶片之间的流道而流向叶轮外缘，在这过程中液体从旋转叶轮获得了能量，并由于叶片间流道的逐渐扩大，故有一部分动能转变为静压能。有些吸入口侧无前盖板的叶轮，称为半闭式叶轮，如图 1-3 中(b)所示。还有一些没有前、后盖板的叶轮，称为开式叶轮，如图 1-3 中(c)所示。半闭式与开式叶轮可用于输送浆料或含有固体悬浮物的液体，取消盖板后叶轮流道不容易堵塞，但由于没有盖板，液体在叶片间运动时容易产生倒流，故效率也较低。

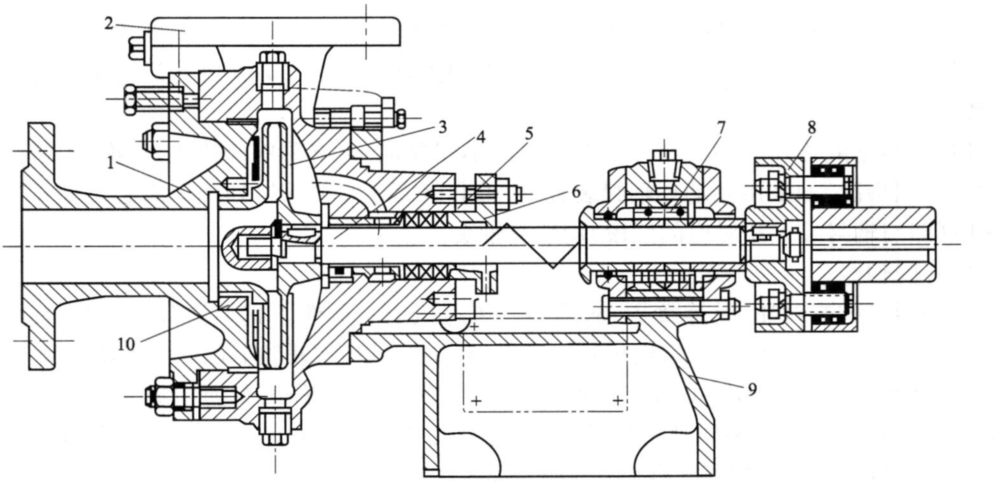

图 1-2 单级离心泵结构图

1—泵盖;2—泵体;3—叶轮;4—轴;5—填料;6—填料压盖;
7—单列向心球轴承;8—联轴器;9—托架;10—密封环

(a) (b) (c)

图 1-3 离心泵叶轮

(a) 闭式;(b) 半闭式;(c) 开式

闭式叶轮在工作时,有一部分离开叶轮的高压液体漏入叶轮与泵壳之间的两侧空腔中,而叶轮前侧液体吸入口处为低压,故液体作用于叶轮前、后两侧的压力不等,便产生了指向叶轮吸入口方向的轴向推力,使叶轮向吸入口侧窜动,引起叶轮与泵壳接触处磨损,严重时造成泵的振动。为此,可在叶轮后盖板上钻一些小孔。这些小孔称为平衡孔,它的作用是使后盖板与泵壳之间的空腔中一部分高压液体漏到低压区,以减小叶轮两侧的压力差,从而起到平衡一部分轴向推力的作用,但同时也会降低泵的效率。平衡孔是离心泵中最简单的一种平衡轴向推力的方法。

(2) 轴及轴套

轴是传递扭矩(机械能)的主要部件。它位于泵腔中心,并沿着该中心的轴线伸出腔外搁置在轴承上。从腔一侧伸出搁置在两个轴承上的轴称为悬臂式轴。从腔两侧伸出并分别由两侧轴承支承的轴称为双支承式轴。单级单吸蜗壳式离心泵常用悬臂式轴,双吸式或多级离心泵都采用双支承轴。轴的形状有等直径轴和阶梯直径差约为 0.02 mm 的阶梯式轴两种。大型泵常采用阶梯式轴,轴的材料一般采用碳钢(35 号或 45 号钢),对大功率高压泵则采用铬钒钢或特种合金钢。圆筒状的轴套是保护主轴免受磨损并对叶轮进行轴向定位的部件,其材料一般为铸铁。

但是,根据液体性质和温度等工作条件的不同要求,也有采用硅铸铁、青铜、不锈钢等材料的。个别情况,如采用浮动环轴封装置时,轴套表面还需要镀铬处理。离心泵轴穿出泵腔的区段(即与轴封装置相对应的区段)均装有轴套。

(3) 联轴器

联轴器又称靠背轮,是连接主、从动轴以传递扭矩的部件。其结构型式很多,泵与风机常用的有凸缘固定式联轴器、齿轮可移式联轴器、挠性可移式联轴器以及液力耦合器等。

1) 凸缘固定式联轴器由两个带毂的圆盘(又称两个半联轴器)所组成。两个半联轴器用键分别装在泵与风机和原动机轴的端部,并用几个螺栓将它们连成一体。同时靠两个圆盘端面的凸肩与凹槽的相互配合来保证两轴同心。

这种联轴器结构简单、刚性好、对中精确、传递的扭矩大,但不能缓和载荷的冲击,安装时对靠背轮找中心的要求高。通常在小功率和轴颈的直径不太大的离心式泵与风机中得到较广泛的使用。

2) 齿轮式联轴器主要由两个具有外出的半联轴器和两个带内齿的外壳组成。两个半联轴器分别装在主动轴和从动轴上,两个外壳用螺栓连成一体。外壳和半联轴器通过内、外齿的相互啮合而相连。工作时,靠啮合的轮齿传递扭矩。

这种形式的联轴器传递很大的扭矩。由于轮齿间留有较大间隙,外齿轮的齿顶又可做成球面,球面中心位于轴线上,所以还能补偿适量的综合位移,即能补偿两轴间较小的不同心和偏斜。它是一种刚性可移式联轴器。其缺点是结构较复杂,制造较困难,工作时还必须采用干净油脂或稀油润滑。

3) 弹性圈柱销式联轴器,由两个半联轴器组成。它们两个圆盘用键分别固定于主、从动轴上,并用几个带橡胶圈和螺母的柱销沿轴向伸入两圆盘相对的孔内来连接和传递扭矩。这种联轴器两盘之间留有间隙,可以补偿较大的轴向位移。依靠弹性圈柱销的变形,允许有微量的径向位移和角位移。它是一种弹性可移式联轴器,具有能缓和冲击、吸收振动的优点。常在启动频繁的高转速泵中使用。

4) 液力耦合器是一种用液体传递扭矩的、能够无级变速的联轴器。

液力耦合器是用工作油为介质将原动机的机械能传递给工作机的一种液力传动装置。它主要由泵轮、涡轮、旋转外壳、主动轴及从动轴等构件组成。泵轮装在与原动机轴相连的主动轴上。相当于离心泵的叶轮。涡轮装在与工作机相连的从动轴上,相当于水轮机的叶轮。两轮彼此不接触,相互之间保持几毫米的轴向间隙,不能进行扭矩的直接传递。泵轮和涡轮的形状相似,合在一起很像汽车的车轮,分开时均为具有 20~40 片径向直叶片的叶轮,只是为避免共振。涡轮的叶片数总比泵轮少 1~4 片。这种叶轮的后盖板及轮鼓在轴面上形成两个对称的碗状投影,且与叶片共同组成沿圆周对称分布的几个凹形流道,称为工作腔。每个工作腔的进、出口均沿轴向,且在叶轮同侧,运行时工作油就在两轮的凹形工作腔内循环流动。为防止工作油泄漏,一般在泵轮外缘还用螺栓连接旋转外壳,将涡轮密封在壳内。

当液力耦合器在原动机驱动下旋转时,泵轮叶片带动旋转的工作油,使其在离心力的作用下,从泵轮半径较小的流道进口处加速抛向半径较大的流道出口处,其动量矩得到增大。

工作油动量矩的增大过程就是旋转的泵轮将原动机输入的机械能转化成工作油的能量，从而提高工作油压力和速度的过程。增大能量后的工作油在泵轮流道出口处以轴向相对速度与泵轮出口圆周速度组成合速度，冲入涡轮流道的进口，并沿着流道作向心运功。

运动中由于速度和压力的不断减小，工作油的动量矩将不断变小，涡轮则因此受到力矩作用，并以略低的转速与泵轮同向转动做功，完成工作油的能量向涡轮转动机械能的转化。此时，释放能量后的工作油在涡轮流道出口处的速度由轴向相对速度与涡轮出口圆周速度二者合成，此后工作油进入泵轮流道进口，开始下一个能量转换的循环流动。液力耦合器就是在腔内工作油如此不断地循环下，完成功率传递的。

(4) 吸入室

离心泵吸水管接头处至叶轮进口前的空间称为吸入室。吸入室的作用是使液体在能量损失最小的情况下，平衡、均匀地流入叶轮。吸入室有三种型式：锥形管吸入室、圆环形吸入室和半螺旋形吸入室。

锥形管吸入室结构简单，制造方便，液体能量损失小，叶轮前流分布均匀，一般用于悬臂式离心泵。锥形管吸入室的锥度一般为 7°～18°。圆环形吸入管结构简单，但液体进入叶轮时有冲击和旋涡损失，流速分布也不均匀。由于多级泵的扬程高，吸入室中的能量损失所占比例不大，且其轴向尺寸较短，因此仍在分段式多级泵中广泛应用。

半螺旋形吸入室的流动情况较好。液体进入叶轮时的流速分布比较均匀，但由于已有预旋，因而降低了泵的扬程。我国的中开式泵都采用这种吸入室。

(5) 导叶

导叶又称导流器、导轮，分径向式导叶和流道式导叶两种，应用于节段式多级泵上作导水机构。径向式导叶由螺旋线、扩散管、过渡区(环状空间)和反导叶(向心的环列叶栅)组成。螺旋线和扩散管部分称正导叶，液体从叶轮中流出，由螺旋线部分收集起来，而扩散管将大部分动能转换为压能，进入过渡区，起改变流动方向的作用，再流入反导叶，消除速度环量，并把液体引向次级叶轮的进口。由此可见，导叶兼有吸入室和压出室的作用。

流道式导叶的反导叶相类似，只是它们之间没有环状空间，而正导叶部分的扩散管出口用流道与反导叶部分连接起来，组成一个流道。它们的水力性能相差无几，但在结构尺寸上径向式导叶较大，工艺方面较简单。目前节段式多级泵设计中，趋向采用流道式导叶。

(6) 压出室

压出室是指叶轮出口到泵出口法兰(对节段式多级泵是到后级叶轮进口前)的过流部分。其作用是收集从叶轮流出的高速液体，并将液体的大部分动能转换为压力能，然后引入排出管。

压出室按结构分为螺旋形压出室、环形压出室和导叶式压出室。离心泵多采用螺旋形压出室和环形压出室。

螺旋形压出室不仅起收集液体的作用，同时在螺旋形的扩散管中将部分液体动能转换成压能。螺旋形压水室具有制造方便，效率高的特点。它适用于单级单吸、单级双吸离心泵以及多级水平中开式离心泵。

环形压出室在节段式多级泵的出水段上采用。环形压出室的流道断面面积是相等的，所以各处流速就不相等。因此，不论在设计工况还是非设计工况时总有冲击损失，故效率低于螺旋形压出室。

导叶式压出室可看作是由数个小螺旋形压出室组成的。这种压出室在各种工况下，都可平衡叶轮上的径。

(7) 轴封装置

离心泵密封装置有密封环(又称口环、卡圈)和轴端密封两部分。

1) 密封环

由于离心泵叶轮出口液体是高压，入口是低压，高压液体经叶轮与泵体之间的间隙泄漏而流回吸入处，所以需要装密封环。其作用是减小叶轮与泵体之间的泄漏损失；另一方面可保护叶轮，避免与泵体摩擦。密封环型式有平环式、角接式、锯齿式和迷宫式。一般泵使用前两者，而高压泵由于单级扬程高，为减少泄漏量，常用迷宫式。

2) 轴端密封(简称轴封)

在旋转的泵轴与固定不动的泵壳之间设置轴封，用来减少泵内高压力的液体向泵外泄漏和防止外界空气漏入泵内。它是保证泵安全，经济运行不可缺少的部件之一。在泵的转轴与泵壳之间有间隙，为防止泵内液体流出，或防止空气漏入泵内(当入口为真空时)，需要进行密封。目前电厂各种泵采用的轴端密封装置有：填料密封、机械密封、迷宫式密封和浮动环密封。

(8) 轴承

轴承是承受转子径向和轴向载荷的部件，按摩擦性质可以分为滚动轴承和滑动轴承两大类。

1) 滚动轴承

滚动轴承根据结构和作用的不同可大致分为以下三种：

① 向心轴承

向心轴承由外圈、内圈、滚动体(滚珠、滚柱、滚锥、滚针等)、隔离圈等组成。其内圈装在轴颈上，外圈装在轴承座内。内外圈上有滚道，当内外圈相对旋转时，滚动体就沿着滚道滚动。隔离圈的作用是将滚动体均匀地隔开。

这种轴承可承受径向载荷及不太大的轴向载荷，但承受冲击载荷的能力较差。

② 滚动推力轴承

由上圈、下圈、滚珠、隔离圈组成。上、下圈分别装在轴和机座上，并都有滚道供滚珠滚动，滚珠由隔离圈均匀隔开。这种轴承主要承受轴向载荷。

③ 推力轴承

它的构造与向心轴承相似，主要差别是加大了外滚道以承受轴向推力。

这种轴承既能承受径向载荷，同时也能承受较大的轴向载荷，是一种径向、轴向联合轴承。

滚动轴承具有轴承磨损小，转子不易下沉，轴承间隙小，轴的对中性好，有互换性，维修方便，摩擦系数小，泵的启动力矩小，轴承的轴向尺寸小等优点。但是承受冲击载荷的能力较差，在高速时易产生噪声，安装要求高。因此，滚动轴承一般在转速小于 2 950 r/min，残余轴向力不大的离心泵与风机上使用。

2) 滑动轴承

滑动轴承也大致可分为以下两种：

① 径向轴承

离心泵常用的剖分式径向轴承主要由轴承盖、轴承座、剖分的上、下轴瓦组成，起固定和支承轴瓦的作用。

② 推力轴承

推力轴承由装在轴上的推力盘和装在径向轴承侧面的推力瓦组成。推力瓦是一个由6～12片扇形块围成的圆环，扇形块由青铜、铸铁或钢制成，表面浇铸巴氏合金作为承力面。推力轴承就是依靠这些扇形块与推力盘的直接接触来承受转子上的部分轴向力。如果在推力盘的两侧都装设扇形块，就能承受双向的轴向力，可以限制转子的轴向窜动。动轴承与滚动轴承相比，其优点是轴与瓦的接触面积大，承载能力和抗冲击能力都很强，高转速下工作仍然可靠、平稳并无噪声。其缺点是启动力矩大，耗油量多，易漏油。这种轴承多用于高转速大型离心泵。

3. 轴流泵结构

轴流泵虽有多种型式，但是它们的基本结构和作用原理相同，所以，主要零部件的形状也近似。轴流泵由叶轮、导叶、扩压管、弯管、吸入管、泵轴和轴承等组成。如图 1-4 所示。

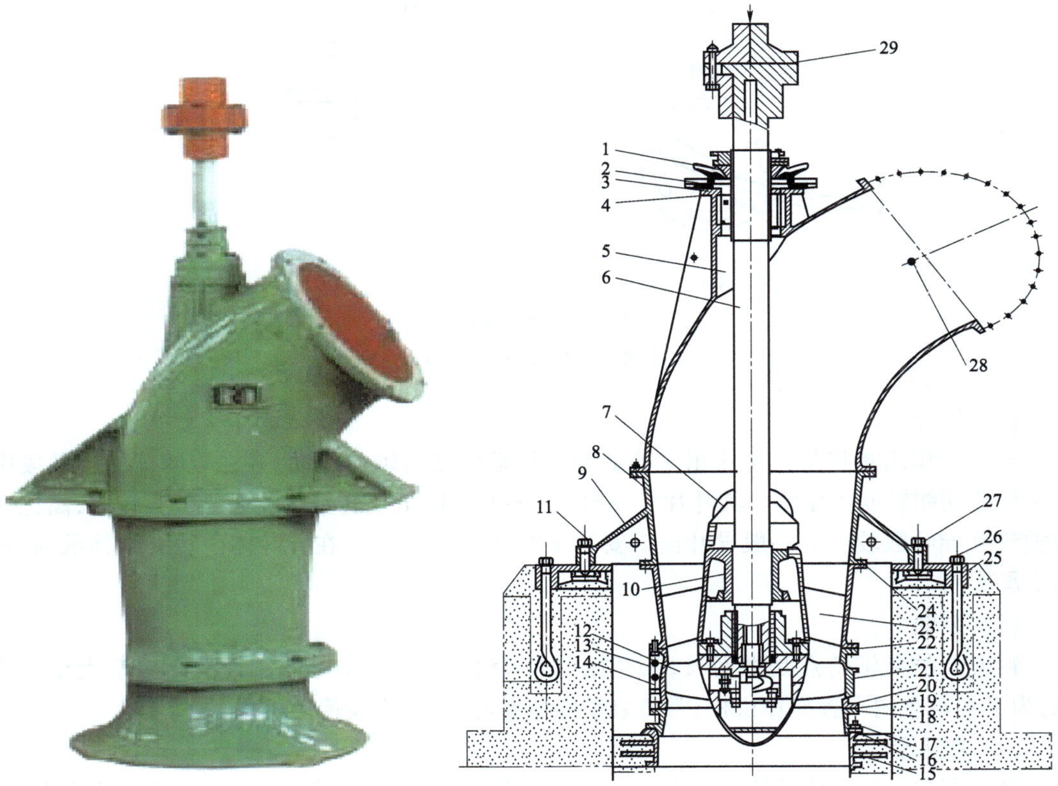

图 1-4　轴流泵结构示意图

1—填料密封；2—螺栓；3—垫；4—橡胶轴承；5—出水弯管；6—泵轴；7—导叶帽；8—中间接管；9—铭牌；10—圆锥定位螺钉；11—螺栓；12—叶轮；13—纸垫；14—销；15—底座；16—橡胶环；17—填料压圈；18—套管；19—垫；20—叶轮外壳；21—孔盖；22—垫；23—导叶体；24—垫；25—底板；26—地角螺栓；27—螺栓；28—1/2 四方螺塞；29—联轴器

现将轴流泵的主要部件介绍如下：

(1) 叶轮

叶轮是泵传递能量的主要部件。叶轮通常由叶片、轮毂、动叶头等组成。叶轮的材料由高级铸铁或铸钢制成。叶轮的动叶头为流线形锥体，以减少流动的阻力损失。轴流泵叶轮上常有 4～5 个扭曲叶片。叶片有固定式，半调节式及全调节式三种形式。全调节叶片轴流泵，可以根据负荷变化在停泵或不停泵的情况下，通过调节机构来改变叶片的装置角。这种调节方法高效区较宽，但调节机构复杂，一般用于大型轴流泵(图 1-5)。

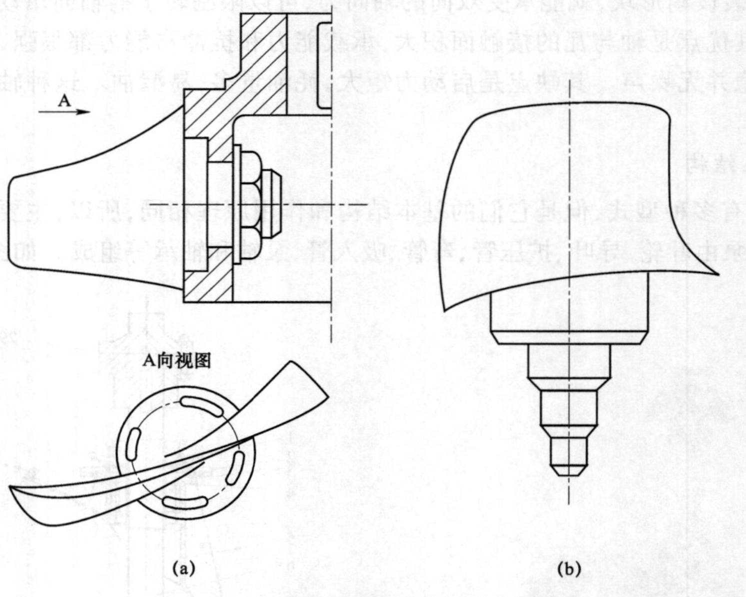

图 1-5 轴流泵叶片

(a) 半调节式叶片；(b) 全调节式叶片

(2) 导叶

导叶的作用是将从叶轮流出水流的旋转运动转变为轴向运动，并在导叶体的扩散段中将水流的动能转变为压能。其叶片数一般为 6～12 片，低比转数轴流泵导叶数较多，高比转数轴流泵导叶数较少。一般导叶出口安装角为 90°～110°。在导叶体内装有导轴承，起径向支承作用。

(3) 泵轴

轴流泵的泵轴特点是细而长，长径比 $L/D>(12\sim15)$，即是非刚性的。对于大型轴流泵，为了在轮毂内布置操作机构，常将泵轴做成空心，里面安装传动机构。

(4) 吸入管

吸入管的作用是使液体在损失最小的情况下均匀地流入叶轮。在中、小型轴流泵中，一般采用喇叭形吸入管；在大型轴流泵中常用平底型和斜底型肘形进水流道。

(5) 轴承

轴流泵的轴承有两种类型，一种是导轴承(径向轴承)，另一种是推力轴承。

导轴承主要是用来承受径向力，起径向定位作用。轴流泵一般多是立式布置，所以水泵转子的自身重量及叶轮上、下压差所产生的轴向推力完全由推力轴承来承受。

(6) 动叶片调节机构

动叶片调节机构如图 1-6,在轴流泵的空心轴内,放入一根调节杆,调节杆从泵轴上端穿出后,通过蜗轮、蜗杆的传动,调节其上升或下降。调节杆下端穿出泵轴后与拉板套用螺母旋紧,而拉板套每一角分别用拉片与拉臂相连。当调节杆上下移动时,带动拉板套一起上下移动,使拉臂旋转,从而改变叶片安装角。全调节式轴流泵在停运时,只需用扳手转动上端联轴器内的蜗杆,而不必拆卸任何零件即可调节叶片的安装角;或者通过一套调节装置在不停机的情况下,改变叶片的安装角,故其性能调整非常方便。图 1-6(b)表示了叶片安装角最大(流量最大)和叶片安装角最小的两种情况。

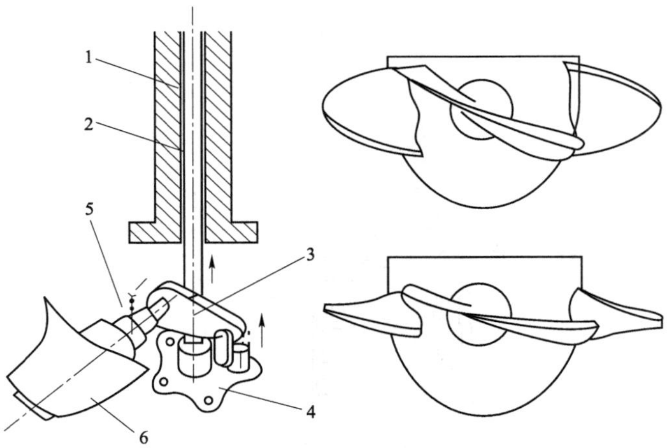

图 1-6 轴流泵动叶片

(a) 动叶调节示意图;(b) 叶片调节情形

1—泵空心轴;2—调节杆;3—拉臂;4—拉板套;5—叶柄;6—叶片

4. 屏蔽泵结构

屏蔽泵是一种泵机一体的特殊输液机械,适于输送贵重液体或带放射性的液体。屏蔽泵区别于普通泵的地方,在于电动机里设计有屏蔽装置,即在定子、转子部件上装有屏蔽套,以保证定、转子铁心和绕组不被输送的介质侵蚀。屏蔽泵使用定子绕组和转子绕组分别置于密封金属筒体内的屏蔽电动机驱动、它的泵壳与驱动电机外壳用法兰密封相连,取消了泵轴动密封结构。

1) 立式屏蔽泵

图 1-7 是核电站作主泵用的立式屏蔽泵的典型结构,其主要部分为水力部件、电动机、承压壳体、热交换器和轴承。泵在下端,电机在上端。电机转子和泵的叶轮构成一个整体的转子,下端相当于一般工业用的悬臂式单级泵。叶轮上方设有隔热屏起热屏障作用,防止载热剂(一回路冷却剂)的热量向电机方向传导。电机的定子、转子及叶轮全部封闭在高压壳体内。高压壳体外部盘绕蛇形管热交换器。

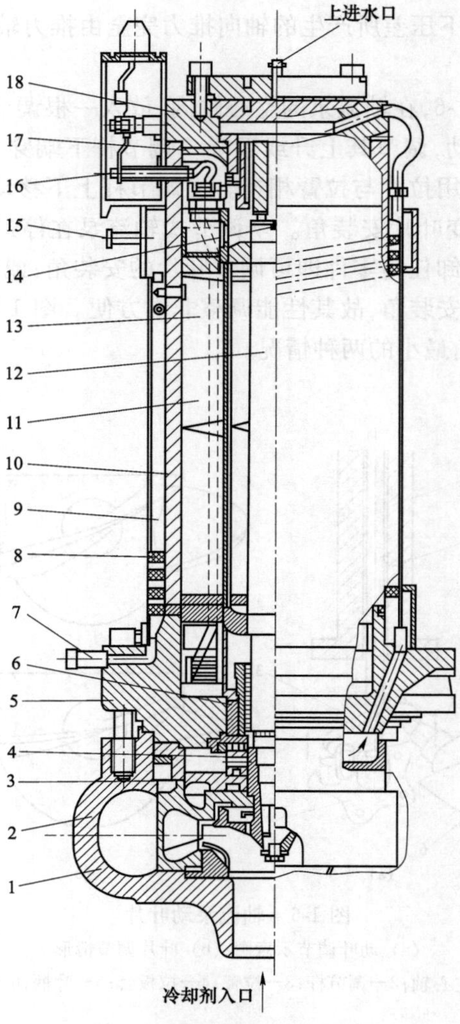

图 1-7　屏蔽泵

1—叶轮(水力部件);2—泵壳;3—隔热屏;4—推力轴承;5—法兰;6—径向轴承;7—冷却水出口;8—射形冷却管;9—冷却套;10—承压壳体;11—定子和转子屏蔽套;12—电机转子;13—电机定子;14—辅助叶轮;15—冷却水进口;16—电缆管;17—径向轴承座;18—顶盖

蛇形管外部流通二次冷却水,蛇形管内部为一次冷却水。一次冷却水是与载热剂相连通的,所以蛇形管内的压力就是一回路的压力。一次冷却水是从泵的正上方进入辅助叶轮,从辅助叶轮流出后沿定子与转子的间隙向下流动,同时将转子与定子的热量带走,并润滑下部径向轴承及推力轴承,再流到蛇形管,由下而上沿蛇形管流回顶部,构成一次冷却水的循环。低压二次冷却水从入口向下流,冷却蛇形管后从下部出口流出,构成二次冷却水的循环,实现热交换。

屏蔽泵的轴承,推力盘均由 18-8 不锈钢制造,表面堆焊耐腐蚀的硬质合金。转子、定子的屏蔽套材料,过去用 18-8 不锈钢,现在用哈斯特洛依牌号的镍钼基合金材料制成,它的厚度不到 1 mm,国外已用到 0.127 mm。屏蔽套耗功较多,它的厚度越薄电机效率越高。屏蔽套上、下两端再与电机的定子焊接，它不能承压，只能起屏蔽和密封作用。

屏蔽电机的结构与一般电机不同，这种电机细而长，因为水力摩擦耗功，直径大耗功大。功率与直径的三次方成正比。

下图 1-8 为国产立式屏蔽泵。主要为中、小型泵，并分为普通型和高温型。普通型仅有内循环一次冷却水系统；高温型的内循环一次冷却水系统还需通过热交换器进行二次外循环水冷却。国产立式屏蔽泵主要用于化工、易燃、易爆、有毒或贵重等液体的输送。

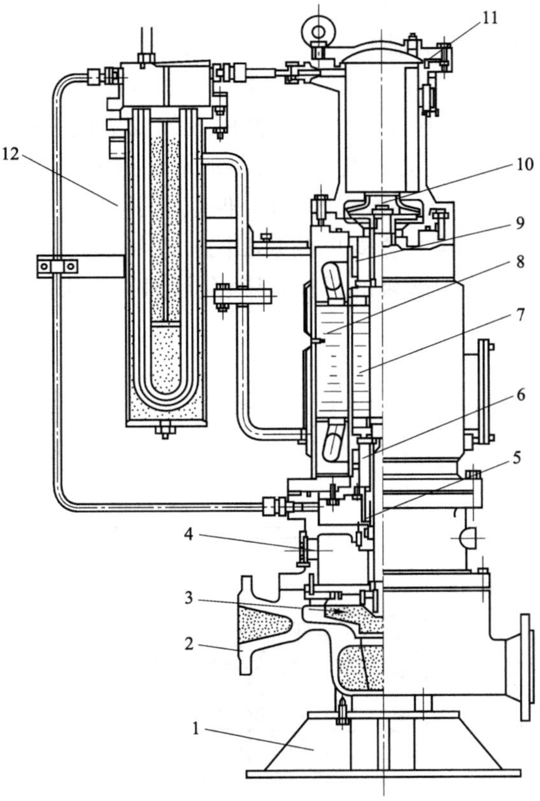

图 1-8　立式高温型屏蔽泵

1—底座；2—泵体；3—叶轮；4—汽缸；5—机械密封；6—石墨轴承；7—转子；8—定子；9—石墨轴承；10—副叶轮；11—润滑冷却液缸；12—热交换器

2）卧式屏蔽泵

卧式屏蔽泵的结构与立式屏蔽泵的基本结构一样，也是由电动机和水泵构成一体的，所以也称为电泵。它的主要结构部件有定子、定子屏蔽套（定子筒）、转子、转子屏蔽套（转子筒）、叶轮、泵体、热屏和端盖等。

下图 1-9 为国产卧式基本形屏蔽泵结构图，从图中可以看出，定子（20）的内表面和转子（19）的外表面，装有非磁性耐腐蚀金属（不锈钢）薄板做成的定子筒（屏蔽套）（22）和转子筒（屏蔽套）（21），另外在各自的侧面用非磁性耐腐蚀金属厚板与它们焊接起来，与输送液体完全隔开，使定子内腔和转子外腔不受侵蚀。转子的前端为悬臂式单级离心泵的叶轮（02），以此形成由电机转子与水泵叶轮构成的整体转子。前端用热屏（33）把电机和泵体（01）连接在一起,后端装有 RB 端盖封闭。

内循环一次冷却水从泵(01)的排出口→过滤器(03)→循环管(34)→RB 端盖(14)→后侧轴承(15B)与后侧轴套(17)之间的间隙→定子筒(22)与转子筒(21)之间的间隙→前侧轴承(15A)与前侧轴套(17)的缝隙→热屏(33)的小孔→叶轮(02)的入口部分,形成闭合循环。内循环液体对于轴承(15A)及(15B)的润滑和冷却以及对电机转子(21)和定子(22)的冷却起着非常重要的作用。

在液体中旋转的转子轴(16),由前后两个轴承(15A)和(15B)所支承,轴(16)的前端装悬臂式叶轮(02),这就形成了没有轴封的屏蔽泵。因而确定了它是无泄漏泵。屏蔽泵由叶轮产生的轴向推力,由前、后推力环(18)平衡。国产卧式屏蔽泵也分为普通型(如 FA 基本形)和高温分离型。高温分离型用于输送温度高的液体或贵重液体。普通型与高温分离型二者的主要差别在于高温分离型的内循环一次冷却水在进入屏蔽泵之前,需通过热交换器用外循环二次冷却水冷却,以降低一次水的温度,保证定子、转子区低温室的温度要求。

国产卧式屏蔽泵的使用范围与立式屏蔽泵相同。近年来,在核工业中输送中、低水平的放射液体时也有不少采用国产屏蔽泵的,目的是避免放射性物质的外泄漏。

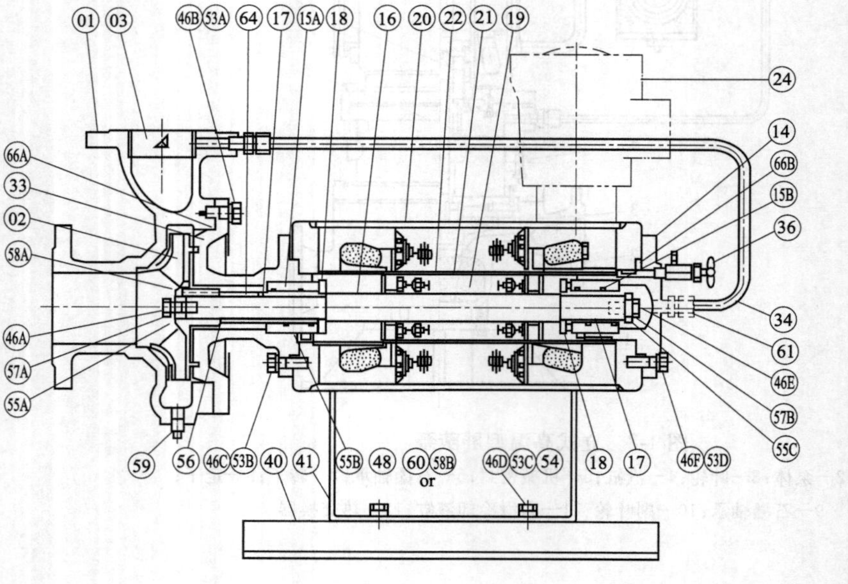

No	名称	No	名称
01	泵体	46D	螺栓
02	叶轮	46E	螺栓
03	过滤器	46F	螺栓
14	RB端盖	48	紧定螺钉
15A	轴承		
15B	轴承	53A	弹簧垫圈
16	轴	53B	弹簧垫圈
17	轴套	53C	弹簧垫圈
18	推力环	53D	弹簧垫圈
19	转子	54	垫圈
20	定子	55A	垫圈
21	转子筒	55B	垫
22	定子筒	55C	垫圈
		56	调整垫圈
24	接线盒	57A	止动垫圈
		57B	止动垫圈
33	热屏	58A	键
34	循环管	58B	键
		59	塞子
36	排气阀		
		60	销
40	底座	61	连轴节
41	机架	64	衬套
46A	螺栓	66A	密封垫圈
46B	螺栓	66B	密封垫圈
46C	螺栓		

图 1-9 卧式泵基本形(FA 形)

5. 柱塞泵

柱塞泵分为轴向柱塞泵和径向柱塞泵两种代表性的结构形式(图 1-10)。

柱塞泵柱塞往复运动总行程是不变的,由凸轮的升程决定。柱塞每循环的供油量大小取决于供油行程,供油行程不受凸轮轴控制是可变的。供油开始时刻不随供油行程的变化而变化。转动柱塞可改变供油终了时刻,从而改变供油量。柱塞泵工作时,在喷油泵凸轮轴上的凸轮与柱塞弹簧的作用下,迫使柱塞做上、下往复运动,从而完成泵油任务,泵油过程可分为以下两个阶段。

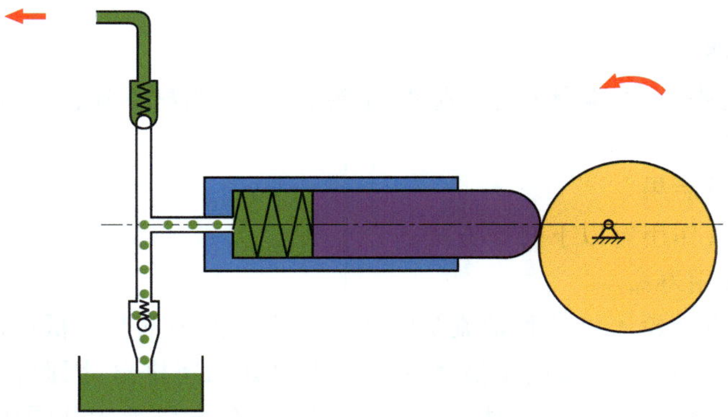

图 1-10 柱塞泵

1) 进油过程

当凸轮的凸起部分转过去后,在弹簧力的作用下,柱塞向下运动,柱塞上部空间(称为泵油室)产生真空度,当柱塞上端面把柱塞套上的进油孔打开后,充满在油泵上体油道内的柴油经油孔进入泵油室,柱塞运动到下止点,进油结束。

2) 回油过程

柱塞向上供油,当上行到柱塞上的斜槽(停供边)与套筒上的回油孔相通时,泵油室低压油路便与柱塞头部的中孔和径向孔及斜槽沟通,油压骤然下降,出油阀在弹簧力的作用下迅速关闭,停止供油。此后柱塞还要上行,当凸轮的凸起部分转过去后,在弹簧的作用下,柱塞又下行。此时便开始了下一个循环。

柱塞泵以一个柱塞为原理介绍,一个柱塞泵上有两个单向阀,并且方向相反,柱塞向一个方向运动时缸内出现负压,这时一个单向阀打开液体被吸入缸内,柱塞向另一个方向运动时,将液体压缩后另一个单向阀被打开,被吸入缸内的液体被排出。这种工作方式连续运动后就形成了连续供油。

1.1.3 泵汽蚀的机理、征兆及后果

(1) 汽蚀的机理

汽蚀是发电厂中离心泵常见事故之一,它的发生将影响着泵的安全与经济运行,特别是输送接近饱和状态水的泵,如给水泵、凝结水泵、疏水泵等,很容易发生汽蚀。

我们知道,液体在温度升高或压力降低到一定程度时就要发生汽化。对于一定的液体,一定的温度对应着一定的汽化压力,当压力低于此温度对应的饱和压力时,液体就要发生汽化,产生汽泡,并析出存在于液体中的气体。随着液体的流动,低压区的这些汽泡被带到高压区,在高压的作用下又迅速破裂而凝结,形成局部的高真空区,于是周围液体高速流向凝结中心而互相撞击,形成局部的高频水锤,频率可高达每秒二三万次,像机关枪射击一样。如果发生在金属表面附近,则集中一处的水击压力可高达成百上千个兆帕,这种不断地、反

复地冲击如果持续下去,导致金属表面因逐渐疲劳而破坏,这种破坏称为剥蚀。另一方面,逸出的活泼气体(如氧气)借助于汽泡凝结时放出的热量和水击时机械能转换成的热能加剧对金属的化学腐蚀作用,使得金属表面受到严重的损伤而破坏。这个过程就是汽蚀产生的物理过程。

(2) 汽蚀的征兆

泵发生汽蚀时:噪声大、泵体振动,流量、压头、效率都明显下降,并且进、出口管道振动,电机电流也发生摆动。

(3) 汽蚀的严重后果

汽蚀对泵的危害作用有以下几个方面:

1) 缩短泵的使用寿命

离心泵的第一级叶轮入口处和轴流泵叶片非工作面的根部都是低压区,因此,这都是容易发生汽蚀的位置,而高压区又由于液体在叶片出口处加速排出,因此,叶轮或叶片出口处也易于受到汽蚀的破坏。汽蚀发生时,由于机械侵蚀和化学腐蚀的共同作用,使金属表面变得粗糙多孔,产生细微裂纹,严重时出现蜂窝状或海绵状的侵蚀,甚至呈空洞,因而缩短了泵的使用寿命。

2) 影响泵的运转性能

汽蚀发生时,液体的汽化及存在于液体中气体的析出,使液体的过流断面面积减小,局部区域流速加大,并产生涡流,以致流动损失增大。因此汽蚀将导致泵流量减小,效率降低,造成泵的性能恶化。低比转数泵由于流道窄而长、严重时可能出现断流,比转数较高时,流道短而宽,相对地说,其对外部性能的影响不明显。

3) 产生噪声和振动

汽蚀产生时,其水击会产生各种频率范围内的噪声,而水击的频率与机组的自然频率相等时,就会引起机组振动。

4) 对外界管道和阀门也将产生巨大的冲击力,损坏设备。

1.1.4 汽蚀的防治措施

由于汽蚀对泵的工作是很不利的,因此必须设法防止汽蚀的发生或设法削弱汽蚀对泵工作的影响。

(1) 正确确定泵的几何安装高度。中小型卧式离心泵的几何安装高度是指泵轴中心线至吸液池液面的垂直距离,对于大型泵则应以叶轮入口边最高点来决定几何安装高度。

(2) 尽量提高泵进口的压力,使泵内低压区的压力高于汽化压力。减少吸入管道的阻力、装置前置泵、加装诱导轮等都可提高泵进口的压力。

(3) 增大叶轮进口面积,降低流速,如:增大叶轮进口直径、进口宽度,或有用双吸叶轮等,以降低泵内能量损失,使泵内压力最低处的压力高于汽化压力。

(4) 采用抗汽蚀材料。在受到使用条件的限制、不可完全避免发生汽蚀时,泵的叶轮应用抗汽蚀性能好的材料,以延长叶轮的使用寿命。强度高,韧性好,硬度高,化学稳定性好的材料抗汽蚀性能好。如含铬的不锈钢、铝青铜、铝铁青铜等材料抗汽蚀的性能都较好。另外,还应注意不得使泵在流量过大或过小(不得小于泵额定流量的 35%)的情况下运行。转速不得超过额定转速。若吸水管上装有阀门,不得用该阀门调节流量,以防止汽蚀的发生。

1.1.5 离心泵的流量调节

离心泵在指定的管路上工作时，由于生产任务发生变化，出现泵的工作流量与生产要求不相适应；或已选好的离心泵在特定管路中运转时，所提供的流量不见得符合输送任务的要求，对于这两种情况，都需要对泵进行流量调节，实质上是改变泵的工作点。既然泵的工作点为管路特性和泵的特性所决定，因此，改变两种特性曲线之一均能达到调节流量的目的。

(1) 改变阀门的开度

改变离心泵出口管线上的阀门开度，实质是改变管路特性曲线。当阀门关小时，管路的局部阻力加大，管路特性曲线变陡，如图 1-11 中曲线 1 所示，工作点由 M 移至 M_1，流量由 Q_M 减小到 Q_{M1}。当阀门开大时，管路局部都阻力减小，管路特性曲线变得平坦一些，如图 1-11 中曲线 2 所示，工作点移至 M_2，流量加大到 Q_{M_2}。用阀门调节流量迅速方便，且流量可以连续变化，适合一般工业连续生产的特点，所以应用十分广泛。其缺点是当阀门关小时，流动阻力加大，要额外多消耗一部分动力，不很经济。

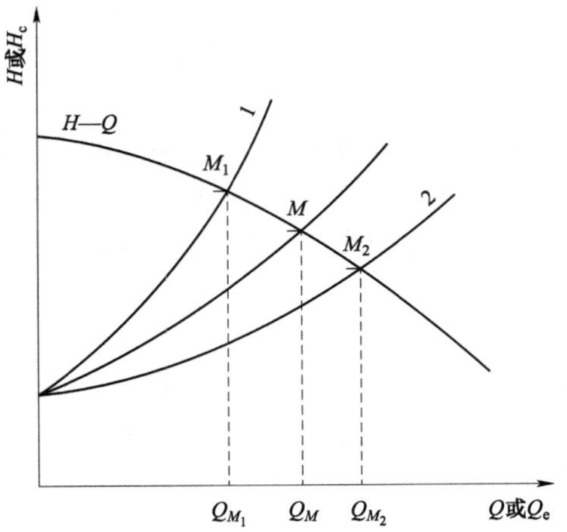

图 1-11 改变阀门开度时流量变化示意图

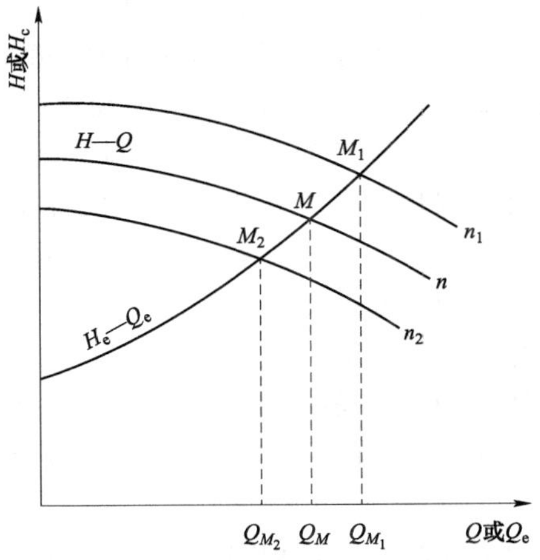

图 1-12 改变转速时流量变化的示意图

(2) 改变泵的转速

改变离心泵的转速，实质上是改变泵的特性曲线。如图 1-12 所示，泵原来的转速为 n，工作点为 M，若把泵的转速提高到 n_1，泵的特性曲线 $H—Q$ 向上移，如图 1-12 中上曲线所示，工作点由 M 移至 M_1。流量由 Q_M 加大到 Q_{M_1}。若把泵的转速降至 n_2，$H—Q$ 曲线便向下移，如图 1-12 中下曲线所示，工作点移至 M_2，流量减小至 Q_{M_2}。

这种调节方法能保持管路特性曲线不变。流量随转速下降而减小，动力消耗也相应降低，从动力消耗来看是比较合理的。但需要变速装置或价格昂贵的变速原动机，且难以做到流量连续调节。此外，减小叶轮直径也可以改变泵的特性曲线，从而使泵的流量变小，但可调节的范围不大，且直径减小不当还会降低泵的效率，故实际上很少采用。

1.1.6 小流量管线的必要性

小流量回线的作用是在出口调节阀关闭情况下，工作介质通过泵出口的小流量管线形成最小流量回到泵入口，维持泵的正常运行。

如果没有小流量管线，一旦调节阀关闭就要停止水泵运行，否则泵内的流体无输出，泵的耗功有相当一部分转化为热能，而泵散热很少，结果温度不断增加，水会变成蒸汽形成空泡，易于发生汽蚀，渐渐地使泵损坏。

小流量阀的作用是当泵出口流量低于某定值时打开，水可经过小流量管线返回泵入口容器。

1.1.7 泵的并联工作

两台或两台以上的泵向同一条管道输送流体的工作方式，称为并联工作。并联工作的主要目的，是为了增加输送的流量。

通常在下列情况下，可以考虑采用并联工作方式：

(1) 在输送的流量很大，采用一台大容量的设备造价太高，或制造上尚有困难时，可以将两台或两台以上的泵联合使用。

(2) 运行中系统需要的流量有很大的变动时，也可以采用并联工作方式。流量大时，由两台或两台以上泵并联起来工作；流量小时，就停止其中某一台的运行来进行调节，使运行在流量变化比较大时仍有较高的经济性。

(3) 若工程是分期进行的，第一期工程按当时的实际需要选用了设备，第二期工程扩建时就可以采用并联工作。这就既发挥了原有设备的作用，又能在扩建后满足负荷增长的需要。为了运行的安全可靠，常常设置备用设备。运行设备之间也应该按并联方式连接，以便于机组的切换或投入并联运行。

并联工作工况分析：

当 P_1、P_2、P_3 多台泵并联工作时，它们的扬程 H 对每个泵都一样，即：$H=H_1=H_2=H_3$

并联运转时的总流量 Q_t 则等于各台泵在同一扬程 H 下的流量 Q_1、Q_2、Q_3 的和，即：

$$Q_t=Q_1+Q_2+Q_3$$

如果并联的泵是相同的，则每台泵在同一扬程点上对应的流量也是相等的，并联工作时的总流量 Q_t 就是每台泵的流量 Q 乘以泵数 n，即：$Q_t=Q_n$

多台泵并联工作时的 $H—Q$ 特性曲线，是由各台泵的 $H_i—Q_i$ 特性曲线在同一扬程如 H 下对应点上各台泵流量 Q_1、Q_2、Q_3 相加而成的。图 1-13 示出了 2 台泵并联工作 $H—Q$ 特性曲线。由于两台泵的性能完全相同，所以它们单独工作时的性能曲线Ⅰ与Ⅱ是重叠在一起的。它们并联工作时的总性能曲线(Ⅰ+Ⅱ)按以下顺序绘制：在纵坐标轴上任取一点 a，过 a 点作一条与横坐标平行的线，使 $ac=2ab$，由此得到 c 点，这样逐点描绘，并用一条光滑的曲线连接起来，就得出两台性能完全相同的离心泵并联工作的总性能曲线(Ⅰ+Ⅱ)。

确定了并联工作时的总性能曲线后，就可以利用它来确定并联工作时的工作点。如图 1-14 所示，管道特性曲线与总性能曲线(Ⅰ+Ⅱ)的交点 A，就是并联工作时的工作点，相应扬程为 H_A，流量 Q_A。通过 A 点作横坐标轴平行线与每台泵性能曲线Ⅰ、Ⅱ交于点 C，此 C 点即为并联工作时每台泵的实际工作点。管道特性曲线 DE 与每台泵的性能曲线Ⅰ、Ⅱ交于点 B，则为单独一台泵运行时的工作点。

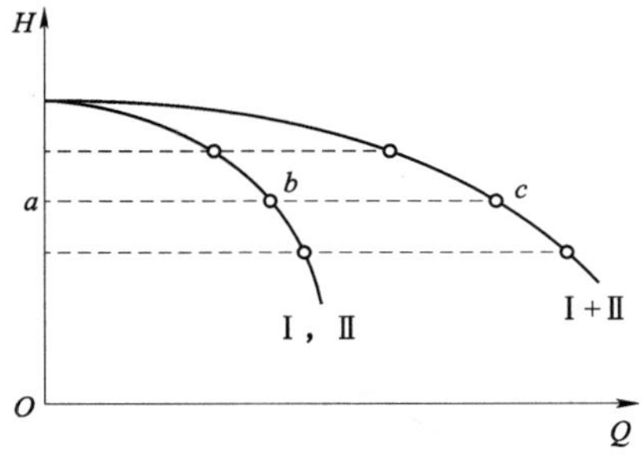

图 1-13　并联工作的总性能曲线

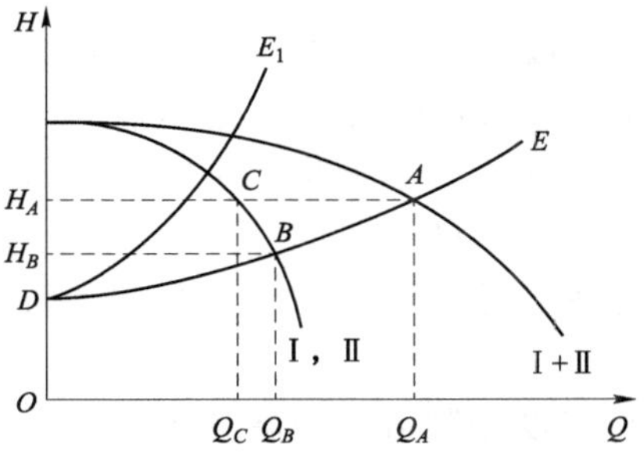

图 1-14　并联工作时的工作点

根据上图分析上述三个工况点 A、B 和 C 及其关系，可以得到泵并联工作的特点：

(1) 并联工作时每台泵所产生的扬程相等且等于并联工作后的总扬程，即 $H_A=H_C$。

(2) 并联工作后的总流量等于每台泵流量之和，即 $Q_A=2Q_C$。

(3) 并联工作时总的流量增大了(即 $Q_A>Q_B$)，而每台泵的流量却比单独工作时的流量 Q_B 减少了(即 $Q_C<Q_B$)，或者说 $Q_A<2Q_B$。所以可以推论：泵并联工作的台数越多，总流量增加的比例(或百分比)就越小，而并联中的每台泵比单独运行时流量的减少也越多。显而易见，管道特性曲线越陡(如上图中的 D-E)，那么并联工作后流量增加的比例就越小。

(4) 泵并联后的扬程比单独运行时的扬程为高，即 $H_{\mathrm{A}}>H_{\mathrm{B}}$。这是因为并联后每台泵的流量比单独运行时流量减少，相对的流动损失减少而使扬程增加的缘故。同时，并联运行时每台泵的功率比该泵单独运行时有所减少。所以，在选配电动机容量时，应根据单泵工作时的功率来配套。

并联运行注意事项如下。

(1) 并联工作的可能性；

(2) 并联工作的稳定性；

(3) 并联工作的经济性。

1.1.8　泵的串联工作

当流体依次地通过两台或两台以上的泵向管道输送时的工作方式，称为串联工作。串联工作的主要目的是为了提高流体的能量，即传输的扬程。

串联工作的工况分析如下。

工作的总性能曲线和工作点是由串联工作的总性能曲线与管道特性曲线的交点来确定的。串联工作的总性能曲线可以根据串联工作流量相等，扬程相加的特点，按同一横坐标流量下，将每台泵性能曲线上相应的纵坐标扬程相加的原则绘成。如图 1-15 所示。通过横坐标上任意点 a 向两台性能相同的泵的性能曲线Ⅰ、Ⅱ作垂线，使 $ac=ah-ab$ 求得 c 点。该点是同一横坐标 oa 上纵坐标相加的点。同理可绘出一系列纵坐标相加的点，然后，光滑地连接这些点，就得到两台性能完全相同的泵串联工作时的总性能曲线(Ⅰ+Ⅱ)。它与管道特性曲线的交点 A 是串联工作时的工作点，反映串联工作的运行工况。通过 A 点作垂线与Ⅰ、Ⅱ两条性能曲线的交点 B 是串联时每台泵的实际工作点。而管道特性曲线与性能曲线Ⅰ或Ⅱ的交点 C 是单机在管道系统中工作时的工作点。

根据图 1-15，分析上述工况，可以得到串联工作的特点：

(1) 通过每台泵的流量相等,并且也等于串联工作后的总流量,即 $Q_A=Q_B$。

(2) 串联后的总扬程等于每台泵的扬程之和,即 $H_A=2H_B$。

只有在下列情况下,才考虑采用串联工作方式:

(1) 当设计制造一台高扬程的泵比较困难,或者实际工作需要分段升压时。

(2) 在改建或扩建工程中,要求提高泵的扬程或全压,而原有设备又不能满足要求时。

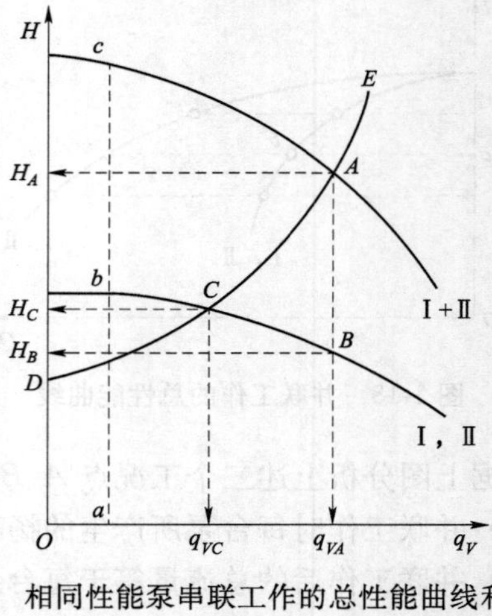

图 1-15 相同性能泵串联工作的总性能曲线和工作点

一般来说,在电厂中串联运行比较少见。为了满足高压供水,多采用多级泵,用不着再将单级泵串联起来使用。然而,在核电厂的主回路中,为了提高主泵的转速和泵的抗汽蚀性能,采用前置泵与主泵的串联运行。

串联工作注意事项:

(1) 因为串联中的每台水泵流量相同,如果每台水泵的性能差异很大,就可能使容量小的水泵发生过载。所以泵或风机应尽可能具有相同的性能,即使有差异也不要过于悬殊。

(2) 串联工作时处于后面的泵或风机必须具有足够的强度,以免因压力的升高而遭到破坏。

(3) 应在全关出口阀门的情况下顺序逐级启动,以防启动电流过大,使电动机过载。如:两台泵串联时首先把两台泵的阀门都关闭,然后启动第一台泵,运行正常后打开第一台泵的出口阀门;再启动第二台泵,运行正常后,打开第二台泵的出口阀门。

1.1.9 离心泵的启动要求

(1) 启动前的准备工作

1) 检查泵出、入口管线上的阀门、法兰地脚螺栓、联轴器、温度计和压力表等。

2) 检查泵的运转情况,先盘车,听是否有杂音,看是否灵活。

3) 打开入口阀,排出泵体内的气体,给泵内充满所要输送的液体,再关死出口阀。

之所以要在启动前排气,是因为离心泵的工作原理是利用大气压作用的旋转机械,在泵壳真空条件下的吸程才只 10 m 左右,一旦泵壳内有气压存在,影响吸程无法工作。

4) 泵的油箱加好润滑油或润滑脂。

5) 给冷却水,打开压力表,看是否灵敏。

6) 检查安全设备如对轮罩、接地线等。

7) 对热油泵看预热情况,使泵体温度不能低于界质温度的 40 ℃。

8) 与各有关岗位、有关单位联系好。做好启动准备。

9) 此外还应检查电机电源、电机加热装置投入、联锁保护、电机冷却水、机械密封水方面的内容。

10）检查轴封漏水情况，填料密封以少许滴水为佳，机械密封按照国标 5 mL/h。

11）对于高温泵，如主给水泵，启动前需要暖泵，暖好泵后还需要先启动辅助油泵和开启再循环手动阀。

(2) 正常启动后的检查

1）轴承工作是否正常

① 油温：不要超过 60 ℃。

② 油位：无油环的滚动轴承，油面不低于滚珠中心；有油环的轴承，油面应能埋浸油环直径的五分之一。为了监视油位，轴承上装有油面计或者油标。

③ 油质情况：不能进水进杂质，不能乳化或变黑。

④ 有否异音：特别是滚动轴承，损坏时一般会出现异常声音。

2）真空表、压力表、电流表读数是否正常

① 真空表指针不能摆动过大，如摆动过大有可能是入口发生了汽化。另外真空表读数也不能过高，过高可能是入口门堵塞卡住或入口门阀瓣脱落、吸水池水位降低等。

② 压力表读数过低，可能是泵内部件工作不良、密封环严重磨损等。另外系统需水量大时，泵出口压力也会下降。

③ 电流表读数过大，可能是供水量大、泵内发生了摩擦等。如电流表读数过小，说明泵已落水或外界不需要这么多的水量。

3）泵体是否有振动

水泵的振动幅度一般不超过 0.08 mm(具体情况查阅验收标准)，振动原因有：

① 水泵和电机的中心不正。

② 泵体或电机的地脚螺丝松动，或基础不牢固。

③ 轴承盖紧力不够，使轴瓦在体内出现了跳动。

④ 转子质量不平衡。

⑤ 蜗壳泵，特别是有些高扬程的蜗壳泵，在小流量时，也会有不同程度的振动，这是因为此时转子上有径向力的作用。在出口阀门开启到一定大时，振动即行消失。

4）填料工作是否正常

① 应能稍许滴水，不要过紧，否则会发热冒烟。但过松也会大量漏水，容易窜到轴承里使油乳化。

② 应定期更换填料，发硬了就不起轴封作用，浸泡时间长了，也会使填料糟烂。

③ 如果是机械密封的，允许滴水量为 5 mL/h，约 36 秒/滴，超过这个量，可以申报缺陷处理。

5）泵转速达到额定值后，检查压力、电流，并注意有无振动及异音。一切正常后开启出口阀，向外供水。启动时空转时间不宜过长，以 2～3 分钟为限，否则水温升高，造成泵的汽蚀及损坏设备。

6）可用泵出口阀门调节流量。

7）水泵正常运行后检查泵轴承润滑是否良好，温度是否正常。

8）电机轴承和电机温度是否正常。

(3) 暖泵

像主给水泵这类大型离心泵停运后，由于轴封低温水的引入和泵体的散热等，使泵中给水冷热比重不等，从而自发地形成热虹吸作用，热水上升，冷水下降，造成上下泵壳间的温差、热膨胀不均，导致运行过程中的振动。因此每台泵(包括启动/备用泵)都具有各自的均温措施，即暖泵装置，以维护上下来壳温差不致过大。

一般常见的暖泵方式有正暖和反暖两种。所谓正暖，是指暖泵用的水取自水温较低的除氧器，暖泵水从给水泵的进口流入泵内。正暖方式的缺点：一是它不利于缩小泵壳体上、下部的温差，特别是在高压侧下部容易形成不流通的死区，不易使泵壳体受热均匀；二是不经济。给水在处于热备用状态时，都采用反暖方式。所谓反暖，是指暖泵用的水取自水温较高的压力母管，从给水泵的末级流向首级，最后在泵的进口流回除氧器。反暖方式的优点：暖泵水可以回收，避免了浪费，水泵壳体受热均匀，消除了高压侧下部不流通的死角区，缩小了泵本体上、下部的温差。

正暖：启动第一台泵时，为正暖。将泵入口阀打开，除氧器的热水进入该泵，再打开正暖阀，放水至地沟，正暖结束后，再关闭正暖阀。

反暖：当第一台泵启动后，其他主给水泵采用反暖。打开反暖阀，热水从出口母管，经反暖阀，并经过一降压孔板后进入泵体再到泵入口。

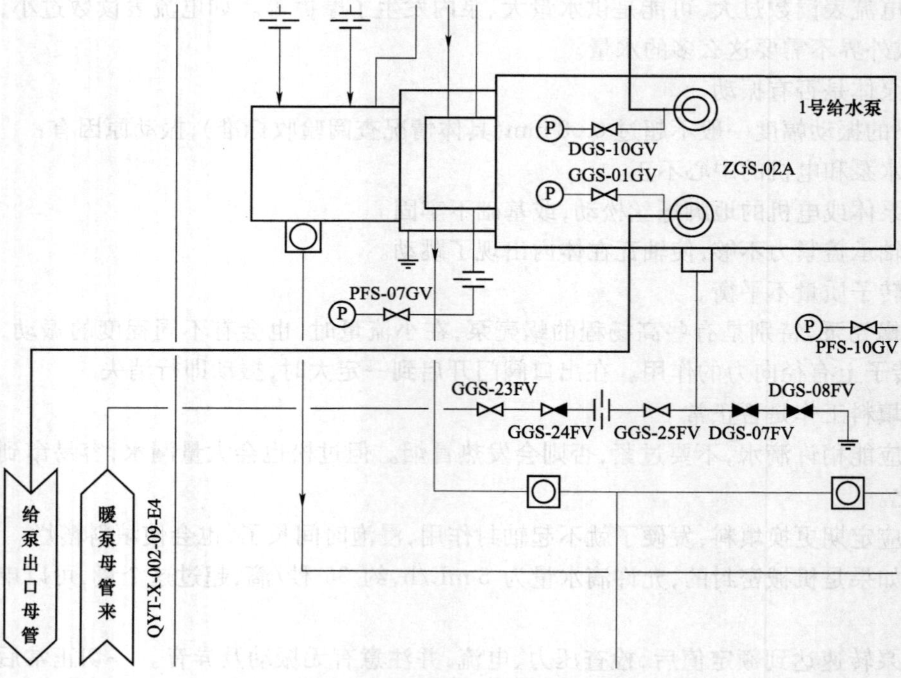

图 1-16　30 万 kW 机组主给水泵暖泵流程图

(4) 主给水泵详细介绍

主给水系统是将从除氧器给水箱流出的除氧给水，经主给水泵升压后依次经过 3 号、2 号、1 号高压加热器，最后送到蒸汽发生器，使蒸汽发生器水位维持在给定范围内，以适应机组稳态和瞬态运行。

1）系统功能

① 对输送至除氧器的凝结水进行热力除氧。

② 将除氧器中的合格除氧给水升压后输送至蒸汽发生器。

③ 控制蒸汽发生器水位，使水位维持在给定范围内，以适应机组稳态和瞬态运行。

④ 主给水在高压加热器中被汽轮机高压缸抽汽加热，以提高机组的热循环效率。

2）系统组成

从两台除氧器给水箱流出的除氧给水，分别由两台电动给水泵吸入；另一台电动给水泵从两台除氧水箱的水平衡管吸入，经主给水泵升压后的给水依次流经 3 号、2 号、1 号高压加热器。高压加热器采用单列卧式布置，整个加热器分为蒸汽凝结段和疏水冷却段两部分。给水在流经三台高加过程中分别由汽轮机三、二、一段抽汽加热，从最后一级高压给水加热器流出的给水温度已升到 221.5 ℃（实际 215 ℃左右）。高压加热器出口母管（Φ559×32 mm）上接出两根主给水管（Φ406.4×25 mm）。主给水经两根主给水管进入两台蒸汽发生器。每根主给水管设有在应急工况下 5 秒钟内关闭的一只气动控制阀和旁路阀，一个给水流量测量装置，一只能在20秒钟内全关的核Ⅱ级电动隔离阀，一只核Ⅲ级旋启式止回阀和安全壳给水贯穿件。在止回阀与贯穿件之间的主给水管道上接入辅助给水。按 20%额定给水量设计的给水旁路管线作为电站启动和低负荷控制给水流量。在新增启停给水系统改造完成后，在主给水旁路管道上增设了启停给水管道。高压加热器出口母管另引出一路接凝汽器的循环清洗管道，用于机组启动前循环清洗。

每台给水泵入口管装有一只电动隔离阀和 Y 型管式滤网。出口管线上装有一只自动止回阀（含有自动再循环阀），一只电动隔离阀。三台给水泵在出口侧设有汇流母管，与高压加热器进水管接通。各泵出口设有一根再循环管，管线上装有一只电动阀，此阀在泵出口流量≤30%额定流量时开，＞30%时关。

给水系统中配置三台 50%额定给水量的电动定速给水泵。电动给水泵是由前置泵、电动机、增速箱和主给水泵组成。每台电动给水泵配有单独的润滑油系统。前置泵为单级双吸离心泵，作用是将其吸入的低压给水升压输送至主给水泵，为主给水泵提供足够的净正吸入压头。由于前置泵的所需净正吸入压头较低（≤4.3 mH_2O），可降低除氧器的安装高度。主给水泵是单级双吸离心泵，其特性曲线考虑了主蒸汽安全阀动作时仍能向蒸汽发生器供水的条件。主给水泵电机由空气冷却，冷却空气的冷却水为闭式工业水。其润滑油冷油器也由闭式工业水冷却，控制油温在 40 ℃左右。

（5）给泵密封水的调节操作监护

1）调节主给水泵机组密封水总阀 PFS-01V，维持密封水母管压力在 0.8～1.2 MPa；（调节时，应有一人在 7.2 米操作 PFS-01V，另一人在主给水泵密封水母管压力表旁监视密封水压力，操作过程中，两人应按照事先商定的手势或联系方式，确保阀门开关操作的正确性）。

2）调节前置泵密封水进口阀维持阀后压力在 0.5 MPa（高于前置泵入口压力 0.1 MPa 左右）；

3）调节给水泵 1 号、2 号瓦轴封水进口阀将轴端侧、靠背轮侧密封水回水温度控制在 50～60 ℃。

(6) 给泵7号、8号轴承油压的调节

调节主给水泵7号、8号轴承进油阀,使7号、8号轴承进油压力控制在(0.05~0.07 MPa)。

(7) 主给水泵的暖泵

1) 暖泵目的:在泵运行前使叶轮、泵壳均匀受热,避免产生热冲击,引起振动、磨损等不利因素。

2) 当给水箱水温与泵壳温差小于70 ℃,泵壳上下温差小于40 ℃,则主给水泵已暖好。

3) 正暖:通过前置泵、主给水泵泵体放水阀放水。

4) 反暖:当至少一台主给水泵(或启停给水泵)运行后,通过反暖泵阀将给水母管的水引至一台主给水泵体,依次经前置泵出口管、前置泵,返至除氧器。

(8) 主给水泵检修改备用操作要点:

1) 投入给泵冷油器、空冷器工业水。

2) 确认油箱油位正常。

3) 给泵辅助油泵投入运行,确认润滑油温正常,轴承润滑油压正常。

4) 关闭放水、放气阀。

5) 投入给泵、前置泵密封水。

6) 前置泵及给水泵入口管充水放气后全开给水泵进口阀。

7) 根据实际情况将电动再循环阀投自动。

8) 根据实际情况选择给泵正暖或反暖。

9) 投入给水泵电机干燥电源。

10) 根据实际情况打开主给水泵出口阀。

(9) 备用主给水泵小流量启动试验操作要点

1) 确认备用主给水泵启动前检查已执行,暖泵条件已满足。

2) 确认备用主给水泵出口阀关闭。

3) 主控启动备用主给水泵。

4) 检查该主给水泵运行正常,抄录参数。

5) 试验结束,主控停止该主给水泵。

6) 就地确认辅助油泵自动联锁启动,润滑油压正常。

7) 就地投该主给水泵反暖,投入干燥器电源。

8) 主控打开该主给水泵出口阀,就地确认泵无倒转。

(10) 主给水泵停泵信号

1) 除氧器低低低液位(550 mm)。

2) 给水隔离信号。

3) 润滑油压低低<0.044 MPa。

4) 泵电机的电气保护。

5) 手动停泵。

(11) 主给水泵油压参数

1) 主给水泵润滑油正常油压:0.12 MPa。

2) 主给水泵低润滑油压报警:0.054 MPa。

3) 辅助油泵启动油压:<0.09 MPa。

4) 闭锁主给水泵启动油压:0.08 MPa。

5）高油压停辅助油泵：0.137 MPa。

6）主给水泵跳闸油压：＜0.044 MPa。

7）轴承正常油压：(0.05±0.01) MPa。

1.1.10　往复泵（活塞泵）的启动要求

（1）往复泵的启动前准备

1）检查泵的零件是否齐全。

2）检查注油器，看润滑油的上油情况。

3）清洗润滑油孔，清除各接触面的灰尘。

4）排除气缸中的冷凝水，打开油缸中的排气阀，之后给少许蒸汽暖缸。

5）检查盘根的松动、磨损情况。

6）打开出口阀，打开入口阀。

7）往复泵和回转泵等容积式泵（正位移泵），必须采用出口阀打开的工况下启动，否则泵内压强会急剧升高，造成泵体、管路和电机的损坏。

（2）往复泵的启动

1）引入液体后看泵体的温升变化情况。

2）打开压力表、安全阀前手阀。

3）入口蒸汽阀门开大，启动泵，看运行情况。

4）启动后看流量、压力、泄漏情况。

1.2　文件准备

水泵启动前检查卡、水泵启动操作票、水泵切换操作票、工前会任务单、运行图册。

1.3　工器具准备

测振仪、测温仪、扳钩。

1.4　模拟体准备

技能培训中心给水泵。

1.5　辐射防护准备

无。

1.6　工业安全准备

个人防护用品。

1.7 配合人员准备

主值班员、值班员。

1.8 场地准备

技能培训中心。

第二章 操作实施

2.1 启泵的相关检查项目

启泵操作(泵的运行操作一般有 2 张操作票:启动前检查卡、启动操作票或者切换操作票)

1) 泵体充水排气已完成;

2) 电机及泵体周围清洁,不许有妨碍运行的东西存在,检查联轴器保护罩,地脚等部分螺丝紧固,无松动现象;

3) 确认相关冷却水可用,润滑油冷却水进出口阀全开,机械密封冷却水投运;

4) 有预润滑要求的部位已经按规定进行预润滑;

5) 仪表根阀打开,压空投运,各气源连接部分无漏气,各指示仪表、安全保护装置灵敏、准确、可靠;

6) 确认电机绝缘良好,接地线接地完好、电机绝缘测量合格;

7) 高温泵在运转前已进行泵体预热;

8) 确认泵前给水箱(油箱)液位、水温或油温在规定限值内,否则给液、排液或启动加热泵或冷却泵;

9) 确认泵的入口管线畅通、润滑油过滤器压差正常;

10) 确认泵的出口管线或再循环管线畅通;

11) 确认泵润滑油压力正常/润滑油液位正常(不同的系统及泵的要求不同,有的泵要求高于 1/2,有的要求高于 1/3),油质清,电机及泵体无跑冒滴漏;

12) 泵启动前(送电前),一般由维修人员对泵进行手动盘车,盘车时应无卡、碰、磨擦等现象;

13) 泵启动前确认电源已送上、相关安措已解除;

14) 首次启泵或维修后启泵,应采用“点动”方式确认电机旋转方式正确,确认运行电流、电压稳定,泵出口/入口压力、润滑油压力/油位正常;

15) 确认泵运行平稳,泵/电机振动正常,无异常噪音、气味;

16) 检查机械密封甩水正常,电机、泵及相关轴承温度无异常上升。

2.2 1 号定子水泵由检修改运行

30 万千瓦机组定子水泵见图 2-1,1 号定子水泵检修改运行操作票见表 2-1。

图 2-1　30 万千瓦机组定子水泵图

表 2-1　1 号定子水泵由检修改运行操作票

序号	操作内容	操作要求	工器具	测评标准	备注
1	确认 1 号定子水泵及相关系统检修工作结束，工作票已终结，四周清洁无障碍物，照明完好。	自检，核对相关隔离安措已解除	目视	信息核对正确（标牌）	
2	确认 1 号定子水泵电机外壳接地线完好。	自检	目视	核对接地线完好	
3	确认 1 号定子水泵电机与泵联轴器已连接。	自检	目视	盘车确认	
4	确认定子水箱水位正常。	自检，水箱水位大于 600 mm	目视	掌握水箱水位定值	
5	确认 1 号定子水泵轴承油杯油位正常。	自检，油杯油位大于二分之一	目视	掌握油杯油位的正确范围	
6	打开 1 号定子冷却水泵入口阀 FSL-29V。	自检，他检	F 扳手	所操作阀门与内容一致	
7	打开 1 号定子冷却水泵出口阀 FSL-33V。	自检，他检	F 扳手	所操作阀门与内容一致	
8	稍开 1 号定子冷却水泵泵体放空气阀 FSL-09QV，空气放尽后关闭。	自检，他检		所操作阀门与内容一致	
9	确认 1 号定子水泵出口压力表根阀 FSL-07GV 打开，压力表指示正常。	自检	目视	压力表有指示	
10	确认 1 号定子冷却水泵泵体、机械密封及管路无泄漏。	自检	目视		

续表

序号	操作内容	操作要求	工器具	测评标准	备注
11	确认1号定子冷却水泵电源开关断开。	自检	目视,验电笔	检查开关断开,验明无电	
12	1号定子冷却水泵电机测绝缘。	操作监护	摇表、验电笔	明确380 V电机绝缘值,测绝缘位置正确	
13	1号定子冷却水泵电机送电。	操作监护	验电笔	核对电源开关与操作内容一致,送电后验电	
14	确认1号定子冷却水泵就地控制箱上选择开关在“主控”位置,就地控制箱上白灯亮。	自检	目视	检查项目与操作要求一致	
15	确认1号定子冷却水泵就地控制箱上热继电器脱扣指示黄灯灭,就地控制箱内热继电器未动作。	自检	目视	检查项目与操作要求一致	
16	汇报主控:1号定子冷却水泵启动前检查完毕,正常。	三向交流	电话	内容汇报明确	
17	主控起动1号定子冷却水泵。	操作监护		核对设备信息,确认与操作内容一致	
18	检查1号定子冷却水泵出口压力。	自检	目视	明确压力范围	
19	检查1号定子冷却水泵电机振动情况。	自检	手摸	经验判断,若有明显异常,汇报停泵	
20	在现场观察电机温升、泵的运转情况,不少于15分钟。	自检	测温仪	经验判断,若有明显异常,汇报停泵	

2.3 1号凝泵启动前检查

30万千瓦机组凝泵见图2-2，1号凝泵启动前检查卡见表2-2。

图2-2 30万千瓦机组凝泵图

表2-2 1号凝泵启动前检查卡

序号	操作内容	操作要求	工器具	测评标准	备注
1	确认1号凝泵及相关系统检修工作结束，工作票已终结，四周清洁无障碍物，照明完好。	自检，核对相关隔离安措已解除	目视	信息核对正确(标牌)	
2	确认凝汽器水位正常。	自检，凝汽器水位720 mm±180 mm	目视	掌握凝汽器水位定值	
3	检查1号凝泵及电机各部位外观无异常。	自检	目视	信息核对正确	
4	确认1号凝泵电机轴承油位、油质正常。	自检	目视	掌握油位的正确范围	
5	确认1号凝泵出口再循环阀NJS—10V全开。	自检，正常备用状态为全开	目视	掌握再循环阀的作用	
6	确认1号凝泵入口电动阀NJS—01V全开，指示红灯亮。	自检，观察阀杆、电气指示	目视	阀门与内容一致	
7	确认1号凝结水泵空气阀KQG—20V全开。	操作监护，往关的方向关半圈，再全开后回半圈	F扳手	所操作阀门与内容一致	

续表

序号	操作内容	操作要求	工器具	测评标准	备注
8	确认1号凝泵盘根冷却室进水阀GYS—46V全开，盘根漏水量正常。	操作监护，往关的方向关半圈，再全开后回半圈	F扳手	所操作阀门与内容一致	
9	确认1号凝结水泵密封水进水阀GYS—49V全开。	操作监护，往关的方向关半圈，再全开后回半圈	F扳手	所操作阀门与内容一致	
10	确认1号凝泵上轴承冷却水回水阀GYS—83V全开。	操作监护，往关的方向关半圈，再全开后回半圈	F扳手	所操作阀门与内容一致	
11	确认1号凝泵盘根冷却室回水阀GYS—123V全开。	操作监护，往关的方向关半圈，再全开后回半圈	F扳手	所操作阀门与内容一致	
12	确认1号凝泵盘根冷却室回水阀前放水阀GYS—26 FV关闭。	自检，无水流出	目视	阀门与内容一致	
13	确认1号凝泵出口阀NJS—07V打开。	自检，观察阀杆、电气指示	目视	阀门与内容一致	
14	确认1号凝泵出口逆止阀NJS—04V严密，凝泵无倒转。	自检	目视	阀门与内容一致	
15	确认1号凝泵入口真空表根阀NJS—25 GV打开，进口压力表指示正常。	自检	目视	压力表有指示	
16	确认1号凝泵出口压力表根阀NJS—28 GV打开，出口压力表指示正常。	自检	目视	压力表有指示	
17	确认1号凝泵泵体及以上各阀门盘根、法兰处无泄漏，凝泵进、出口管路无泄漏。	自检	目视	信息核对正确	
18	确认1号凝泵电机绝缘符合规定，已送电。	操作监护	验电器，绝缘手套，摇表	6 kV设备绝缘值大于6 MΩ	
19	确认1号凝泵选择开关在“主控”位置，就地控制箱上黄灯亮。	自检	目视	信息核对正确	
20	汇报主控：1号凝泵启动前的检查完毕，正常。	三向交流	调度电话	符合防人因要求	

2.4　1号主给水泵由检修改热备用(正暖)

30万千瓦机组主给水泵见图2-3,1号主给水泵由检修改热备用(正暖)操作票见表2-3。

图2-3　30万千瓦机组主给水泵组图1

表2-3　1号主给水泵由检修改热备用(正暖)操作票

序号	操作内容	操作要求	工器具	测评标准	备注
1	确认凝结水系统已投入运行。			掌握系统运行的状态	
2	确认1号、2号除氧器水箱水位正常。	独立验证,现场除氧器水箱零位是水箱底部	目视	除氧器水箱水位定值1 850～2 150 mm	二回路整定值中:除氧器零位是水箱中心线
3	确认闭式工业水系统运行正常。		目视	掌握系统运行的状态	
4	确认海水冷却水系统运行正常。		目视	掌握系统运行的状态	
5	确认主给水泵轴封回水泵投联锁备用,系统可运行。		目视	掌握系统运行的状态	
6	确认1号主给水泵机组的相关试验和检修工作已全部结束。	三向交流,与隔离班的沟通,现场的观察	目视	信息核对正确(标牌)	
7	确认1号主给水泵动力电源和控制电源正常。	操作监护	目视		
8	确认1号主给水泵辅助油泵动力电源和控制电源正常。	操作监护	目视		

续表

序号	操作内容	操作要求	工器具	测评标准	备注
9	确认 1 号主给水泵组就地仪表齐全，指示正确，主控 DEH 和报警系统正常。	三向交流，与操纵员的沟通	目视	设备位置正确	
10	确认 1 号主给水泵冷油器入口水阀 GYS-26V 调节，冷油器出口水阀 GYS-32V 全开，冷油器工业水观察窗有水流动。	独立验证	目视	阀门与观察窗的位置，掌握主给水泵冷油器油温是通过入口阀来调节的	
11	确认 1 号主给水泵电机空冷器进水阀 GYS-29V 调节，出水阀 GYS-35V 全开。	独立验证	目视	掌握主给水泵电机空冷器风温是通过入口阀来调节的	
12	确认 1 号主给水泵润滑油箱油位正常，油质合格。	自检	目视	油箱油位 1/2～2/3	
13	确认 1 号主给水泵辅助油泵运行正常，红灯亮；选择开关在“主控”位置，黄灯亮。	自检	目视	设备位置正确	
14	确认 1 号主给水泵润滑油温正常（大于 25 ℃）。	自检	目视	掌握油温的要求	
15	确认 1 号主给水泵轴承润滑油压正常 0.1～0.125 MPa。	自检	目视	掌握轴承油压的定值	
16	调节 1 号主给水泵电机轴瓦入口油阀 GPY-16V 、GPY-19V ，确认油压正常 ((0.05～0.07 MPa))，将 GPY-16V、GPY-19V 锁住。	操作监护	目视	掌握主给水泵电机轴瓦油压定值	
17	确认 1 号主给水泵各轴承回油流量正常。	自检	目视	回油观察窗的位置正确	
18	确认 1 号主给水泵前置泵入口滤网放水阀 DGS-01 FV 已关严。	自检	F 扳手	掌握入口滤网的状态，冲洗时安装冲洗滤网，正常运行时为运行滤网	
19	关闭 1 号前置泵泵体放水阀 DGS-04FV。	操作监护	F 扳手	设备位置正确	
20	关闭 1 号给水前置泵壳排气阀 DGS-07QV。	操作监护	F 扳手	设备位置正确	
21	关闭 1 号主给水泵再循环管放水阀 ZXH-01FV。	操作监护	F 扳手	设备位置正确	
22	关闭 1 号主给水泵体放水一、二次阀 DGS-07FV，DGS-08FV。	操作监护	F 扳手	设备位置正确	

续表

序号	操作内容	操作要求	工器具	测评标准	备注
23	关闭 1 号主给水泵反暖泵一、二次阀 GGS-23FV、GGS-25FV。	操作监护	F 扳手	设备位置正确	
24	关闭 1 号给水前置泵出口管道排气阀 DGS-01QV、DGS-04QV。	操作监护	F 扳手	设备位置正确	
25	关闭 1 号主给水泵入口滤网放水阀 DGS-01FV。	操作监护	F 扳手	设备位置正确	
26	打开 1 号给泵密封水压力表根阀、给泵密封水滤网压差表前、后根阀 PFS-13GV、PFS-14GV 及平衡阀。	操作监护	F 扳手	设备位置正确	
27	调节打开主给水泵密封水总阀 PFS-01V(注意另两台主给水泵是否需要密封水,否则应确认它们的密封水入口阀关闭),维持密封水母管压力在 0.78～1.18 MPa。	操作监护,独立验证	F 扳手	两人配合调节,需要手势或者对讲机,压力定值范围	具体见给泵密封水调节步骤
28	全开 1 号给水泵密封水 1 号(2 号)滤网前后截止阀 PFS-11V(PFS- 12V),PFS-13V(PFS-14V),并确认另一组备用滤网阀门状态(出口阀全开,入口阀全关)。	操作监护	F 扳手	正常一组滤网运行,一组备用	
29	关闭 1 号主给泵密封水滤网压差表平衡阀。	操作监护	F 扳手	设备位置正确	
30	确认 1 号给水泵密封水滤网差压正常(小于 0.05 MPa)。	自检	目视	设备位置正确	
31	打开给泵轴端侧、靠背轮侧密封水出口压力表根阀。	操作监护	F 扳手	设备位置正确	
32	调节打开 1 号主给水泵 1 号瓦轴封水进口阀 PFS-15V,确认主给水泵轴端侧密封水回水压力在 0.5 kg/cm² 左右(可根据暖泵速率适当降低该压力)。	操作监护,自检	F 扳手	一人操作,一人观察压力	
33	调节打开 1 号主给水泵 2 号瓦轴封水进口阀 PFS-16V,确认主给水泵靠背轮侧密封水回水压力在 0.5 kg/cm² 左右(可根据暖泵速率适当降低该压力)。	操作监护,自检	F 扳手	一人操作,一人观察压力	
34	打开 1 号主给水泵前置泵密封水入口压力表根阀 PFS-19 GV 及入口滤网差压表根阀、平衡阀。	操作监护	F 扳手	设备位置正确	

续表

序号	操作内容	操作要求	工器具	测评标准	备注
35	全开1号主给水泵前置泵密封水入口滤网出口截止阀 PFS-18V，调节打开入口截止阀PFS-17V，密封进水压力约在0.5 MPa左右，比前置泵入口压力高0.1 MPa。	操作监护	F扳手	设备位置正确	
36	手动摇开1号主给水泵进口电动阀DGS-01V一定开度后停止，对管道充水、排气。	操作监护	F扳手	设备位置正确，充水赶气的要求：水流平缓	
37	打开1号给水前置泵壳排气阀DGS-07QV，见水后关闭。	操作监护	F扳手	设备位置正确，充水赶气的要求：水流平缓	
38	打开1号给水前置泵出口管道排气阀DGS-01QV，DGS-04QV，见水后关闭。	操作监护	F扳手	设备位置正确，充水赶气的要求：水流平缓	
39	电动全开1号主给水泵进口电动阀DGS-01V。	操作监护		设备位置正确	
40	确认给泵前置泵压力正常，关闭滤网平衡阀，确认密封进水压力比入口压力高0.1 MPa左右。	自检	目视	掌握平衡阀的作用：先开后关的作用	
41	全开1号给水前置泵壳放水阀DGS-04FV。	操作监护	F扳手	设备位置正确	
42	全开1号主给水泵壳放水一、二次阀DGS-07FV，DGS-08FV。	操作监护	F扳手	设备位置正确，掌握正暖的操作	
43	打开1号主给水泵再循环手动隔离阀ZXH-01V。	操作监护	F扳手	设备位置正确	
44	将1号主给水泵再循环电动阀ZXH-08V送电并投“手动”控制，确认阀门在全开状态，红灯亮。	操作监护	目视	设备位置正确，阀门投手动的意义	
45	调节1号主给水泵1号瓦轴封水进口阀PFS-15V，将轴端侧密封水回水温度控制在约50 ℃(视暖泵温度而定)。	操作监护	F扳手	掌握暖泵的要求	
46	调节1号主给水泵2号瓦轴封水进口阀PFS-16V，将靠背轮侧密封水回水温度控制在约50 ℃(视暖泵温度而定)。	操作监护	F扳手	掌握暖泵的要求	
47	投入1号主给水泵电机干燥器电源，确认红灯亮。	操作监护		掌握电机干燥器投运与切除的时机	

续表

序号	操作内容	操作要求	工器具	测评标准	备注
48	1 号主给水泵出口阀送电(根据需要确定)。	操作监护		设备位置正确	
49	1 号主给水泵送电(根据需要确定),确认选择开关在“主控”位置,指示灯亮。	操作监护	高压验电器,摇表,高压绝缘手套	掌握开关柜送点的步骤	
50	汇报主控。	三向交流	调度电话	符合防人因要求	

2.5　热态工况 1 号主给水泵小流量循环试转

30 万千瓦机组主给水泵见图 2-4,热态工况 1 号主给水泵小流量循环试转操作票见表 2-4。

图 2-4　30 万千瓦机组主给水泵组图 2

表 2-4　热态工况 1 号主给水泵小流量循环试转操作票

序号	操作内容	操作要求	工器具	测评标准	备注
1	主控令就地按《1 号主给水泵由检修改热备用(正暖)操作票》检查 1 号主给水泵在热备用状态。	见《1 号主给水泵由检修改热备用(正暖)操作票》			
2	主控确认 1 号主给水泵辅助油泵联锁开关在“自动”位置。	三向交流	目视	掌握给泵辅助油泵的状态	
3	断开 1 号主给水泵电机干燥器电源开关。	操作监护		掌握电机干燥器投运与切除的时机	

续表

序号	操作内容	操作要求	工器具	测评标准	备注
4	确认1号给水泵泵壳与给水箱水温差小于60 ℃，泵壳上下温差小于40 ℃。	三向交流，主控监视	目视	掌握暖泵的要求	
5	关闭1号主给水泵前置泵泵体放水阀DGS-04FV。	操作监护	F扳手	掌握正暖操作的阀门	
6	关闭1号主给水泵泵体放水一、二次阀DGS-07FV、08FV。	操作监护	F扳手	掌握正暖操作的阀门	
7	确认1号主给水泵再循环电动阀ZXH-08V全开，在“手动”位置。	自检	目视	掌握再循环阀投手动的原因	
8	主控将1号主给水泵联锁开关投“退出” 位置。	操作监护	操作票	掌握给泵联锁投退的要求	
9	主控关闭1号主给水泵出口阀GGS—04V。	操作监护	操作票	与主控操纵员的沟通，及阀门就地情况	
10	确认相关人员到现场后，点动1号主给水泵，并令就地人员确认： 1. 确认1号主给水泵转子惰走正常，无卡涩现象，无异常声音； 2. 确认1号主给水泵转向正确。	操作监护	操作票	泵检修后需要点动确认转向及惰走情况	
11	十分钟后，起动1号主给水泵，确认电流正常(170～215 A)，并密切监视电机轴承(≤70 ℃)、线圈温度(＜110 ℃)上升情况。	主控操作、监视	操作票	掌握电机轴承、线圈温度限值	
12	确认1号主给水泵辅助油泵自停正常，主控将辅助油泵控制开关打至分后位置。	自检，操作监护	操作票	掌握给泵辅助油泵启停要求：轴承进油压力达0.137 MPa辅助油泵自停	
13	令就地人员： 1) 随时调整润滑油温度(25～45 ℃)。 2) 严密监视各轴承温度(≤70 ℃)。 3) 确认主给水泵出口压力(8～10.5 MPa)、前置泵出口压力1.4～1.85MPa正常。 4) 确认主给水泵、前置泵密封水压力正常，电机风温正常。 5) 确认主给水泵两侧轴封回水温度和压力正常。 6) 确认主给水泵轴承进油压力、电机轴承进油压力正常。	操作监护	操作票，F扳手	掌握给泵油温、轴承温度、密封水压力温度、风温、轴承进油压力要求	

续表

序号	操作内容	操作要求	工器具	测评标准	备注
13	7) 监视主给水泵泵壳温度(主给水泵壳和除氧水温差≤20 ℃)。 8) 确认 1 号主给水泵、前置泵、电机和增速齿轮箱各部位温升正常,声音正常,无异味。	操作监护	操作票,F 扳手	掌握给泵油温、轴承温度、密封水压力温度、风温、轴承进油压力要求	
14	完成主给水泵振动测量和相关工作后,主控停止 1 号主给水泵运行。	操作监护	专业测振仪(技术)	掌握主给水泵启停的位置	
15	确认 1 号主给水泵辅助油泵自启动正常,润滑油压正常。	自检	操作票	掌握给泵辅助油泵启停要求:轴承进油压力低至 0.09 MPa 辅助油泵自启	
16	主控将辅助油泵控制开关打至合后位置。	主控操作	操作票	掌握控制开关的原理	
17	就地检查 1 号主给水泵转子惰走情况,并记录惰走时间。	自检	秒表	掌握验收准则要求	
18	汇报主控,根据实际情况将 1 号主给水泵置于合适状态。	三向交流	调度电话		

2.6 实施中需要特别注意的几个关键点

1) 泵启动前应检查泵无倒转
2) 泵的冷却水投运
3) 轴承油位正常
4) 使用正确的操作票
5) 防人因工具的使用

第三章　故障检查和处理

3.1　常见故障原因分析和故障排除方法

常见故障原因分析和故障排除方法见表 3-1。

表 3-1　常见故障原因分析和故障排除方法

序号	故障现象	处理方法
1	开启时发现扬程小	改变安装高度，或降低装置扬程或换泵。
2	入口管线或填料泄漏	检查入口管线，堵塞漏气处，扭紧填料压盖，保证密封，也可涂少许黄油。
3	泵的转向反向	调整电机接线，改变转向。
4	泵的转数太低	检查电压是否符合要求的电压，传动部分是否正常，对检查的问题对症处理。
5	泵的流道堵塞	清理入口池的杂质，停泵拆开后疏通流道，清除异物
6	叶轮口环磨损太大	修理、更换备件，查磨损原因。
7	吸水阻力大，产生气蚀	降低安装高度，减小吸水阻力，避免产生气蚀的原因。
8	填料太紧，轴、盘根发热	松填料
9	填料室和轴不同心	矫正，使其同心
10	流量太大	提高扬程，关小出口阀

3.2　特殊故障现象和判断方法

1. 离心泵的轴承温度升高的原因

1）润滑油油位过低，进入轴承的油量少，使轴承不能充分润滑，所以泵在旋转后产生的热量不能被润滑油带走；

2）冷却水量少或中断；

3）因油孔或油沟堵塞，供油中断，轴承形成干磨；

4）滚动轴承的滚动体卡死，不能滚动；

5）润滑油的质量低，起不到润滑作用。

2. 离心泵的滚动轴承可能产生的异音

1) 滚动轴承的滚珠、隔离架或内、外圈磨坏，会发出金属干磨的声音；

2) 泵轴承的润滑油供应不足，也会出现干磨，发出异音；

3) 如果滚动轴承的滚珠、隔离架或滚道表面发生剥皮，泵在运行时发生跳动；

4) 如果滚珠和隔离架的间隙过大，致使滚珠的活动范围大，会使泵发出异常声音。

3. 离心泵出口压力低的原因

1) 泵的运行方向不对，反相；

2) 由于液体粘度太大；

3) 泵的叶轮或口环磨损严重；

4) 吸入液体的压力太低，或有汽化现象；

5) 泵内气体没放空。

第四章　操作结束

4.1　确认系统各项参数的正常

操作完成后观察系统压力、温度的变化，如有变化是否在正常范围内，不在范围内应及时联系操纵员调整。

4.2　工作现场清理

工作完成后，现场整洁，工器具拿回值班室。

4.3　工后会

工作后的总结，操作时的经验反馈以及对今后操作的帮助。

第五章 经验反馈

5.1 4号循泵断轴

2013年10月4日14时40分,主控室CB-530发“循环水总管A压力低”“循环水总管B压力低”“1号凝汽器循环水进水压力低”“2号凝汽器循环水进水压力低”“循环水泵电机掉牌”报警,就地报海水泵房有异响,检查发现4号循泵电机电流为 80 A(正常运行时为140 A)。主控检查凝汽器真空下降,初步判断为4号循泵断轴。立即令海水值班员启2号循水泵,同时停运 4 号循泵,并关闭 4 号循环水泵出口蝶阀、闸阀。手动降功率 330 MWe→329 MWe,真空停止下降,最低降至727 mmHg。14时42分,4号循泵出口蝶阀关闭,真空恢复至初始值731 mmHg。就地确认2号循泵启动正常,循环水进水压力恢复至正常值。

事件原因分析:

1. 4号循泵出水内筒体法兰因长期使用产生腐蚀,加之紧固螺栓在筒体的振动作用下发生疲劳,产生疲劳裂纹,裂纹产生后螺栓会产生一定的松动,法兰产生张口,在海水的冲击力作用下法兰断裂,法兰断裂后泵轴发生偏移,拉断连接螺栓,泵轴从而失稳断裂。

2. 后果评价

1) 内筒体法兰腐蚀,但未能在解体检修中发现并更换。

2) 对内筒体法兰因腐蚀而失效的时间认识不足,缺乏技术支持手段。

5.2 2号海水泵启动后轴承冒烟

2013年3月1日,外委承包商淮电公司安排A人员为工作负责人开始进行R14大修中安排的2号一回路海水泵的预防性维修的解体检修工作,工单号:672951。

2013年3月13日完成维修工作。

2013年3月20日完成维修后PMT试验,工单号:675661,PMT试验合格,泵机组运行参数正常。泵出口压力0.30 MPa,泵轴承温度27 ℃,电机运行电流 21 A,电机振动0.5 mm/s,泵振动值1.3 mm/s,A通道母管流量2 200 m^3/h,电机轴承最大温升驱动端33 ℃,非驱动端15 ℃,电机绕组温升15 ℃。

2013年3月22日,运行人员报缺陷:“70391 49-3号 2号海水泵靠背轮侧油箱油位低”“70407 49号-3,2号海水泵轴承油油色较黑”。设备管理工程师确认需要换油,承包商维修人员当日换油工作结束。

2013年3月23日,运行人员报缺陷:“70503 2号海水泵靠背轮侧油位低于1/2”。承包商维修人员采取补油措施消缺。

2013年3月24日,运行人员报缺陷:“70543 2号海水泵靠背轮侧轴承上下盖板处渗油”。承包商维修人员B负责解体2号海水泵靠背轮侧轴承室,并在油档外圈与轴承室配合处涂抹密封胶消缺。

2013 年 3 月 26 日，运行人员报缺陷：“70628 2 号海水泵靠背轮侧轴承冒烟”。外委承包商更换工作负责人为 C，并解体 2 号海水泵靠背轮侧轴承室，发现轴瓦磨损。同时发现 2 号海水泵靠背轮侧轴瓦上瓦装反。同时对 2 号海水泵自由端轴承室进行了检查，发现轴瓦磨损并有烧融迹象。承包商维修人员 C 对 2 号海水泵损坏的轴瓦进行修刮，回装后试车，驱动端轴瓦再次发生冒烟现象。承包商维修人员 C 再次对 2 号海水泵驱动端轴承室进行解体，发现轴瓦仍然有磨损现象，再次对轴瓦进行修刮。2013 年 3 月 31 日，维修结束并进行试车，未发生轴承冒烟现象。

2013 年 4 月 1 日，运行人员报缺陷：“70830 49 号 2 号海水泵 SWS-01 B 自由端轴承油油色较黑”。承包商维修人员 C 对 2 号海水泵自由端轴承室进行了解体检查，发现轴瓦磨损。承包商维修人员 C 对磨损的轴瓦进行修刮，回装。

2013 年 4 月 3 日，运行人员报缺陷：“70886 49-3 号 2 号海水泵 SWS-01B 轴承油质发灰”。对 2 号海水泵轴承箱进行解体检查。检查发现轴瓦磨损。维修人员 C 对磨损的轴瓦进行修刮，2013 年 4 月 4 日回装后试车。再未发生轴承冒烟以及润滑油变黑的现象。

5.3 2 号机组 3 号主给水泵 2-4323-P4003 机械密封泄漏

2014 年 5 月 29 日，运行发现 2 号机组 3 号主给水泵 2-43230-P4003 驱动端机械密封漏水，经过切泵更换机械密封后故障消除。具体时间序列如下：

5 月 29 日 1 时 30 分，运行现场检查发现 2 号机组 3 号主给水泵 2-43230-P4003 驱动端机械密封漏水，呈喷射状，喷出的水雾化成水蒸气。

3 时 14 分，启动 1 号主给泵 4323-P4001 走再循环。

3 时 17 分，申请总调同意后，降功率至 90%FP。

3 时 25 分，执行主给泵切换，由 3 号主给泵 4323-P4003 切换至 1 号主给泵 4323-P4001 运行。3 号主给泵停运后，泄漏停止，发工单 296412 进行处理。

3 时 27 分，升功率至 100%FP 运行。

5 月 30 日，维修开始实施 3 号主给水泵驱动端机械密封更换工作。

6 月 3 日，机械密封更换完成后进行了小流量运行试验，泵运行正常。

6 月 18 日，2 号主给水泵切换至 3 号主给水泵运行，至今一直保持正常运行。

(1) 缺陷处理情况

经现场初步检查，发现机械密封轴套异常向外窜出，判断缺陷原因在驱动端机械密封的密封轴套紧固螺钉未紧固，进一步检查发现全部 8 颗紧固螺钉中有 6 颗处于明显松动状态，用内六角扳手手动即可轻松拧动。

初步分析由于轴套窜出导致密封比压增加，密封面异常磨损而失效。针对缺陷情况，对 3 号主给水泵机械密封实施了以下维修和检查工作：

1) 更换了驱动端机械密封；

2) 检查非驱动端机封轴套紧固螺钉有 1 颗未完全紧定(已处理)，其余 7 颗紧固良好。

3) 对更换下来的缺陷机封进行了解体检查，发现机封密封动环密封面存在很多裂纹，密封面磨损严重。

(2) 历史检修情况

查询 207 大修主给水泵相关工作,3 号主给水泵在 207 大修中实施了解体大修(工单:6075453),更换了中分面密封垫(石墨成形垫片),两端机械密封更换了新备件。

5 月 8 日 10 时 57 分至 12 时进行了维修后试验(小流量循环),泵运行正常,维修后试验一次合格。

5 月 17 日 12 时 05 分至 18 日 15 时 23 分主给水系统启动,保持小流量循环运行,泵运行正常;

5 月 20 日 6 时 18 分机组升功率投入运行,至 5 月 29 日发出机封失效,累积运行约 10 天时间。

(3) 机械密封失效分析

由于驱动端机械密封部分密封轴套紧固螺钉未紧固,泵运行过程中密封轴套受泵内水压作用形成向外的推力,使密封轴套一点点向外窜动,导致密封弹簧过度压缩而使密封端面比压增大,密封液膜形成不稳定,动、静密封面间出现干磨使密封环温度瞬间升高,同时密封面损坏导致泄漏,硬质合金材质的动环受泄漏水快速降温而产生热裂纹,进一步加速了密封失效进展,最终导致密封完全失而产生大量泄漏。

(4) 维修文件方面的审查

从维修文件方面看,审查 98-43230-MP-1021A R4 主给水泵维修规程,在 9.4.23 步骤中,有拧紧机械密封驱动盘(58)紧定螺钉(57)的要求,但不够明确,如无具体力矩要求。审查主给水泵解体检修的质量计划,没有该紧定螺钉紧固操作步骤的项目和见证要求。因此,安排两项纠正行动如下:

1) 升版维修规程,将主给水泵机械密封轴套紧定螺钉的紧固要求进一步具体化,增加力矩要求。

2) 升版主给水泵解体大修、中修和年度检查的质量计划,将主给水泵机械密封轴套紧定螺钉的紧固要求纳入质量监督范围内。

(5) 人因和维修质量方面的审查

3 号主给水泵驱动端机械密封在运行短时间内发生失效的事件发生后,由于参与大修的工作组人员已撤离现场,我们将缺陷现象及检查处理情况向实施项目组进行了反馈,要求进行原因调查分析并反馈。项目组召集了汽机队长,QC 人员及工作负责人员及工作组成员进行了专题调查分析会,并反馈了最终调查意见:认为有可能部分螺钉没有紧或紧力不够,但全部没有紧或全部紧力不够的可能性很小。未严格按照维修规程执行检修工作是导致机械密封在运行短时间内失效的根本原因。

针对维修协作单位未严格执行规程而导致的检修质量问题,依据《中核核电运行管理有限公司三厂大修外委项目安全质量考核》及《秦三厂 207 大修承包商绩效奖励办法 ZL-OU-2014-11》设备重复检修方面有考核要求,并将在合同结算中执行。针对此,拟开发一条行动如下:

编制主给水泵专题经验反馈材料,收集到维修经验反馈手册中,并组相关班组织学习。

根据例会讨论意见,补充以下行动:

1) 将主给水系统重要设备纳入重要安全系统维修管理并升版相关管理程序,完善相关授权。

2）在中核运行内部组织一次主给水泵相关问题专题交流研讨，分析研究存在的问题，提出改进意见，提高主给水泵运行可靠性。

对讨论意见的第 3)、5)项，合并到升版维修规程的行动中，并在行动描述中补充明确了具体要求。

对讨论意见的第 4)项提出的重要步骤采取独立验证和签字的手段加强控制，实际是跟质量计划和维修规程的结合，已有行动升版质量计划，因此不再开发行动。

第六章 习 题

6.1 填空题(每题 5 分,共 30 分)

1. 按泵所产生的全压高低分:低压泵扬程小于_____。中压泵扬程在_____之间。高压泵扬程大于_____。

答案:2 MPa　2～6 MPa　6 MPa

2. 柱塞泵分为_____和_____两种代表性的结构形式。

答案:轴向柱塞泵　径向柱塞泵

3. 轴流泵由_____、由_____、由_____、由_____、由_____、由_____和由_____等组成。

答案:叶轮　导叶　扩压管　弯管　吸入管　泵轴　轴承

4. 一般常见的暖泵方式有_____和_____两种。

答案:正暖　反暖

5. 根据离心泵的操作规程要求,起动泵的顺序分别:先开启_____,然后启动泵,等泵运转平稳后,再慢慢开启_____。

答案:入口阀门　出口阀门

6. _____是离心泵的核心部分。

答案:叶轮

6.2 简答题(每题 5 分,共 45 分)

1. 汽蚀的征兆

泵发生汽蚀时:噪声大、泵体振动,流量、压头、效率都明显下降,并且进、出口管道振动,电机电流也发生摆动。

2. 汽蚀对泵的危害

1) 缩短泵的使用寿命。

2) 影响泵的运转性能。

3) 产生噪声和振动。

4) 对外界管道和阀门也将产生巨大的冲击力,损坏设备。

3. 小流量回线的作用

小流量回线的作用是在出口调节阀关闭情况下,工作介质通过泵出口的小流量管线形成最小流量回到泵入口,维持泵的正常运行。

如果没有小流量管线,一旦调节阀关闭就要停止水泵运行,否则泵内的流体无输出,泵的耗功有相当一部分转化为热能,而泵散热很少,结果温度不断增加,水会变成蒸汽形成空泡,易于发生汽蚀,渐渐地使泵损坏。

小流量阀的作用是当泵出口流量低于某定值时打开，水可经过小流量管线返回泵入口容器。

4．正暖和反暖的区别

正暖：启动第一台泵时，为正暖。将泵入口阀打开，除氧器的热水进入该泵，再打开正暖阀，放水至地沟，正暖结束后，再关闭正暖阀。

反暖：当第一台泵启动后，其他主给水泵采用反暖。打开反暖阀，热水从出口母管，经反暖阀，并经过一降压孔板后进入泵体再到泵入口。

5．暖泵的目的是什么？如何判断暖泵已经结束？

暖泵目的：使泵叶轮、泵上下泵壳均匀受热，避免由于泵体受热不均热应力过大导致泵体材料发生变形，从而引起泵体动静摩擦。

暖泵结束判断：泵体材料温度与流体温度差小于 70 ℃，上下泵体温差小于 40 ℃。

6．主给水泵热备用状态检查包括哪些内容？

包括：

1）主给水泵及其管线充水放气已经完成；

2）主给水泵暖泵结束；

3）主给水泵进出口手动隔离阀及再循环管线手动隔离阀全开；

4）主给水泵出口电动阀电源投运；

5）主给水泵在循环管线调节阀气源投运，气源压力正常；

6）主给水泵润滑油辅助油泵运行，油压、油过滤器压差及油位正常，润滑油管线回油正常；

7）主给水泵润滑油冷却水及机械密封冷却水投运；

8）主给水泵进出口压力表、过滤器压差表、出口流量变送器投运；

9）主给水泵电源处于热备用状态。

7．在机组功率运行中，有哪些因素可能会导致运行中的主给水泵发生气蚀？

1）顶压蒸汽突然失去或异常下降导致给水泵入口压力低于流体的饱和压力；

2）运行中的给水泵入口隔离阀被人为关闭；

3）运行中的给水泵入口过滤器堵塞；

4）运行中的给水泵入口管线破裂导致断流；

5）除氧水箱液位异常下降。

8．请简单介绍泵气蚀过程

由于液体内局部压力的变化引起蒸汽泡的形成、生长及溃灭，导致气蚀的产生。当液体内的静压力下降到低于液体温度对应的饱和压力时。在液体内就会形成大量的气泡，而气泡群到达较高压力的位置时。气泡就会溃灭，气泡的溃灭使气泡内所储存的势能转变成较小体积内流体的动能，使流体内形成流体冲击波。这种冲击波传递给流体中的通流部件时，会使通流部件表面产生应力脉冲和脉冲式的局部塑性变形。流体冲击波的反复作用使过流部件表面出现气蚀坑。这就是泵的气蚀。

9．单台运行中的主给水泵入口滤网发生堵塞时会带来什么问题？并列运行的两台主给水泵其中一台发生堵塞时会带来哪些问题？

单台运行中的主给水泵入口滤网发生堵塞可能带来的问题：

1）给水泵发生气蚀；

2）给水泵出口压力及出口流量异常下降。

并列运行的两台主给水泵其中一台发生堵塞时会带来的问题：

1）给水泵发生气蚀；

2）给水泵出口压力及出口流量异常下降；

3）由于堵塞的给水泵出口压力下降，并列运行的另一台给水泵出口高水压将迫使发生堵塞给水泵出口逆止阀回关，从而使发生堵塞给水泵运行条件进一步恶化。

6.3 实操题（本题25分）

鉴定点：培训中心地下室冷冻水泵由检修改运行

试题1：培训中心地下室冷冻水泵由检修改运行

1. 准备要求

考场准备：

（1）试题名称：培训中心地下室冷冻水泵由检修改运行

（2）本题分值：20

（3）考核时间：40 min

（4）考核形式：实操

（5）设备设施准备：

序号	名称	规格	单位	数量	备注
1	模拟体		台	1	教学用模拟体一台
2	工器具		台	各1	F扳手、操作票、测振仪、测温仪

考生准备：

（1）试题名称：培训中心地下室冷冻水泵由检修改运行

（2）本题分值：20

（3）考核时间：40 min

（4）考核形式：实操

（5）工具及其他准备：无

2. 考核要求

（1）本题分值：20

（2）考核时间：40 min

（3）考核形式：实操

（4）具体考核要求：根据泵从检修改运行的操作票，熟悉其关键点，启动前的检查，泵启动的大致步骤

（5）否定项说明：无

3. 配分与评分标准

序号	考核内容	考核要点	配分	评分标准	扣分	得分
1	操作实施前准备	确定操作实施前的准备工作是否充分。	3	1. 未召开工前会扣 1 分。 2. 工器具准备不齐扣 2 分。		
2	检查泵的状态	油位、电机外壳接地线	4	1. 未检查油位扣 2 分。 2. 未检查电机外壳接地线扣 2 分。		
3	摆放阀门的状态	打开泵的进出口阀	4	1. 未开阀门扣 2 分。 2. 操作阀门不规范扣 2 分。		
4	电机测绝缘送电	测绝缘的地点、绝缘值的要求	4	1. 未测绝缘扣 2 分。 2. 绝缘值不清楚扣 2 分。		
5	启泵	启泵后观察的参数正常	3	1. 参数观察不正确扣 2 分。 2. 对参数限值不了解扣 1 分。		
6	工后会	总结操作后的经验	2	未召开工后会扣 2 分		

否定项：未使用防人因工具。

评分人：　　年　　月　　日　　　　　　　　　　核分人：　　年　　月　　日

第三部分　风机类设备

第一章　操作准备

1.1　原理描述

1.1.1　风机结构及部件简介

风机的主要组成部件如下:机壳,软连接,主轴,叶轮,轴承,轴承座,皮带轮,皮带及皮带罩,电机等(图 1-1)。

图 1-1　典型风机照片

1.1.2　核电厂的通风系统基本功能

保持房间(或厂房)一定量的通风换气次数,使工艺设备在适宜的温湿度环境中,正常可靠地运转,并在某些明确规定的区域,为电厂工作人员提供舒适清洁的工作环境。

控制放射性厂房内污染空气的扩散,净化通风废气,使其放射性水平低于国家规定的允许排放标准,防止由空气扩散放射性物质,保护大气环境。

1.1.3 通风系统的一般组成与空气的状态参数

为了达到通风的目的,发挥通风的作用,就必须有对空气进行处理和调节的措施和方法,一般空气调节的基本措施,要求其系统的结构组成应包括以下几个部分。

采风部分。空调系统必须采用一部分室外新鲜空气,即新风。新风的取入量主要由空调系统的用途和卫生要求来决定。如果空调房间产生大量的有毒、有害或放射性物质,不允许在室内空气循环使用,则必须在系统运行中全部采用新风,而有些通风空调系统则采用部分回风和部分新风运行。新风的采入口一般设置在周围不受污染影响的地方。这些新风采入口和空调系统的新风管道及新风过滤装置构成系统的进风部分。

空气的过滤部分。空调系统的新风进入空气处理装置或空气排到大气前,一般要经过一次预过滤器,去除空气中较大的灰尘颗粒,再经精过滤器或高效过滤器滤除细小的微尘,部分有碘污染可能的系统还要设计安装有碘吸附器的备用系统。

空气输送部分。空气输送一般利用风机,风机有轴流式,离心式。

空气处理部分。对室内输入的空气或由室内排出的空气,一般都需要不同程度的处理,按工艺的需要可对空气进行净化、加热、冷却、加湿、除尘及空气中有毒害物质的处理。

空气的状态参数如下。

大气压力:包围着地球表面很厚的大气层对地面产生的压力称为大气压力。通常以纬度 450 处海平面上,空气温度为 0 ℃时测得的平均压力等于 101 325 Pa 作为一个标准大气压,工程上把 9 806.6 Pa 叫做一个工程大气压。

温度:温度是衡量物体冷热程度的指标。目前国际上使用的是摄氏温标(t)、华氏温标(F)和绝对温标(T)等。

$$T=273.15+t$$

$$F=9t\ ℃/5+32$$

绝对湿度:在一立方米空气中含有水蒸气的重量称为空气的绝对湿度。

含湿量:在湿空气中,与 1 kg 空气混合在一起的水蒸气重量,称为空气的含湿量。

饱和湿度:在一定温度下,空气中的水蒸气含量达到最大限度(或称饱和量),这种空气状态叫饱和空气,也可以说空气达到饱和湿度。

相对湿度:空气实际绝对湿度接近饱和绝对湿度的程度,即空气的绝对湿度与同温度下饱和绝对湿度的比值。

1.1.4 通风系统的设备介绍

在通风系统中,根据风机的作用原理分为离心式、轴流式和贯流式三种。贯流式风机仅用于设备产品中,如风机盘管、风幕等。在通风系统中大量使用离心式、轴流式风机。

离心风机:离心风机主要由叶轮、机壳、进风口、出风口及电机组成。叶轮上有一定数量的叶片,叶片可以是向前弯、向后弯或径向的。叶轮固定在轴上,由电动机带动旋转,风机的外壳为一个对数螺旋线形蜗壳。当叶轮旋转时,叶片间的气体也随叶轮旋转而获得离心力,气体跟随叶片在离心力的作用下不断地流入与流出,外加功通过叶片传递给气体,气体的动能和位能增加,从而源源不断地输送气体。

轴流风机:根据气体特性的原理,当比转数不断增大到一定程度后,气体将由最初的径向流出而最后变成轴向流出。高比转数表明风机的流量大而压力低,因此轴流风机一般用于大流量小压力的系统。

轴流风机的空气是按轴向流过风机的,带扭曲的叶片安装在圆形风筒内,另有一个钟罩形入口,用来避免进气的突然收缩。风机的电动机是装在适当形式的轮毂罩内(也有没有轮毂的),轮毂罩主要起改善气流流入叶片的作用。

轴流风机的类型很多,大型轴流风机在叶轮下游侧设有固定的导叶以消除气流在增压后的旋转,改善气流的扩散。轴流风机的叶片有板型、机翼型多种,叶片从根部到梢常是扭曲的,有些叶片安装的角度是可以调整的,调整叶片安装的角度可以改变风机的性能。

贯流式风机:贯流式风机仅用于设备产品中,如风机盘管、风幕等。

通风过滤器:核通风系统使用的空气过滤器种类很多,根据过滤器结构和外形不同,可分为框架式、折叠式和套筒式过滤器。

框架式过滤器由 Π 字型框架装配而成,框架的密封面交替放置,因为工作时,在框架之间的空腔内会有负压,为了避免滤纸互相粘贴,在空腔内安装分隔板(其一头带有封头板,分隔板片数依所需的过滤面积而定,一般有几十到一百多片)。

折叠式过滤器的滤纸是一整张,滤纸贴附着分隔板往返交替缠绕,滤纸的起始端和终止端用粘结胶粘在上下板上,用粘结胶将缠绕层的两侧密封并与侧板相粘结,侧板用螺栓紧固在上下板上。在迎风面上的四边板端面上,粘以闭孔海绵橡胶垫片,该垫片与安装框架紧压在一起,以防止安装框架与过滤器接触面之间的泄漏(秦山二核使用该种过滤器)。

筒式过滤器的形状是圆筒形,它主要适用于圆形风管、风量小的通风系统。

碘吸附器:目前,我国已研制和生产了数种不同型式的碘吸附器。从结构上大体分为筒式、平板式、折叠式、抽屉式四种,用于核电厂的主要有折叠式、抽屉式两种,本文主要介绍这两种碘吸附器。

折叠式碘吸附器外形尺寸为 610 mm×610 mm×290 mm,与高效粒子过滤器的外形尺寸一致,额定风量也一致,即 1 700 m^3/h,折叠式碘吸附器的吸附剂厚度为 25.4 mm,整个炭就像一张纸一样,折叠着固定在框架上(秦山二核使用该种碘吸附器)。

抽屉式碘吸附器由三个抽屉吸附器盒组成,三个抽屉吸附器盒平行固定在面板上。抽屉式碘吸附器的迎风面积尺寸与一台高效粒子过滤器的迎风面积尺寸一样。每台抽屉式碘吸附器的额定风量与一台高效粒子过滤器的一致,每个抽屉吸附器盒的额定风量为高效过滤器的三分之一,即 567 m^3/h,吸附剂厚度为 50.8 mm。每个抽屉吸附器盒由上、下两个单独的吸附剂炭床组成。在炭床里填充浸渍活性炭,吸附器盒的三个侧面用无孔钢板焊接封死,正面装上面板。两个吸附剂炭床之间为中间通道,空气从上下两个吸附剂炭床进入,经中间通道从面板开口处流出(秦山一核使用该种碘吸附器)。

盘管:盘管有加热、冷却两种,通过利用其他系统提供的冷冻水或热水,对流通过盘管的空气进行处理,以满足设备或人员的需求。

核电厂在正常运行、停堆换料及事故工况下,各种运行的工艺设备和管道会产生大量的余热、余湿及放射性物质(废气、废水等),从放射性厂房排出的废气有两类:

1) 工艺废气——它主要来自一回路系统,含有较高浓度的放射性核素氪(Kr)、氙(Xe)、碘(I)、铯(Cs)等,这类核素必须严加控制,经特殊净化处理并达到允许排放水平后,由烟囱排放到大气。

2) 通风废气——它主要来自放射性厂房的空气。通风废气的放射性水平较低,通常采用高效粒子空气过滤器(HEPA)去除放射性气溶胶,采用活性炭吸附器去除放射性气态碘(主要是 ^{131}I),在达到允许排放水平后,由烟囱排放到大气。

核电站采暖通风空气调节(HVAC)系统的主要功能如下。

保持房间(或厂房)一定量的通风换气次数,使工艺设备在适宜的温湿度环境中,正常可靠地运转,并在某些明确规定的区域,为电厂工作人员提供舒适清洁的工作环境。

控制放射性厂房内污染空气的扩散,净化通风废气,使其放射性水平低于国家规定的允许排放标准,防止由空气扩散放射性物质,保护大气环境。

放射性厂房暖通空调系统不同于一般工业厂房的常规暖通空调系统,它必须具有高可靠性,即暖通空调系统在电站运行期间,包括正常停堆、预期偶发事故(如失电等)和在突发性自然灾害事件(如地震、火灾事故等)及设计基准事故(弹棒事故、失水事故等)的情况下,仍能在规定的时间连续运行,并按要求完成预定的功能。特别是专设安全设施通风系统必须要在所规定的各种工况下,都能可靠、连续运行。

反应堆厂房(RX)、核燃料厂房(KX)、核辅助厂房(NX)为放射性厂房,不允许自然通风,采用“直流式”通风换气系统,并通过调节总的送、排量来维持厂房的负压,以防止厂房内污染的空气扩散逸出而污染空气。为了防止放射性空气的无控扩散,厂房内要保持合理、恒定的气流流向,即气流方向是从非放区→低放区→高放区,它是通过在不同区域保持不同的空气压力来实现的即 $P_{非放区}>P_{低放区}>P_{高放区}$。放射性厂房厂房中的污染空气必须由高效粒子空气过滤器(HEPA)去除放射性气溶胶,活性炭吸附器去除放射性气态碘等净化处理,并经剂量监测合格后,才能从烟囱向大气排放,保证人员安全及保护大气环境。

厂房的温度调节因厂房而异。冬天,电气厂房(LX)使用电加热器控制温度,反应堆厂房(RX)、核燃料厂房(KX)、核辅助厂房(NX)等厂房使用常规岛供应 70/95 ℃的热水系统(SES)调节温度。夏天,电气厂房(LX)使用提供的冷冻水,反应堆厂房(RX)、核燃料厂房(KX)、核辅助厂房(NX)等厂房使用核岛冷冻水系统(DEG)提供的冷冻水,常规岛使用自己的冷冻水。

全厂核岛和电气厂房的通风系统能够在电厂数据采集系统(KIT)监测设备状态和数据变化及变化趋势,部分重要系统如:主控通风系统(DVC)、反应堆循环冷却系统(EVR)、堆芯冷却系统(EVC)等在主控室控制,其他系统在就地控制盘启停。常规岛通风系统设有集控室,通风设备即能在集控室操作,也能在就地操作。

下面分厂房介绍各个厂房的通风系统。

1) 核燃料厂房通风系统(DVK)

核燃料厂房通风系统(DVK)为新燃料贮存室、乏燃料贮存大厅、水池冷却系统净化设备间及元件检测池等提供适宜温、湿度的新鲜空气,维持工艺设备正常运转和人员安全操作的环境条件,并防止厂房围护结构表面结露。

机组正常运行时,经空调机组加热或冷却除湿处理后的室外空气分两路送入核燃料厂房,一路送到燃料贮存大厅,一路送到水池冷却系统净化设备间及元件检测池等房间,排风经高效粒子空气过滤器(HEPA)去除放射性气溶胶后,经烟囱向大气排放。

每个房间的送排风管上有两个气动阀,分为 A、B 两列,保证在安注或剂量信号到达之后,有一列阀门能够动作,隔离相应的房间。系统接收到安注或剂量信号后,事故风机启动,正常送排风机停运,相应的阀门关闭,隔离房间的送风及部分房间的排风,保证燃料贮存大厅或安注泵房等处的负压,排风经高效粒子空气过滤器(HEPA)去除放射性气溶胶,活性炭吸附器去除放射性气态碘等净化处理后,经烟囱向大气排放。

核燃料厂房通风系统(DVK)夏天使用核岛冷冻水系统(DEG)的冷冻水,冬天使用常规岛冷冻水和热水系统(SES)的热水调节送风温度。

2) 电气厂房通风系统

电气厂房通风系统有 4 个,各个系统分管不同的楼层和房间,简述如下:

主控制室空调系统(DVC)为主控室和 15.50 m 层的通风系统。电气厂房为非放厂房,主控制室空调系统(DVC)采用一次混风系统,除采用部分新风外,大部分采用室内回风,这样可以保持主控室为正压,并为主控工作人员创造一个舒适的工作环境。在事故工况下,如果室外的空气受到污染,系统收到剂量信号后,事故新风系统自动启动,正常新风系统被自动隔离,以此为主控提供一个事故后的可居留区。主控制室空调系统(DVC)采用冷冻水系统(DEL)和电加热器调节送风温度,维持人员和设备所需的温湿度。

电气厂房主通风系统(DVL)A 列和 B 列为 11.50 m 层机架间、8.00 m 层电气配电间的通风系统,101/102ZV 为楼梯间提供通风,103/104ZV 为压缩机房提供通风。电气厂房主通风系统(DVL)A 列和 B 列为一次混风系统,各有一个调节系统,用于调节系统的送、排、回风阀门和冷冻水阀:在室外温度较低时,系统采用全新风方式运行(回风阀、冷冻水阀全关,新风阀、排风阀全开),室外温度升高时,新风阀慢慢关小,直到 10%的开度,如果室内温度还不能维持,打开冷冻水阀调节室内温度。楼梯间通风系统根据室内温度自动调节电加热器和冷冻水控制温度,压缩机房通风系统与空压机联锁运行。在事故工况下,停运电气厂房主通风系统(DVL)A 列和 B 列的调节器,系统按照全回风方式运行(新风、排风阀全关,回风阀全开)。

电缆层通风系统(DVE)为电缆层和蓄电池室的通风系统,电缆层的通风采用"直流式"通风,利用冷冻水系统(DEL)和电加热器调节送风温度,保证电缆层的电缆所需要的温度条件。蓄电池室的通风也采用"直流式"通风,但为保证蓄电池室的负压,排风量大于送风量,送风只设有电加热器,以此来保证冬天时蓄电池室的温度条件。

电气厂房排烟系统(DVF)为整个电气厂房的防火排烟系统。当电气厂房着火且火势已被扑灭,可以启动电气厂房排烟系统(DVF)的风机,并打开相应房间的防火排烟阀,排除房间内遗留的烟雾。

3) 反应堆厂房通风系统

反应堆厂房(RX)通风系统的主要功能如下。

用于保证反应堆正常运行期间,排除各种工艺设备散发的热量,维持安全壳内设计要求的温度条件($t<50$ ℃),保证工艺设备和电器、仪表能正常工作,以支持反应堆正常运行,并在反应堆正常运行时,为有关人员进入安全壳进行维修工作提供适宜的条件。

为防止混凝土因受核辐射所引起过热和脱水,对堆腔内外和压力壳支承处的混凝土进行强制通风冷却,使混凝土温度不超过设计极限值(一般为 80 ℃)或混凝土内外壁温差不超过 50 ℃。

在反应堆正常停堆期间，为进入安全壳内的工作人员提供适宜的温湿度条件以及可以接受的放射性剂量水平，保护人员健康与安全。

维持反应堆厂房的压力，并在反应堆发生失水事故时，使安全壳顶部空气循环流动，避免事故后环境中的氢气在安全壳顶部聚集。

安全壳连续通风系统(EVR)是一个自身再循环系统，主要用于在反应堆正常运行期间，维持反应堆厂房的温度，保证各个工艺设备正常工作和运转。在冷停堆时，通常 EVR 系统是停运的，在冷停堆开始时，EVR 系统可与 EBA 系统一起投入运行，以降低反应堆厂房内部温度。循环冷风机有 4 台容量为 50%的机组并联，两台运行，两台备用。循环风机有两台 100%容量的机组并联，一台运行，一台备用。系统使用 DEG 系统提供的冷冻水(7/12 ℃)。

反应堆堆坑通风系统(EVC)是一个自身再循环系统，主要作为正常功率运行至热停堆期间，堆腔内外和压力壳支承处的混凝土进行强制通风冷却，使混凝土温度不超过设计极限值(一般为 80 ℃)或混凝土内外壁温差不超过 50 ℃。EVC 系统有 4 台容量为 50%的机组并联，两台运行，两台备用，系统使用核岛冷冻水系统(DEG)提供的冷冻水(7/12 ℃)。

安全壳空气净化系统(EVF)主要作为反应堆正常运行时的循环净化系统，当反应堆内部出现高剂量报警时，手动启动安全壳空气净化系统(EVF)，降低反应堆内部的剂量水平。EVF 系统有两台 100%容量的机组并联，一台运行，一台备用。

安全壳大气监测系统(ETY)主要用于以下场景。

① 小风量清洗：反应堆正常运行时间断运行，在人员进入前用于降低安全壳内惰性气体和氚的放射性，或者调节全壳内的压力。

② 安全壳试验：主要用于反应堆验收密封试验和以后的定期试验。

③ 保健物理监测：保健物理监测系统(1KRT009/017MA)主要用于联锁控制系统隔离阀(003/004/005/006/007/008/009/010VA)。

④ 物理监测：在反应堆正常运行时进行放射性监测取样。

⑤ 混合-取样：用于连续测氢。

控制棒驱动机构通风系统(RRM)为控制棒驱动机构循环冷却系统，本系统是为了保持控制棒驱动机构(CDRM)及其位置指示器的可接受温度。由设备冷却水系统(RRI)向四个通风冷却盘管连续提供冷却水，以便由一个系列瞬时切换到另一个系列。

安全壳换气通风系统(EBA)主要用于反应堆冷停堆时，对反应堆进行通风换气，为工作人员进入反应堆提供合适的温湿度条件，降低反应堆厂房的放射性水平。安全壳换气通风系统(EBA)没有自身的动力设备，它只有自己的送、排风管，依靠核辅助厂房通风系统(DVN)为它提供送风和排风。

4) 核辅助厂房通风系统(DVN)

核辅助厂房通风系统(DVN)，为整个核辅助厂房提供通风换气，维持厂房的正常工作环境，并保持厂房为一定负压。

核辅助厂房通风系统(DVN)具有两个功能：

① 在反应堆正常运行时，为核辅助厂房提供通风换气。

② 在一台机组或两台机组停堆检修时，一方面为核辅助厂房提供通风换气，同时为反应堆厂房(RX)厂房提供通风换气。

核辅助厂房通风系统(DVN)在夏天使用核岛冷冻水系统(DEG)的冷冻水降低送风温度,在冬季使用常规岛冷冻水和热水系统(SES)的热水提高送风温度,以此来维持厂房的正常工作环境。在部分温度要求比较高的房间,在送风管道上另设有管道电加热器,由房间的温度来控制它的启停(如硼储存间等)。

核辅助厂房通风系统(DVN)分两部分:

① 正常送排风机,包括 001/002/003/004/005/006ZV。

② 除碘排风机,包括 007/008ZV。

正常送排风为厂房内低放射性房间送排风,高放射性房间可能产生放射性碘的房间由除碘风机排风。

5) 特设安全系统

上充泵房应急通风系统(DVH)是上充泵房的通风备用系统,正常运行时,上充泵房由 DVN 系统提供通风和换气,在失去核辅助厂房通风系统(DVN)通风或核辅助厂房通风系统(DVN)通风功能不够时,当泵房温度上升到一定值时,上充泵房应急通风系统(DVH)自动投运,降低上充泵房的温度,保证上充泵正常运行。

安注和喷淋泵电机房通风系统(DVS)是喷淋泵房的通风系统,机组正常运行时,系统处于停运状态,在喷淋泵启动后,现场启动安注和喷淋泵电机房通风系统(DVS),为喷淋泵房提供通风换气,并维持喷淋泵房的正压。

设冷水设备间通风系统(DVI)是设冷泵房的通风系统,它有 2 列 4 台,正常情况下,一列运行,一列备用,在房间温度达到设定值时,备用风机自动启动,降低泵房的温度,在温度降低到定值以下后,风机自动停运。

6) 常规岛通风系统(DVM)

系统功能:空调系统的功能是维持汽轮机厂房、凝结水精处理车间和汽轮机润滑油箱内的环境温度。

汽轮机厂房通风系统组成如下:蒸发冷却通风机组,6 台;屋顶风机,25 台;楼梯间屋顶风机,1 台。

汽轮机厂房通风系统运行方式如下:气轮机夏季通风靠 6 台蒸发冷却通风机组以及 25 台屋顶风机维持汽轮机厂房工作地带温度不大于 35 ℃,6 台蒸发冷却通风机组具体布置位置为 3 台在−7.20 m,1 台在+0.00 m,2 台在+8.30 m,每两台蒸发冷却通风机组负责一层平面。

当室外温度逐步降低时,通过变频调速将蒸发冷却通风机组风机转速降低,达到节能效果。

冬季,当室内温度低于 8 ℃时,通过变频调速将蒸发冷却通风机组送风量调至设计风量的一半,关闭蒸发冷却通风机组的电动新风阀,打开电动回风阀,使蒸发冷却通风机组室内循环,调节 25 台屋顶风机,其中 5～10 台屋顶风机,使其由原来的屋顶排风改为屋顶进风,打开并调节热水回水电动二通阀,使室温维持在 10 ℃以上,当室温大于 13 ℃时,自动关闭若干台蒸发冷却通风机组。

楼梯间正压屋顶风机与消防控制盘联锁,当火灾发生时,楼梯间正压屋顶风机自动投运,维持正压,当火灾熄灭时,楼梯间正压屋顶风机自动关闭。

继电器室通风

夏季和冬季正常运行时,送风阀开 100%,回风阀 85%,新风阀 15%。春秋过度季节时,送风阀开 100%，回风阀 0%，新风阀 100%。

夏季当继电器室的室内温度高于 26 ℃时，开大冷冻水回水电动二通阀，关小旁通电动二通阀，当继电器室的室内温度低于 24 ℃时，关小冷冻水回水电动二通阀，开大旁通电动二通阀。

冬季当继电器室的室内温度高于 20 ℃时，关小热水回水电动二通阀，开大旁通电动二通阀，当继电器室的室内温度低于 16 ℃时，开大热水回水电动二通阀，关小旁通电动二通阀。

组合式空调机组一用一备，一台发生故障，另一台组合式空调机自动投入运行。

当发生火灾时，由消防控制盘发出消防报警信号给暖通控制盘，关闭送、回风机、电动防火阀，并反馈给消防区域控制盘。当火灾熄灭时，经人工确认后，打开电动防火阀，关闭电动混风调节阀，启动送、回风机，回风机兼作排风机。当排烟结束后，打开电动混风调节阀，恢复正常运行。

根据新风入口的温度和湿度控制新风阀的开度，以保持新风风量不小于最小新风量且最大限度利用新风，以达到节能运行。

送风阀与新风阀的开启方向正向同步，起点为新风阀最小开启状态时(开度 15%)，送风阀全开，回风阀全开。

7) 6 kV 厂用配电间通风系统

6 kV 厂用配电间平时运行靠电动进风百叶进风，轴流风机排风，空调机关闭。

夏季，当 6 kV 厂用配电间室温大于 30 ℃时，自动停运轴流风机，电动排风调节阀及电动进风百叶，自动开启变风量空调机，调节冷冻水回水电动二通阀及旁通电动二通阀，使室温维持在 30 ℃左右。

当夏季发生火灾时，由消防控制盘发出消防报警信号给暖通控制盘，关闭变风量空调机、电动防火阀、轴流风机、电动进风百叶，并反馈给消防区域控制盘。当火灾熄灭时，经人工确认后，打开电动百叶和电动密闭阀，投运轴流风机，将烟雾排走，再恢复正常运行。

当平时发生火灾时，由消防控制盘发出消防报警信号给暖通控制盘，关闭轴流风机、电动进风百叶、电动密闭阀，并反馈给消防区域控制盘。当火灾熄灭时，经人工确认后，打开电动百叶和电动密闭阀，投运轴流风机，将烟雾排走，恢复正常运行。

8) 380 V 厂用配电间通风系统

380 V 厂用配电间平时运行靠电动进风百叶进风，轴流风机排风，空调机关闭。

夏季，当 380 V 厂用配电间室温大于 30 ℃时，自动停运轴流风机、电动排风调节阀及电动进风百叶，自动开启两台变风量空调机，调节冷冻水回水电动二通阀及旁通电动二通阀，使室温维持在 30 ℃左右。

当夏季发生火灾时，由消防控制盘发出消防报警信号给暖通控制盘，关闭变风量空调机、电动防火阀、轴流风机、电动进风百叶，并反馈给消防区域控制盘。当火灾熄灭时，经人工确认后，打开电动百叶，投运轴流风机，将烟雾排走，再恢复正常运行。

当平时发生火灾时，由消防控制盘发出消防报警信号给暖通控制盘，关闭轴流风机、电动进风百叶、电动密闭阀，并反馈给消防区域控制盘。当火灾熄灭时，经人工确认后，打开电动百叶和电动密闭阀，投运轴流风机，将烟雾排走，恢复正常运行。

9) 蓄电池室通风

蓄电池室平时保持负压通风，电动进风百叶进风，轴流风机排风，空调机关闭。

冬季当蓄电池室室温小于 15 ℃时，自动关闭电动进风百叶，启动变风量空调机，调节热水回水电动二通阀及旁通电动二通阀，使室温维持在 15 ℃左右。轴流风机继续运行，保持负压通风。

当平时发生火灾时，由消防控制盘发出消防报警信号给暖通控制盘，关闭轴流风机、电动进风百叶、电动密闭阀，并反馈给消防区域控制盘。当火灾熄灭时，经人工确认后，打开电动百叶和电动密闭阀，投运轴流风机，将烟雾排走，恢复正常运行。

当冬季发生火灾时，由消防控制盘发出消防报警信号给暖通控制盘，关闭变风量空调机、电动防火阀、轴流风机、电动进风百叶，并反馈给消防区域控制盘。当火灾熄灭时，经人工确认后，打开电动百叶，投运轴流风机，将烟雾排走，再恢复正常运行。

10） 直流配电间通风

直流配电间平时运行靠电动进风百叶进风，轴流风机排风，空调机关闭。

夏季，当直流配电间室温大于 30 ℃时，自动停运轴流风机，电动排风调节阀及电动进风百叶，自动开启两台变风量空调机，调节冷冻水回水电动二通阀及旁通电动二通阀，使室温维持在 30 ℃左右。

当夏季发生火灾时，由消防控制盘发出消防报警信号给暖通控制盘，关闭变风量空调机、电动防火阀、轴流风机、电动进风百叶，并反馈给消防区域控制盘。当火灾熄灭时，经人工确认后，打开电动百叶和电动密闭阀，投运轴流风机，将烟雾排走，再恢复正常运行。

当平时发生火灾时，由消防控制盘发出消防报警信号给暖通控制盘，关闭轴流风机、电动进风百叶、电动密闭阀，并反馈给消防区域控制盘。当火灾熄灭时，经人工确认后，打开电动百叶和电动密闭阀，投运轴流风机，将烟雾排走，恢复正常运行。

11） 润滑油箱间、凝结水精处理系统(ATE)配电间

润滑油箱间、凝结水精处理系统(ATE)配电间平时运行靠电动进风百叶进风，轴流风机排风。

当平时发生火灾时，由消防控制盘发出消防报警信号给暖通控制盘，关闭轴流风机、电动进风百叶。当火灾熄灭时，经人工确认后，打开电动百叶，投运轴流风机，将烟雾排走，恢复正常运行。

12） 凝结水处理楼空调通风

4 台净化空气处理机组在+8.30 m 层净化机组机房，分别用于凝结水处理室及前置阳床、运行混床间，均为一用一备，全年运行，一台故障，自动报警，另一台自动投运，净化空气处理机组前的电动密闭调节阀也随着其相关的机组开启及关闭。

净化空气处理机组机房内的两台轴流风机全年运行，发生故障自动报警。酸碱储存间、加药间轴流风机全年运行，室内维持负压。

1.2 文件准备

风机启动，停运规程文件。

风机再鉴定操作单。

1.3 工器具准备

绝缘检测仪，听针，测温仪，手电，活动扳手，钳形电流表。

1.4 模拟体准备

C 式带式皮带模拟体，E 式带式皮带模拟体。

1.5 辐射防护准备

需要时请物理保健人员配合。

1.6 工业安全准备

必要的防护用品：防砸鞋、防护手套及安全帽等。

1.7 配合人员准备

需要时请技术处测振人员配合。

1.8 场地准备

培教楼 106 教室(模拟体厂房)。

第二章　操作实施

2.1　核辅助厂房通风系统风机(DVN007ZV)正常切换到(DVN008ZV)运行

核辅助厂房通风系统风机(DVN007ZV)正常切换到(DVN008ZV)运行见表 2-1。

表 2-1　核辅助厂房通风系统风机（**DVN007ZV**）正常切换到（**DVN008ZV**）运行

序号	操作步骤	执行	备注
初始状态	核辅助厂房通风系统除碘风机(DVN007ZV)运行、核辅助厂房通风系统除碘风机(DVN008ZV)备用。		
1	确认核辅助厂房通风系统(DVN)相关检修工作已结束，特别是检查确认风机入口的杂物已清理，相应物件已经固定。		
2	主控派两名现场操作员到核辅助厂房通风系统(DVN)送排风机就地操作盘(DVN001AR)处，并与主控建立通讯联系，确认操作盘(DVN001AR)上旋钮(013/014CC)选择在主控制室(KSC)位置。		
3	主控下令现操关闭仪表压空供气阀、仪表用压缩空气系统(SAT232VA)及仪表根阀(SAT004VLP)。		
4	主控下令现操打开阀门(DVN038/381VA)，确认阀门(DVN051VA)开启，关闭阀门(DVN037/39VA)，关闭小室的密闭门，在模拟盘(DVN001AR)上确认阀门的开关状态后，汇报主控。		
5	在主控中间控制室确认在线正确后启动风机(DVN008ZV)，在收到现操汇报风机已启动后，停运风机(DVN007ZV)。		状态指示灯亮
6	主控下令现操关闭阀门(DVN034/380VA)，打开阀门(DVN033/035VA)，确认保温电加热器(DVN057RS)在运行后，关闭小室门。在模拟盘(DVN001AR)上确认阀门的开关状态后，汇报主控。		加热器(DVN055/057RS)投运一个即可；在碘吸附器小室用测温仪测量
7	主控下令现操打开仪表根阀(SAT003VLP)，然后缓慢开启仪表压空供气阀(SAT231VA)，调节压力表(SAT003LP)压力应大于 400 Pa。		注意避免安全阀(SAT235VA)动作，动作定值 0.003 2 MPa
8	检查阀门(DVN379VA)已回座关闭。		
9	在主控中间控制室确认在线正确。		状态指示灯亮

2.2 停运核辅助厂房通风系统(DVN)正常送排风机

停运核辅助厂房通风系统(DVN)正常送排风机见表 2-2。

表 2-2 停运核辅助厂房通风系统（DVN）正常送排风机

操作任务：停运核辅助厂房通风系统(DVN)正常送排风机

风险分析：

1. 核岛冷冻水系统(DEG)负荷降低，DEG 可能由于冷冻水温度低跳闸，因此需要及时调整 DEG 导叶开度。
2. 核辅助厂房通风系统(DVN)停运之前确保安全壳大气监测系统(ETY)排气、核岛废气系统(TEG)储气罐排放活动应停止，否则可能触发烟囱高放射性报警。
3. 核辅助厂房通风系统(DVN)风机风量较大，为防止风管变形，应让排风机和送风机交替停运。
4. 核辅助厂房通风系统(DVN)停运会导致核岛废气系统(TEG)含氧风机自动停运，若自动停运在中间控制室会触发相应的报警。
5. 核辅助厂房通风系统(DVN)风机停运后，上充泵房间温度会上升，触发风机(DVH001/002ZV)自动启动，并触发主控报警。
6. 由于设备布置的原因，风机(DVN002ZV)单列运行时电流过大，可能跳闸，因此对风机(DVN002ZV)要先停后启。

序号	操作步骤	执行	备注
初始状态	核辅助厂房通风系统(DVN)正常运行。		
1	确认凝汽器真空系统(CVI)排气到大气的阀门(CVI013VA)开启，关闭凝汽器真空系统(CVI)排气阀到 DVN 的阀门(CVI011VA)。		阀门(CVI011VA)初始位置：阀杆漏出 10 个螺纹
2	确认 1/2 号机组没有安全壳大气监测系统(ETY)排放活动，确认核岛废气系统(TEG)储气罐没有废气排放活动。		
3	检查确认 1/2 号机组设备不可用(IO)个数都小于等于 3 个。		
4	在就地盘柜(DVN001AR)用按钮(TEG021CC/2TEG022CC)停运核岛废气系统(TEG)含氧排风机。		
5	主控派两名现操到 DVN 送排风机操作盘(DVN001AR)处，并与主控建立通讯联系。		
6	主控下令现操先停运一台送风机和一台排风机，在模拟盘(DVN001AR)确认风机停运后汇报主控。		
7	主控检查核辅助厂房通风系统(DVN)通风流量已降低。		
8	主控下令现操在停运一台送风机和一台排风机，在模拟盘(DVN001AR)确认风机停运后汇报主控操纵员。		
9	主控检查核辅助厂房通风系统(DVN)通风流量变化正常，主控启动风机(DVH001/002ZV)。		根据对应的设冷水系统(RRI)列决定

续表

序号	操作步骤	执行	备注
10	1/2 号机组主控室记录相应 I0。		
11	检查硼酸波动罐(RIS021BA)的温度，大于 85 ℃开启顶盖降温，同时房间需要增加临时风机降温。		
12	主控室监视核岛冷冻水系统(DEG)的冷冻水温度，必要时采取以下一种或几种措施稳定核岛冷冻水系统(DEG)温度： 1. 调整核岛冷冻水系统(DEG)导叶开度。 2. 若两个系列运行则停运一列核岛冷冻水系统(DEG)。 3. 启动备用系列的冷冻水泵。		
13	冬季应关小阀门(SES001VV)，调节常规岛热水系统(SES)的供水温度，同时注意常规岛热水系统(SES)压力。		

2.3 风机检修后再鉴定

风机检修后再鉴定见表 2-3～表 2-6。

表 2-3 风机类设备再鉴定前状态检查

序号	检查内容	是	否	备注
1	脚手架已拆除			
2	设备保温已恢复			
3	相关设备标牌已恢复			
4	电机品质再鉴定已合格			
5	风机与电机的联轴器已连接			
6	风机与电机的仪表已恢复			
7	各部位润滑油已加至要求值			
8	已经手动盘车			
9	隔离票已归还			
10	工作现场已清理完毕，试验安全区已建立			
工作负责人/电话		日期		

表 2-4　风机再鉴定记录单

工作包号		许可证号	
设备代码		设备名称	
工作内容			

表 2-5　再鉴定前的检查与记录

检查项目	是	否	检查人员签字	
相关(机械,电气)检修工作结束			工作负责人	
已建立试验安全区				
相关系统允许该风机试验			运行操作员	
再鉴定申请单已批准				
是否需要临时措施(TCA、TSD 等)				

表 2-6　再鉴定的检查与记录

检查项目		验收标准	实际值	合格	不合格	备注
外观无异常		是				
标牌整齐		是				
电机绝缘		按电机再鉴定标准				
电机电压						
额定功率/kW				额定电流/A		
空载电流	A 相					
	B 相					
	C 相					
电流三相一致性		电流一致				
带载电流	A 相					
	B 相					
	C 相					
电流三相一致性		电流一致				
皮带松紧度		合适				

续表

检查项目		验收标准	实际值	合格	不合格	备注
轴承温度	电机驱动端					
	电机非驱动端					
	风机驱动端	最高温度≤85 ℃ 稳定后运行温度≤65 ℃				无标准的按<65 ℃
	风机非驱动端					
轴承温升		轴承温度稳定后连续运转≥20 分钟，轴承温升≤40 ℃				
运行声音		正常				
振动		刚性支承 V_{rms}≤4.6 mm/s				
		挠性支承 V_{rms}≤7.1 mm/s				
其它说明						
临时措施（TCA、TSD）已拆除		是 □				
结论	合格 □；不合格 □；合格有缺陷 □：					

工作负责人（签字）：　　　　QC 人员（签字）：

承包商（QC）人员（签字）：　　　　再鉴定经理（或授权人）（签字）：

2.4 实施中需要特别注意的几个关键点

2.4.1 风机切换

规程文件正确完整，风机在线正确，仪表根阀不关闭，仪表的水可能被抽走，高效过滤器可能失效，放射性气体可能排放到大气，风机启动后运行参数正常（声音，温度，压力，电流等）。

2.4.2 风机检修后再鉴定工作

相关风机（机械、电气）检修工作结束，工作现场清理完毕，已建立试验安全区，相关系统允许该风机试验，所有工作票已收回，设备标牌已恢复，确认系统在线完成，可以启动风机。

2.5 风机日常巡检注意事项

现场设置的风机运行数据监测屏用于监测风机运行参数，振动、温度、电流等，对于在密闭房间内运行的风机非常重要，由于这些房间在风机运行情况下不便进入，只能通过监测屏显示数据来判断风机运行正常与否。有些通风系统中还有过滤器，日常巡检时还应关注这些过滤器压差，一旦超过运行范围需填写工作申请单，由专业部门负责处理。不同系统的风机运行参数略有不同，具体可参考对应的系统手册和定制手册。

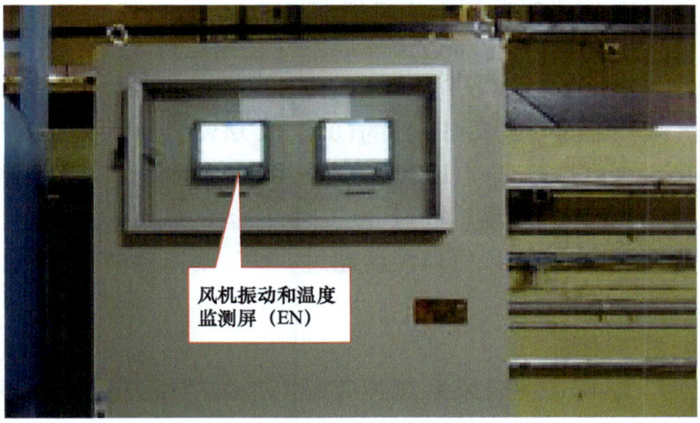

图 2-1 风机振动监测屏(EN)

振动：量程 0～200 μm 上限 160 μm 上上限 170 μm

温度：量程 0～100 ℃ 上限 60 ℃ 上上限 70 ℃

以上数据是维修处仪控给的，发现探头指示超过上限时，说明风机运行有问题，立即汇报主控停运风机。

核岛设备冷却水泵房通风系统(DVI)备用风机启动信号：如果房间温度超过 40 ℃，所设置的恒温器 001、003、005、007(ST)中任一个均可起动备用风机；当房间温度降到低于 35 ℃，备用风机停运，恒温器 009、011、013、015(ST)都是高温极限值探测器，当温度达到 43 ℃即发出报警。

送风量要大于排风量，为了达到此目的，在排风机的吸入口安装一个手动控制的风阀 039 VA。在正常运行期间，要求对此风阀进行调节，以使其到达所预期的风量值。

送排风机的起动和停运均为现场手动操作，送风机起动后，排风机才能起动。

在排风机发生故障的情况下，与其对应的送风机继续运行，在送风机发生故障的情况下，排风机自动停运，以免房间处于负压。

外围设备间通风系统(DVW)正常排风是连续运行的。所有排风通过一组预过滤器和高效过滤器进行过滤。若发生污染则同时通过一组碘吸附器来吸附放射性碘及有机化合物。机组换料大修期间，反应堆厂房，核辅助厂房，反应堆连接厂房之间通风流向核辅助厂房→反应堆连接厂房→反应堆厂房。其目的是：控制、防止放射性扩散。

当发生反应堆破口失水事故(LOCA)或者出现高放射性水平时，启动风机 002ZV(若风量开关 003SD 探知风机 002ZV 失效，则备用风机 001ZV 在 10 秒后自动启动)；停运 003ZV 风机和电辐射加热器(003RS)，电加热器(001/002RS)分别由传感器(001SD，001MZ)和(002SD，004MZ)控制，自动运行。

对于碘过滤器湿度控制，当风机(001/002ZV)运行时，由湿度调节器(001MZ)触动电加热器(001RS)自动投入运行,保持湿度在40%以下,必要时,由湿度调节器(004MZ)触动电加热器(002RS)同时投入运行,当风机(003ZV)运行时,电辐射加热器(003RS)不受控制地连续运行,使湿度保持在40%以下。

风机正常的切换操作都是在主控室进行启停操作。

电缆层通风系统(DVE)风机巡检关注事项如下。

当机组正常运行时,电缆层和电缆通道通风系统连续运行。

如果排风温度(A列001ST和B列007ST)降到25 ℃以下时,A列的风机(001,009ZV)或(002,011ZV)两组风机中的一组和 B 列的(003,010ZV)或(004,012ZV)两组风机中的一组自动停运。当排风温度继续降低至12 ℃以下时,视需要手动开启电加热器(001RS A系列和002RS B系列)。而当排风温度超过30 ℃时,停运的风机自动启动。

两个系列的风机启动以后,如果排风温度超过35 ℃,则温度测量(A列的001MT和B列的002MT)控制和启动冷冻水阀。

蓄电池室通风注意事项如下。

机组正常运行时,蓄电池室通风系统连续运行。如果需要停用一列风机,需要开启连通阀。

每年10月,将蓄电池A、B列送风的新风进风方式由室内改为室外。每年6月,将蓄电池A、B列送风的新风进风方式由室外改为室内。

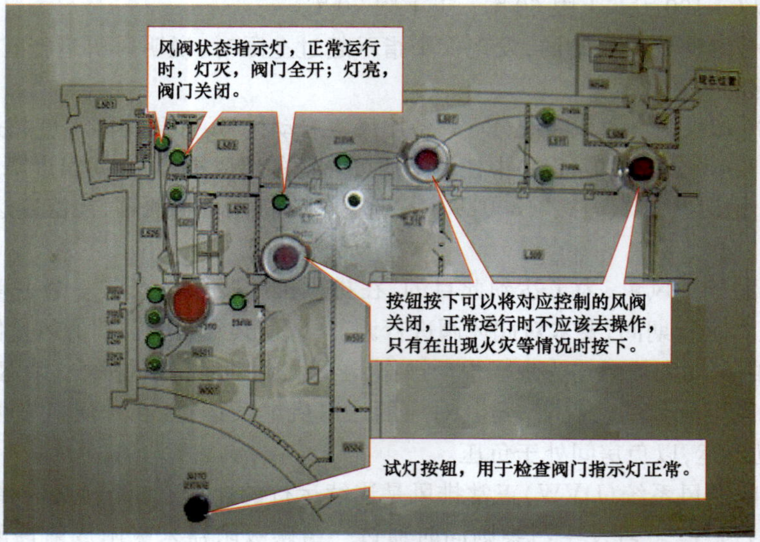

图2-2 风阀控制柜

风机的检查是看风机运行有无异音;皮带是否松动;电机温度,轴承温度是否正常;风管振动无异常;电缆层房间的温度是否正常。需要检查的风机有(DVE001/002/003/004/005/006/007/008/009/010/011/012/013/015ZV)。对于主控制室空调系统风机(DVC003/004ZV)巡检过程中应该将运行风机的小室打开,看看小室内是有积有水,查过排水是否通畅。

检查电气厂房主通风系统(DVL)/主控制室空调系统(DVC)/电缆层通风系统(DVE)

的防火风阀状态。

检查电气厂房主通风系统(DVL)/主控制室空调系统(DVC)/电缆层通风系统(DVE)的防火风阀是否为常开(正常时应该全开的,出现火灾等情况时要速度在控制柜上将这些防火风阀关闭,避免火灾的进一步扩散)。包括的控制柜:(DVC009CR;DVL009CR,DVL011CR,DVL009CR,DVL011CR;DVL202CR,DVL203CR,DVL202CR,DVL203CR;DVL204CR,DVL207CR,DVL204CR,DVL207CR;DVE005CR,DVE005CR)。

第三章　故障检查和处理

3.1　常见故障现象和判断方法检查和处理

常见故障现象和判断方法检查和处理见表 3-1。

表 3-1　常见故障现象和判断方法检查和处理

序号	故障现象	判断方法	故障原因分析	故障排除方法
1	轴承温度高	测温仪测量	润滑脂过多	减少定期加润滑脂的量
2	风机运行异音	通过听针判断	润滑脂不足	增加定期加润滑脂的量
3	皮带抖动大	通过目测判断	皮带使用时间较长 磨损严重	定期更换风机皮带
4	风机运行振动高	通过现场测振数据	轴承座及机座受力不均	需对多方面原因进行综合考虑,解决方法一般是组合性的。

3.2　常见故障原因分析和故障排除方法

常见故障原因分析和故障排除方法见表 3-2。

表 3-2　常见故障原因分析和故障排除方法

序号	故障原因	故障排除方法
1	风机停运后反转	风机出口逆止阀没有正常动作
2	润滑脂型号不符合要求	更换成合适的油脂
3	皮带安装时张力调整不符合要求	重新安装皮带并调整好皮带张力

3.3　风机应急故障处理

风机运行异音,该故障现象及原因有润滑脂不足、轴承游隙和定位环间隙不符合要求、皮带轮及叶轮与轴承之间配合有误。现场巡检发现该情况时,应立即汇报主控操纵员,并检查风机其他运行参数,必要时联系相关检修人员现场查看或停运风机。

风机皮带抖动大，风机皮带安装时张力调整不符合要求，皮带使用时间过长磨损严重。可填写工作申请单，维修部门负责更换皮带。

风机运行振动高有如下原因：叶轮动平衡偏差大，轴承座及机座受力不均，减振垫松动或失效，轴承游隙偏差较大，轴承与轴承座配合偏差。现场需加强巡检，定期监测轴承温度、振动情况，必要时停机检修，查找原因。

风机轴承温度高可能由下列原因引起：润滑脂过多，润滑脂型号不符合要求，定位环间隙太小，轴承润滑周期过长等。需减少定期加润滑脂的量，更换成合适的油脂，检查轴承，检查轴承，调整定位环间隙，及时进行预防性润滑。轴承温度高一般情况下是一个渐变的过程，需定期对风机运行参数仔细观察，必要时可查看温度趋势图，如温度突变，应立即停运风机，进一步检查故障原因。

3.4　特殊故障现象和判断方法

风机皮带异常导致风机故障。

皮带在线检查。对于运转后的新皮带，在运转 15 天后应该进行在线检查。表征皮带过松的标准为从动轮（风机带轮）丢转率，丢转率不宜超过 2%。实际操作时可以用目视检查代替，皮带在运行时不允许发生皮带拍击保护罩壳或皮带间互相拍击等状况（有条件情况下，建议停机重新测量皮带张紧力）。

风机皮带安装具体要求：皮带安装前需要对皮带进行目视检查，皮带应无明显脱层、开裂等现象。同组皮带长度应进行比较，不能存在明显的不等长现象。

对皮带性能进行检查，把皮带从内往外进行对折，对折后不允许有裂纹。

必须松开电机地脚螺栓，把电机移至靠近风机的最近处。然后把风机皮带先挂在大带轮槽内，然后再安装小带轮侧（此时若两带轮跨距仍然无法使小带轮侧皮带直接放入，允许使用边缘无尖锐棱角的工具协助皮带入槽。使用工具时，需要按大小带轮交替进入的方式进行，每次移动一个轮槽。严禁在同一带轮侧连续移动多条轮槽然后再移动另一侧带轮）。

盘动风机，确认皮带入槽到位。注意：盘动风机时，需要用手掌压着皮带外表面进行推动，严禁用手掌抓着皮带侧面进行盘动。

皮带全部入槽后，移动电机对皮带进行预紧，预紧地脚螺栓。

对两皮带轮的平行度进行调整。重新调整皮带轮的平行度为 1/1 000（即：中心距 1 m 的带轮最大偏差允许 1 mm）。

风机运行异音有如下原因；润滑脂不足；轴承游隙和定位环间隙不符合要求；皮带轮及叶轮与转轴之间的配合有误等。润滑脂不足可增加定期加润滑脂的量来解决。轴承游隙和定位环间隙不符合要求应检查并重新安装轴承。皮带轮及叶轮与转轴之间的配合有误需检查转轴与皮带轮及叶轮的问题。

风机出口逆止阀故障会导致刚停运风机反转，需联系维修部门处理逆止阀故障缺陷。

3.5　特殊故障原因分析和故障排除方法

风机发生火灾时，应按照相应的消防行动卡行动。如果是控制区内风机发生火灾，还需联系保健物理处人员配合行动，避免放射性污染。

接到火情通知后，二级干预队长与消防干预队员会合，佩戴专用服装、器具并相互检查，佩戴对讲机、手电、消防工具箱、引导绳，同值长会合，与主控交流信息，接受指令，确定最佳灭火路线。到达现场后检查设备起火燃烧程度，起火种类(电气、皮带、轴承等)，有无人员伤亡，消防水是否喷洒。进入房间注意安全，小心窒息烫伤。如需要断电，通知主控负责断电。主控操纵员按照值长指令控制机组状态，关闭通风系统，启动固定消防，应急广播通知。

如有人员受伤，通知主控，联系医学救护，安排适当队员或支援人员进行人员救护，移至通风且安全地方，人工呼吸，简易包扎，一级干预人员做好与医学救护、秦山消防队接应，医学救护到现场后，安排适当队员配合救护与伤员转移。

火灾扑灭后，清除现场潜在复燃火源，恢复固定消防系统可用，补充移动式消防器材，清理现场，注意电气安全。

现场恢复或隔离消防后停运消防泵，消防水箱补水到正常液位，根据情况，通知保卫处重新清理与布置现场移动灭火装置，通知各配合单位，消防行动结束。

第四章　课程回顾及总结

1. 总结回顾培训过程以及关键点。
2. 针对学员技能培训进行点评。
3. 召开技能培训操作工后会。
4. 征求学员对技能培训及教材的信息反馈。

第五章 经验反馈

5.1 核辅助厂房通风系统风机(2DVN003ZV)轴承烧毁

故障描述:2007 年 3 月 1 日,风机(2DVN003ZV)非驱动端轴承温度瞬间达到 100 ℃,导致其烧毁,轴承内外圈及保持架损坏,轴承座严重磨损,同时皮带也被拉断,后果非常严重。

故障原因:在故障发生前10个月内未对风机进行过预防性维修及润滑,属于预防性维修及润滑不及时,导致轴承缺少润滑脂致使其干磨而迅速升温。

检修过程:对风机进行全面解体检查,吊出电机及风机箱体,整体拆除风机传动机构,将叶轮整体做动平衡试验,同时全部更换主轴、轴承、轴承座、定位环、油封、皮带、紧定套和润滑脂,对新的主轴跳动量进行测定,同时测量轴承游隙和轴承座水平度均合格,重新调整皮带平行度和张力,回装风机,品质再鉴定合格,缺陷消除。

经验反馈:风机的轴承和皮带是最容易出现缺陷的部件,风机的轴承润滑和皮带检查类的预防性项目必须及时触发并实施,否则就会出现轴承缺油干磨和皮带断裂等缺陷,有时会造成严重的后果。目前此台风机(2DVN003ZV)机械方面拥有“轴承润滑及皮带检查”“轴承清洗、检查和更换油脂”“风机轴承更换”三个预防性维修项目,周期分别为 6 个月,1 年和 3 年,比较完善了,只要及时对风机进行有效的预防性维修工作,发生缺陷的几率就会大大降低。

5.2 核燃料厂房通风系统风机(2DVK001ZV)振动大

从 2007 年 10 月至 2008 年 2 月,风机(2DVK001ZV)由于振动大共进行过 3 次检修,这次振动大的原因和处理方法均不相同,以下是具体检修过程。

5.2.1 第一次检修

故障描述:2007 年 10 月 16 日,风机(2DVK001ZV)振动监测指示波动过大。

故障原因:主要为叶轮动平衡偏差大造成,同时减震器、轴承的缺陷也可能会造成振动过大。

检修过程:对风机进行全面解体检查。首先发现风机底部减震器部分已经失效。检查皮带完好。检查轴承润滑脂变黑需更换,轴承间隙合格但同轴度偏大需更换轴承。叶轮动平衡试验不合格,重新修补后再做直到合格,检查风机其他部位完好无异常。更换风机轴承,润滑脂,减震器后重新回装,品质再鉴定合格。

5.2.2 第二次检修

故障描述:2007 年 12 月 3 日,风机(2DVK001ZV)振动监测指示波动大,出现高报警。

故障原因：可能为轴承座缺陷、机座受力分部不均引起。

检修过程：检查皮带情况良好，检查润滑脂也正常，检查轴承表面有擦伤，且轴承座上盖也有磨损的痕迹。更换了新的轴承及轴承座后回装，品质再鉴定合格。

5.2.3　第三次检修

故障描述：2008 年 2 月 1 日，现场巡检发现风机(2DVK001ZV)有一点振动波动大，最低 20 μm，最高达到 120 μm。

故障原因：减震器有轻微松动。

检修过程：检查减震垫轻微松动；减震垫上的紧固螺栓的弹簧垫片弹力失效，领取新的弹簧垫片并更换，重新调整减震垫，直至振动在合格范围，品质再鉴定合格，缺陷消除。

经验反馈：综合这三次检修情况看，造成风机振动高的原因很多，如叶轮，轴承及轴承座，减震器及底部支架等的缺陷都有可能造成风机运行振动高，必须遵循“具体情况具体分析的”的原则。在检测手段有限的情况下，需要尽量做到检修全面，同时在检修完毕后需要确认紧固部件已完全固定。

5.3　辅助给水泵房通风系统风机(2DVG002ZV)运行异音

故障描述：2010 年 11 月 30 日，风机(2DVG002ZV)运行中出现异音。

故障原因：轴承安装不当，导致非驱动端游隙超差达到 0.12 mm，正常为 0.035～0.065 mm。

检修过程：解体风机，打开轴承座上盖，检查风机轴承发现非驱动端间隙超差，且磨损严重，油脂变质。更换了轴承，轴承座及润滑脂，重新对皮带进行调整对中，回装风机，品质再鉴定合格，缺陷消除。

经验反馈：在检修风机时轴承的安装需特别细心，稍有误差便会导致各种缺陷，如运行异音和轴承温度高等，运行人员加强日常巡检。

5.4　电缆层通风系统风机(1DVE007ZV)皮带抖动大

故障描述：2011 年 6 月 7 日，风机(1DVE007ZV)皮带抖动大且两根皮带时常发出相互碰触的“嗒嗒”声。

故障原因：皮带磨损。

检修过程：拆除皮带罩及皮带，检查发现皮带磨损严重，检查皮带轮无磨损迹象。更换了新的皮带后重新对中检查回装，品质再鉴定合格，缺陷消除。

经验反馈：为了防止日常期间风机运行过程中出现皮带断裂的情况，在日常运行的风机年度检查中均直接将皮带进行更换，同时每次检修完毕风机后需对皮带进行仔细的对中调整，以确保起机运行后皮带不会因为安装问题而出现抖动大缺。

第六章 习 题

6.1 选择题(每题 3 分,共 15 分)

1. 风机轴承润滑的周期一般为(B)。

A. 1个月　　　　B. 3至4个月

C. 1年　　　　D. 所有风机都无需轴承润滑

2. 根据风机作用原理分类,下列哪项不是该类别(C)。

A. 离心式　　B. 轴流式　　C. 混流式　　D. 贯流式

3. 根据通风过滤器结构和外形不同分类,下列哪项不属于该类别(D)。

A. 框架式　　B. 折叠式　　C. 套筒式　　D. 抽屉式

4. 以下哪项不是风机运行轴承温度高的原因(A)。

A. 皮带安装时张力调整不当　　B. 润滑脂型号不符合要求

C. 定位环间隙太小　　D. 轴承润滑周期过长

5. 以下哪个风机缺陷在日常巡检中可以被发现(D)。

A. 皮带抖动大　　B. 风机运行异音

C. 轴承温度高　　D. 都能被发现

6.2 实操题(85 分)

鉴定点:核辅助厂房风机(DVN007ZV)正常切换到(DVN008ZV)运行

试题:核辅助厂房风机(DVN007ZV)正常切换到(DVN008ZV)运行

1. 准备要求

考场准备:

(1) 试题名称:核辅助厂房风机(DVN007ZV)正常切换到(DVN008ZV)运行

(2) 本题分值:35

(3) 考核时间:60 min

(4) 考核形式:实操

(5) 设备设施准备:

序号	名称	规格	单位	数量	备注
1	模拟体		台	1	教学用模拟体一台
2	切换风机文件、图纸等		套	1	切换风机操作单、图纸

考生准备：

(1) 试题名称：核辅助厂房风机(DVN007ZV)正常切换到(DVN008ZV)运行

(2) 本题分值：35

(3) 考核时间：60 min

(4) 考核形式：实操

(5) 工具及其他准备：听针、钳形电流表、测温仪等

2. 考核要求

(1) 本题分值：35

(2) 考核时间：60 min

(3) 考核形式：实操

(4) 具体考核要求：通过学习使学员了解风机结构、用途及指标参数，掌握或熟悉风机启动、停运的操作和注意事项，能够胜任风机定期启停切换操作、再鉴定等工作

(5) 否定项说明：无

3. 配分与评分标准

序号	考核内容	考核要点	配分	评分标准	评分
1	确认核辅助厂房通风系统(DVN)相关检修工作已结束，特别是检查确认 DVN 风机入口的杂物已清理，相应物件已经固定	核对规程文件信息正确，签字完整，编、校、审、批；文件版本有效期正确，所有检修工作结束，工作票已归还	5	规程文件编校审批都应签字完整，日期正确；清楚规程文件操作目的；正确使用防人因工具	
2	主控派两名现场操作员到核辅助厂房通风系统(DVN)送排风机就地操作盘(DVN001AR)处，并与主控建立通讯联系，确认操作盘(DVN001AR)上旋钮(013/014CC)选择在主控制室(KSC)位置	明确分工，了解风机启动中风险及注意事项，操作过程中严格执行唱票制	5	操作者监护者分工明确，知道风机启动中风险及注意事项，操作过程中严格执行唱票制	
3	主控下令现操关闭仪表压空供气阀仪表用压缩空气系统(SAT232VA)及仪表根阀(SAT004VLP)	按照规程文件进行风机在线工作	4	操作正确，监护到位，文件签字完整	
4	主控下令现操打开阀门(DVN038/381VA)，确认阀门(DVN051VA)开启，关闭阀门(DVN037/39VA)，关闭小室的密闭门，在模拟盘(DVN001AR)上确认阀门的开关状态后，汇报主控	按照规程文件进行风机在线工作	4	操作正确，监护到位，文件签字完整	

续表

序号	考核内容	考核要点	配分	评分标准	评分
5	在主控中间控制室确认在线正确后启动风机(DVN008ZV),在收到现操汇报风机已启动后,停运风机(DVN007ZV)	在就地检测控制盘面检查风机正常启动,振动温度正常,风机运行无异音	4	在就地检测控制盘面检查风机正常启动,振动温度正常,风机运行无异音,状态指示灯亮	
6	主控下令现操关闭阀门(DVN034/380VA),打开阀门(DVN033/035VA),确认保温电加热器(DVN057RS)在运行后,关闭小室门。在模拟盘(DVN001AR)上确认阀门的开关状态后,汇报主控	按照规程文件进行风机在线工作	4	加热器(DVN055/057RS)投运一个即可;在碘吸附器小室用测温仪测量	
7	主控下令现操打开仪表根阀(SAT003VLP),然后缓慢开启仪表压空供气阀(SAT231VA),调节压力表(SAT003LP)压力应大于400 Pa	按照规程文件进行风机在线工作,汇报主控风机运行情况,对新运行设备加强关注,定期测量轴承温度,清点现场	4	注意避免安全阀(SAT235VA)动作,动作定值0.003 2 MPa	
8	检查阀门(DVN379VA)已回座关闭	检查阀门动作到位	2	检查阀门动作到位	
9	在主控中间控制室确认在线正确	主控操纵员再次检查风机运行情况	3	状态指示灯亮	

评分人：　　年　　月　　日　　　　　　　　核分人：　　年　　月　　日

鉴定点:风机检修后再鉴定

试题:风机检修后再鉴定

1. 准备要求

考场准备:

(1) 试题名称:风机检修后再鉴定

(2) 本题分值:50

(3) 考核时间:60 min

(4) 考核形式:实操

(5) 设备设施准备:

序号	名称	规格	单位	数量	备注
1	模拟体		台	1	教学用模拟体一台
2	风机再鉴定记录单,再鉴定操作票,图纸等		套	1	风机再鉴定记录单,再鉴定操作票,图纸等

考生准备：

(1) 试题名称:风机检修后再鉴定

(2) 本题分值:50

(3) 考核时间:60 min

(4) 考核形式:实操

(5) 工具及其他准备:听针、钳形电流表、测温仪等

2. 考核要求

(1) 本题分值:50

(2) 考核时间:60 min

(3) 考核形式:实操

(4) 具体考核要求:通过学习使学员了解风机结构、用途及指标参数,掌握或熟悉风机启动、停运的操作和注意事项,能够胜任风机定期启停切换操作、再鉴定等工作

(5) 否定项说明:无

3. 配分与评分标准

序号	考核内容	考核要点	配分	评分标准	评分
1	确认风机的所有隔离票已归还,现场脚手架已拆除	所有检修工作结束,工作票已归还	5	清楚规程文件操作目的;正确使用防人因工具	
2	工作现场已清理完毕,试验安全区已建立,相关设备标牌已恢复	工作现场已清理完毕,试验安全区已建立,相关设备标牌已恢复	5	了解风机启动中风险及注意事项	
3	电机已拆除临时接地线,绝缘测量合格,电机品质再鉴定已合格	电机已拆除临时接地线,绝缘测量合格,电机品质再鉴定已合格	5	临时接地线已拆除,绝缘合格	
4	风机与电机的联轴器已连接,所有仪表都已恢复	风机与电机的联轴器已连接,所有仪表都已恢复	5	风机与电机的联轴器已连接,所有仪表都已恢复	
5	各部位润滑油已加至要求值,已经手动盘车,无异常	各部位润滑油已加至要求值,已经手动盘车,无异常	3	各部位润滑油已加至要求值,已经手动盘车,无异常	
6	按在线图进行系统在线,确认在线完成,可以启动风机	按照规程文件进行风机在线工作	5	规程文件已批准正确,在线过程中应运用防人因工具	

续表

序号	考核内容	考核要点	配分	评分标准	评分
7	通知风机的检修工作负责人以及机械、电气、测振、质量监督(QC)人员到达现场	通知风机的检修工作负责人以及机械、电气、测振、质量监督(QC)人员到达现场	2	通知相关人员到场	
8	通知主控操纵员准备送电执行风机再鉴定	通知主控操纵员准备送电执行风机再鉴定	5	三段式沟通,信息交流完整充分	
9	就地或主控点动风机,现场检查风机转向正确,待风机停运后重新启动风机	就地或主控点动风机,现场检查风机转向正确,待风机停运后重新启动风机	3	确认风机转向正确,待风机完全停下来再重新启动	
10	要求电气配合记录启动和运行电流,就地检查风机运行情况,电机和轴承温度正常	记录启动和运行电流,就地检查风机运行情况,电机和轴承温度正常	5	记录启动和运行电流,就地检查风机运行情况,电机和轴承温度正常	
11	运行10分钟后性能人员进行测振	通知相关人员进行测振	2	通知相关人员进行测振	
12	运行30～60分钟后检查设备无异常,电机轴承温度已稳定或缓慢下降,视情况而定继续保持该风机运行或停运该风机	运行30～60分钟后检查设备运行情况,电机轴承温度已稳定或缓慢下降	5	运行30～60分钟后检查设备运行情况,电机轴承温度已稳定或缓慢下降,有异常情况需立刻停运风机	

评分人： 年 月 日 核分人： 年 月 日

第四部分 电机类设备

第一章 操作准备

1.1 电机的定义与分类

1. 电机的定义

电机是指依据电磁感应定律实现电能转换或传递的一种电磁装置。在电路中用字母 M 表示。它的主要作用是产生驱动转矩,作为用电器或各种机械的动力源。发电机在电路中用字母 G 表示。电机的主要作用是利用电能转换为机械能。

2. 电机的分类

电机根据不同的分类方式大致可以分为以下几种:

1) 按其功能可分为驱动电动机和控制电动机;

2) 按电动机的转速与电网电压频率之间的关系可分为同步电动机和异步电动机;

3) 按电源性质可分为直流电机和交流电机;

4) 按电源相数可分为单向交流电机和三相交流电机;

5) 按转子的结构分类可分为鼠笼型异步电动机和绕线型异步电动机。

1.2 电机的基本参数及特性

1. 电机的基本参数

电机的基本参数在电机铭牌上都有标注,包括型号、电压、联结、功率、电流、功率因数等。

1) 型号

标注的是电机类型、机座高度、机组类别、磁极数。

如型号为 Y90L-4:Y-异步电动机;9-中心高度(mm);L-机座类别(L 长机座);4-磁极数

2) 功率

指电动机在额定运行状态下运行时电动机输出的机械功率,单位为 kW。

3) 电压

额定电压指电动机在额定运行状态下运行时定子绕组所加的线电压,单位为 V 或 kV。

4）电流

额定电流指电动机加额定电压、输出额定功率时，流入定子绕组中的线电流，单位为 A

5）频率

我国规定工频为 50 Hz

6）功率因数

指电动机在额定运行状态下运行时定子边的功率因数。

7）联结

指电动机定子三相绕组与交流电源的联结方法。

2. 主要部件及其功能

电机的主要部件有定子、转子、轴承、端盖、接线盒、风扇、电机座、电机罩。

1）定子

作用为产生磁场

2）转子

作用为产生磁场

3）轴承

作用为转动

4）端盖

作用为安装轴承，保证定子、转子不扫堂

5）接线盒

作用于电机接线

6）风扇

作用为散热

7）电机座

作用为支撑整体安装部件

8）电机罩

作用为盖住风扇避免发生损坏和发生危险

3. 电动机的特性及稳定运行条件

（1）电动机的机械特性

在电力拖动中，把电动机的转速 n 和转矩 M_d 的关系 $n=f(M_d)$，称为机械特性。机械特性反映了电动机的内部性能。不同的电动机有不同的机械特性。

如果定义转矩变化 ΔM 对转速变化 Δn 之比为特性的硬度 β，即 $\beta=\Delta M/\Delta n$，则电动机的机械特性可用图 1-1 来描述，并分为三种情况。

1）绝对硬的特性(图 1-1 曲线 1)

转矩变化，转速不变，$\Delta n=0$，$\beta=\infty$。同步电动机的特性就是如此。

2）硬特性(图 1-1 曲线 2)

转矩变化，转速也变，但转速变化较小，硬度约为 $\beta=40\sim10$。直流并励电动机和异步电动机工作段的机械特性属于此类。

3）软特性（图 1-1 曲线 3）

随着转矩的变化，转速的变化很大，它的硬度$\beta<10$，如直流串励电动机的机械特性。

（2）生产机械的负载转矩特性

负载转矩 M_e 与转速 n 的关系 $M_e=f(n)$，即是生产机械的负载转矩特性。尽管各种工业部门、各个生产领域都有各种各样的生产机械，但从运动中的转矩与转速的关系来考察，可归纳为以下几种典型的负载特性。如图 1-2。

恒转矩负载特性（图 1-2 曲线 1）转矩与转速无关，转速变化时，M_e=常数。大多数起重机及磨擦力引起的负载转矩都是恒定的。例如，桥式起重机，当吊钩上有一定的载荷时，不论在稳定运动的情况下，或动态过程中，负载转矩只决定于载荷重量与卷筒半径的乘积。冶金企业的轧钢机，在金属通过轧辊时，使金属变形的力实际上是不变的。机床的切削应力大多数也是恒定的。属于这类的机械还有电梯、运输机、带有平衡钢绳的矿山升降机、造纸机、印刷机及印花机等。

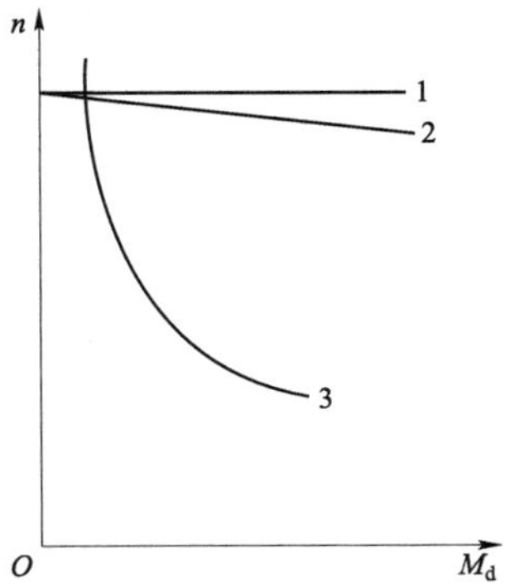

图 1-1　电动机的机械特性

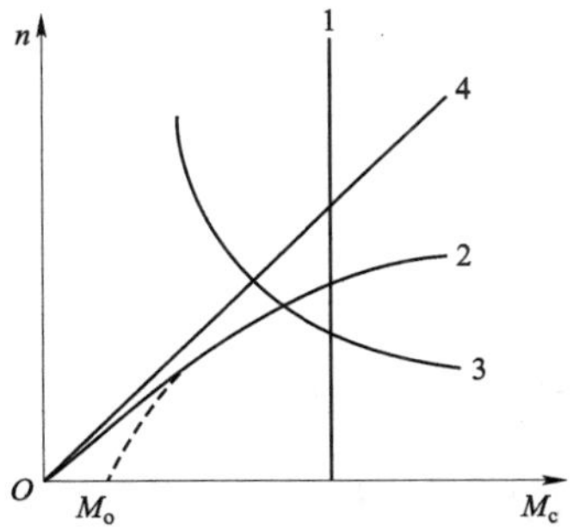

图 1-2　生产机械的负载转矩特性

通风机性负载特性（图 1-2 曲线 2）转矩与转速的平方成正比，即 $M_e=K_1n^2$，K_1 为比例系数。这一类主要为用离心力工作的机械，如通风机、水泵、油泵等，其中空气、水、油等介质对机器叶片的阻力，基本上和转速的平方成正比。

恒功率负载特性（图 1-2 曲线 3）转矩与转速成反比，即 $M_c=K_2/n$，K_2 为常数。因为转矩和转速的乘积代表功率，所以这时功率保持不变。例如车床在粗加工时，切削量大，切削阻力大，往往开低速；而在精加工时，切削量小，切削阻力小，常开高速。当选择这样方式加工时，不同转速下，切削功率便基本不变（当然，不是这样加工就不是恒功率负载）。

线性的负载特性（图 1-2 曲线 4）转矩与转速成比例变化，即 $M_c=K_3n$，K_3 为系数。例如，直流他励发电机在不变的外电阻上运转时，加在轴上的转矩就具有这种性质。

必须提出，实际负载可能是单一种类的，也可能是几种典型的综合。例如，实际通风机除了主要是通风机性质的负载特性小，由于其轴上还有一磨擦转矩 M_c，所以实际通风机负载特性应为 $M_c=M_c+K_1n^2$，如图 2 中曲线 2 的虚线部分。

（3）稳定运行的条件

电力拖动系统里，电动机在结构上与生产机械联成了一个整体，为了使系统运行合理，就要使电动机的机械特性与生产机械的负载转矩特性尽量相配合。特性配合好的一个起码要求是系统要能稳定运行。

电动机带动生产机械稳定运行时，转速为一定值，电动机发出的转矩与负载转矩方向相反，大小相等，相互平衡。这样状态，只出现在电动机的机械特性和生产机械的负载转矩特性两曲线的交点上，如图 1-3 中的 a 点。

两个特性具有交点是电动机及所带动生产机械能稳定运行的必要条件，但并不是充分条件。还需要满足的条件是，电动机稳定运行后，由于某种扰动作用，转速稍有变化时，电动机发出的转矩必须能使转速恢复到原值。这种使转速恢复的能力，与交点处两特性相配合的情况有关。现用图 1-4 来说明这个问题。图 1-4 中曲线 1 是异步电动机的机械特性 $n=f(M_d)$，电动机带动恒转矩负载（特性为图 1-4 曲线 2），二特性有交点 a 和 b。

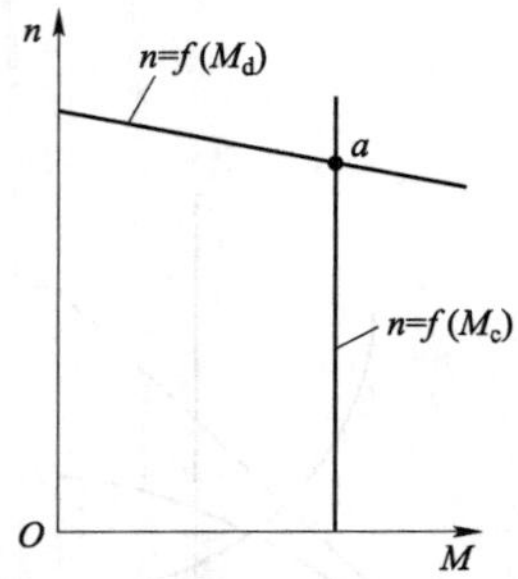

图 1-3　电动机的机械特性和生产机械的负载转矩特性

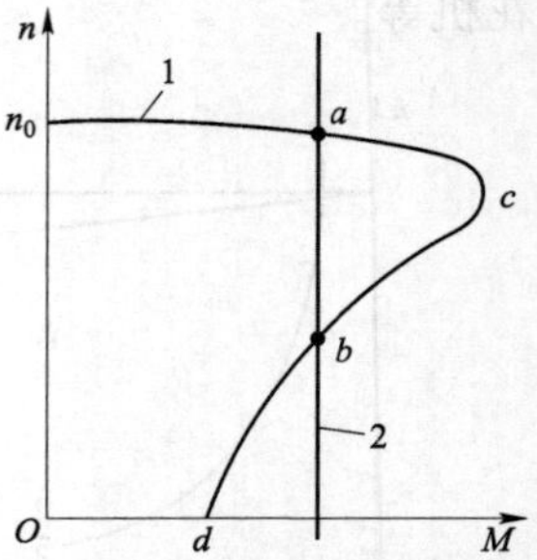

图 1-4　交点处两特性配合情况

设工作在 a 点。当转速稍有增大时，电动机发出的转矩便小于负载转矩，电动机受到制动作用，使转速降低，直至恢复到 a 点之值；相反，转速中稍有减少，则电动机发出的转矩增加，也能使转速恢复到原值。所以 a 点是能稳定工作的点。

至于 b 点，情况就有所不同。在转速稍增大时，电动机发出的转矩大于负载转矩，会使转速继续增加，要一直到 a 点才能稳定；如转速稍有减小，电动机发出的转矩小于负载转矩，使转速继续降低，直到转速为零，电动机停止为止。因而，在 b 点不能稳定运行。

由上分析可以总结出电力拖动系统能稳定运行的条件：$n=f(M_d)$ 和 $n=f(M_c)$ 两曲线的交点是拖动系统的平衡运行点，只有在该点所对应的转速之上 $M_d<M_c$，而在这一转速之下 $M_d>M_c$，才是稳定的平衡点。即只有这样的特性配合，在受到外界扰动后，才具有恢复到原平衡状态的能力，或者说才具有静态稳定性。

例如当异步电动机拖动直流他励电动机，具有图 1-5 的特性时，a 点便符合稳定运行的条件，因而是稳定的平衡运行点。对于恒转矩负载，不难得出要得到稳定运行，电动机必须具有向下倾斜的机械特性。如果特性上翘，便不能稳定运行。

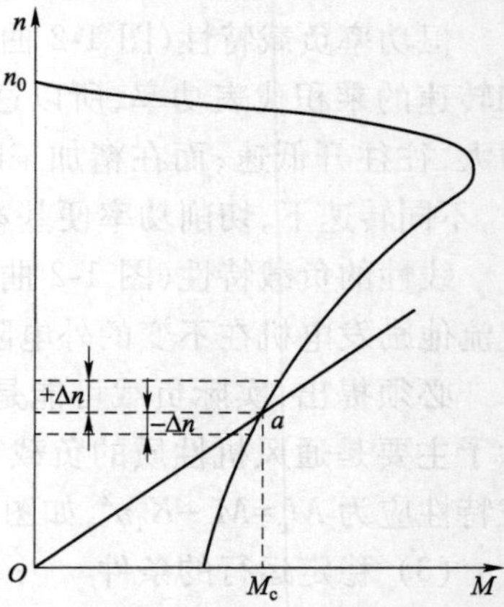

图 1-5　异步电动机拖动直流他励电动机负载转矩特性

1.3 异步电动机的特性和起动

1. 异步电动机的特性

异步电动机的优点是:结构简单、运行可靠、价格便宜,可以直接使用工业上的交流电源,不需要另外的变流设备。因此,它是目前工业中使用得最广泛的一种电动机。

三相异步电动机由定子和转子两部分组成。定子上绕着对称三相绕组,转子上有连接成闭合回路的鼠笼式导体或线绕式三相绕组,依此分别称为鼠笼式电机或线绕式电机。

我们知道,通有电流的导体在磁场中要受到力的作用,这是电动机能够运转的基本原理。直流电机必须将电枢和励磁绕组都接电源才能工作,而异步电动机只要将定子绕组接电源,转子不接电源就能运转。这是因为异步电动机的定子绕组接通三相电源后,将产生一个旋转磁场。由于磁场在运动,它与转子导体之间就有相对切割作用,转子导体中就出现感应电势和电流(其方向由右手定则决定),转子导体中的电流与旋转磁场相互作,又产生转矩 M(其方向由左手定则决定),转矩方向与旋转磁场方向相同,于是转子就跟随旋转磁场转起来。

对图 1-6 所示二极机来说,定子电流经过一个周期的变化,磁场就转一圈。因此,如果定子交流电源频率为 f,电机有 p 对极,则电机旋转磁场的转速为 $n_0=\dfrac{60}{p}f$ (转/分)

n_0 称作异步电动机的同步转速,它由电源频率和电机磁极对数决定。当频率 f=50 Hz,二极电机、四极电机、六极电机、八极电机等的同步转速分别为 3 000、1 500、1 000、750 转/分。

这里同步转速也就是异步电动机的理想空载转速。电动机实际的转速必定低于同步转速。这是因为如果转子的转速 n 等于旋转磁场的转速 n_0,则转子导体与磁场间就没有相对运动,也就产生不了电磁转矩,电动机也就不能克服摩擦转矩而旋转。正是基于转子总是以小于同步转速 n_0 的转速 n 紧跟着磁场旋转,所以把这类电动机叫做异步电动机。又因为这种电动机的转子电流不是由电源产生,而是由电磁感应产生的,所以又叫做感应电动机。

在分析异步电动机的运行情况时,常应用转差率 s 来代表电动机的旋转。转差率就是理想空载转速 n_0 与电动机实际转速 n 的差值除以同步转速 n_0,用下式表示:

$$s=\frac{n_0-n}{n_0}$$

转差率是决定异步电动机运行情况的重要参数。一般异步电动机,在额定负载时的转差率 s 约为 0.02~0.05;转速 n=0 时,s=1;n=n_0 时,s=0。

2. 异步电动机的起动

(1) 异步电动机起动理论分析

由异步电动机的工作原理知道,起动瞬时,转子还处于静止状态,定子旋转磁场以最快的相对速度(即同步速)切割转子导体,在转子绕组中感应出很大的转子电势和转子电流。与此相应地产生一个很强的转子磁势,使空气隙中的磁通 ϕ_m 大大削弱,导致定子绕组中的感应电势减小,电网电压和定子感应电势之差增大,引起定子电流剧烈增加。一般,起动电流

I_q可达额定电流的 5～7 倍。

然而,起动电流的增加并不能使起动转矩增大。这是因为,转矩 M 是由气隙磁通ϕ_m与转子电流有功分量 $I_2\cos\phi_2$相互作用而产生的,即 $M=K\phi_m I_2\cos\phi_2$,式中 K 为常数。在起动瞬间,由于转子漏抗 x_2 比转子电阻 r_2 大得多($x_2 \gg r_2$),因此,此时转子功率因数 $\cos\phi_2 = r_2 / \sqrt{r_2^2+(sx_2)^2}$ 很低,所以虽然I_2很大,可是ϕ_m与$\cos\phi_2$却大大减小,其结果是使起动转矩大大下降。一般异步机的 $n=f(M)$和 $n=f(I)$特性曲线如图 1-7 曲线 1 和 2 所示。

过大的起动电流冲击,对于电网和电动机本身都是不利的。对电网而言,它会引起较大的线路压降,特别是电源容量较小时,电压下降太多,会影响接在同一电源上的其他负载,例如影响到其他异步电动机的正常运行甚至会停车(一般要求电网电压降低最大不得超过15%U_{ed})。对电机而言,很大的起动电流将在绕组中产生较大的损耗,引起发热,加速电机绕组绝缘老化;同时,在大电流冲击下,电动机绕组端部受电动力的作用,有发生位移和变形的趋势,容易造成短路事故。

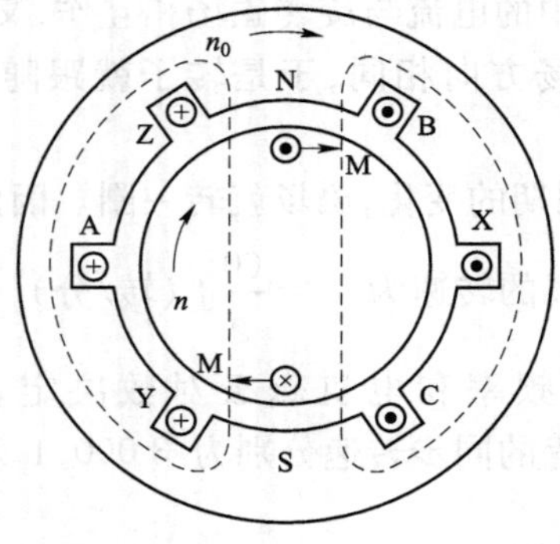

图 1-6 二极机

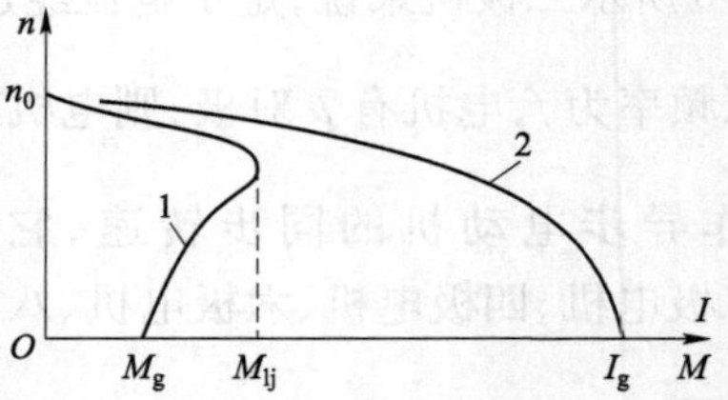

图 1-7 异步机的特性曲线

可见,异步电动机的这种起动性能和生产机械要求有大的起动转矩、尽可能小的起动电流及小的功率损耗恰相矛盾。为此,对一台电动机是否可以直接起动,各地电业管理机构有不同的规定,或者用下列经验公式来确定

$$\frac{\text{起动直流}(I_q)}{\text{额定电流}(I_{ed})} \leqslant \frac{3}{4} + \frac{\text{电源总容量(kVA)}}{4\times\text{电动机功率(kW)}}$$

(2) 鼠笼机的起动方法

当不允许直接起动时,则需降压起动,对鼠笼式异步电动机通常有下列几种降压起动方法:

1) 定子回路串电阻或电抗起动 这种方法的起动如图 1-8 所示。起动时接触器 C_1 闭合,C_2 打开,电阻 R(或电抗)串在定子回路中,待起动到一定速度或起动结束时,C_2 闭合,将电阻 R(或电抗)短接,电动机在全压下运行。

设全压下起动电流和起动转矩为I_q、M_q,串电阻或电抗后的起动电流为 $I_{q0'}$,要将I'_q减小 K 倍,(即若 $I'_q=KI_q$,K 为小于 1 的系数),则要将加在电机上的电压也减小到 K 倍。而转矩和电压平方成正比,因而转矩减小到 $M'_q = K^2 M_q$,例如 K=0.6,则降压起动转矩只是全压起动转矩的 0.36,所以这种方法只用在轻载起动。

2) 用自耦变压器降压起动 这种起动方法如图 1-9(a)所示。起动时 C_1 闭合,C_2 打开,三相自耦变压器(有时称为起动补偿器)ZB 高压边接入电网,低压边接电动机(低压不是连续可调,而是有几个抽头,例如 73%、64%、55%)。起动完毕 C_1 打开,将 ZB 切出,C_2 闭合,电机直接接入电网。

设副边电压和原边电压之比为 $K(K<1)$,则加到电动机上电压降低 K 倍,因而电流也减小 K 倍,即 $I_2=KI_q$(I_2 为 ZB 的副边电流也即降压后的电流,I_q 为全压时起动电流);起动转矩减小 K^2 倍,但是,这时 ZB 的原边电流(见图 1-9(b))$I=KI_2=K^2I_q$,就是说,从电网吸取的电流比直接起动时的电流 I_q 减小了 K^2 倍,可见,如果起动时为使从电网吸取的电流减小 K 倍,则电动机的起动转矩也只减小 K 倍,较之串电阻或电抗起动欲降低同样电流时有较大的起动转矩。

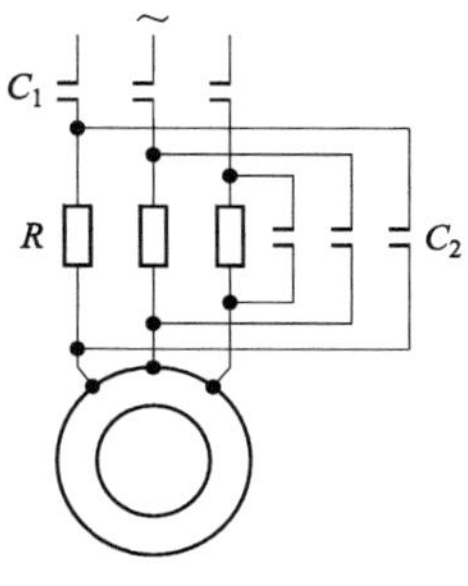

图 1-8　定子回路串电阻或电抗起动

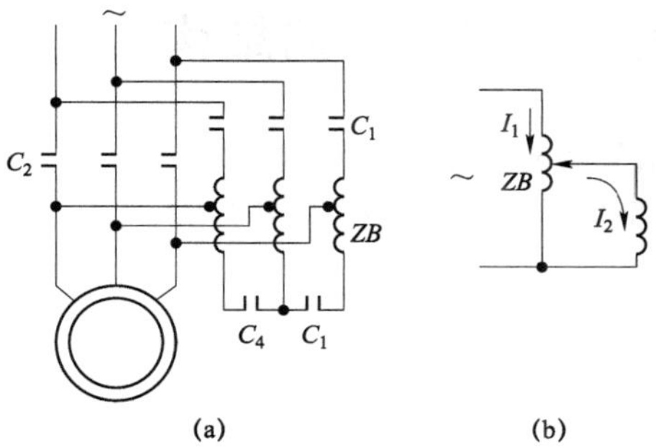

图 1-9　自耦变压器降压起动

3) 星形—三角形(Y—△)起动　对于正常运行时,定子绕组是三角形(△)接法的电机,起动时可先接成星形(Y),如图 1-10 所示(图中圆圈内表示三相定子绕组)。起动时 C_1、C_2 闭合,C_3 打开,三相定子绕组成 Y 形,待起动后,C_2 打开,C_3 闭合,换成△接法。

设每相定子绕组阻抗为 Z,接成 Y 形时(图 1-11(a)),加在每相上的电压 U_Y 为全电压 U 的 $1/\sqrt{3}$ 倍,此时相电流 I_{XY} 等于线电流 I_Y,即有 $I_Y=U_Y/Z=U/\sqrt{3}Z$。如接成△形(图 1-11(b)),则线电流 $I_\triangle$ 是相电流 $I_{x\triangle}$ 的 $\sqrt{3}$ 倍,$I_\triangle=\sqrt{3}I_{x\triangle}=\sqrt{3}U/Z$,所以有

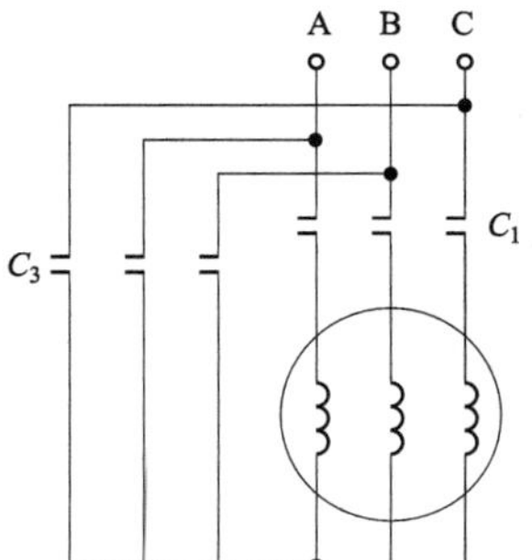

图 1-10　星形—三角形起动

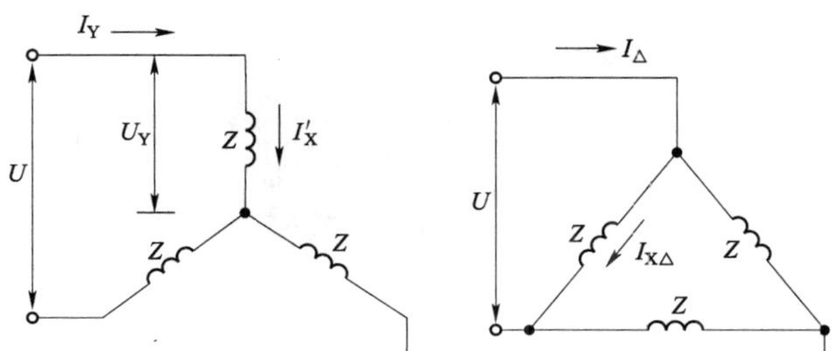

图 1-11　电机定子绕组星形和三角形接法

$$\frac{I_{\mathrm{Y}}}{I_{\triangle}}=\frac{\dfrac{U}{\sqrt{3}Z}}{\sqrt{3}\dfrac{U}{Z}}=\frac{1}{3}$$

上式说明，采用Y形起动，电源供给的起动电流仅是接成△形直接起动时 1/3。

由于Y较△的相电压减小 $1/\sqrt{3}$，故起动转矩也减小到直接起动的1/3。因此，也只适用于轻载起动。

上述几种降压起动方案中，串电阻因损耗大，一般较少采用；自耦变压器成本较高，不宜频繁起动，但起动转矩较大，故采用较多；Y-△起动设备最简单，且可以频繁起动，不过只适用于定子绕组为三角形接法的电机。

1.4 三相异步电动机的结构

1）三相鼠笼型异步电动机结构

三相鼠笼型异步电动机结构见图 1-12。

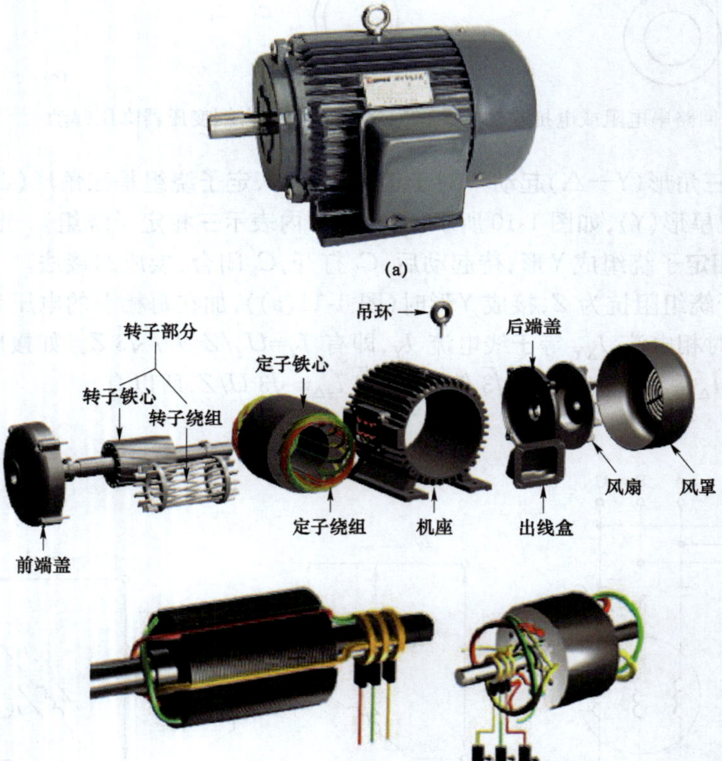

图 1-12 三相鼠笼型异步电动机结构

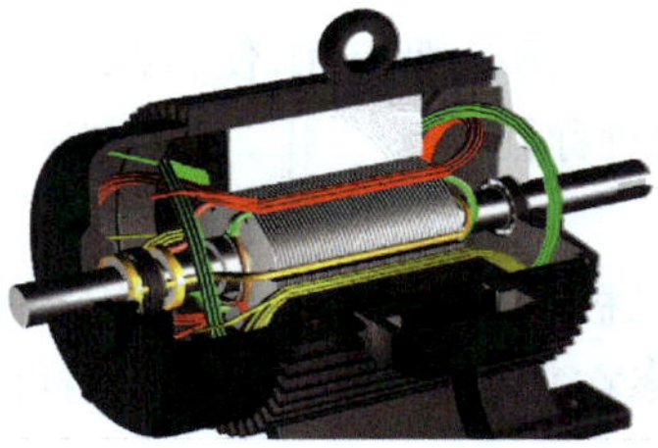

(c)

图 1-12 三相鼠笼型异步电动机结构(续)

2）三相异步电动机接线方式

三相异步电动机的定子部分在结构上和同步电机的定子部分完全相同。

对中、小容量的低压异步电动机，通常定子三相绕组的六个出线头都引出，这样可根据需要灵活地接成“Y”形或“D”形。

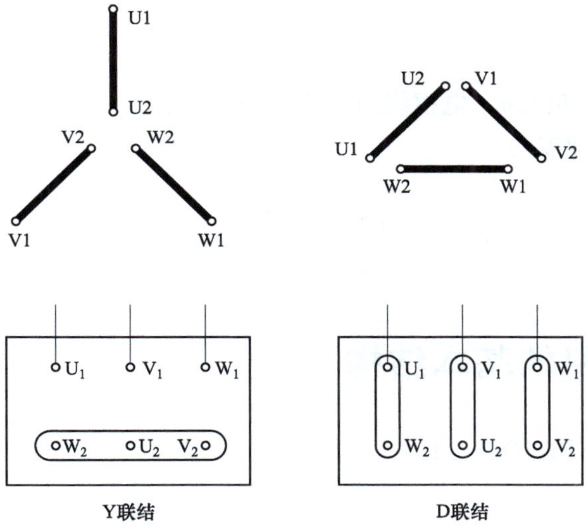

图 1-13 三相异步电动机接线方式

1.5 同步发电机的工作原理

1）主磁场的建立：励磁绕组通以直流励磁电流，建立极性相间的励磁磁场，即建立起主磁场。载流导体：三相对称的电枢绕组充当功率绕组，成为感应电势或者感应电流的载体。

2）切割运动：原动机拖动转子旋转（给电机输入机械能），极性相间的励磁磁场随轴一起旋转并顺次切割定子各相绕组（相当于绕组的导体反向切割励磁磁场）。

3）交变电势的产生：由于电枢绕组与主磁场之间的相对切割运动，电枢绕组中将会感应出大小和方向按周期性变化的三相对称交变电势。通过引出线，即可提供交流电源。

4）交变性与对称性：由于旋转磁场极性相间，使得感应电势的极性交变；由于电枢绕组的对称性，保证了感应电势的三相对称性

5）同步原理

对于转子转速为 n 转/分的二极电机(p=1)。转子旋转一周，电枢绕组中感应电动势就变化一周，此时，感应电动势的频率在数值上等于转子每秒钟的转数。

$$f=\frac{n}{60}$$

对于转速为 n 的四极发电机(p=2)，转子旋转一周，感应电动势就变化两周，所以其频率就是转子每秒钟转数的二倍，$f=2\cdot\frac{n}{60}$

依此类推，对于转子转速为 n 具有 p 对磁极的发电机.其感应电动势的频率可表示为：

$$f=p\frac{n}{60}$$

当三相发电机接上负载时，电枢绕组中将有三相电流。三相电流将在气隙中形成一个旋转磁场，磁场的旋转速度为：

$$n_1=\frac{60f}{p}=\frac{60\cdot\frac{p\cdot n}{60}}{p}=n$$

1.6 同步发电机的基本结构

同步发电机基本结构见图 1-14。

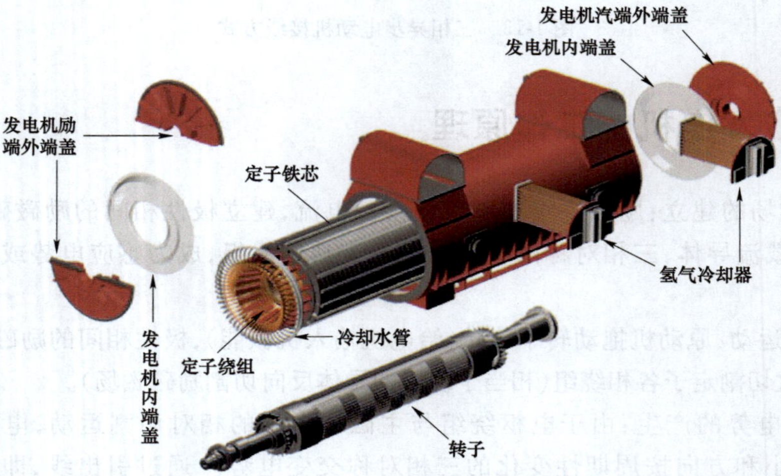

图 1-14　同步发电机的基本结构

1.7 核电厂常见电机的介绍及运行操作

1. 棒电源机组（30 万 kW 机组）

1）系统概要

本系统采用两只具有相同性能并列运行的带飞轮的交流电动发电机组，发电机出线经过开关和 8 只停堆断路器，将 380/220 V 电源送到驱动机构电源汇流排，电动机一发电机组的电源分别来自 380 V 堆用Ⅰ、Ⅱ段。每台交流电动-发电机组的容量可满足全部棒驱动机构的需要。正常运行期间，两台机组并联运行，但亦允许一台机组单独供电，两台机组的并列运行借助于手动准同期装置进行(空载时并车须借助并车电阻)。

电动一发电机组的发电机为 TFZ-W-500/4 无刷同步发电机。转速为 1 500 r/min，考虑到它的负载为经三相半波可控硅整流后的驱动机构线圈，发电机的定子绕组采用曲折星型接法，以抑制较强的直流分量，避免发电机的磁路饱和。由于考虑到发电机负载的重要性，在电动机出口设一飞轮，当电网出机 1 秒钟断电时，发电机负载为 100 kW 的情况下，发电机的转速不会低于额定负载时的转速的 90%。

发电机的励磁系统采用 THYRIPART 励磁系统，此系统由励磁装置为可控硅电压调节器组合而成，励磁装置中的复励变压器的原边侧同样采用曲折星形绕组，这亦是因为考虑到发电机出口负载直流分量较强的原因。

电动机-发电机机组中的电动机为 JS-135-U 型，为三相异步电动机，单台机的额定功率为 135 kW。

2）发电机技术规范

发电机技术规范见表 1-1。

表 1-1 发电机技术规范

型号	TFZ-W-500/4
容量	500 kVA
额定功率	100 kW
功率因数	0.2
额定电压	400/230 V
绝缘等级	F
超瞬变电抗	Xd″≤0.12
飞轮惯量	58 $kg \cdot m^2$
极数	4

续表

型号	TFZ-W-500/4
转速	1 500 r/min
定子绕组接线方式	曲折连接星形绕组
频率	50 Hz

3）现场布置

现场布置见图 1-15。

图 1-15 现场布置图

4）系统供电图

系统供电图见图 1-16。

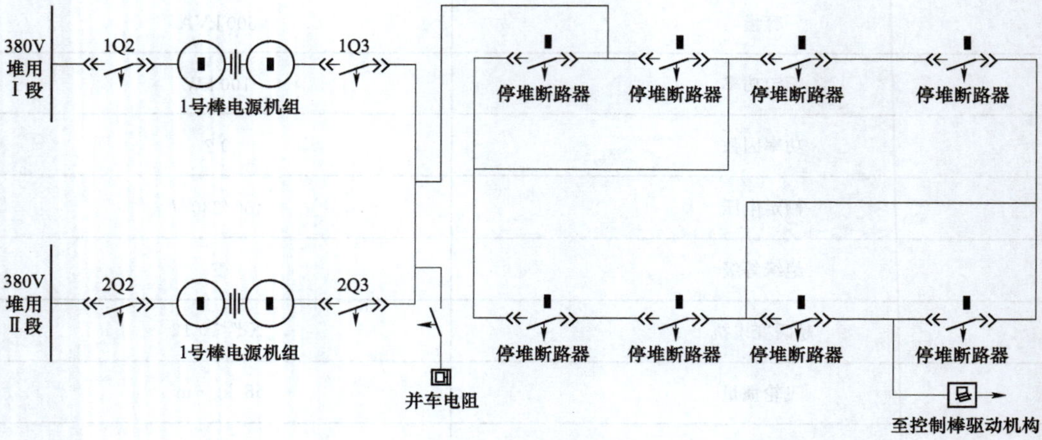

图 1-16 系统供电图

5）运行操作(以 1 号棒电源机组改运行为例)

运行操作表见表 1-2。

表 1-2 运行操作表

序号	操作内容
1	确认 1 号棒电源机组回路工作票已终结，安措已拆除
2	确认棒电源室循环冷风机 X5-2A 或 X5-2B 已投入运行且运行正常
3	确认合上一回路 220 V 直流 A 母上的棒电源机组室 LP-5703 电源开关
4	确认合上一回路 24 V 直流 B 母上的棒电源出口开关 24 V 电源开关
5	确认 1 号棒电源机组电动机、发电机绝缘合格
6	确认 1 号～8 号停堆断路器在断开位置
7	确认 LP-5707 屏上并车专用电阻开关在断开位置
8	手动盘 1 号棒电源机组发电机几圈，确认无卡涩等现象
9	检查 1 号棒电源机组电动机开关柜上发电机联跳电动机压板 J1 已放上
10	检查 1 号棒电源机组电动机开关柜上低电压压板 J2 已放上
11	检查 1 号棒电源机组电动机开关 1Q2 在断开位置
12	将 1 号棒电源机组电动机开关 1Q2 摇至连接位置
13	合上 1 号棒电源机组电动机开关 1Q2 控制电源开关
14	确认 1 号棒电源机组电动机开关 1Q2 绿灯亮
15	检查 1 号棒电源机组电动机开关 1Q2 有储能指示
16	检查 1 号棒电源机组电动机开关 1Q2 保护模块正常无报警
17	检查 1 号棒电源机组电动机开关 1Q2 控制地点选择开关(堆用 I 段 LP-5505)在“控制室”位置，1 号棒电源机组控制屏 LP-5701 上白灯灭
18	确认 LP-5701 屏上 1 号棒电源机组发电机励磁调节电阻在电压最低位置
19	确认合上 LP-5707 屏内闪光报警器电源开关 102QF
20	确认合上 LP-5707 屏内棒电源机组发电机母线汇流排 3PT 一次开关 QF2
21	确认合上 LP-5707 屏内母线电压表工作电源开关 QF4
22	确认 LP-5707 屏上同期转换开关在“0”位

续表

序号	操作内容
23	合上 LP-5701 屏内 1 号棒电源机组发电机出口 1PT 一次侧开关 QF1
24	合上 LP-5701 屏内 1 号棒电源机组发电机出口 1PT 二次侧开关 QF2
25	检查 1 号棒电源机组发电机开关 1Q3 在断开位置
26	将 1 号棒电源机组发电机开关 1Q3 摇至连接位置
27	合上 1 号棒电源机组发电机开关 24 V 直流电源开关 QF6
28	合上 1 号棒电源机组发电机母线电源指示灯开关 QF4
29	合上 1 号棒电源机组表计及变送器工作电源开关 QF5
30	合上 1 号棒电源机组发电机开关 1Q3 控制电源开关 QF3,绿灯亮
31	检查 1 号棒电源机组发电机出口开关 1Q3 有储能指示
32	检查 1 号棒电源机组发电机开关 1Q3 保护模块正常无报警
33	合上 1 号棒电源机组电动机开关 1Q2,红灯亮
34	确认 1 号棒电源机组电动机开关 1Q2 已合上
35	检查 1 号棒电源机组运转平稳,无异音、异味、异常振动
36	调整 1 号棒电源机组发电机励磁调节电阻,使发电机电压为 380 V
37	合上 1 号棒电源机组发电机出口开关 1Q3,红灯亮
38	确认 1 号棒电源机组发电机出口开关 1Q3 已合上
39	确认 1 号棒电源机组发电机母线电源指示灯亮(主控 CB-522 屏)
40	确认 1 号棒电源机组发电机频率正常、三相电压平衡
41	检查 1 号棒电源机组运行正常无报警

2. 发电机(30 万 kW 机组)

(1) 系统概述

1) 330 MW 发电机

上海电机厂制造,卧式三相同步发电机。额定功率 330 MW,频率 50 Hz,端电压 18 kV。冷却方式为:定子线圈以及转子线圈水冷,定子铁芯空冷。按铭牌规定的数据可长期连续运行。

2) 发电机水冷系统

由定子和转子水箱、泵、冷却器及相应的设备构成。泵的电源分别接自 380 V工作 Ⅰ、Ⅱ

段，一台运行，一台备用，具备电气联锁及低水压联锁功能。补水水源为二回路凝结水或化学除盐水。

3）发电机励磁系统

由 350 Hz 永磁式副励磁机、模拟型 AVR、微机型 AVR、100 Hz 主励磁机、100 Hz 整流柜及相应的设备构成。

微机型 AVR 是指上海发电设备成套研究所采用 ABB 公司产品组装生产的 UNITROL-F 型微机励磁调节器。

模拟型 AVR 是指三菱公司生产的 MEC 型励磁调节器。

运行方式如下。

① 350 Hz 副励磁机(PMG)输出交流电由双通道微机型 AVR 的自动或手动调节，控制 100 Hz 主励磁机的励磁电流。双通道互相自动跟踪，手动励磁方式跟踪自动励磁方式，并作自动励磁方式的备用。手动模式主要在设备调试、维护或故障时使用。

② 模拟型 AVR 作为微机型 AVR 的备用，正常在冷备用状态。

③ 100 Hz 整流柜正常方式下三台整流柜并联运行。

④ 微机型 AVR 在自动方式下调节发电机端电压恒定，手动模式维持发电机励磁电流恒定。

⑤ 双通道微机型 AVR 中备用通道自动与工作通道相匹配，当工作通道故障，将自动无扰切换到备用通道并闭锁故障通道，同时发出报警信号。

(2) 现场布置(30 万 kW 机组)

30 万 kW 机组现场布置如图 1-17。

(3) 发变组配备保护(30 万 kW 机组)

1) 发电机差动保护

2) 发电机横差保护

3) 发电机定子接地保护(100%、95%)

4) 发电机转子接地保护(一点、二点接地)

5) 发电机失磁保护

6) 发电机对称过负荷保护

7) 发电机不对称过负荷保护

8) 发电机逆功率保护

9) 发电机低频保护

10) 发电机过激磁保护

11) 发电机过电压保护

12) 发电机误上电保护

13) 发电机失步保护

14) 发电机过流保护

15) 发电机惰走结束保护

16) 主变高压侧阻抗保护

17) 发变组差动保护

图 1-17　30 万 kW 机组现场布置图

18）主变压器差动保护
19）2001B 断路器闪络保护
20）CT 断线报警
21）主变通风保护
22）主变零序过流保护
23）220 kV PT 断线保护
24）断路器 2001B 非全相保护
25）断路器 2001M 非全相保护
26）PT 断线保护
27）2001B 失灵保护
28）一回路低频保护
29）220 kV 母差保护联跳
30）灭磁开关联跳
31）反应堆、汽轮机联跳发电机
32）AVR 来过激磁
33）AVR 来过激磁Ⅲ段
34）2001M 失灵跳闸
35）励磁过负荷保护
36）主变压力释放
37）主变冷却器全停
(4) 设备规范
A1 发电机规范见表 1-3。

表 1-3　A1 发电机规范

型号	QFS-330-2
额定容量	366 600 kVA
额定定子电压	18 000 V
额定定子电流	11 760 A
额定转子电压(55 ℃)	463 V
额定转子电流	1 840 A
空载转子电压(15 ℃)	140 V
空载转子电流	635 A
额定功率因数	0.9(滞后)
定子结线方式	YY
额定转速	3 000 r/min
冷却方式	双水内冷
效率	98.8%
同步电抗	233.5%
超瞬变电抗(不饱和值)	17.1%
瞬变电抗(不饱和值)	27.8%
负序电抗	20.9%
零序电抗	9.2%
定子绕组绝缘等级	F
转子绕组绝缘等级	F
定子铁芯绝缘等级	F
短路比(实测值)	

A2 励磁系统

主励磁机的设备规范见表 1-4。

表 1-4　主励磁机的设备规范

型号	TLD-1360-4
额定视在功率	1 512 kVA
额定电压	485 V
额定电流	1 800 A
磁场电压　21 V(空载)	73 V(满载)
磁场电流　45.2 A(空载)	114 A(满载)
额定频率	100 Hz
功率因数	0.9(滞后)
效率	96.38%
定子线圈温升限度	80 ℃
转子线圈温升限度	90 ℃
定子铁芯温升限度	80 ℃
绝缘等级	B
碳刷型号	S-72
励磁机空冷器	最高进水温度 33 ℃

副励磁机的设备规范见表 1-5。

表 1-5　副励磁机的设备规范

形式	永磁式旋转磁场型
额定容量	65 kVA
额定电压	120 V
额定电流	313 A
额定频率	350 Hz
功率因数	0.892(滞后)
效率	92%
相数	3 相
绝缘等级	B

(5) 系统供电图

系统供电图见图 1-18。

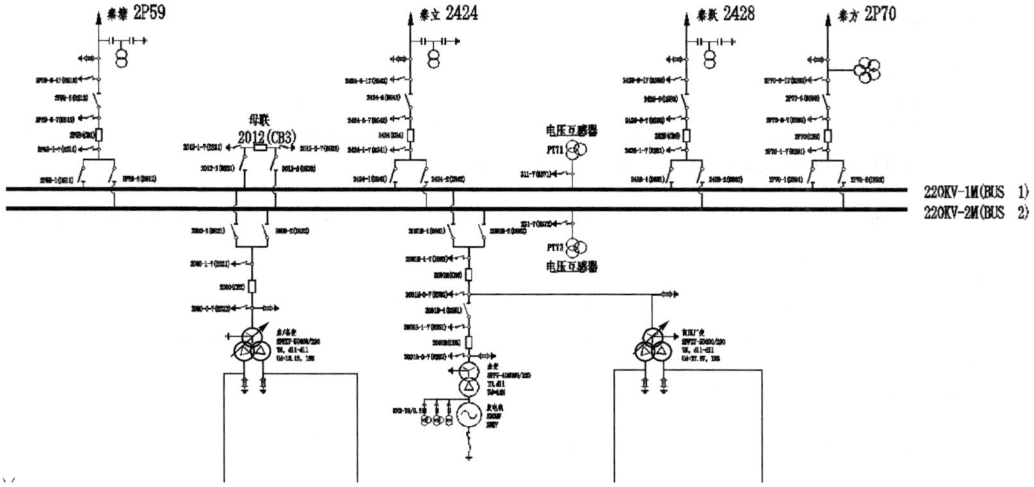

图 1-18　系统供电图

(6) 运行操作(以 1 号发电机检修改运行并升功率的操作步骤为例)

运行操作见表 1-6。

表 1-6　运行操作

	操作步骤
1	确认满足如下先决条件:
	1) 220 kV 系统在运行中。
	2) 高压厂变在运行中。
	3) 启备变在运行中。
	4) 主变处于可运行状态(冷备用)。
	5) 发电机在停机状态。
	6) 主变 220 kV 闸刀 2001B-1(DS51)在分闸位置。
	7) 主变 2001B 开关在分闸位置。
	8) 发电机封闭母线空气循环干燥装置运行正常。
	9) 发电机冷却系统通水循环良好,无渗漏,水质合格。
	10) 二台应急柴油发电机处于可运行状态(热备用)。
	11) 直流系统运行正常。
2	若 1 号发电机-变压器在检修状态,将 1 号发电机-变压器由检修改冷备用。

续表

	操作步骤
3	令常规岛/电气值班员测量发电机组绝缘,其值应符合规定。
4	确认发电机启动前操作试验及联锁试验应正常,具体为:
	1) 1号主变 220 kV 闸刀断开,做发电机主变 220 kV 侧 2001B 开关与发电机励磁开关 MK 及 LMK 的拉合闸试验及相互之间的联锁试验(在发变组维修传动试验中完成)。
	2) 发电机 100 Hz 整流柜风扇电源联锁切换试验(在《换料大修期间双电源供电盘柜电源切换试验 TST-F-076》中完成)。
	3) 主变冷却器电源联锁切换及冷却器联锁切换试验(在《换料大修期间双电源供电盘柜电源切换试验 TST-F-076》及《主变压器风冷却器控制箱控制回路联动及报警试验 TST-F-079》中完成)。
5	将1号发电机 100 Hz 整流柜投入运行:
	1) 合上发变保护辅助屏后发电机整流柜控制电源开关 7DK。
	2) 令常规岛/电气值班员将1号发电机 100 Hz 整流柜由冷备用改运行。
6	将1号发电机励磁系统由冷备用改热备用(使用微机型 AVR)
	1) 确认模拟型 AVR 屏后 AVR 直流输出闸刀(Q40)已断开。
	2) 确认发变保护屏Ⅰ与屏Ⅱ内"模拟型 AVR 过励Ⅲ段/微机型 AVR 内部故障 14LP"压板均已退出。
	3) 合上发变保护辅助屏后 MK 控制回路电源开关 3DK。
	4) 合上发变保护辅助屏后微机型 AVR 直流电源开关 4DK。
	5) 合上微机型 AVR 辅助柜内装置 G10 直流输出闸刀 Q10。
	6) 合上微机型 AVR 辅助柜内装置 G20 直流输出闸刀 Q20。
	7) 合上微机型 AVR 辅助柜内装置 G10 交流输入刀熔开关 F10(合之前确认熔丝完好)。
	8) 合上微机型 AVR 辅助柜内装置 G20 交流输入刀熔开关 F20(合之前确认熔丝完好)。
	9) 合上(送上)或确认送上微机型 AVR 调节器柜内下列熔丝(开关):
	① PMG 电压表熔丝 F12、F22;
	② 发电机电压表熔丝 F13、F23;
	③ AVR 输出电压表熔丝 F11、F21;
	④ 变送器工作电源开关 Q81(来自 220 V DC);
	⑤ 柜内交流辅助电源开关 Q90(来自 220 V AC)。
	10) 合上或确认合上微机型 AVR 调节器柜内电源模块 G11 电源1开关 Q12(来自 PMG)。
	11) 合上或确认合上微机型 AVR 调节器柜内电源模块 G11 电源2开关 Q22(来自 220 VDC)。

续表

	操作步骤
	12）合上或确认合上微机型 AVR 调节器柜内电源模块 G21 电源 1 开关 Q13(来自 PMG)。
	13）合上或确认合上微机型 AVR 调节器柜内电源模块 G21 电源 2 开关 Q23(来自 220 VDC)。
	14）合上或确认合上微机型 AVR 调节器柜内装置 G10 风扇电源开关 Q11。
	15）合上或确认合上微机型 AVR 调节器柜内装置 G20 风扇电源开关 Q21。
	16）合上或确认合上微机型 AVR 调节器柜内风扇电源总开关 Q15。
	17）合上微机型 AVR 调节器柜内工作电源 2 开关 Q80(来自 220 VDC)。
	18）合上微机型 AVR 调节器柜内工作电源 1 开关 Q05(来自 PMG)。
	19）确认励磁装置 G10、G20 自检正常,无异常报警信号。
	20）确认微机型 AVR 控制地点选择在远方,CB-507 盘"AVR 投退 KAVR"微机型 AVR 就地控制指示白灯灭。
	21）令常规岛/电气值班员将 1 号发电机励磁系统由冷备用改热备用。
7	将 1 号主变冷却系统由冷备用改热备用:
	1）确认 CP-5206 内 CB-507 盘表电源开关已合上。
	2）合上 CB-507 盘后主变测温度装置电源开关 ZK1。
	3）合上 CB-507 盘后发变组数显表电源开关 ZK2。
	4）令常规岛/电气值班员将 1 号主变冷却系统由冷备用改热备用(按本规程 5.12 操作卡执行)。
8	确认 GIS 1 号主变 220 kV 系统在冷备用状态:
	1）确认合上主控 CB-535 屏后 2001M/2001B 信号电源开关 3DK。
	2）合上主控 CB-535 屏后主变 2001B 闪光电源开关 2DK。
	3）令常规岛/电气值班员确认 GIS 1 号主变 220 kV 系统在冷备用状态。
9	将 1 号发电机由冷备用改热备用:
	1）合上主控 CB-535 屏后主变 2001B 控制电源开关 1DK。
	2）将"高压厂变受电网电度表备用开关"打"解除"("关口电度表"屏内)。 提醒:若由于检修试验等原因,主控 CB-535 屏后主变 2001B 控制电源开关 1DK 在并网前需再次断开,在断开前应将"高压厂变受电网电度表备用开关"打"投入",恢复后将其打"解除"。
	3）将发变组保护装置投入运行。
	4）确认主控 CB-530 屏后发电机检漏装置电源开关已合上,熔丝已放好。
	5）确认主控 CB-530 屏后发电机漏水监测装置 GJ-4 电源熔丝 FUSE 已放上,电源开关在 ON 位(GJ-4 装置背面)。

续表

	操作步骤
	6）确认主控 CB-531 屏后发电机差动湿度仪电源开关已合上(励侧、汽侧差动湿度仪各有一个电源开关)。
	7）确认主控 CB-530 屏发电机检漏装置“并联”“测量”按钮压下,其它按钮弹出。
	8）检查 DEH-ⅢA 上发电机定子铁芯、线圈、线圈出水、励磁机线圈温度显示正常。
	9）令常规岛/电气值班员将 1 号发电机由冷备用改热备用。
10	检查确认如下项目:
	1）检查发电机定子、转子线圈及定子端部压圈冷却水进口压力、流量在正常规定值内。
	2）令常规岛/电气值班员检查发电机、励磁机滑环和碳刷外观完好。
	3）令常规岛/电气值班员确认发电机膛内、风道小室无渗漏水及结露情况。
11	1 号发电机一主变压器组用微机型 AVR 升压,警告:升压过程中应注意检查发电机定子三相电流基本为零,如果电流增长较快,电压增长较慢,直接跳开 LMK 并联锁微机型 AVR 退励,分析原因。(主变低压侧空载电流约在 36 A 左右)
	1）值长令:1 号发电机转子转速已到 3 000 r/min,可加励磁、升压。
	2）将 1 号发电机微机型 AVR“恒无功方式投退(K-COS)”开关打“退出”位置,绿灯亮。
	3）将 1 号发电机微机型 AVR“PSS 投退(K-PSS)”开关打“退出”位置,绿灯亮。
	4）合上 1 号发电机灭磁开关“MK 控制开关(KK)”。
	5）合上 1 号发电机 100 周励磁机灭磁开关“LMK 控制开关(LKK)”。
	6）确认 350 周励磁机输出电压正常。
	7）将 1 号发电机微机型“AVR 手动/自动切换(K-AM)”开关打“自动”位置,红灯亮。
	8）确认 1 号发电机“定子电压切换(1CK)”开关在“CA”位置。
	9）将 1 号发电机微机型“AVR 投退(K-AVR)”开关打“投入”位置,红灯亮,确认发电机开始自动升压,发电机电压在 20 秒左右到达额定值 18 kV 左右。 注意:① 在发电机电压上升过程中,如果有异常需要中断,应直接跳开 LMK 并联锁微机型 AVR 退励。 ② 在发电机电压上升至 12.6 kV 左右时,CB-531 屏“100%定子接地”报警光字牌可能报警,在发电机电压上升至额定电压后,可按第 12)条对其进行复位消报。
	10）确认发电机自动升压至 18 kV 后,检查 1 号发电机定子电压三相电压平衡,检查发电机转子对地绝缘情况,在日志上抄录发电机转子电压、电流。
	11）确认 1 号发电机微机型 AVR 运行正常。
	12）按发变保护屏Ⅰ、Ⅱ内 2FA 复位按钮对发变保护屏Ⅰ、Ⅱ内 RXEDK 2H 红灯进行复位,确认红灯灭后按发变保护屏Ⅰ、Ⅱ内 1FA 复位按钮对发变保护屏Ⅰ、Ⅱ的 REG216 进行复位。对 CB-531 屏“100%定子接地”报警光字牌消报。

续表

	操作步骤
12	用发变组专用手动准同期并列：
	1）确认已接到省调批准并列的指令。
	2）在日志上抄录“高压厂变受电网电度表”值。
	3）确认发电机已用 AVR 升压至额定电压，发电机的频率与系统频率相差在 1 Hz 以内。
	4）确认主变 2001B 开关的控制开关在分后位置。
	5）确认主变 2001B 开关在分闸位置。
	6）主控合上主变 220 kV 闸刀 2001B-1(DS51)，就地确认三相位置正确。
	7）将主控 CB-535 屏“2001B 同期开关”切至“投入”位置。
	8）确认主控 CB-507 盘发变组专用同期装置“解除同期(STK)”开关在“断开”位置。
	9）将发变组专用同期装置“手动准同期投切(1STK)”开关由 “断开”切至“粗调”位置。
	10）调节 1 号发电机电压、频率与系统电压、频率接近。1 号发电机电压调节值可按如下公式计算得到： 1 号发电机电压调节值≈220 kV Ⅰ母实际电压值÷236×18×102%(kV)
	11）将发变组专用同期装置“手动准同期投切(1STK)”开关由“粗调”切至“精调”位置。
	12）观察“组合同期表”上频差(Hz)、压差(V)指针在中间位置，相角差指针(S)顺时针缓慢旋转，符合并列条件。
	13）在相角差指针(S)顺时针缓慢旋转至 12:00 位置时，按下发变组专用同期装置“手动同期合闸 HA”按钮。
	14）确认主变 2001B 开关合闸红灯闪光。
	15）令常规岛/电气值班员确认主变 2001B 开关已合上(三相)。
	16）令常规岛/电气值班员确认主变冷却器已按运行方式自动投入运行。
	17）检查发电机定子三相电流平衡。
	18）将主变 2001B 开关的控制开关打至合后位置。
	19）将发变组专用同期装置“手动准同期投切(1STK)”开关由“精调”切至“断开”位置。
	20）将 主控 CB-535 屏“2001B 同期开关”切至“解除”位置。
	21）分别放上发变保护屏Ⅰ与屏Ⅱ内的“模拟型 AVR 过励Ⅲ段/微机型 AVR 内部故障 14LP”压板(使用微机型 AVR 时执行此步)。
	22）分别放上发变保护屏Ⅰ与屏Ⅱ内的“MK 开关联跳 21LP”压板。
	23）确认“主变高压侧电度表”“发电机电度表”“高压厂变受发电机电度表”有指示，“高压厂变受电网电度表”无指示，在日志上抄录有关电度表值。
13	确认已接到省调批准升功率的指令。

续表

	操作步骤
14	确认发电机一主变组有功负载在额定功率的 5%FP。
15	调整发电机一主变组无功负载，以保证发电机功率因数在限值内。
16	检查确认发电机定子线圈、转子线圈、励磁机线圈温度正常。
17	检查确认发电机铁芯温度正常。
18	检查确认发电机冷却水各部温度正常。
19	检查发电机和励磁机滑环、碳刷工作无异常。
20	检查发电机励磁装置运行无异常。
21	检查确认主变压器运行无异常。
22	由 DEH-ⅢA 控制逐步加发电机功率至额定值。注意：发电机有功功率达 50%FP 后，应根据省调令投入电力系统稳定器(PSS)。(将主控 CB-507 盘微机型 AVR 操作区“PSS 投退 K-PSS”开关打“投入”位置，确认红灯亮)。
23	根据发电机有功，调节发电机无功，使发电机功率因数保持在允许范围内。定子电流可在 1 小时以内均匀地加至额定值(事故情况下不作限制)。
24	发电机达满功率时则检查发电机一变压器本体一次回路、励磁回路，发电机大电流接头是否发热，主变强油冷却装置运转正常。
25	检查发电机和励磁机滑环、碳刷不冒火、无跳动及其他异常情况。
26	检查发电机引水管无抖动，接头、膛内、风道处以及空冷器小室无渗水、漏水。

3. 交流润滑油泵(BOP)(30 万千瓦机组)

(1) 作用

1) 当机组启动及冲转过程中，启动该泵，供油至汽轮机径向轴承、推力轴承、盘车齿轮及顶轴油泵入口，直到主油泵油压正常；

2) 在停机或意外事故时，当轴承油压下降到 0.075 MPa，交流油泵联动供油；

3) 大修后启动泵冲洗油管路；

4) 为主油泵启动提供初始净正吸入压头。

(2) 现场布置

工艺系统流程图见图 1-20。

图 1-19 交流润滑油泵

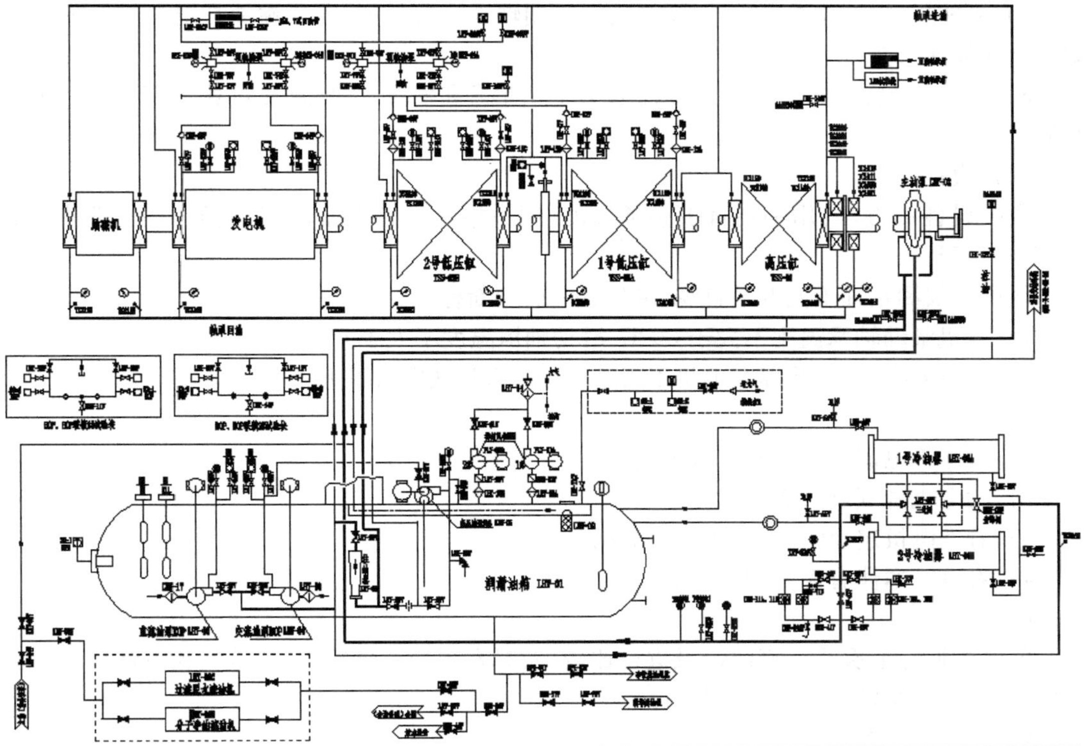

图 1-20 30 万千瓦机组交流润滑油泵现场布置工艺系统流程

运行操作见表 1-7。

表 1-7 运行操作

顺序	操作步骤
1	确认交流油泵相关检修工作已完成,安措已解除。
2	测量交流油泵电机绝缘,确认绝缘合格。
3	确认汽机润滑油系统已符合运行条件。
4	交流油泵送电,确认电源系统无异常报警。
5	起动交流油泵,观察出口压力正常。

1.8 电机巡检注意事项

1. 巡检口诀：一听、二摸、三看、四比较

(1) 听：

1) 用听棒听电机轴承有无杂音及金属撞击声；

2）听棒的放置部位：将听棒放在电机联端轴承小盖外侧，非联端放在电机护罩的固定螺栓上或加油口旁；

3）听声音判断轴承是否正常需要经验，听感和测振数据经常对比，次数多了即可判断。

（2）摸：

手摸设备的方法：用手指背去感觉温度，用手指肚去感觉振动；触摸部位：电机轴承端盖，电机外壳。

用测温仪测量轴承温度最直观、量化、准确，判断标准：

1）电机滚动轴承温度不大于 80 ℃，滑动轴承温度不大于 60 ℃；

2）电机外壳温度，防爆式电机不大于 95 ℃，密封式电机不大于 80 ℃。

（3）看：

1）看电机电流是否在额定范围内；

2）发电机看碳刷有无打火花；

3）看发电机定、转子冷却水有无泄漏；

4）看电机本体有无冒烟现象。

（4）比：

各项数据与上次或上班的记录进行比较，及时发现异常情况，各项数据和正常规定的标准数据比较，及时发现超标准情况。

2. 电机巡检要求

1）电动机电流、电压指示在规定范围内。

2）电动机振动在正常范围，无金属撞击声、烟气及焦味。

3）电动机控制箱（柜）热偶动作指示灯不亮。

4）温度不超过规定值。

5）基础及各部螺丝、接地线牢固。

6）电动机开关、刀闸及电缆头不应有过热变色及漏油现象。

7）各轴承应无漏油、甩油及过热，油温、油色正常，油环带油正常。轴承油箱油位指示正常。

8）装有风机的电动机，应检查风机运行正常，风道清洁无杂物，不应有进汽进水受潮现象，对大型密闭式冷却的电动机应检查冷却水系统运行是否正常。

1.9 电机操作注意事项

1. 启动前注意事项

1）根据绝缘测量要求对电机绝缘进行测试。

2）检查电机电源是否正常。

3）电动机及所带设备上确认无人工作、电机机身干净整洁、周围区域内无杂物（无编织袋、塑料袋等易堵住电机风道的物品）。

4）确认电机与泵或风机之间的联轴器已联结。

5）有条件的尽量盘动联轴器，确认电机与所带设备转动无卡涩现象。

6）电动机原则上不允许带负荷起动，特别是风机、水泵等重载设备，虽然有些电机带负载也能启动。但是启动时间长、启动电流大，容易引起电机保护器误动作，因此操作人员起动此类设备时一定要将负载脱开（在启动大的水泵或风机时把其出口阀关闭，待其启动后打开出口阀）。

2. 电机启动时的注意事项

1）电机启动后不能旋转或转得很慢或声音不正常时，应立即停机进行检查。

2）起动时应注意观察电机、传动装置、负载机械的工作情况以及电流表和电压表的指示，若有异常现象应立即停机检查。

3）对于降压起动的电动机应限制电动机启动时的负荷，防止过负荷引起配电柜断路器（空开）跳闸。

4）电动机的连续起动应遵守制造厂的规定。无制造厂的规定时，可按照以下标准执行：电动机（非鼠笼式电机除外）在正常情况，冷态下允许连续起动两次，但每次间隔时间不得小于 10 分钟，在热态下只允许一次。只有在处理事故时，以及起动时间不超过 2～3 秒的电动机，允许多起动一次。

5）电机起动时，在正常起动时间范围内（直接起动电机为 3 秒左右，降压起动电机为 10 秒左右），电机不能返回到正常值，应立即将电机停掉，以防烧毁电机。

1.10 文件准备

《电气巡检 OJT》、现有电气操作规程。

1.11 工器具准备

1）巡检仪
2）手电
3）测温仪
4）听音棒

1.12 模拟体准备

小型三相异步电动机。

1.13 辐射防护准备

不存在辐射防护要求。

1.14 工业安全准备

1）噪音防护耳塞、安全帽、绝缘鞋、工作服。
2）防人因工具的使用，防止转动机械伤害。

1.15 配合人员准备

现场操作员、主控操纵员及以上人员、专工。

1.16 场地准备

区域灯光照明及通风良好。

第二章　巡检、操作实施

2.1　巡检实施

巡检实施过程见表 2-1。

表 2-1　巡检实施过程

序号	操作步骤	操作要求	工器具	测评标准	备注
1	观察电机的标牌	防止走错间隔		准确找到电机的位置	
2	运行电机无异音	会使用工具	听音棒	注意工业安全，正确位置使用听音棒	
3	电机振动	电机本体	手摸	以经验判断	
4	轴承等部位温度正常	使用工具	测温仪	测温的位置	
5	电动机开关、刀闸及电缆头	防止走错间隔	目测	不应有过热变色及漏油现象	
6	检查风机运行	通过风罩观察	目测	风道清洁无杂物，不应有进汽进水受潮现象	
7	冷却水系统	检查冷却系统部件、流量	目测	无泄漏、流量正常	
8	电机控制柜	检查指示灯、热偶等情况	目测	指示灯与电机的状态一致，热偶指示灯不亮	

2.2　操作实施总体要求

操作实施总体要求见表 2-2。

表 2-2　操作实施总体要求

序号	操作实施步骤	内容及要求	备注
1	召开工前会	识别操作风险及注意事项	
2	填写操作票	操作内容完整	
		操作顺序正确	
		突出关键步骤	

续表

序号	操作实施步骤	内容及要求	备注
3	在运行图纸上口述操作过程	在图纸/手册上能熟练找到设备(电源)	
		在图纸上能熟练阐述操作过程	
4	操作前内容准备	操作所需工器具种类	
		正确使用工器具	
		对操作关键步骤的阐述	
		对操作注意事项的阐述	
5	现场操作	对现场设备熟悉程度	
		操作过程中的控制、协调能力	

2.3 操作实施1　1号定子水泵从检修改运行(30万千瓦机组)

30万千瓦机组定子水泵见图2-1,定子水泵从检修改运行见表2-3。

图2-1　30万千瓦机组定子水泵

表2-3　定子水泵从检修改运行

序号	操作内容	操作要求	工器具	测评标准	备注
1	确认1号定子水泵及相关系统检修工作结束,工作票已终结,四周清洁无障碍物,照明完好。	自检,核对相关隔离安措已解除	目视	信息核对正确(标牌)	
2	确认1号定子水泵电机外壳接地线完好。	自检	目视	核对接地线完好	

续表

序号	操作内容	操作要求	工器具	测评标准	备注
3	确认 1 号定子水泵电机与泵联轴器已连接。	自检	目视	盘车确认	
4	确认定子水箱水位正常。	自检，水箱水位大于 600 mm	目视	掌握水箱水位定值	
5	确认 1 号定子水泵轴承油杯油位正常。	自检，油杯油位大于二分之一	目视	掌握油杯油位的正确范围	
6	打开 1 号定子冷却水泵入口阀 FSL-29V。	自检，他检	F 扳手	所操作阀门与内容一致	
7	打开 1 号定子冷却水泵出口阀 FSL-33V。	自检，他检	F 扳手	所操作阀门与内容一致	
8	稍开 1 号定子冷却水泵泵体放空气阀 FSL-09QV，空气放尽后关闭。	自检，他检		所操作阀门与内容一致	
9	确认 1 号定子水泵出口压力表根阀 FSL-07GV 打开，压力表指示正常。	自检	目视	压力表有指示	
10	确认 1 号定子冷却水泵泵体、机械密封及管路无泄漏。	自检	目视		
11	确认 1 号定子冷却水泵电源开关断开。	自检	目视，验电笔	检查开关断开，验明无电	
12	1 号定子冷却水泵电机测绝缘。	操作监护	摇表、验电笔	明确 380 V 电机绝缘值，测绝缘位置正确	
13	1 号定子冷却水泵电机送电。	操作监护	验电笔	核对电源开关与操作内容一致，送电后验电	
14	确认 1 号定子冷却水泵就地控制箱上选择开关在“主控”位置，就地控制箱上白灯亮。	自检	目视	检查项目与操作要求一致	
15	确认 1 号定子冷却水泵就地控制箱上热继电器脱扣指示黄灯灭，就地控制箱内热继电器未动作。	自检	目视	检查项目与操作要求一致	
16	汇报主控：1 号定子冷却水泵启动前检查完毕，正常。	三向交流	电话	内容汇报明确	
17	主控起动 1 号定子冷却水泵。	操作监护		核对设备信息，确认与操作内容一致	
18	检查 1 号定子冷却水泵出口压力。	自检	目视	明确压力范围	
19	检查 1 号定子冷却水泵电机振动情况。	自检	手摸	经验判断，若有明显异常，汇报停泵	
20	在现场观察电机温升、泵的运转情况，不少于 15 分钟。	自检	测温仪	经验判断，若有明显异常，汇报停泵	

2.4 操作实施2 1号凝泵启动前检查(30万千瓦机组)

30万千瓦机组凝泵见图2-2,凝泵启动前检查见表2-4。

图2-2 30万千瓦机组凝泵

表2-4 30万千瓦机组1号凝泵启动前检查

序号	操作内容	操作要求	工器具	测评标准	备注
1	确认1号凝泵及相关系统检修工作结束,工作票已终结,四周清洁无障碍物,照明完好。	自检,核对相关隔离安措已解除	目视	信息核对正确(标牌)	
2	确认凝汽器水位正常。	自检,凝汽器水位720 mm±180 mm	目视	掌握凝汽器水位定值	
3	检查1号凝泵及电机各部位外观无异常。	自检	目视	信息核对正确	
4	确认1号凝泵电机轴承油位、油质正常。	自检	目视	掌握油位的正确范围	
5	确认1号凝泵出口再循环阀NJS—10V全开。	自检,正常备用状态为全开	目视	掌握再循环阀的作用	
6	确认1号凝泵入口电动阀NJS—01V全开,指示红灯亮。	自检,观察阀杆、电气指示	目视	阀门与内容一致	
7	确认1号凝结水泵空气阀KQG—20V全开。	操作监护,往关的方向关半圈,再全开后回半圈	F扳手	所操作阀门与内容一致	

续表

序号	操作内容	操作要求	工器具	测评标准	备注
8	确认 1 号凝泵盘根冷却室进水阀 GYS—46V 全开，盘根漏水量正常。	操作监护，往关的方向关半圈，再全开后回半圈	F 扳手	所操作阀门与内容一致	
9	确认 1 号凝结水泵密封水进水阀 GYS—49V 全开。	操作监护，往关的方向关半圈，再全开后回半圈	F 扳手	所操作阀门与内容一致	
10	确认 1 号凝泵上轴承冷却水回水阀 GYS—83V 全开。	操作监护，往关的方向关半圈，再全开后回半圈	F 扳手	所操作阀门与内容一致	
11	确认 1 号凝泵盘根冷却室回水阀 GYS—123V 全开。	操作监护，往关的方向关半圈，再全开后回半圈	F 扳手	所操作阀门与内容一致	
12	确认 1 号凝泵盘根冷却室回水阀前放水阀 GYS—26 FV 关闭。	自检，无水流出	目视	阀门与内容一致	
13	确认 1 号凝泵出口阀 NJS—07V 打开。	自检，观察阀杆、电气指示	目视	阀门与内容一致	
14	确认 1 号凝泵出口逆止阀 NJS—04V 严密，凝泵无倒转。	自检	目视	阀门与内容一致	
15	确认 1 号凝泵入口真空表根阀 NJS—25 GV 打开，进口压力表指示正常。	自检	目视	压力表有指示	
16	确认 1 号凝泵出口压力表根阀 NJS—28 GV 打开，出口压力表指示正常。	自检	目视	压力表有指示	
17	确认 1 号凝泵泵体及以上各阀门盘根、法兰处无泄漏，凝泵进、出口管路无泄漏。	自检	目视	信息核对正确	
18	确认 1 号凝泵电源开关在热备用。	自检	目视	核对设备标牌正确，电气指示信号正确	
19	将 1 号凝泵电源开关由热备用改为冷备用。	操作监护	6 kV VEP 开关操作工具	操作顺序正确	
20	测量 1 号凝泵电机绝缘。	操作监护	验电器，绝缘手套，摇表	6 kV 设备绝缘值大于 6 MΩ	
21	将 1 号凝泵电源开关由冷备用改为热备用。	操作监护	6 kV VEP 开关操作工具	操作顺序正确	
22	确认 1 号凝泵选择开关在“主控”位置，就地控制箱上黄灯亮。	自检	目视	信息核对正确	
23	汇报主控：1 号凝泵启动前的检查完毕，正常。	三向交流	调度电话	符合防人因要求	

2.5 操作实施 3 1 号主给水泵由检修改热备用(正暖)

图 2-3 1 号主给水泵

表 2-5 1 号主给水泵由检修改热备用流程

序号	操作内容	操作要求	工器具	测评标准	备注
1	确认凝结水系统已投入运行。			掌握系统运行的状态	
2	确认 1 号、2 号除氧器水箱水位正常。	独立验证，现场除氧器水箱零位是水箱底部	目视	除氧器水箱水位定值 1 850～2 150 mm	二回路整定值中：除氧器零位是水箱中心线
3	确认闭式工业水系统运行正常。		目视	掌握系统运行的状态	
4	确认海水冷却水系统运行正常。		目视	掌握系统运行的状态	
5	确认主给水泵轴封回水泵投联锁备用，系统可运行。	独立验证	目视	掌握系统运行的状态	
6	确认 1 号主给水泵机组的相关试验和检修工作已全部结束。	三向交流，与隔离班的沟通，现场的观察	目视	信息核对正确(标牌)	
7	确认 1 号主给水泵动力电源和控制电源正常。	操作监护	目视		

续表

序号	操作内容	操作要求	工器具	测评标准	备注
8	确认 1 号主给水泵辅助油泵动力电源和控制电源正常。	操作监护	目视		
9	确认1号主给水泵组就地仪表齐全，指示正确，主控 DEH 和报警系统正常。	三向交流，与操纵员的沟通	目视	设备位置正确	
10	确认 1 号主给水泵冷油器入口水阀 GYS-26V 调节，冷油器出口水阀 GYS-32V 全开，冷油器工业水观察窗有水流动。	独立验证	目视	阀门与观察窗的位置，掌握主给水泵冷油器油温是通过入口阀来调节的	
11	确认 1 号主给水泵电机空冷器进水阀 GYS-29V 调节，出水阀 GYS-35V 全开。	独立验证	目视	掌握主给水泵电机空冷器风温是通过入口阀来调节的	
12	确认1号主给水泵润滑油箱油位正常，油质合格。	自检	目视	油箱油位 1/2～2/3	
13	确认1号主给水泵辅助油泵运行正常，红灯亮；选择开关在“主控”位置，黄灯亮。	自检	目视	设备位置正确	
14	确认 1 号主给水泵润滑油温正常（大于 25 ℃）。	自检	目视	掌握油温的要求	
15	确认 1 号主给水泵轴承润滑油压正常 0.1～0.125 MPa。	自检	目视	掌握轴承油压的定值	
16	调节1号主给水泵电机轴瓦入口油阀 GPY-16V、GPY-19V，确认油压正常（(0.05～0.07 MPa)），将 GPY-16V、GPY-19V 锁住。	操作监护	目视	掌握主给水泵电机轴瓦油压定值	
17	确认1号主给水泵各轴承回油流量正常。	自检	目视	回油观察窗的位置正确	
18	确认 1 号主给水泵前置泵入口滤网放水阀 DGS-01FV 已关严。	自检	F 扳手	掌握入口滤网的状态，冲洗时安装冲洗滤网，正常运行时为运行滤网	
19	关闭1号前置泵泵体放水阀 DGS-04FV。	操作监护	F 扳手	设备位置正确	
20	关闭1号给水前置泵壳排气阀 DGS-07QV。	操作监护	F 扳手	设备位置正确	
21	关闭 1 号主给水泵再循环管放水阀 ZXH-01FV。	操作监护	F 扳手	设备位置正确	
22	关闭1号主给水泵体放水一、二次阀 DGS-07FV，DGS-08FV。	操作监护	F 扳手	设备位置正确	

续表

序号	操作内容	操作要求	工器具	测评标准	备注
23	关闭 1 号主给水泵反暖泵一、二次阀 GGS-23FV、GGS-25FV。	操作监护	F 扳手	设备位置正确	
24	关闭 1 号给水前置泵出口管道排气阀 DGS-01QV,DGS-04QV。	操作监护	F 扳手	设备位置正确	
25	关闭 1 号主给水泵入口滤网放水阀 DGS-01FV。	操作监护	F 扳手	设备位置正确	
26	打开 1 号给泵密封水压力表根阀、给泵密封水滤网压差表前、后根阀 PFS-13GV、PFS-14GV 及平衡阀。	操作监护	F 扳手	设备位置正确	
27	调节打开主给水泵密封水总阀 PFS-01V (注意另两台主给水泵是否需要密封水,否则应确认它们的密封水入口阀关闭),维持密封水母管压力在 0.78～1.18 MPa。	操作监护,独立验证	F 扳手	两人配合调节,需要手势或者对讲机,压力定值范围	具体见给泵密封水调节步骤
28	全开 1 号给水泵密封水 1 号(2 号)滤网前后截止阀 PFS- 11V(PFS- 12V),PFS-13V (PFS- 14V),并确认另一组备用滤网阀门状态(出口阀全开,入口阀全关)。	操作监护	F 扳手	正常一组滤网运行,一组备用	
29	关闭 1 号主给泵密封水滤网压差表平衡阀。	操作监护	F 扳手	设备位置正确	
30	确认 1 号给水泵密封水滤网差压正常(小于 0.05 MPa)。	自检	目视	设备位置正确	
31	打开给泵轴端侧、靠背轮侧密封水出口压力表根阀。	操作监护	F 扳手	设备位置正确	
32	调节打开 1 号主给水泵#1 瓦轴封水进口阀 PFS-15V,确认主给水泵轴端侧密封水回水压力在 0.5 kg/cm^2 左右(可根据暖泵速率适当降低该压力)。	操作监护,自检	F 扳手	一人操作,一人观察压力	
33	调节打开 1 号主给水泵#2 瓦轴封水进口阀 PFS-16V,确认主给水泵靠背轮侧密封水回水压力在 0.5 kg/cm^2 左右(可根据暖泵速率适当降低该压力)。	操作监护,自检	F 扳手	一人操作,一人观察压力	
34	打开 1 号主给水泵前置泵密封水入口压力表根阀 PFS-19 GV 及入口滤网差压表根阀、平衡阀。	操作监护	F 扳手	设备位置正确	

续表

序号	操作内容	操作要求	工器具	测评标准	备注
35	全开 1 号主给水泵前置泵密封水入口滤网出口截止阀 PFS-18V，调节打开入口截止阀 PFS-17V，密封进水压力约在 0.5 MPa 左右，比前置泵入口压力高 0.1 MPa。	操作监护	F 扳手	设备位置正确	
36	手动摇开 1 号主给水泵进口电动阀 DGS-01V 一定开度后停止，对管道充水、排气。	操作监护	F 扳手	设备位置正确，充水赶气的要求：水流平缓	
37	打开 1 号给水前置泵壳排气阀 DGS-07 QV，见水后关闭。	操作监护	F 扳手	设备位置正确，充水赶气的要求：水流平缓	
38	打开 1 号给水前置泵出口管道排气阀 DGS-01 QV，DGS-04 QV，见水后关闭。	操作监护	F 扳手	设备位置正确，充水赶气的要求：水流平缓	
39	电动全开 1 号主给水泵进口电动阀 DGS-01V。	操作监护		设备位置正确	
40	确认给泵前置泵压力正常，关闭滤网平衡阀，确认密封进水压力比入口压力高 0.1 MPa 左右。	自检	目视	掌握平衡阀的作用：先开后关的作用	
41	全开 1 号给水前置泵壳放水阀 DGS-04FV。	操作监护	F 扳手	设备位置正确	
42	全开 1 号主给水泵壳放水一、二次阀 DGS-07FV，DGS-08FV。	操作监护	F 扳手	设备位置正确，掌握正暖的操作	
43	打开 1 号主给水泵再循环手动隔离阀 ZXH-01V。	操作监护	F 扳手	设备位置正确	
44	将 1 号主给水泵再循环电动阀 ZXH-08V 送电并投“手动”控制，确认阀门在全开状态，红灯亮。	操作监护	目视	设备位置正确，阀门投手动的意义	
45	调节 1 号主给水泵#1 瓦轴封水进口阀 PFS-15V，将轴端侧密封水回水温度控制在约 50 ℃(视暖泵温度而定)。	操作监护	F 扳手	掌握暖泵的要求	
46	调节 1 号主给水泵#2 瓦轴封水进口阀 PFS-16V，将靠背轮侧密封水回水温度控制在约 50 ℃(视暖泵温度而定)。	操作监护	F 扳手	掌握暖泵的要求	
47	投入 1 号主给水泵电机干燥器电源，确认红灯亮。	操作监护		掌握电机干燥器投运与切除的时机	
48	1 号主给水泵出口阀送电(根据需要确定)。	操作监护		设备位置正确	

续表

序号	操作内容	操作要求	工器具	测评标准	备注
49	1 号主给水泵送电(根据需要确定),确认选择开关在“主控”位置,指示灯亮。	操作监护	高压验电器,摇表,高压绝缘手套	掌握开关柜送点的步骤	
50	汇报主控。	三向交流	调度电话	符合防人因要求	

2.6 操作实施 4 热态工况 1 号主给水泵小流量循环试转

图 2-4 1 号主给水泵

表 2-6 热态工况 1 号主给水泵小流量循环试转过程

序号	操作内容	操作要求	工器具	测评标准	备注
1	主控令就地按《1 号主给水泵由检修改热备用(正暖)操作票》检查 1 号主给水泵在热备用状态。	见《1 号主给水泵由检修改热备用(正暖)操作票》		操作顺序正确	
2	主控确认 1 号主给水泵辅助油泵联锁开关在“自动”位置。	三向交流	目视	掌握给泵辅助油泵的状态	
3	断开 1 号主给水泵电机干燥器电源开关。	操作监护		掌握电机干燥器投运与切除的时机	

续表

序号	操作内容	操作要求	工器具	测评标准	备注
4	确认 1 号给水泵泵壳与给水箱水温差小于60 ℃,泵壳上下温差小于 40 ℃。	三向交流,主控监视	目视	掌握暖泵的要求	
5	关闭 1 号主给水泵前置泵泵体放水阀 DGS-04FV。	操作监护	F 扳手	掌握正暖操作的阀门	
6	关闭 1 号主给水泵泵体放水一、二次阀 DGS-07FV、08FV。	操作监护	F 扳手	掌握正暖操作的阀门	
7	确认 1 号主给水泵再循环电动阀 ZXH-08V 全开,在“手动”位置。	自检	目视	掌握再循环阀投手动的原因	
8	主控将 1 号主给水泵联锁开关投“退出”位置。	操作监护	操作票	掌握给泵联锁投退的要求	
9	主控关闭 1 号主给水泵出口阀 GGS—04V。	操作监护	操作票	与主控操纵员的沟通,及阀门就地情况	
10	确认相关人员到现场后,点动 1 号主给水泵,并令就地人员确认: 1) 确认 1 号主给水泵转子惰走正常,无卡涩现象,无异常声音。 2) 确认 1 号主给水泵转向正确。	操作监护	操作票	泵检修后需要点动确认转向及惰走情况	
11	十分钟后,起动 1 号主给水泵,确认电流正常(170~215 A),并密切监视电机轴承(≤70 ℃)、线圈温度(<110 ℃)上升情况。	主控操作、监视、操作监护	操作票	掌握电机轴承、线圈温度限值	
12	确认 1 号主给水泵辅助油泵自停正常,主控将辅助油泵控制开关打至分后位置。	自检,操作监护	操作票	掌握给泵辅助油泵启停要求:轴承进油压力达 0.137 MPa 辅助油泵自停	
13	令就地人员: 1) 随时调整润滑油温度(25~45 ℃)。 2) 严密监视各轴承温度(≤70 ℃)。 3) 确认主给水泵出口压力 8~10.5 MPa、前置泵出口压力 1.4~1.85 MPa 正常。 4) 确认主给水泵、前置泵密封水压力正常,电机风温正常。 5) 确认主给水泵两侧轴封回水温度和压力正常。 6) 确认主给水泵轴承进油压力、电机轴承进油压力正常。 7) 监视主给水泵泵壳温度(主给水泵壳和除氧水温差≤20 ℃)。 8) 确认 1 号主给水泵、前置泵、电机和增速齿轮箱各部位温升正常,声音正常,无异味。	操作监护	操作票,F 扳手	掌握给泵油温、轴承温度、密封水压力温度、风温、轴承进油压力要求	

续表

序号	操作内容	操作要求	工器具	测评标准	备注
14	完成主给水泵振动测量和相关工作后,主控停止 1 号主给水泵运行。	操作监护	专业测振仪(技术)	掌握主给水泵启停的位置	
15	确认 1 号主给水泵辅助油泵自启动正常,润滑油压正常。	自检	操作票	掌握给泵辅助油泵启停要求:轴承进油压力低至 0.09 MPa 辅助油泵自启	
16	主控将辅助油泵控制开关打至合后位置。	主控操作	操作票	掌握控制开关的原理	
17	就地检查 1 号主给水泵转子惰走情况,并记录惰走时间。	自检	秒表	掌握验收准则要求	
18	汇报主控,根据实际情况将 1 号主给水泵置于合适状态。	三向交流	调度电话		

2.7 三相异步电机需要特别注意的几个关键点

1) 注意与电机保持足够的安全距离,防止转动机械伤害;

2) 通过测温、听音,判断电机的运行情况,如有异常立即汇报;

3) 电机的润滑油过少或油质不合格会造成润滑不足,威胁电机的正常运行(可能造成电机有异音或轴承干磨);

4) 电机振动情况,防止地脚螺栓松动,影响电机运行安全等;

5) 关注运行电机的电流、电压等参数;

6) 电机风机的运行情况。

2.8 同步发电机的几个关键点

1) 发电机电流、电压、有功、无功、功率因数等重要参数;

2) 主、副励磁机电流、电压等重要参数;

3) 发电机润滑油系统、(定、转子)冷却水系统或氢气系统运行情况;

4) 发电机的振动情况;

5) 主励磁机、发电机碳刷有无打火现象。

第三章　电机异常运行及处理

3.1　电动机运行时发现下列情况之一者应立即停止运行，事后再汇报主控

1）电动机及所带机械危及人身安全时。

2）电动机电气部分有人触电。

3.2　运行中的电动机有下列情况之一者，汇报主控，可按规程起动备用电动机，然后停止故障电动机，对无备用电动机者应汇报值长，决定是否停止

1）电动机有不正常的声音或绝缘有烧焦气味。

2）电动机内或起动装置内出现火花或冒烟。

3）轴承及铁芯线圈温度升高超过允许值。

4）负荷未变而电动机电流不正常的升高，超过允许值。

5）大型密闭式冷却电动机的冷却水系统发生故障，温度持续上升时。

6）电动机被水淋，蒸汽熏，绝缘受潮时。

3.3　电动机运行时突然声音变化，发生鸣声，电流上升或回零，转速下降，如电源未发生问题，汇报主控，立即起动备用电动机，拉开故障电动机开关，进行下列检查处理

1）检查定子回路是否一相断线（开关、刀闸、接触器一相断线，保险一相熔断）。

2）检查被带动的机械是否有故障。

3）系统电压是否正常。

3.4　运行中的电动机、定子电流发生周期性剧烈摆动，汇报主控，起动备用机组，将故障电动机停止运行，检查处理，其原因有

1）鼠笼式电动机转子铜（铝）条损坏。

2）机械负荷发生不均匀变化。

3.5 运行中电动机不正常发热，超过允许值，汇报主控，尽快查明原因，设法消除，有备用电动机可起动备用电动机运行，无备用电动机应降低出力运行。发热原因可能有

1) 冷却系统有问题(通风堵塞、进风门或进水门关闭，进风温度过高等)。
2) 电源电压过低或三相电压不平衡。
3) 过负荷或机械部分有问题。
4) 检查冷却器是否断水或水压不足，进水或进风温度是否超过规定值。
5) 检查是否长时间过负荷运行，电压过低或三相电压不平衡。
6) 加装临时通风或降低出力运行。
7) 若温度仍上升，可能为故障，应停止电动机运行。

3.6 运行中电动机轴承温度过高，应加强监视，并设法消除或通知有关人员进行处理。发热原因可能有

1) 油不清洁，油太浓或油中有水或油种用错。
2) 供油不足，油循环，润滑不良，油泵卡住或旋转缓慢。
3) 传动皮带拉得过紧，轴承盖盖得过紧，轴瓦面刮得不好，轴承间隙太小。
4) 电动机的轴或轴承倾斜。
5) 中心不正或弹性联轴器的凸齿工作不均匀。
6) 轴承有电流流过，轴颈磨蚀不光，轴瓦合金熔化等。
7) 滚动轴承内部磨损。
8) 转子不在磁场中心，引起轴向串动，轴承受挤压。

3.7 电机振动过大，可能原因有

1) 电动机和所带机械之间的中心不正。
2) 基础螺丝松动，机组失去平衡。
3) 定转子间摩擦。
4) 轴承损坏或轴颈磨损。
5) 联轴器及其连接装置损坏。
6) 所带机械损坏。
7) 电动机缺相运行或个别线圈断线。

3.8 电动机运行时有下列情况之一者，汇报主控，并应立即停止运行

1) 电动机及所属电气装置冒烟起火时。

2）电动机强烈振动及轴承温度剧烈升高或超过规定时，且有继续上升趋势时。
3）电动机转速下降，声音异常，且电流超过额定值不返回时。
4）电动机定、转子发生扫膛冒烟时。
5）发生明显威胁电动机安全运行的其他情况（如水淹、火灾、机械严重损坏等）。

3.9 电动机自动跳闸时，应起动备用机组，对跳闸电动机从各方面详细检查、测试，原因不明不得投入运行。对重要电动机无备用机组或不能迅速起动备用机组时，取得值长同意后，允许试投一次，但遇有下列情况除外

1）电动机跳闸时有很大电流冲击时。
2）电动机回路有明显短路或损坏征象。

3.10 电动机合闸后，保护动作跳闸的处理

1）起动备用机组。
2）检查保护回路有无问题，联系检修处理。
3）检查跳闸电动机本体及回路有无短路或断线现象。
4）检查电动机所带机械是否有卡涩现象。
5）测定电动机绝缘电阻。
6）检查电动机开关。

第四章　巡检、操作结束

4.1　巡检结束

确认巡检仪条目的完整性按规定时间和巡检路线完成巡检任务,无遗漏设备和项目,巡检完毕对巡检结果进行分析。

4.2　操作结束

召开工后会进行总结,重点是操作中遇到的问题。

4.3　异常及处理方法

对发现的异常现象和设备隐患、缺陷和故障,应立即汇报,并填写缺陷报告单,作好详尽交班记录。

4.4　工器具检查

巡检、操作携带的工器具完整,放回工具箱。

第五章　经验反馈

5.1　135专项—3号循泵振动大电流升高，机组降负荷停3号循泵

2015 年 7 月 20 日 19 时 10 分(潮位 4.1 m)海水泵房值班员在值班室感受到异常震动，检查发现 3 号循泵顶盖瓦振 Z,X,Y 3 个点均报警(从正常值上涨至 350 μm 左右)，3 号循泵电流正常约 140 A，持续约 3～4 分钟后振动恢复正常，3 号循泵顶盖瓦振 Z,X,Y 3 个点振动回落。通知专工、技术一处测振和设备专工进厂。经省调同意机组负荷由 324 MWe 降至 320 MWe。

2015 年 7 月 20 日 19 时 40 分，电机电流上涨并维持在 160 A 左右，在这期间 3 号循泵顶盖瓦振 Z,X,Y 3 个点振动未见明显上涨。

2015 年 7 月 20 日 20 时 00 分，3 号循泵顶盖瓦振 Z,X,Y 3 个点振动再次上涨(150 μm、220 μm、80 μm)，持续约 5 分回落，电流也恢复正常 140 A。

2015年7月20日20时30分技术一处报3号循泵测振结果：电机轴向振动上部 2.1 mm/s、下部 2.1 mm/s、底座 2.1 mm/s，径向振动上部 2.7 mm/s、下部 1.4 mm/s、底座 1.4 mm/s。

2015 年 7 月 20 日 20 时 55 分，3 号循泵顶盖瓦振值再次上涨(150 μm、350 μm、90 μm)，电流涨至 160 A，持续 5 分钟后回落。

2015 年 7 月 20 日 21 时 55 分　技术一处报 3 号循泵振动间歇性升高缺陷初步分析原因为导瓦或推力瓦松动导致的碰磨使振动增加，缺陷劣化趋势明显，暂时可保持运行。运行人员需注意监视 3 号循泵电机轴瓦温度，一旦轴瓦温度异常上升至 75 ℃时需停泵。

2015 年 7 月 20 日 23 时 52 分　技术一处报 3 号循泵现场监测振动值有明显上升趋势，电机上部明显有异音，建议停泵。经省调唐琦文同意机组降负荷至 300 MWe，采用先关蝶阀后停泵的方式停运 3 号循泵。

后续采取行动：

1）联合厂家完善螺母的设计，应按照国家标准增加壁厚，接触面圆环要相应增厚以提高其强度；

2）联合厂家，开展螺母材料换型的研究，针对马氏体不锈钢脆性较强问题，建议采用性价比高的双相不锈钢(2205)作为螺栓和螺母的材质；

3）提出《海水循环泵(1 号～6 号)解体检查规程》修改申请，在规程明确严禁任何对螺母进行敲击上紧的强制组装的安装方式，明确规定联轴器螺母需要采用力矩拧紧；

4）联系厂家，提供联轴器螺母安装力矩值；

5）联合厂家，开展螺母加工工艺改进的研究，消除螺母加工质量问题；

6）提出《海水循环泵(1 号～6 号)解体检查规程》修改申请，规程中明确要求所有联轴器螺栓进行螺纹匹配性检查；

7）将相关螺母信息提供乐泰公司，请其推荐合适的螺纹锁固剂；

8）提出《海水循环泵(1号～6号)解体检查规程》修改申请，将确认后螺纹锁固剂牌号在规程内注明；

9）安排3号循泵解体检修。

5.2 04号-0M 1号轴封加热器排风机电机绝缘低，发现电机内部有大量积水

2015年10月16日上午9时，电机班接到缺陷(工单号：92842)04号-0M 1号轴封加热器排风机电机绝缘低，经现场确认，测量电机绝缘仅为17 kΩ，绝缘不合格。上午11时，将电机非负荷侧端盖取下过程中发现电机定子内部有大量积水溢出。

后果：电机绝缘低，电机定子内有大量积水，电机无法正常使用。

采取行动：对缺陷电机进行备件更换，于次日凌晨2时更换完毕，设备恢复可用。

第六章　习　题

6.1　填空题(每题 6 分,共 30 分)

1. 按电动机的________与电网电压________之间的关系可分为同步电动机和异步电动机。

答案:转速　频率

2. 电机的基本参数在电机铭牌上都有标注,包括__________、__________、__________、________、________、功率因数等。

答案:型号　电压　联结　功率　电流

3. 电机的主要部件有________、________、________、________、________、________、电机座、电机罩。

答案:定子　转子　轴承　端盖　接线盒　风扇

4. 在电力拖动中,把电动机的________和转矩________的关系______,称为机械特性。

答案:转速 n　M_d;$n=f(M_d)$

5. 负载转矩 M_e 与转速 n 的关系 $M_e=f(n)$,即是生产机械的________。

答案:负载转矩特性

6.2　简答题(每题 5 分,共 30 分)

1. 电机的定义?

电机是指依据电磁感应定律实现电能转换或传递的一种电磁装置。在电路中用字母 M 表示。它的主要作用是产生驱动转矩,作为用电器或各种机械的动力源。发电机在电路中用字母 G 表示。电机的主要作用是利用电能转换为机械能。

2. 三相异步电机按转子的结构可分几类?

按转子的结构分类可分为鼠笼型异步电动机和绕线型异步电动机。

3. 异步电动机的优点有哪些?

异步电动机的优点是:结构简单、运行可靠、价格便宜,可以直接使用工业上的交流电源,不需要另外的变流设备。

4. 电机启动时的注意事项

1) 电机启动后不能旋转或转得很慢或声音不正常时,应立即停机进行检查;

2) 起动时应注意观察电机、传动装置、负载机械的工作情况以及电流表和电压表的指示,若有异常现象应立即停机检查;

3) 对于降压起动的电动机应限制电动机启动时的负荷,防止过负荷引起配电柜断路器(空开)跳闸;

4）电动机的连续起动应遵守制造厂的规定。无制造厂的规定时，可按照以下标准执行：

电动机（非鼠笼式电机除外）在正常情况，冷态下允许连续起动两次，但每次间隔时间不得小于 10 分钟，在热态下只允许一次。只有在处理事故时，以及起动时间不超过 2～3 秒的电动机，允许多起动一次。

5）电机起动时，在正常起动时间范围内（直接起动电机为 3 秒左右，降压起动电机为 10 秒左右），电机不能返回到正常值，应立即将电机停掉，以防烧毁电机。

5. 电机振动过大原因：

1）电动机和所带机械之间的中心不正。

2）基础螺丝松动，机组失去平衡。

3）定转子间摩擦。

4）轴承损坏或轴颈磨损。

5）联轴器及其连接装置损坏。

6）所带机械损坏。

7）电动机缺相运行或个别线圈断线。

6. 电动机运行时有下列情况之一者，应立即停止运行

1）电动机及所属电气装置冒烟起火时。

2）电动机强烈振动及轴承温度剧烈升高或超过规定时，且有继续上升趋势时。

3）电动机转速下降，声音异常，且电流超过额定值不返回时。

4）电动机定、转子发生扫膛冒烟时。

5）发生明显威胁电动机安全运行的其他情况（如水淹、火灾、机械严重损坏等）。

6.3 实操题（本题 40 分）

鉴定点：三相异步电动机启动

试题 1：三相异步电动机启动

1. 准备要求

考场准备：

（1）试题名称：老培训楼下面 3 号冷却水泵启动

（2）本题分值：20

（3）考核时间：40 min

（4）考核形式：实操

（5）设备设施准备：

序号	名称	规格	单位	数量	备注
1	模拟体（3 号冷却水泵）		台	1	
2	摇表		台	1	
3	低压验电笔		支	1	
4	绝缘手套		副	1	

考生准备：

（1）试题名称：老培训楼下面3号冷却水泵远方启动

（2）本题分值：20

（3）考核时间：40 min

（4）考核形式：实操

（5）工具及其他准备：操作票

2. 考核要求

（1）本题分值：20

（2）考核时间：40 min

（3）考核形式：实操

（4）具体考核要求：拟写的操作票顺序正确、遵守电业安规、操作顺序正确、防人因工具使用到位。

（5）否定项说明：违反电业安规的操作，取消考核成绩

3. 配分与评分标准

序号	考核内容	考核要点	配分	评分标准	扣分	得分
1	拟写操作票	明确本次操作任务、操作顺序正确	3	1. 未明确设备当前状态，未以现在状态填写操作票。扣1分。 2. 未说明操作步骤先后顺序。扣2分。		
2	泵的本体检查	检查泵与电机已联轴，电机外壳接地线已连好接地	3	1. 未核对标牌扣1分。 2. 未检查泵与电机已联轴扣1分。 3. 未检查电机外壳接地线已连好接地扣1分。		
3	对泵本体充水赶气	阀门开启顺序正确	2	1. 未核对标牌1分。 2. 操作顺序不正确扣1分。		
4	测量电机绝缘	断电、验电，在开关柜测量电机绝缘	5	1. 未验电扣2分。 2. 未戴绝缘手套扣1分。 3. 绝缘测量不正确扣2分。		
5	电机送电	验电，确认选择开关位置正确	1	未确认选择开关位置正确扣1分。		
6	启动	防止走错间隔	1	核对按钮标牌。		
7	检查	电机振动、泵出口压力、电机温度、电流等	5	1. 未检查电机振动扣1分。 2. 未检查泵出口压力扣1分。 3. 未检查电机温度扣1分。 4. 未检查电机电流扣2分。		

否定项：操作顺序不正确、违反电业安规。

评分人：　　年　　月　　日　　　　　　　　　　核分人：　　年　　月　　日

第五部分　低压电气设备

第一章　典型 ABB 低压开关柜的操作

厦门 ABB 公司生产的 380 V/220 V 低压抽屉接触器为我厂应用最为广泛的低压电气开关柜。根据容量及控制设备的需要,大致有下面 3 种类型,分别为 8E—24E 型、8E/4 和 8E/2 型、8E—32E,现将该开关柜的操作方法介绍如下。

1.1　8E—24E 型开关柜的操作

8E—24E 的抽屉,操作手柄与主开关手柄分开,操作手柄具有电气和机械联锁(图 1-1)(其中 ABB 的 SACE S 型开关主开关还有保护脱扣,主开关由红色位跳到黄色位,恢复需要先把打到水平的绿色位,然后下压到红色竖直位)。

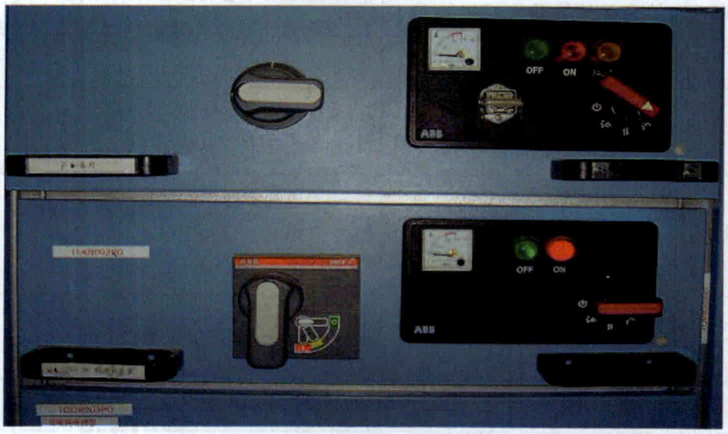

图 1-1　低压 380 V/220 V 的抽屉接触器

以上抽屉的操作说明:

操作手柄具有 4 个位置功能:

工作位置　主开关可操作(通过开关手柄分合)抽屉锁住。

试验位置　主开关分断(主开关不能合闸)控制回路接通,抽屉锁住(主开关分断后操作手柄方能转向本位置)。

抽出插入位置　主回路及二次回路断开。

隔离位置　抽屉抽出 30 mm 主回路及二次回路断开，抽屉锁住。

合闸　先将操作手柄置于工作位置，操作主开关手柄于“｜”位置时，开关合闸。

分闸　先将操作手柄置于工作位置，操作主开关手柄于“O”位置，开关断开。

试验　将操作手柄置于试验位置（此前应将开关手柄置于“O”位置），由于主开关断开，二次回路接通，做控制回路试验时，可避免负载带电。

隔离　主开关断开，将操作手柄置于隔离位置，将抽屉抽出 30 mm，主回路及二次回路均断开，如在操作手柄加上挂锁，抽屉将不可再抽出或插入。

抽屉操作

抽出抽屉

确认主开关在“O”位置，将操作手柄置于抽出插入位置，用力拉抽屉手柄，抽屉将先被拉出 30 mm 到达第一个停留位置（试验位置）再稍微向上并向外拉，抽屉将继续被抽出。抽屉较重，应用双手托住抽屉，降低抽屉的前部，即可抽出抽屉。

插入抽屉

确认主开关在“O”位置，双手托起抽屉，对准柜内的导轨前端稍向下倾，一插入柜内的导轨时，则可抬起抽屉，平稳地将抽屉推入，推入进用力适当，保证完全插入。

1.2　8E/4 和 8E/2 型开关柜的操作

8E/4 和 8E/2 型抽屉把手位置示意图如图 1-2。

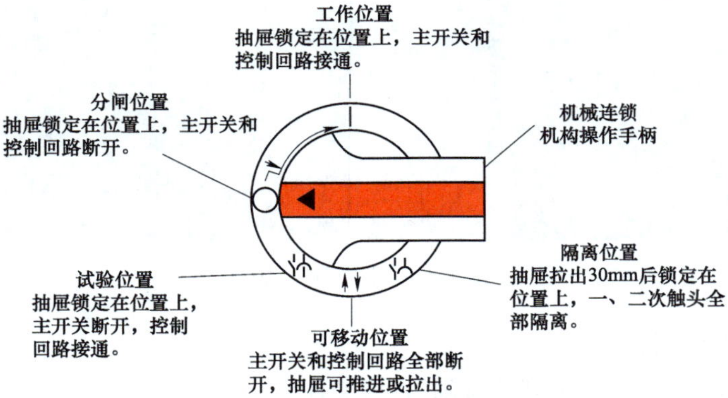

图 1-2　8E/4 和 8E/2R 抽屉操作手柄位置图

位置说明：该手柄有 5 个位置，具有电气和机械连锁。手柄位置说明：

｜　工作位置　主开关合闸，抽屉锁住

○　分闸位置　主开关分闸，控制回路断开，抽屉锁住

试验位置　主开关分闸，控制回路接通，抽屉锁住

↑↓　可移动位置　主回路和控制回路均断开

隔离位置　抽屉抽出 30 mm 距离，主回路和控制回路断开，抽屉单元锁住抽屉单元的操作方法：

合闸　当开关手柄在“｜”位置,开关处于接通状态。

分闸　手柄在“ O ”位置,开关处于断开状态,必要时可在手柄处上锁。

试验　在此位置做控制回路试验时,可避免马达启动及负载带电。

抽屉的抽出与插入

抽出抽屉:抽出抽屉时开关手柄应处于“可移动”位置,拉抽屉手柄,抽屉即可抽出,当要全部抽出抽屉时,应用另一个手托住抽屉下部。

插入抽屉:插入时,操作手柄处于“可移动”位置,抽屉带有导轨,应将导轨插入并平稳地将抽屉推入,到约剩余 40 mm 距离时,适当用力推入,保证抽屉完全插入,若旋转手柄时感到不灵活,则应确认抽屉是否推入到位。

隔离　把手柄置于隔离位置上,将抽屉抽出 30 mm 的距离,主回路及二次回路均断开,如果在手柄加上挂锁,抽屉将不可再抽出或插入。

1.3　8E—32E 抽屉的操作说明

此开关手柄有 4 个位置,具有电气和机械连锁。8E—32E 抽屉见图 1-3。

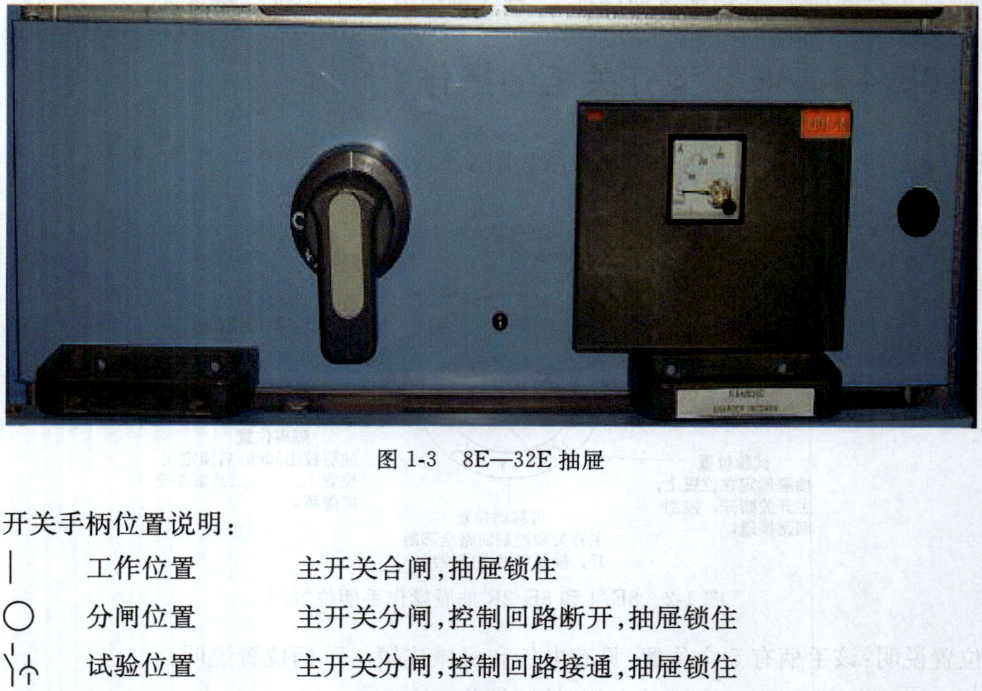

图 1-3　8E—32E 抽屉

开关手柄位置说明:

｜	工作位置	主开关合闸,抽屉锁住
◯	分闸位置	主开关分闸,控制回路断开,抽屉锁住
试验符号	试验位置	主开关分闸,控制回路接通,抽屉锁住
↑↓	可移动位置	主回路和控制回路均断开

合闸　操作手柄处于“｜”位置时,开关合闸。

分闸　操作手柄处于“O”位置时,开关断开。

试验　操作手柄置于试验位置时,主开关断开,二次回路接通,可避免马达启动或负载带电。

抽屉的抽出与插入

抽出抽屉：将操作手柄置于“可移动”位置，用力拉抽屉手柄，抽屉在被拉出约 1 cm 处到达第一个停留位置（隔离位置），此时操作手柄弹回分闸位置，把操作手柄转到抽出位置，再轻压抽屉左侧扣板并向外拉，抽屉将继续被抽出，注意此时应用双手托住抽屉，降低抽屉的前部，即可抽出抽屉。

插入抽屉：将操作手柄置于可移动位置，双手托起抽屉，对准柜内的导轨，略微降低抽屉前部，下倾插入柜内，抬起抽屉，平稳地将抽屉推入，到达隔离位置，此时手柄被弹回分闸位置再次将操作手柄转到抽出位置，用适当的力将抽屉推入，保证抽屉完全插入（操作手柄转动应灵活）。

1.4　LKD 转送 LKL 的开关断路器

LKD 转送 LKL 的开关断路器见图 1-4。

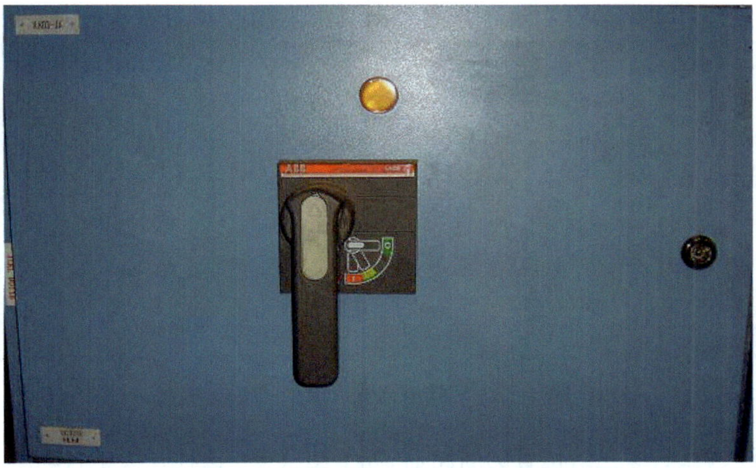

图 1-4　LKD 转送 LKL 的开关断路器

此开关盘面上的操作把手可以实现开关送/停电，当开关因保护跳开到黄色位时，需要扳到绿色位复位后再下扳到红色位送电。此外，该开关面板打开后，里面有一个可以摇出和摇入的车体，其专用摇把在开关内，小车摇出可以实现隔离位置。

1.5　380 V 低压电气开关柜的复位

380 V 低压电气开关柜分为接触器和断路器两种。如果遇到开关柜出现故障的情况，需要现场操作人员进行手动复位。因此，开关柜的复位操作也是运行现场操作人员的必备技能之一。

380 V 接触器可能需复位的只有 2 种情况，即热保护复位和漏电保护复位。

ABB 公司进口的开关柜热保护复位，一般在面板上有一个复位杆（overloadreset），按下即可复位。如下图 1-5 所示。

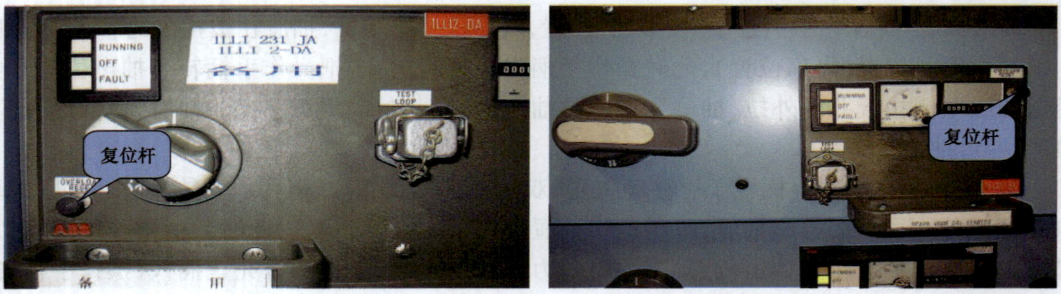

图 1-5　380 V 低压电气开关柜的复位

380 V 接触器的漏电保护，只要拉出开关柜，在其背面或中间看到如图 1-6 一个蓝色的小盒子，其上有白色的横杆，正常运行时白色杆处于“横”(I)的位置，跳闸后处于“竖”(O)的位置，将其横杆转到”横”(I)位置即可复位。380 V 接触器漏电保护的复位方法如下图 1-6 所示。

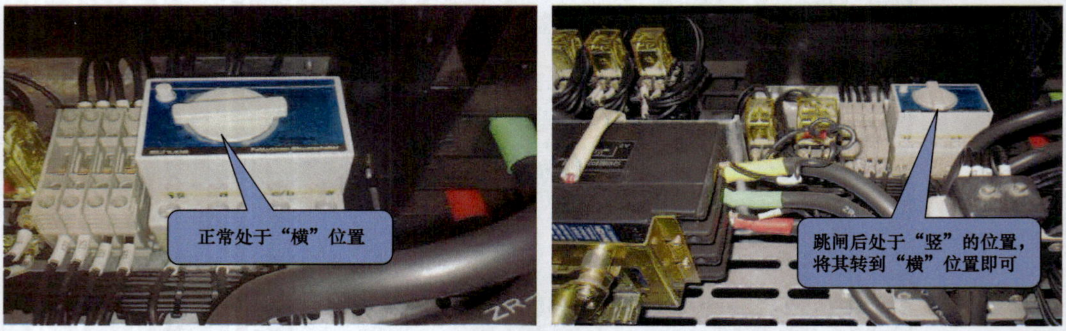

图 1-6　380 V 接触器漏电保护的复位方法

面板上有红、黄绿、绿三给位置的断路器，如下图 1-7。这种开关柜自动跳闸一般在黄绿位置，若故障已消除，则用力将其扳到绿位置(这个操作即复位)，然后扳到红位置和上。

“黄绿”故障位置，故障跳闸后即处于该位置。

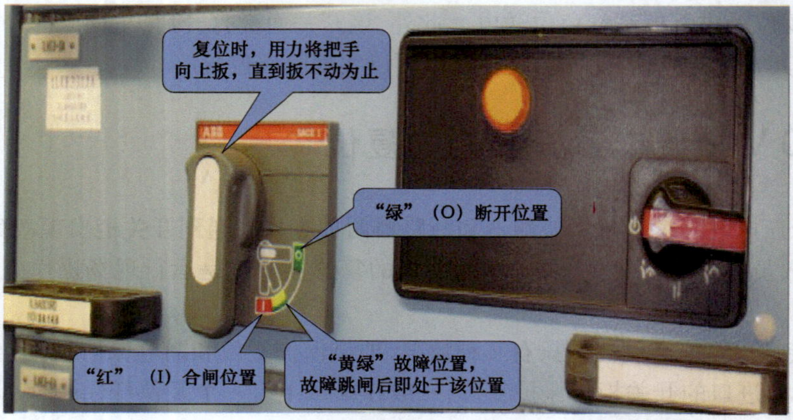

图 1-7　380 V 断路器的复位

第二章　低压电气开关操作相关的管理规定

2.1　在低压电气设备上操作的管理规定

在低压电气设备上的隔离与解除隔离、恢复送电操作的一般规定如下。

只有将低压电气设备完全隔离，并且验证无电后，才能认为这个装置已不带电。

低压电气设备的电压始终应该看作是危险的电压，即使受到的电击并不严重，也会导致触电者失去平衡或高空坠落。

在低压电气设备上的隔离操作如下。

1）隔离，这些操作包括：断开将要进行作业的设备的所有电源；在该设备的操作装置或传动结构上上锁；挂“禁止操作”标示牌。

2）验电，必须用电压等级合适而且合格的验电器，在已隔离设备进出线两侧各相分别验电。

3）验证无电后合上接地刀闸，如需要装设接地线，应在工作负责人的协助下进行这个操作。

4）发出隔离许可证：隔离经理完成上述操作，并确认无误，与工作负责人双方分别签字，将隔离许可证发给工作负责人。

作业完成后的恢复送电操作如下。

1）必须完成下列工作后才能向检修设备恢复送电；工作负责人拆除由他设置的信号和保护设施，取走检修的工具和现场设备，清理现场；在约定地点集合作业人员，点名并宣布即将对检修设备恢复送电。最后工作负责人在工作许可证上签字后交隔离经理。

2）隔离经理拆除由他设置的信号和保护设施；取下“禁止操作”标示牌；巡视现场，确认符合恢复送电的条件，特别是接地短路线的拆除，作业人员已全部撤离等，方可断开接地刀闸进行恢复送电的操作。

380 V 及以下电压等级电气盘的操作，其出线开关必须由具有现场电气岗位授权以上的人员进行。电气盘进线开关由操纵员以上人员操作。操作过程必须严格执行操作监护制度。

2.2　低压电气设备上操作的注意事项

1）380 V 低压电气开关的操作必须严格执行操作监护制度，由两个人同时完成，一人操作、一人监护。

2）操作过程中，现场操作人员能够严谨的使用防人因失误工具。

3）现场操作人员必须按规定，穿戴好劳动保护用品（如安全帽、劳保鞋）。

4）操作前，必须向主控室操纵员汇报即将进行的现场低压电气开关操作。

5）现场操作人员必须确认操作设备的九字编码(如1LLN361JA)正确,其含义为1号机组,LLN母线,361JA号开关。

6）低压电气开关必须操作到位,如果开关柜存在缺陷或故障,应及时汇报主控,联系维修专业人员处理。

7）低压电气开关操作人员应站在绝缘垫上,防止触电事故的发生。

8）在操作过程中,如果遇到问题,要马上停止操作,向主控室操纵员汇报,切不可带疑问操作。

9）送电操作前,380 V 低压开关柜要先置于试验位置,确认无启动信号后,方可送电。由于一些设备(如地坑泵)可能存在启动信号,直接送电有可能造成开关柜烧毁。

10）断电操作前,应先检查低压电气开关柜的初始状态。如果系统或设备处于运行状态时,应及时安排停运该设备或对设备进行切换操作,防止带电拉负荷或由于电气系统操作影响系统设备的运行。

11）操作后,必须及时向主控室操纵员汇报已经完成的现场低压电气开关操作。

2.3 低压电气隔离在实施和解除过程中的危险

电气隔离在实施和解除过程中存在下列危险:触电、短路、电弧灼伤、火灾以及在操作过程中的机械压伤、挤伤、开关损坏等危险。

因此在实施隔离和解除隔离过程中应注意:

1）操作人员必须具有相应的技术授权;

2）操作过程中严格按规程进行停、送电操作;

3）操作小车式接触器时应侧身操作;

4）采用电压等级合适且合格的工具;

5）验电后再合接地刀闸或装设接地线;

6）注意安全距离,装设遮拦;

7）学会紧急救护法,特别是要学会触电急救方法。

2.4 低压电气开关操作的特点

低压电气开关是运行现场人员经常操作的设备,并且操作过程并不复杂。但是,低压电气设备操作若出现人因失误时,往往后果都比较严重。因此,运行现场人员在大量低压电气开关柜的操作过程中,防止人因事故的发生,保证操作的正确性,这才是低压电气开关操作的难点。而有效的防范手段就是运行现场操作人员严格遵守操作监护制度,严谨使用防人因失误工具,认认真真做好每一次操作。不积跬步,无以至千里;不积小流,无以成江海,也许,这也是运行工作的一个特点吧!

第三章　低压电气设备的绝缘测量

低压电气设备的绝缘测量是运行现场人员的必备电气技能之一。绝缘测量的主要目的是确定长时间停运的设备有良好的绝缘性，防止电气事故的发生。

对于低压电气设备绝缘的测量，秦山二厂有典型操作票，按照典操认真执行即可。绝缘合格标准如下。

表 3-1　绝缘合格标准

电压等级	选用兆欧表电压等级	绝缘合格标准
6 kV	2 500 V	>6 MΩ，吸收比>1.3
380 V	500 V	>0.5 MΩ

操作任务：380 V 设备绝缘测量

风险分析：

1）使用摇表前，应先检验电池电量是否正常，两表笔短接后调零；

2）摇绝缘前，应确认遥测设备上无人工作；

3）在操作前，穿上安全鞋，使用绝缘垫；

4）初始状态：询问主控确认设备已解除备用，在停运位置。

5）操作步骤：

6）确认被测设备为________，其供电开关为________

7）确认被测设备处于停运状态，将供电开关抽出至隔离位置；

8）校验 380 V 验电器，在带电设备上(同电压)验证验电器良好；

9）用 380 V 验电器对被测设备验电，确认确无电压；

10）将 1 000 V/500 V 摇表的红、黑表笔插好(红色插在标有“LINE”插孔内，黑色插在标有“EARTH”插孔内)；选择“Ω”挡，将电源打开，按下并旋转红色按钮将两表笔短接然后调零；再将选择开关选到“500 V”挡；

11）将摇表一端(黑笔)先接地，然后另一端接被测设备，按下测量按钮并旋转至扣住；

12）检查绝缘测量值合格(吸收比>1.3，绝缘值>0.5 MΩ)；

13）释放测量按钮，操作结束；

14）绝缘测量结束时，应向主控室操纵员汇报绝缘测量结果，并根据主控室操纵员下达的指令，将开关柜置于指定的状态。

第四章 经验反馈

核电厂电气设备的操作风险性很大,如果操作错误,容易引起非常大的后果,如停机停堆事故、设备损坏、人员伤亡等事故。为了防止人因事件的发生,运行人员必须严格执行防人因工具,避免人因事件的发生!我们精心选取核电厂内发生的几起关于电气操作的运行事件,这些事件都是突破了电气五防及防人因工具的屏障,酿成了惨痛的教训!

防止误操作的五防内容:

1) 防止误拉、误合断路器;

2) 防止带负荷误拉、误合隔离开关;

3) 防止带电合接地和隔离开关;

4) 防止带地线合闸;

5) 防止误入带电间隔。

4.1 秦山二厂三号机组 1.24 事件

"1.24"事件是一起典型的电气操作人因失误,由于走错了机组间隔,导致了停机停堆,请大家了解学习一下事件的经过。

2013 年 1 月 24 日中班,正值 401 大修第三天。约 20 时 20 分左右隔离办发出 4PT02630 隔离操作单,该票工作内容为根据 ENG2012-158 技改要求,实施 APA 液力耦合器控制柜电源改造项目。

20 时 27 分,电气岗位现场操作员手持 4 号机组的操作单走错机组间隔,误进入 3 号机组区域,将 3 号机组 3 台主给水泵液力耦合器执行机构电源逐个断开。

20 时 27 分 50 秒,3 号主控室触发蒸汽给水流量失配信号。

20 时 28 分 12 秒,3 号机组 2 号 SG 水位低触发,汽水失配+SG 水位低触发反应堆自动停堆。现场操作员执行操作完毕后,乘坐联楼电梯返回 6 楼(主控室楼层),刚走出电梯,就听说 3 号机突然停堆了,猛然意识到自己的操作发生了错误,然后迅速跑往 3 号主控,告知主控自己的操作错误了。

查明事件原因后,重新投入 3 号机组主给水泵液力耦合器执行机构电源,并启泵验证控制正常。反应堆于 24 日 22 时 20 分恢复临界,25 日 1 时 35 分汽轮发电机组并网,6 时升到满功率 660 MWe。

现场查看:

操作所在房间为防止走错间隔,大修前一天在有关厂房都设置了"3 号机组正在运行""4 号机组正在大修"提醒标示牌并在进入房间门前后都有明显标识区分。

查看现场机柜,标识清楚。

查看机柜内电源开关的设备标识,都有设备中文名称,但有缺少设备代码情况。

从以上情况看，现场标识应该是清楚的，没有存在人因失误的陷阱，但对于缺失的设备代码需要立即纠正。

文件检查：

操作文件 3、4 号机组的隔离操作单颜色不一样，而且有明显的机组号标识。每台主给水泵液力耦合器的控制电源各有两路。

3KCO 050 AR 内有：

3KCO	5017	JA(给水泵 A 液力耦合器执行机构	3APA104AR)
3KCO	5018	JA(给水泵 C 液力耦合器执行机构	3APA304AR)
3KCO	5025	JA(给水泵 B 液力耦合器执行机构	3APA204AR)

3KCO 051 AR 内有：

3KCO	5116	JA(给水泵 A 液力耦合器执行机构	3APA104AR)
3KCO	5117	JA(给水泵 B 液力耦合器执行机构	3APA204AR)
3KCO	5118	JA(给水泵 C 液力耦合器执行机构	3APA304AR)

在错误断开上述一个机柜的三台主给水泵控制电源开关时，并不会触发任何保护或者报警。只有当操作第二个机柜的电源时，主给水泵出力会受影响。

查看事件发生时的 KIT 数据中看出，断开 A/B 泵控制电源开关也就差了 7 秒钟左右。从中可以看出，从执行文件的标识上有防止人因失误的措施，现场操作速度是比较快的。

人员访谈：

对有关人员进行访谈，了解到以下情况：

1）事发当天是 401 大修第三天，隔离工作高峰期，值内出于考虑，加强了核岛人员配置，电气岗位留有两人，均有电气岗位授权；另有三人为外单位人员，值内通过岗位授权考试，职责是负责完成 3、4 号机组电气岗位的巡检及主控、隔离办安排的工作。

2）电气现场人员巡检完成后，和同事已一起完成了 6 张隔离操作单，回到值班室整理好、签完字并在作记录时，接到了 4 号机组的 4PT02630 隔离操作单。由于是一张试验票的操作单，只要求检查 4KCO 电源开关状态与操作单的要求相一致即可，因此就一个人拿着操作单坐中间联楼电梯来到 4 楼(此楼层房间号以 L5**标示)，错误的进入了 3 号机组的 L507 房间内的 KCO050、051AR 电气柜旁。检查设备处于合闸状态，于是打电话联系隔离经理，说“现场的开关都为合闸，票上要求断开，能断开吗?”隔离经理因知道 4APA 已全停且主隔离已实施，而且潜意识中认为现场操纵员是在 4 号机组，故在电话中回答说：“可以断开，APA 已全停，没关系的。”得到隔离经理的答复后，现场操纵员离开电话处，又返回到 3KCO050AR 旁，在未进行自唱票和核对设备 9 位代码的情况下按照操作单的顺序逐个断开开关。

3）知道 KCO 电源的重要性，当时精神专注于此，就没有注意机组号。

4）在问到人因管理的问题时，都反映运行四处做了大量宣讲、培训、经验反馈工作。如：有专门的人因管理程序；开展大量经验反馈学习活动，且都有记录；在升版规程时，将防人因工具的使用和规程使用方法(连续使用、参照使用之类)在规程封面做出了明确要求，目前已完成所有定期试验规程的修改；清楚防人因工具及其使用注意事项。

5）在培育、强化员工的行为习惯方面不够，观察指导针对防人因失误工具的使用不足。

6）隔离操作单经过隔离经理、操纵员、值长的审核批准后，放在电气岗位办公桌上。电气人员在开始执行该隔离操作单前，没有与主控、隔离办进行交流。

7）大修工期紧，工作量大。

从访谈情况，可以看出以下不足：

大修期间工作量大，电气岗位人力配置不足；

没有使用防人因失误工具，单独操作，没有自检；现场与主控、隔离办的信息沟通不足；观察指导工作不够；操作没有执行监护。

违反规定，没有遵守现场电气操作必须执行监护的制度。

4.2 秦山二厂一号机组冷冻水电源系统未完全隔离

事件来源：IOER-NPQJVC-1-2012007(CINNO)

电厂名称：中核运行二厂

电厂堆型：PWR

事件描述：

2012 年 3 月 17 日，1 号机组处于换料大修状态。电气人员持 1 号机组冷冻水系统电气部分定期检查的工作包，到隔离办取得工作许可证。到达工作现场后，检修人员按照工作指令的要求，对控制电源进行隔离验证，发现该电源抽屉处于合闸状态。工作指令单中已明确要求隔离该电源，随后向运行人员反映情况并归还许可证。运行人员修改隔离票，重新实施断电隔离，重新发放许可证。

事件原因分析：

1）大修准备期间工作票指令不能预置好，因此增加了大修执行期的工作强度，这是造成隔离票不能有效审核的促成原因。

2）发票隔离经理与工作负责人交流不足，没有发现隔离指令的遗漏。

3）核岛隔离经理遗忘主隔离的相关信息导致子票中冷冻机组控制电源未隔离。

4.3 岭澳一号机组实施隔离操作时误按合闸按钮导致误合闸

事件来源：IOER-LNPS-1-2004012(CINNO)

电厂名称：岭澳核电站，1 号机组

电厂堆型：PWR

事件描述：

2004 年 9 月 15 日，岭澳 1 号机组反应堆处于稳定功率运行状态。按程序要求停运 1 号机组控制棒驱动机构电源系统发电机后，准备实施隔离，按照实施隔离操作单，需要拉出 1 号机组控制棒驱动机构电源系统断路器。现场操作人员为确认断路器是否处于“断开”的正确位置状态，在操作前准备按下开关面板上跳闸按钮。但是，该现场操作人员却误按合闸按钮，导致断路器重新合闸，同时保护动作，40 秒后又自动跳闸。

事件原因分析：

1）两个操作控制按钮相邻并且相似，造成操作人员判断失误，误操作。

2）现场操作人员对于自己的操作过于自信以至按错按钮。

3）现场操作人员在未验明按钮编码情况下，随手按下按钮。

4）在进行按钮操作过程中，现操未有效使用自检工具，在未核对明确按钮编号情况下就操作，造成误合闸。

5）在进行重要操作时，未进行监督，监护制度执行不到位。

4.4 大亚湾 380 V 低压交流电源系统电气开关隔离错误

事件来源：IOER-GNPS-1-2006033(CINNO)

电厂名称：大亚湾核电站

电厂堆型：PWR

事件描述：

2006 年 8 月 21 日凌晨 3 时，一名中级现场操作员、一名初级现场操作员以及两名学员按计划准备隔离 1 号机组 380 V 低压交流电源系统以便对 1 号机组凝结水净化处理系统泵进行解体检查。四人到达现场检查完该电气开关电流表为零、计时器已停止，确认 1 号机组凝结水净化处理系统泵已停运，中级现场操作员将隔离操作单交给初级现场操作员和一名学员执行。两人按照监护制要求，初级现场操作员唱票，学员确认电气开关编号和设备九字码与隔离单一致后，将 380 V 低压交流电源系统的隔离手柄由“垂直”位置转至“水平” 位置，并挂票上锁。直到早上化学值班人员巡视时发现该电源隔离错误，并及时报告隔离办，经确认该开关状态隔离错误，即将其置于正确状态——断电隔离。

事件原因分析：

1）操作人员潜意识地认为隔离手柄由“垂直”位置转至“水平”位置表示开关刀闸状态由“闭合”变为“断开”。

2）由于工作时间在凌晨 3 时，此段时间容易疲倦犯困，注意力不集中等情况发生。

3）中级现场操作员在执行独立验证时，没有对开关状态进行核对，只把关注的重心放在隔离的设备编码是否正确上。

4）对于涉及电源的操作，操作单里没有要求“记录电源开关或刀闸的初始状态”。

5）虽然中级操作员一直在现场对整个过程进行观察，但未对监护过程中的不规范的行为进行现场指导。

4.5 秦山二厂一号机组应急电源系统未按隔离要求操作

事件来源：IOER-NPQJVC-1-2010004(CINNO)

电厂名称：中核运行二厂

电厂堆型：PWR

事件描述：

2009 年 11 月 12 日上午，机组处于大修状态。运行处大修组 4 人(执行)和运行电气工程师(指导)在现场按照应急电源系统母线停役的文件包和隔离操作单完成现场隔离操作。当天下午,维修处电气工作人员在进行隔离验证时发现该电源系统未按照隔离票要求实施,地刀未合闸但禁止操作的隔离牌已经挂上,维修处人员及时通知运行处大修组,并提出要求将母线上的负荷侧电动机和母线馈线的地刀也合闸。

事件原因分析:

1) 隔离操作实施前没有进行明确的任务分工,多人同时工作导致现场存在一定的混乱。

2) 工作人员间交流不足导致小组成员认为工作已全部完成,并挂上隔离牌。

3) 未严格执行唱票、验证的监护制度,也未严格执行每项操作完成后打勾标识制度。

第五章　习　题

5.1　问答题

1. 五防的内容?

1）防止误拉、误合断路器；

2）防止带负荷误拉、误合隔离开关；

3）防止带电合接地和隔离开关；

4）防止带地线合闸；

5）防止误入带电间隔。

2. 380 V 设备绝缘测量的步骤?

1）确认被测设备为________,其供电开关为________；

2）确认被测设备处于停运状态,将供电开关抽出至隔离位置；

3）校验 380 V 验电器,在带电设备上(同电压)验证验电器良好；

4）用 380 V 验电器对被测设备验电,确认确无电压；

5）将 1 000 V/500 V 摇表的红、黑表笔插好(红色插在标有“LINE”插孔内,黑色插在标有“EARTH”插孔内)；选择“Ω”挡,将电源打开,按下并旋转红色按钮将两表笔短接然后调零；再将选择开关选到“500 V”挡；

6）将摇表一端(黑笔)先接地,然后另一端接被测设备,按下测量按钮并旋转至扣住；

7）检查绝缘测量值合格(吸收比＞1.3,绝缘值＞0.5 MΩ)；

8）释放测量按钮,操作结束；

3. 简述 8E—24E 型开关柜手柄的四个位置及功能?

工作位置　主开关可操作(通过开关手柄分合)抽屉锁住。

试验位置　主开关分断(主开关不能合闸)控制回路接通,抽屉锁住(主开关分断后操作受柄方能转向本位置)。

抽出插入位置　主回路及二次回路断开。

隔离位置　抽屉抽出 30 mm 主回路及二次回路断开,抽屉锁住。

4. 简述 8E/4 和 8E/2 型开关柜上的手柄各个位置名称及功能?

|	工作位置	主开关合闸,抽屉锁住
○	分闸位置	主开关分闸,控制回路断开,抽屉锁住
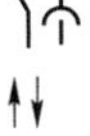	试验位置	主开关分闸,控制回路接通,抽屉锁住
↑↓	可移动位置	主回路和控制回路均断开
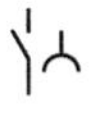	隔离位置	抽屉抽出 30 mm 距离,主回路和控制回路断开,抽屉单元锁住

5.2　380 V 低压开关柜操作实操题

试题 1:380 V 低压开关柜实际操作

鉴定点:380 V 低压开关柜实际操作

1. 准备要求

考场准备:

1) 试题名称:380 V 低压开关柜实际操作

2) 本题分值:100

3) 考核时间:30 min

4) 考核形式:实操

考生准备:

1) 试题名称:380 V 低压开关柜实际操作

2) 本题分值:100

3) 考核时间:30 min

4) 考核形式:实操

5) 工具及其他准备:无

2. 考核要求:

1) 本题分值:100

2) 考核时间:30 min

3) 考核形式:实操

4) 具体考核要求:准备过程正确、规范

5) 否定项说明:无

3. 配分与评分标准:

序	考核内容	考核要点	配分	评分标准	扣分	得分
1	正确穿戴工作服及劳保用品	符合规范	20	不符合规范,扣十分		
2	严格执行防人因工具的使用	符合规范	20	不符合规范,扣十分		
3	认真履行低压电气设备操作的管理规定	符合规范	20	不符合规范,扣十分		
4	开关柜操作正确、到位	符合规范	20	不符合规范,扣十分		
5	操作过程中,沟通清晰顺畅	符合规范	20	不符合规范,扣十分		

评分人:　　年　　月　　日　　　　　　　　　　核分人:　　年　　月　　日

试题 2:低压设备绝缘测量

鉴定点:低压设备绝缘测量

1. 准备要求

考场准备:

1) 试题名称:低压设备绝缘测量

2）本题分值：100
3）考核时间：30 min
4）考核形式：实操
考生准备：
1）试题名称：低压设备绝缘测量
2）本题分值：100
3）考核时间：30 min
4）考核形式：实操
5）工具及其他准备：无
2. 考核要求
1）本题分值：100
2）考核时间：30 min
3）考核形式：实操
4）具体考核要求：巡检过程中，新生行为必须符合规范，能够严谨的使用防人因失误工具，对巡检内容和要求清晰、明确
5）否定项说明：无
3. 配分与评分标准

序	考核内容	考核要点	配分	评分标准	扣分	得分
1	正确穿戴工作服及劳保用品	符合规范	20	符合规范		
2	严格执行防人因工具的使用	符合规范	20	符合规范		
3	认真履行低压电气设备操作的管理规定	符合规范	20	符合规范		
4	严谨执行绝缘测量典型操作票	符合规范	20	符合规范		
5	操作过程中，沟通清晰顺畅	符合规范	20	符合规范		

评分人：　　年　　月　　日　　　　　　　　　　　　　　核分人：　　年　　月　　日

第六部分　中压电气设备

第一章　操作准备

1.1　结构/原理

1.1.1　UniGear-ZS1 柜概述

秦山二厂采用的中压断路器柜主要采用的是 ABB 公司生产 UniGear-ZS1 单母线开关柜。UniGear-ZS1 是一种适宜户内使用的三相交流、金属铠装、空气绝缘的开关设备，设备完全在工厂内装配并通过了型式试验。

该开关柜的结构为单层中置式，各隔室通过金属隔板相互隔离，同一隔室的各部件以空气作为绝缘介质。

UniGear-ZS1 单母线开关设备是模块型式的开关设备，由若干标准单元组合而成。通过单元的组合及元件仪表的选取，该产品易于组成多种解决方案。开关设备的各功能单元通过了内部燃弧试验。

开关设备维护和服务均可在柜前进行，主开关和接地开关均可在柜前闭门操作，开关设备可靠墙安装。UniGear-ZS1 单母线开关设备可装设真空断路器、真空接触器，装设在同一型号开关柜上的主开关都是可互换的，这使得单一用户界面的应用成为可能，即 ABB 可为用户提供标准统一的服务、维护和运作。

开关设备可装设传统的互感器和保护继电器，也可装设新型的传感器和智能型控制/保护单元。

1.1.2　UniGear-ZS1 柜基本结构

UniGear-ZS1 开关柜的基本柜型为进线/馈线柜，由固定的柜体和真空断路器手车组成。每台断路器柜包括三个高压隔室：母线室 A、断路器室 B、电缆室 C，另外还包括一个低压室 D，所有的二次元件、二次电缆等都装在低压室内。如果有需要，在开关柜顶部还可以装设泄压通道，用于在内部燃弧产生时，泄放燃弧气压。各功能隔室通过金属隔板相互隔离。

高压部分的母线室、电缆室和断路器室相互隔离，打开功能单元的主回路隔室，该功能单元的其他隔室可以继续运行。

UniGear-ZS1 结构示意图见下图 1-1。

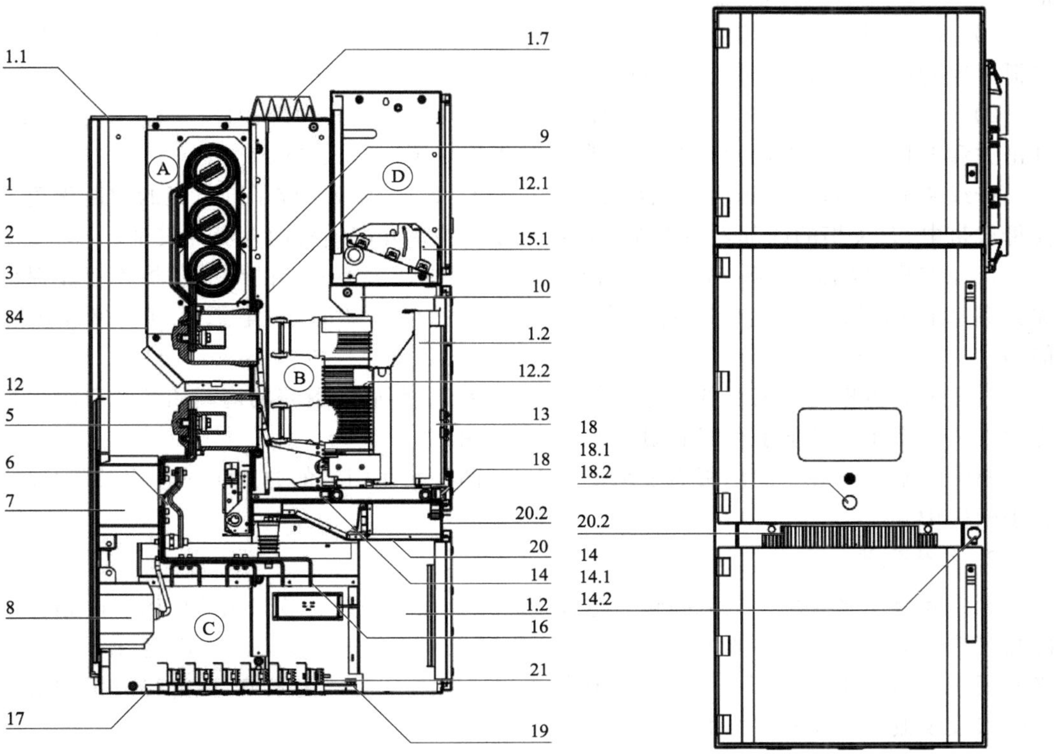

图 1-1　UniGear-ZS1 示意图

A—母线室；B—断路器室；C—电缆室；D—低压室

1.1—压力释放板；1—外壳；2—分支母线；3—主母线；84—隔板；12—主安装板；5—静触头盒；6—接地开关；7—电流互感器；8—电压互感器；17—底板；19—主接地铜排；21—电缆夹；16—电缆连接铜排；1.2—控制电缆槽；14—接地开关操作机构；20—可拆卸水平隔板；20.2—通风栅格；18—手车操作丝杆；13—手车；12.2—下活门；10—控制线接插件；15.1—端子排安装架；12.1—上活门；9—可移开式隔板；1.7—压力释放板；18.1—手车操作丝杆套；18.2—手车操作孔；14.1—接地开关操作轴；14.2—滑片

1. 外壳和隔板

开关柜的外壳和内部隔板由 2 mm 厚的覆铝锌板制成，具有极强的抗氧化、耐腐蚀功能。三个高压隔室（母线室、断路器室和电缆室）的顶部都装有压力释放板。当开关柜内部电弧产生时，高压隔室内气压升高，由于柜门紧闭并可靠密封，高压气体将打开压力释放板而从开关柜顶部释放出来。电缆室门和断路器室门是分开的，各自带有由防爆玻璃制成的观察窗。柜体的前部被这两扇承压的门板所封闭，门板的开启角度是 130°。相邻的开关柜由各自的隔板隔开，拼柜后仍有空气缓冲层，可以防止开关柜被贯穿熔化。

开关柜外壳顶部上的压力释放板按照分支母线电流的大小，由钢板或网状波纹板制成。下部的底板 17 则由不导磁的金属板拼接而成。

压力释放板的一端用钢质螺丝固定，另一端用塑料螺丝固定。当开关柜内部压力过大时，塑料螺丝断裂，压力释放板被打开。

消除内部故障电弧影响的程度与天花板的高度有关。在个别情况下,需要额外的保护措施。这些措施包括:

1) 在开关柜顶部安装泄压槽,与之相连的泄压通道以适当的方式通向室外。内部故障电弧产生的冲击波及电弧粒子通过泄压通道引入槽内。

2) 安装一个带有出气口的泄压槽,其出气口开在端柜和中部柜体(分流作用)的上方。冲击波和电弧粒子的影响就会极大地削弱,从而保障了运行人员的安全。

母线室的后隔板、中隔板、带活门的主安装板及水平隔板形成了开关柜的内部隔离。即使母线带电,开关柜的内部隔板也能保证接近断路器室和电缆室内人员的安全。

低压室通过隔离钢板,与高压部分分隔开。整排开关柜末端的终端盖板不仅能保证开关设备表面的美观,而且在终端开关柜发生内部故障电弧时,对电弧具有机械和热防护能力。

门板和后盖板先经彻底的净化,再进行防腐处理,最后才覆盖两遍高质量的喷漆。采用烤漆工艺使得漆层具备了更好的耐磨性和抗腐蚀能力。

断路器室和电缆室的门板需要承受压力,有两种紧闭门板的方式可供选用,即螺栓旋紧和手柄机构。

2. 柜体散热

母线和分支母线额定电流高到一定程度时需要在外壳开启散热用的风道。断路器室的冷却气流经水平隔板部件的进气口吸入。水平隔板部件内的挡板还可以满足 IP4X 防护等级的要求并可以阻止燃弧故障发生时热气流向外喷射。对于出气口,压力释放板的材质则由网状波纹板来替代原有的平钢板。

当环境温度较高时(>40 ℃),需要在水平隔板组件内加装风机来散热。

对于额定电压 12 kV-3 150 A 和 4 000 A 以及额定电压 24 kV-2 500 A 的开关柜,则需要应用风机来实现强制风冷。

1.1.3 联锁/防止误操作的保护

1. 柜内联锁

开关设备具备一系列的联锁装置,从根本上防止出现危险和可能引起严重后果的误操作,因此有效地保护了操作人员和开关设备的安全:

1) 接地开关和断路器在分闸位置时,手车才能从“试验/隔离”位置移至工作位置(或返回)。手车在中间位置时,开关的操作被机械闭锁。当手车带有闭锁电磁铁时,该电气联锁也起作用。

2) 断路器只有在手车处于“试验/隔离”位置或“工作”位置时才能进行合闸操作。手车在中间位置时,合闸操作被机械闭锁。当断路器接上电气联锁回路时,该电气联锁也起作用。

3) 如开关柜采用数字保护装置,可通过软件编程来实现开关的防误操作。

4) 手车在“试验/隔离”位置或“运行”位置而没有控制电压时,断路器无法合闸,仅能手动分闸(机械电气联锁)。

5) 只有在“试验/隔离”位置时才能插拔控制线插头。

6）接地开关只有手车在“试验/隔离”位置或拉出开关柜时才能合闸(机械联锁)。

7）接地开关合闸时,手车无法从“试验/运行”位置移向运行位置(机械联锁)。

2. 门板的联锁

开关柜可配备如下联锁：

1）断路器室门打开时,手车无法摇向运行位置。

2）手车在运行位置或在中间位置时,断路器室门无法打开。

3）电缆室门打开时,接地开关无法操作。

4）接地开关分闸时,电缆室门无法打开。

注意:当门板(断路器室和电缆室)采用螺杆紧固方式时,为了确保联锁有效及燃弧发生时人员的安全,必须将螺杆拧紧。

3. 柜间联锁

1）只有本段母线上所有的手车在试验/隔离位置时,母线接地开关才能合闸(机械电气联锁)。

2）当母线接地开关合闸后,本段母线上的所有手车无法从试验/隔离位置移到运行位置(机械电气联锁)。

4. 闭锁装置

1）活门在手车移开后可用挂锁分别锁定。

2）接地开关操作孔可用挂锁锁定。

3）断路器手车操作孔可用挂锁锁定。

4）断路器室和电缆室门板可分别用挂锁锁定。

5. 负荷开关柜的内部联锁

为了预防发生危险事态及操作失误,开关柜具有以下几种联锁装置来确保人员和设备的安全。

1）接地开关分闸时,负荷开关才能合闸。负荷开关分闸时,接地开关才能合闸。负荷开关与接地开关相互机械联锁。

2）接地开关合闸时,才能打开柜体高压部分下部的电缆室门板。接地开关合闸后,增加安全的绝缘隔板自动插入负荷开关的断口。接地开关分闸后,此隔板自动移开。

3）电缆室门板关闭后,接地开关才能分闸。

4）控制电压断电时,负荷开关只能手动合分闸。如果滑块和操作孔被锁定,则可以限制负荷开关和接地开关的手动操作。

5）配置数字控制保护装置的开关柜,其防误操作主要由编程软件来实现。但接地开关仍然要靠操作手柄就地操作。而且负荷开关和接地开关之间操作过程的联锁仍然有效。

1.1.4 VD4 真空断路器

1. VD4 断路器原理

秦山二厂所使用的中压断路器设备主要是ABB公司生产的VD4型真空断路器,适用于空气及气体绝缘的户内式开关系统中,VD4 真空断路器在需要进行频繁操作或需要开断短路电流的场合下具有极为优越的性能。

真空灭弧室是断路器完成承载、关合和开断电流功能的核心元件，VD4 采用德国 ABB 公司设计和制造的真空灭弧室，利用高真空作为灭弧和绝缘的介质。可以做到极低截流值的开断，没有任何过电压产生。在开断后，真空中的电介质强度恢复速度相当快，因此不会有重击穿的现象出现，具有充足的灭弧能力和极高的操作寿命。它的灭弧原理及主要特征如：断路器开断时，随着动静触头的分开，触头间的导电电流将发展为电弧电流。发散性电弧的特征是电弧扩散覆盖到触头表面并平均分配热应力，收缩型电弧的特征是会在燃弧区域产生极高的温度和热应力，对触头表面造成严重伤害。

在开断真空灭弧室额定电流以内的负荷电流，真空灭弧室内的电弧总是发散型的，触头的燃蚀极小可以忽略不计，如果开断电流超过额定值，发散型电弧开始向收缩型电弧转变，随着电流的增加，电弧的轮廓将收缩得更为锐利明显，当电流增加到一定的数量，电弧将转变为阳极及阴极收缩型电弧，如上图 1-2 所示。

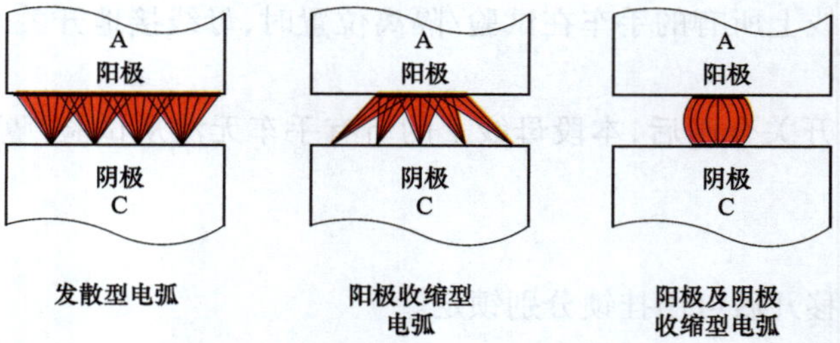

图 1-2　真空灭弧室内的电弧

ABB 真空灭弧室采用螺旋形状触头结构(如右图 1-3)，可在电弧弧柱运动的范围内产生一个横向的磁场，电磁场由电弧产生，切线方向的电流分量产生的磁场导致电弧围绕触头轴线快速旋转，这种方式不仅仅减少了触头上的热应力，大幅减少了触头的烧蚀，还提高了真空开断短路电流的能力，电弧电流磁场如右图 1-3 所示。真空灭弧室采用铜铬合金为触头材料，应用先进的冶金技术，保证了 VD4 断路器的电气寿命，限制了截流值，几乎没有危险过电压的产生。

ABB 的真空灭弧室属于电流零点开断灭弧室，无重击穿，当电流过零时电弧自动熄灭，残留的电荷和金属蒸气快速复合或凝聚，在微秒级的时间内触头间的绝缘强度就可以建立起来。

断路器的触头位于灭弧室中，电弧的熄灭在灭弧室中完成。VD4 中压断路器的灭弧室浇注在环氧树脂的极柱之中，浇注式的设计使极柱更加坚固，也使真空灭弧室免受外力的破坏，并且避免了积尘和潮湿对绝缘的影响。

ABB 的真空灭弧室结构如右图 1-4 所示：1 为氧化铝陶瓷绝缘管外壁。2 为不锈钢管盖，它与绝缘管采用硬纤焊，保证灭弧室有较高的真空度。3.1 为动触头，3.2 为静触头，4 为铜质圆柱式终端导杆，5 为铜质螺纹式终端导杆，6 为不锈钢波纹管，7 为屏蔽罩，能改善触头间电场分布及防止触头融化物飞溅到绝缘管或波纹管上。

2. VD4 断路器基本结构

断路器的主要部件：

1) 真空灭弧室

真空度、接触电阻、绝缘耐压、行程等关键数据都与之关联。真空灭弧室内触头的过度

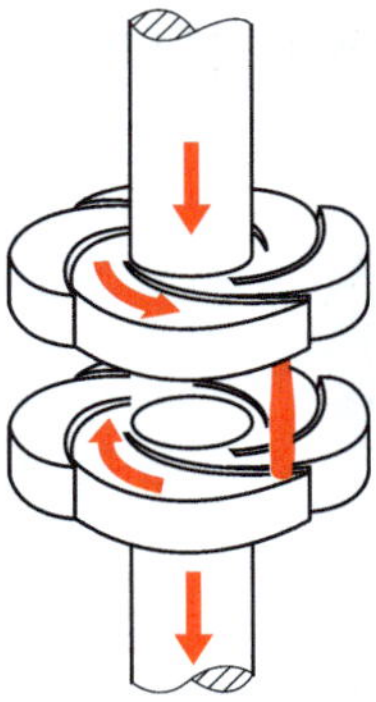

图 1-3　螺旋形状触头结构

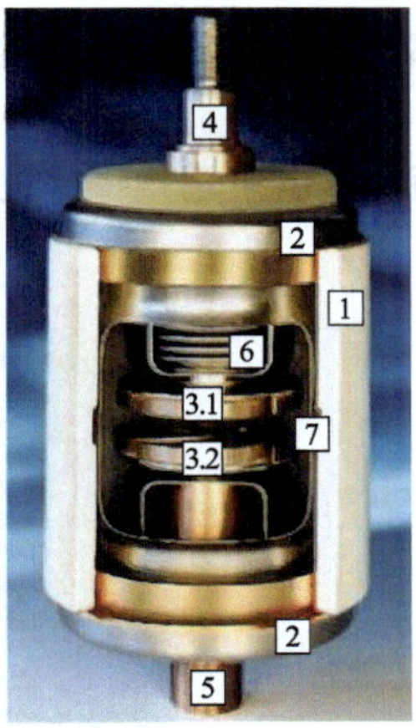

图 1-4　ABB 真空灭弧室结构

磨损，真空灭弧室泄漏，不锈钢波纹管的疲劳损伤，屏蔽层的变形等都会对断路器设备安全运行带来隐患。

2）断路器极柱与触臂

ABB 的 VD4 断路器采用浇注式极柱，具有绝缘强度高、适合于真空灭弧室对潮湿/灰尘和外部损害的防护、适用于不同的气候条件、免维护等优点。绝缘耐压数据与之关联。它的绝缘老化，外表积灰污秽，表面爬电会对断路器设备安全运行带来隐患。

3）断路器操动机构

VD4 真空断路器配有平面蜗卷弹簧储能操动机构，配合独有的凸轮传动机构。分合闸时弹簧输出特性稳定，合分闸时间、合闸弹跳、合分闸同期性、速度等参数与之关联，与真空灭弧室动作所需输入特性有最佳配合。合闸弹跳和分闸反弹幅值极小，无需装设分闸缓冲器，无论合闸还是分闸特性都不受人为影响。储能机构可以由人工储能或是利用储能电机储能。利用面板上的合分闸按钮可以进行手动合分闸，也可以利用脱扣器（合闸脱扣器，分闸脱扣器或低电压脱扣器等）对断路器进行电动合分闸。操动机构内金属部件的变形、疲劳损伤，均会对断路器的正常使用带来影响。操作传动机构简图见下图 1-5。

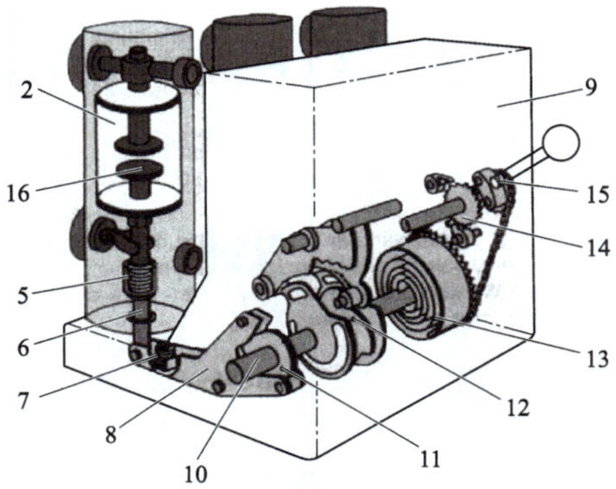

图 1-5　操作传动机构

2—真空灭弧室；5—触头压力弹簧；6—绝缘拉杆；7—分闸弹簧；8—双臂移动连杆；9—机构外壳；10—主轴；11—凸轮；12—脱扣机构；13—盘簧；14—棘轮；15—传动链条

断路器通常都装配有防跳装置以避免由于同时到来的合分闸命令而产生的误动作。

4）前面板

断路器的前面板提供了用户操作的界面(图 1-6)，在面板上装配有下列元件：

图 1-6　断路器前面板

① 分闸按钮
② 合闸按钮
③ 计数器
④ 断路器合分闸状态指示器
⑤ 断路器储能状态指示器
⑥ 手动储能装置
⑦ 航空插头

5）主要二次元器件

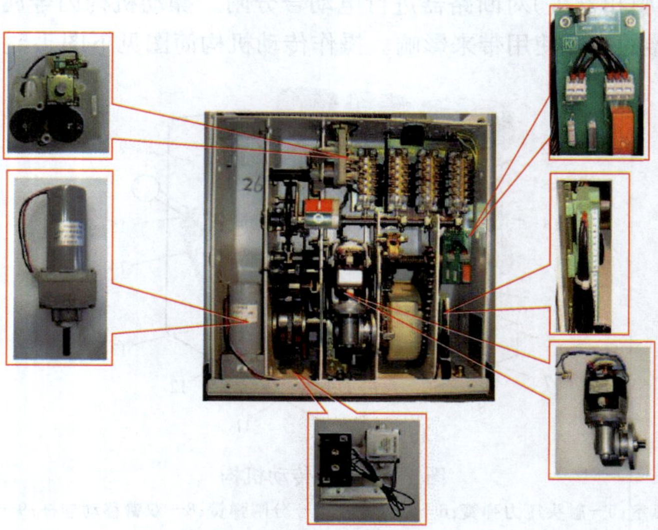

图 1-7　断路器主要二次元器件

VD4

-001JA
VD4N-SB-4-NP

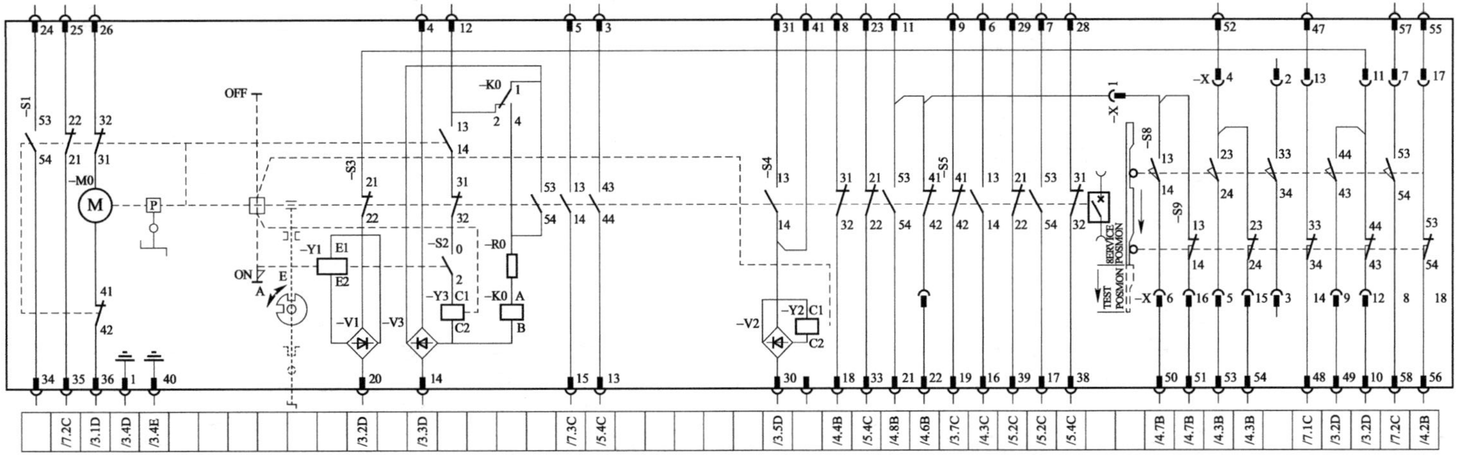

接地开关与断路器手车只有可靠的机械闭锁：A)
只有当断路器手车位于试验位置时，才允许操作接地开关B)
只有当接地开关处于分状态时，断路器手车才允许由试验位置推入运行位置。

名称	描　述	备注
-M0	弹簧操作机构储能电机	
-Y1	合闸闭锁电磁铁	
-Y3	合闸脱扣器	
-K0	防跳继电	
-Y2	第一分闸脱扣器	
-R0	串联电阻	可选
-V0-V9	整流元件	

名称	描　述	备注
-S1	与储能机构连动的辅助开关	
-S3	与断路器主轴联动的辅助开关	
-S4	与断路器主轴联动的辅助开关	
-S5	与断路器主轴联动的辅助开关	
-S9	限位开关（手车位于运行位置）	
-S8	限位开关（手车位于试验位置）	
-S2	合闸闭锁电磁铁的辅助开关	

图 1-8　VD4 手车式电气控制接线图

① 分、合闸闭锁元件/辅助开关

② 手车驱动电机(电动式断路器选择)

③ 手车闭锁元件

④ 防跳继电器组件板

⑤ 航空连接插头

⑥ 储能电机

3. VD4 断路器检查与维护周期

1) VD4 断路器在现场不进行解体检修,只做维护及相应的试验;

2) VD4 在运行过程中的检查和调整要视使用场所和操作频繁程度而定。对于运行环境佳、操作次数并不频繁的场所,每 2~3 年进行一次常规维护;

3) 操作次数每个月达到 10 次以上时,每年进行一次常规维护;

4) 运行环境恶劣、分合操作特别频繁的场所,至少半年进行一次常规维护;

5) 出现下列情况之一时,应退出运行,进行维护与检修,并做相应的试验:

① 绝缘不良、放电、闪络或击穿时;

② 元器件损坏;

③ 断路器出现异常氧化、锈蚀现象;

④ 其他影响开关正常运行的异常现象。

6) VD4 断路器满容量开断 12 次(50 kA)/20 次(40 kA)/50 次(≤31.5 kA)的短路故障电流后,应更换灭弧室。

4. 母线室

10 kV 产品根据实际需要也可以采用“D”型截面的主母线。

根据电流的大小,可采用单根或双根母线。主母线由矩形的分支母线支撑,并可由穿墙套管板 29 支撑,无须特殊的联结夹。所有主母线和分支母线都用热缩套管覆盖,母线连接处螺栓用绝缘罩罩住。

套管板和母线套管形成了柜体母线室之间的间隔。

5. 断路器室

断路器室包括与手车部件操作相关的必要装置。像母线室一样,断路器室为金属全封闭。放置静触头的触头盒安装在主安装板上。

断路器室还包括遮盖触头盒的金属活门。手车移向运行位置过程中,活门被手车上的驱动块和联顶开,手车移开后活门自动关闭。手车在试验/隔离位置时,活门将手车与主回路隔离。手车在试验/隔离位置时二次插头不用拔下就可进行测试。

在试验/隔离位置时,手车仍然完全处在开关柜内且断路器室门可关闭。即使断路器位于运行位置,断路器上的分、合闸按钮,分、合闸和弹簧储能/未储能的指示器仍然可以通过观察窗察看。

主开关操作在门关闭的情况下进行。也可安装一个附加的机械装置来实现断路器在运行位置时的闭门紧急操作。

控制线插座安装在断路器室内。

断路器手车包括真空类的 VD4 或 VM1 和 SF6 类的 HD4 断路器手车,它由手车底盘,触臂和触子系统和控制线插头组成。

手车底盘和断路器之间的连线经由多针控制线插头连接。

手车底盘实现断路器和柜体之间的机械连接。手车底盘被锁定在开关柜上。门板关闭时,通过丝杆的传动,可以用手动或电动方式让可移动的断路器本体在试验/隔离位置和运行位置之间移动。运行和试验/隔离位置与各自的辅助开关相对应,即到达极限位置时,也就是传动丝杆到达止动位时辅助开关应动作。

手车和开关柜之间的接地通过手车上导电的接地触头和开关柜上的手车导轨之间的滑动接触来实现。

相同类型的手车可以互换。当手车具有相同尺寸但断路器的配置不同时,依靠控制线插头上定位销位置的差异就可避免不适用的断路器误接入开关柜。

6. 电缆室

电缆室根据运行需要可安装电流互感器、固定式电压互感器或电压互感器手车及接地开关等。

电缆室按安装三相电流互感器设计。如果实际不需要三相都安装,则需按同样程序安装相应的假 CT。

固定安装的电压互感器采用绝缘软导线与一次侧连接。电压互感器手车安装有高压熔断器。

EK6 型接地开关可采用手动或电动操作。接地开关位置可通过转轴上机械式指示牌和辅助开关的电气触点来指示。

避雷器采用固定安装时,由于安装避雷器,每相电缆安装数量将减少一根。

12 kV 开关柜的电缆连接:

650 mm 宽开关柜每相最多可连接三根最大截面为 630 mm^2 的单芯电缆。

800/1 000 mm 宽开关柜每相最多可连接六根最大截面积为 630 mm^2 的单芯电缆。

24 kV 开关柜的电缆连接:

800 mm 宽开关柜每相最多可连接三根最大截面为 500 mm^2 的单芯电缆。

1 000 mm 宽开关柜每相最多可连接六根最大截面积为 500 mm^2 的单芯电缆。

7. 低压室

低压室安装有传统或新型的综合控制和保护装置。

如二次设备不安装在门上,则可安装在低压室内特殊的网格板上,在此可灵活地布置二次元件并可方便地更改接线。在低压室下部,固定三排端子排的框架可以向上旋转,便于安装和布线。

开关柜内部的二次线敷设在右侧线槽内,外部连线敷设在左侧的线槽内,线槽上盖有金属盖板。在低压室的侧板上还留有小母线穿越孔,便于现场安装。

8. 秦三厂断路器介绍

(1) 6.3 kV 进线变压器盘台

5324-BUC/BUD, 5323-BUE/BUF 各有一个进线变压器,其控制盘台在变压器本体上,如下图 1-9,控制盘台上的液晶显示屏正常情况下显示的是最高相的温度,如果要看其他相的温度,则需要按下相应相的温度按钮,此时对应相的指示灯会亮;如果要查询某相曾经到过的最高温度，则首先按住盘面上的“READ”键并保持，然后按想要查看的一相温度的按钮。

变压器的冷却风扇正常是在“AUTO”模式下运行，如果要手动启动风扇，则可通过按下风机运行模式控制模块下的“MANUAL ON”按钮，按下“AUTO”键可恢复风扇自动运行。

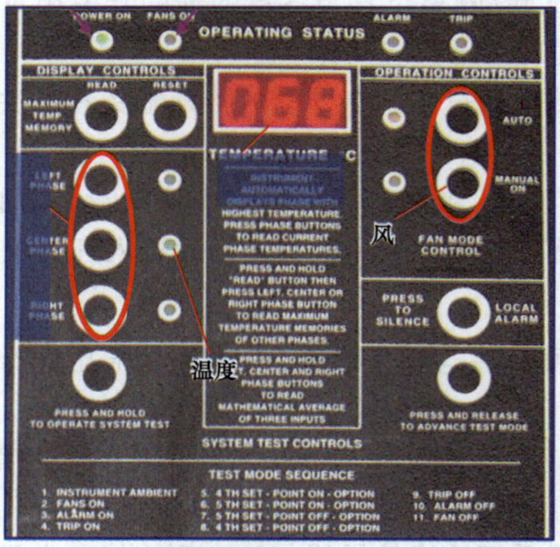

图 1-9　6.3 kV 进线变压器盘台

断路器小室盘面介绍，断路器小室盘面见下图 1-10。

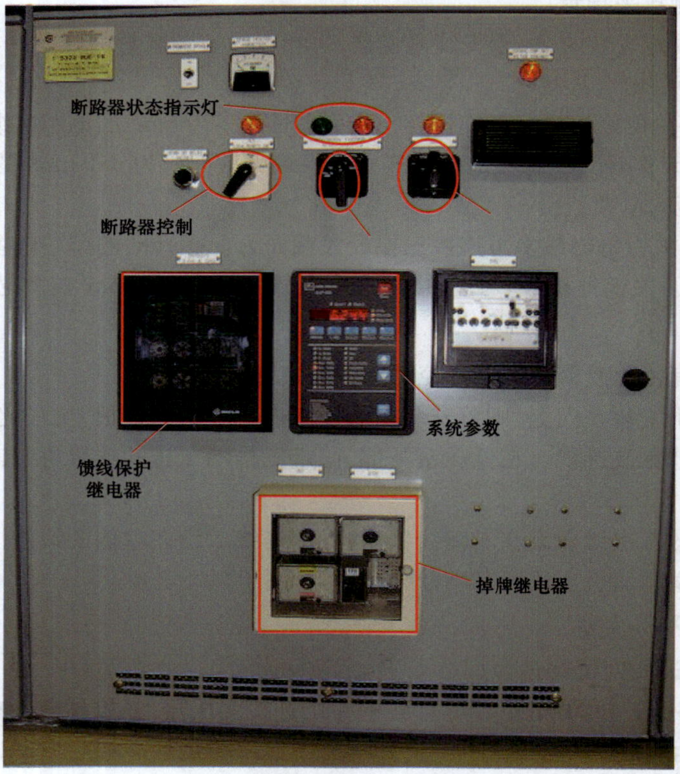

图 1-10　断路器小室盘面

1）断路器控制选择开关 HS-43：可以选择就地（“LOCAL”，只能在就地操作此断路器）或远控（“REMOTE”，只能在主控室操作此断路器），此开关配有黄色指示灯，当开关处于“REMOTE”并且断路器处于“合闸”状态时灯亮；

2）出口闭锁继电器 86：如果断路器保护动作，则触发 86 继电器动作，使断路器跳闸。此时，86 继电器的手柄在 TRIP 位置并保持，故障排除后才可以复位；

3）断路器就地控制手柄（HS Breaker control）：只有当断路器在“试验”位置，HS-43 在就地（“LOCAL”）位置时才有效，可以就地分、合闸（trip，on）；断路器在工作位置时就地控制手柄不起作用。

4）断路器状态指示灯：绿灯表示断路器在“分闸”状态，由合闸熔丝供电，红灯表示断路器在“合闸”状态，由跳闸熔丝供电；

5）系统参数监测模块 IQDP-4000，用于监测电压、电流、功率等系统参数；

6）继电器保护模块

根据负荷的不同，断路器小室盘面上还装设有不同的继电器保护模块：

① 馈线保护继电器 SR735/750，具有过流保护等功能，主要用于变压器负荷保护；

② 马达管理继电器 SR469，用于马达负荷保护；

③ 掉牌继电器：低电压继电器 27TR；用于慢速切换的继电器 27RV；用于变压器中性点接地保护的继电器 51 G；用于保护变压器的差动继电器 87 等。一般来讲，相应的故障将导致继电器动作掉牌并保持，且在故障消失前不能被手动复位；

7）特殊断路器

6.3 kV 母线 BUE、BUF 上存在 5 个特殊断路器，其正常分、合闸操作只能在就地开关柜盘面上进行，盘面上特别设计有两个黑色的分合闸按钮（“BREAKER CLOSE”和“BREAKER OPEN”），断路器控制选择开关（HS-43）的位置选择对这两个按钮不起作用。5 个特殊断路器如下：

① 5323-BUE 母线：1 号非抗震消防泵 BUE04；3 号冷冻机供电断路器 BUE15；1 号冷冻机供电断路器 BUE16。

② 5323-BUF 母线：2 号非抗震消防泵 BUF18；2 号冷冻机供电断路器 BUF11。

（2）11.6/6.3 kV 真空断路器

VCP-W 真空断路器前面板如下图 1-11。

动作计数器记录断路器已经动作过的次数；分闸指示器显示“OPEN”表示断路器在分闸状态，显示“CLOSED”表示断路器在合闸状态；弹簧储能状态指示器显示显示“CHARGED”表示弹簧已经储能，此时可对断路器进行分合操作；显示“DISCHARGED”表示断路器弹簧储能已经释放；断路器除了通过储能电机对储能弹簧储能以外，还可以将手动储能杆插入断路器手动储能杆插孔中对其储能。

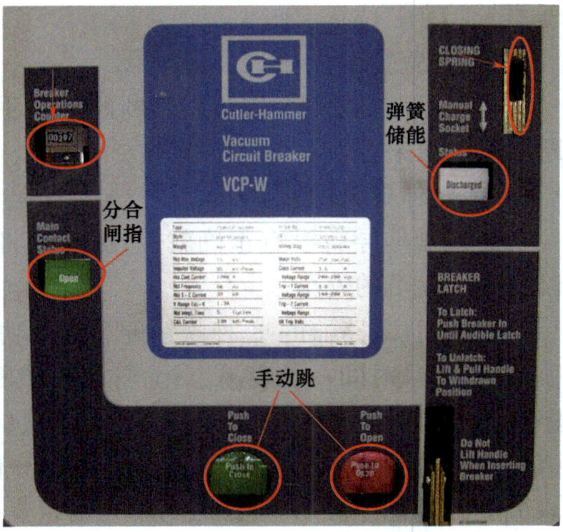

图 1-11　VCP-W 真空断路器前面板

1）真空断路器的八种机械联锁

11.6/6.3 kV 断路器类型为 Culter Hammer

公司生产的 VCP-W 系列高压真空断路器。为防止误操作，减少开关操作中的电气事故，通过与开关柜断路器小室内相关部件的配合，VCP-W 系列高压真空断路器提供了可靠的八种机械联锁。

① 额定功率联锁

某额定功率的断路器只能推入具有同等额定功率的开关柜断路器小室，这就可以避免因为误用小容量断路器引起的频频跳闸和误用大容量断路器所带来的安全隐患。

② 检修联锁

如果断路器已“合闸”且合闸弹簧已“储能”，那么断路器在“试验”位置由内向外移出时，此联锁会使断路器先跳闸、后合闸、再跳闸，最终使断路器处于“分闸”且合闸弹簧已“释能”的状态；反之，已“合闸”且合闸弹簧已“储能”的断路器在由外向内移到“试验”位置后，此联锁也会使断路器先跳闸、后合闸、再跳闸，最终使断路器处于“分闸”且合闸弹簧已“释能”的状态。这样可以保证通过“试验”位置的断路器处于安全状态，从而保障了检修人员的安全。

③ 摇柄联锁

如果断路器在“试验”位置已“合闸”，那么插入摇柄会使断路器自动跳闸，这可以避免把已合闸的断路器摇入“工作”位置。

④ 正联锁

如果断路器在“工作”位置已“合闸”，那么摇柄将不能插入，这可以避免把已合闸的断路器摇出来。

⑤ 负连锁

如果断路器处于“试验”与“工作”位置之间，断路器将不能被机械合闸。这一连锁保证了断路器在断路器小室中移动过程中的人员安全，也避免了把已合闸的断路器摇入“工作”位置。

⑥ 位置合闸联锁

如果断路器处于“试验”与“工作”位置之间，断路器将不能被电气合闸。同“负联锁”类似，此联锁保证了断路器在断路器小室中移动过程中的人员安全，也避免了把已合闸的断路器摇入“工作”位置。

⑦ 位置拉出联锁

如果断路器在“工作”位置，断路器拉手将不能完全拉起从而可以避免将“工作”位置的断路器拉出来。

⑧ 延伸导轨联锁

如果延伸导轨没有正确就位，断路器将不能从“试验”位置拉出。这可保证断路器本身以及操作人员的安全。

小窍门：断路器的 8 种联锁的名称及功能识记起来有一定的难度，一般人能记住一些但很难记全，且时间一长容易忘记，这里按照断路器从移出位置到工作位置再到移出位置的顺序进行排列，以便于记忆：额定功率联锁（额）→检修联锁（检）→摇柄联锁（摇）→负连锁（负）→位置合闸联锁（位）→正联锁（正）→位置拉出联锁（位）→延伸导轨联锁（延），取以上八个字的谐音记忆则为：我煎药不为治胃炎。是不是对您记忆有所帮助呢？

2）断路器辅助触点的作用及其操作风险

断路器辅助触点机械联动于一次设备的主触头，真实反映一次设备的主触头运行状态，在电气控制回路中常用于电气设备的连锁控制和应用于给保护装置提供开关量信息，起着一次设备与二次设备的桥梁作用。具体作用如下。

① 通过控制手柄的不一致灯监视断路器的状态

当断路器的状态和控制手柄(HS)所要求的状态不一致时，控制手柄(HS)的不一致灯会亮，不一致灯的信号通常来自于辅助触点 52a(MOC)和 52b(MOC)，由于在试验位置时该触点的状态不随断路器状态的改变而改变，因此，传动试验时，如果就地没有人为改变辅助触点的状态，不一致灯不能正确反映断路器的状态。

② 连锁控制，分为电气连锁控制和工艺设备连锁控制：

a. 电气连锁控制

闭锁合闸：如 BUE 和 BUF 母线的进线断路器和母联断路器(BUE03、BUF17、BUE01、BUF19)，四个断路器中最多只能同时合上三个断路器。

连锁跳闸：如 11.6 kV 母线进线断路器之间的连锁控制(即并联切换)。正常情况下，以 BUB 为例。在并切前，如果 BUB 母线由 BUB/11 供电，且 BUB/11 的控制手柄(HS)不在“CLOSE”位置(即在 TRIP/TRIP IND/CLOSE IND 这三个位置中的任意一个位置)，在主控室通过控制手柄(HS)合上 BUB/05 后，BUB/05 的常闭辅助触点 52 b/MOC 将导通 BUB/11 的跳闸回路，使 BUB/11 断开，完成并联切换。

b. 工艺设备连锁控制

这类连锁是利用断路器的 MOC 触点进行泵的出入口阀门、油泵等的控制，如 RSW、CCW 泵的出口电动阀。

当此类电机的断路器在试验位置进行传动试验时，必须人为在就地操作 MOC 辅助触点机构才能导通控制回路，实现泵与阀门的连锁逻辑验证。

系统参数见表 1-1。

表 1-1　现场指示表计的正常范围、报警值

指示表计	单位	正常范围	报警值
11.6 kV 母线电压	kV	11.2～12.1	过电压设定值：108%； 低电压设定值：70%。
6.3 kV 母线电压	kV	5.985～6.615	过电压设定值：108%； 低电压设定值：70%。
6.3 kV 母线进线电流	A	0～1 14A	正向过流保护设定值：1 200 A； 逆方向过流保护设定值：360 A。
变压器 5314-T1～T4 三相绕组温度	℃	0～200	高温报警：155 ℃，消报 150 ℃； 冷却风机自启动设定值：120 ℃，停运 110 ℃。

断路器运行状态介绍

表 1-2 断路器不同状态时指示灯亮、灭情况

状态	断路器状态		43 远方控制回路	保护继电器跳闸回路	跳闸回路
	绿灯	红灯	橙色灯	橙色灯	橙色灯
运行	灭	亮	亮	亮	亮
热备用	亮	灭	灭	亮	亮
冷备用	灭	灭	灭	亮	亮
备注	断路器合闸时红灯亮,分闸时绿灯亮。				

3）运行状态

① 断路器在工作位置合闸状态；

② 断路器的控制地点选择开关 HS-43 在“Remote”位置；

③ 断路器的二次插件已合上；

④ 断路器的控制和保护熔丝在“ON”位置；

⑤ 辅助回路如计时器和变送器回路的熔丝在“ON”位置；

⑥ 开关柜上的指示灯指示正确,参见表 1-2。

4）热备用状态

① 断路器在工作位置分闸状态；

② 断路器的二次插件已合上；

③ 断路器的控制地点选择开关 HS-43 在“Remote”位置；

④ 断路器的合闸和跳闸回路熔丝在“ON”位置；

⑤ 辅助回路如计时器和变送器回路的熔丝在“ON”位置；

⑥ 开关柜上的指示灯指示正确,参见表 1-2。

5）冷备用状态

① 断路器在试验位置分闸状态；

② 断路器的控制地点选择开关 HS-43 在“Local”位置；

③ 断路器的二次插件已断开；

④ 开关柜上的指示灯指示正确,参见表 1-2。

⑤ 断路器的合闸回路熔丝在“OFF”位置；

⑥ 断路器的跳闸回路熔丝在“ON”位置。

注:如果断路器的跳闸回路熔丝在“OFF”位置,则 27TR 继电器失电,从而导致主控出现相应的 CI 报警和窗口报警。因此,一般情况下,如果某一段母线仍在运行,则该段母线上的任一负荷开关改为冷备用时,其跳闸回路熔丝应置于“ON”位置。

6）检修状态

① 断路器已被移出柜外；

② 断路器的控制地点选择开关 HS-43 在“Local”位置；

③ 断路器的合闸回路和跳闸回路熔丝在“OFF”位置；

④ 辅助回路如计时器和变送器回路的熔丝在“OFF”位置；

⑤ 在环境温度低于 20 ℃且不影响检修人员安全时，应将该开关柜内的加热器投入运行。其余时间段开关柜内的加热器应停止运行；

⑥ 根据检修要求，装设接地线等安全措施。

1.1.5 F+C 型接触器

该部分将对本教材所要培训的中压接触器进行详细介绍，使学员在操作之前全面系统地完成中压接触器的理论学习，本节着重理论介绍的同时，重点介绍了接触器及其 ZVC 金属铠装柜结构，这对掌握中压接触器操作至关重要。

UniGear type ZVC 是三相交流，空气绝缘的户内开关设备，用于操作、控制和保护额定电压 7.2 kV 及以下、额定电流 400 A 及以下的电动机和变压器。

UniGear type ZVC 结构紧凑，易于维护，创造性的零部件集合使开关柜小型、轻便，极大地提高了配电室的空间利用率。

UniGear type ZVC 外壳由 2 mm 厚的热镀锌板制成。结构设计型式为铠装式、防护等级为 IP4x，真空开断技术的应用，以及将导体浇铸在环氧树脂内，确保开关柜具有较长的使用寿命。开关柜内装有一个可关合短路电流的接地开关，所有的操作，即合—分—隔离—接地均可闭门操作，最大程度地确保当发生内部燃弧故障时保障人身安全，并且避免异物进入和电气绝缘下降对开关柜的影响。

UniGear type ZVC 具有一个连接主母线和出线电缆的固定部分。其内部安装了隔离静触头、电流互感器和接地开关。低压控制和保护设备装在开关柜顶部另一个独立的隔室内。可移开式手车装有熔断器真空接触器，其上带有一次和二次隔离动触头，应用开关柜配套提供的专用摇柄摇动传动丝杆，可使手车在隔离位置和运行位置之间移动。用途广泛的固定式熔断器用来作为短路保护器件，每相可以并接两个熔断器。

通常所说的中压接触器即指接触器小车，英文翻译为 ZVC Fused Vacuum Contactor，ZVC 为金属铠装柜，Fuse 为熔丝，Contactor 为接触器或触点，字面意思意为带熔断器的真空接触器，因此中压接触器在本质上属于一类电气开关。通常在接触器选型上留有一定的裕度，比如核电厂 6 kV 中压系统，在中压接触器选型时，不会恰如其分选择额定电压 6 kV 的接触器，而是应该选择绝缘等级及载流能力稍高一点的接触器，比如 7.2 kV 的中压接触器。这样当接触器在经受系统过电压、过电流时，具有一定的耐受过负荷的能力，从而不至于使中压接触器损坏，提高了设备运行的可靠性及连续性。与此类似的中压断路器在耐受负荷设计方面则绝缘裕度更高，其具有开断和关合短路电流的能力。中压断路器和中压接触器的学习可以对照进行，其原理和结构具有一定的相似性。

正常运行时，接触器小车处于“运行位置”，接触器小车分断机构触头处于合闸状态，负荷电流经 6 kV 中压母线通过中压接触器上部触头，再经过熔断器后，流入接触器真空开断机构，最后经下部触头流出，供给负荷设备，如干式变压器、大型电机等。ZVC 金属铠装柜及 CV-HA-2 型中压接触器小车结构如图 1-12，从图 1-12 中可以清楚看到接触器小车及 ZVC 金属铠装柜的具体组成。其中 A 为中压母线室，其中水平排列着 6 kV 中压母线，设计上在接触器隔室采用分支母线形式，将其引向接触器进线处。B 为接触器室，该小室柜门可以打开，运行人员可以依据指令将接触器小车推入或拉出柜外，在该小室内，布置着接触器上下进线触头。在接触器小车拉出柜外后，触头挡板自动关闭，放置带电部位裸露，引发触电事故。而在接触器小车推入小室后，进一步推入运行位置的过程中，接触器小车前段的活门驱动机构则会驱使活门再次分开，确保接触器小车上下触头插入到位。这些设计均是其他断路器及接触器的应用上也非常普遍。接触器室的机构相对比较复杂，涉及到的连锁也比较多，涵盖了地刀状态与接触器小车，小车与 ZVC 铠装柜柜门等。这些连锁机构的设置均是电气五防的体现，有些设计非常精妙，需进行仔细观察。C 小室为电缆室，电缆室布置在接触器的中下部，电缆端头均制成标准的电缆端接头，通过 M12 或 M16 的螺栓与铜排进行端接。电缆的支撑采用合成绝缘子，有些还加装了避雷器。在避雷器附近通常装设电容分压指示器或带电指示器，用以直观观察带电情况。在电缆小室理，可以清晰看到接触器柜的电流互感器 CT，通常布置为 A/C 相及零序电流互感器。这些环形的穿心式 CT 是接触器下游负荷继电器保护设备的重要组成部分。

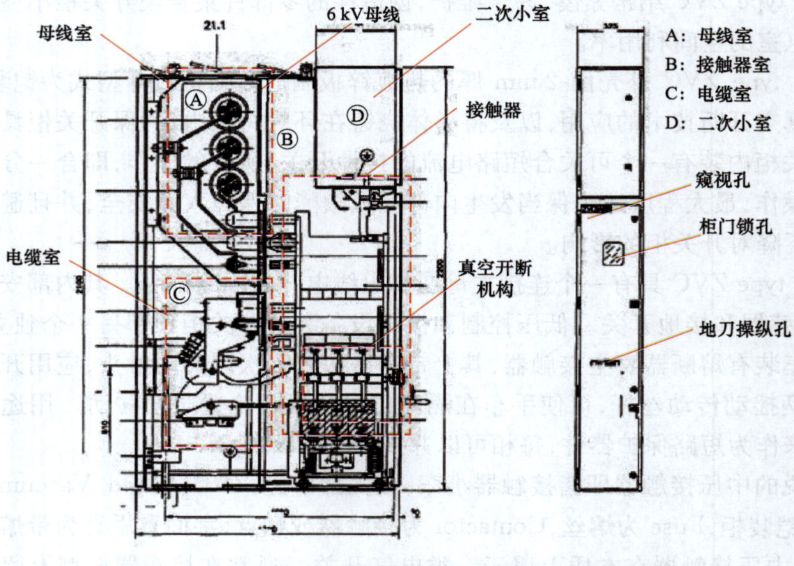

图 1-12　ZVC 金属铠装柜及 CV-HA-2 型中压接触器小车

在发生接地故障或过流等故障的情况下，电流互感器将电流型号送入接触器二次小室上的综合保护继电器(如SPA142等)进行分析，发出报警及动作指令。该电流互感器另一作用是将负荷电流转换成输送至二次小室上的电流表，用以直观读取电流数值。接触器电缆室的电缆通过支撑固定后，敷设至负荷设备，再进行端接。这样就组成了一个由中压母线、中压接触器、中压电缆及负荷设备的基本回路。需要注意的是中压电缆在敷设和固定方面，有些注意事项应引起重视，如电缆的屏蔽线应可靠接地等。这部分内容属于电缆的相关内容，限于篇幅这里不再深入说明。

接触器金属铠装柜在结构上设计有泄压门保护系统，接触器室、电缆室、母线室均有各自独立的泄压门系统。其功能是在各隔室发生事故情况下，通过泄压门将高温高压气流释放出来，以免引起设备进一步损坏。从上图 1-12 不难发现，每个小室顶部均有半开口封板，这是便于维护人员识图而绘制的。实际上正常运行期间的泄压门是封闭的，每块封板前段螺丝为不锈钢螺栓，而后侧螺栓为塑料螺栓。这是因为塑料螺栓可在高温气流作用下迅速熔断，便于气流释放。

下图1-13为秦山二厂ZVC接触器，接触器合闸电磁铁工作电压为110 V直流电压。对于电气保持型接触器，当其通电时，真空开断机构在合闸线圈产生的电磁力的作用下，动触头将动作合闸；当其失电情况下，动触头将自动分开。对于机械保持型，则需要分闸电磁铁动作，使触头分断。从下图可以看出，接触器熔断器是有方向性的，"↑"表示熔丝熔断后的动作方向，正常情况下熔丝可以通过400 A左右的电流，但过高的电流会使熔断器中的熔丝发热熔断，此时熔断器机构中的动作顶杆将向上弹出，使接触器顶部的熔断器行程开关动作，致使接触器跳闸。关于接触器实际操作方面的问题，后面将在具体操作方面做进一步介绍。

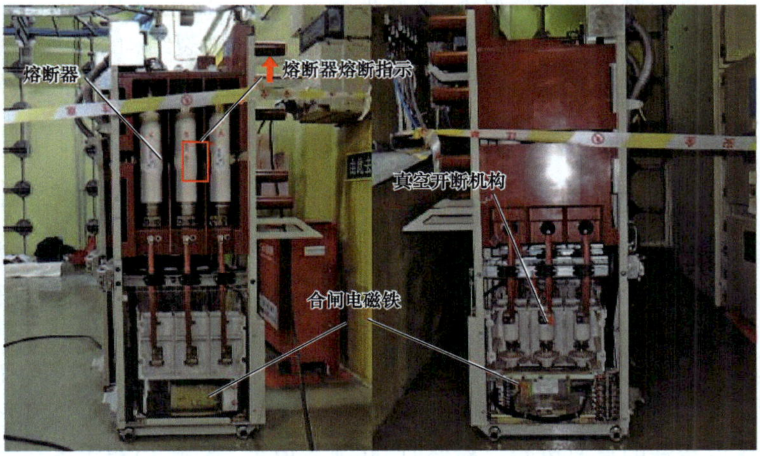

图1-13　ZVC接触器

中压接触器的关合是通过直流控制电源完成的，CV-HA-2系列中压接触器的工作电压为110 VDC。在中压母线上，接触器的二次控制电源是通用的，在接触器送电时，操作人员（或运行人员）首先须将该直流电源合上，负责中压接触器没有合闸动力。通常接触器合闸电磁铁从得电到合闸的时间非常短，仅有几十毫秒，一台合格的接触器，三相合闸的时间须控制在几毫秒以内，即所谓的同期性。电气保持型接触器仅有合闸电磁铁，接触器在合闸状态下，合闸电磁铁长时间保持通电。不难想到，在合闸电磁铁失电情况下，电气保持型接触器将实现分闸，因此实际操作中电气保持型接触器分闸的原理也正是这样。电气保持型接触器结构比较简单，仅有合闸电磁铁，因而对电磁铁可靠性要求很高。额定电压110 VDC的合闸电磁铁，在110%Ue及85%Ue情况下均应可靠动作，但在33%Ue时，接触器合闸状态不能保持，否则检修人员应对电磁铁进行检查。需要注意的是合闸电磁铁在实施动作特性试验时，不能再通电的情况下进行电压调节。而应该首先将电压调节好后再进行试验，以免使接触器合闸电磁铁性能受到影响。机械保持型接触器则设计有分闸电磁铁。合闸后如要对其进行分闸操作，需要启动分闸电磁铁（或分闸脱扣器）。机械保持型接触器和电气保持型接触器在控制电路上略有差异，主回路相同。接触器二次电源通常集中布线，最后由二次插件引出。插件上有22组插针（CV-HA-2型），在接触器小车推入运行位置后，该插件直接插装在 ZVC 金属铠装柜插座上，从而实现接触器小车控制电源、加热器电源、报警等系统的连接。接触器的外壳采用树脂材料，具有硬度高、质量轻及耐高温等优点，这部分材料在国内外中压开关上应用非常普遍。如 VD4 断路器整个灭弧栅则完全封装在树脂外壳中。

接触器小车前段有上下两组横向突出的板状结构，这是接触器活门驱动机构。在接触器推入运行位置的过程中，活门驱动机构会驱使母线触头的挡板打开。

接触器小车前段有上下两组接线共计六个触头，上端从下到上依次为 A、B、C 三相，下端接线触头(面对触头)从右至左依次为 A、B、C。需要注意的是，国外部分接触器在相别标识上采用 R、W、B，依次采用红、白、蓝三色，相当于国标 A、B、C 或 U、V、W。

关于 ZVC 接触器金属铠装柜，其板材选用高强度合金钢，抗高温抗震性能均非常优越。实际上 ZVC 金属铠装柜的窥视窗玻璃面板的机械性能也非常高。接触器柜相关试验表明。在 ZVC 柜发生严重短路事故的情况下，这些玻璃面板在高温电弧及高温高压气流作用下，也不会发生严重爆裂，一般会造成裂纹，但这些玻璃面板的破裂结构不会形成锋利尖锐的棱角，因此，其次生危害也小得多。需要指出的是 ZVC 金属铠装柜结构非常紧凑，对于其内部组成及其动作情况需要仔细观察。

1. 母线室

母线室是中压接触器柜重要组成部分，横向分布着中压母线，母线采用 TU2 无氧铜材料，母排表面套装热缩套作为母线防护材料。在母线的与分支导线端接位置加装了母线绝缘罩。母线的检修通常是整个中压母排停电期间实施，需要对母线室内部进行仔细清洁检查，母线结构如图 1-14 所示。应该说母线部分是整个中压系统中共性最强，结构最简单的系统。依据多年来的检修经验，作业人员在整个中压母线检修期间才会打开中压母线顶部盖板。从现场实际检修来看，母线室空间非常狭小，可检查部位非常有限。因此，作业期间防异物风险是母线室清洁的首要风险。检修时，必须将扳手、毛刷、白布等系在手上，必要时进行工器具登记。作业完成后，恢复顶部封板时，应该注意不要将合金钢螺栓和熟料螺栓混装，以免留下隐患。这部分内容已在上面泄压门保护部分进行详细介绍，这里不再赘述。

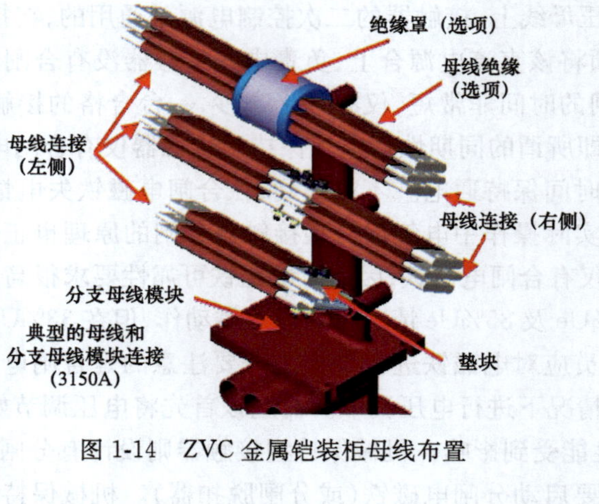

图 1-14 ZVC 金属铠装柜母线布置

2. 电缆室

电缆室结构比较简单，三相中压电缆经接线端子接往负荷设备，通常三相用 R、W、B 表示，颜色依次为红、白、蓝，相当于A、B、C标识。电缆室结构如下图1-15所示。正常情况下，在将接触器小车摇出ZVC柜体后，检修人员即可从前面观察到电缆室结构。下图中电缆接线端子部位设计有绝缘隔板，这一设计主要是为了改善各电缆端接头的绝缘情况，防止相间出现放电事故。

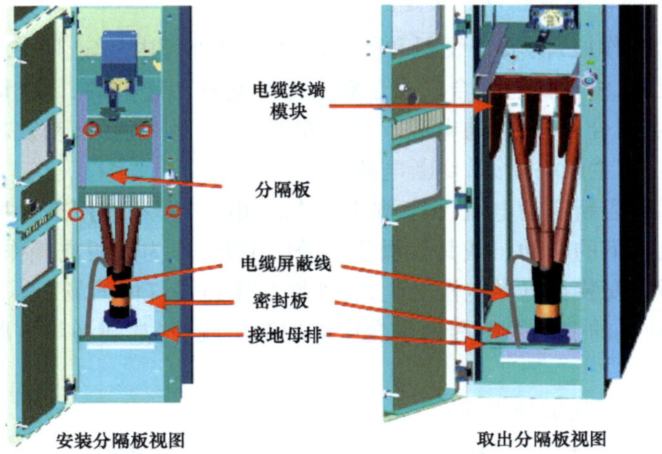

图 1-15　ZVC 金属铠装柜电缆室结构

3. 二次小室

二次小室为接触器操作电源及继电保护单元，涵盖了接触器直流控制电源开关、加热器、状态指示器以及综合保护继电器电源等，其结构如图1-16所示。综合保护继电器F331用于检测接触器及下游负荷运行情况，依据故障类型发送报警信号及跳闸指令等。接触器的分合闸可以通过远程控制实现，也可以通过就地操作实现，就地操作时，远程操作失灵。H401单元即接触器状态指示灯，显示接触器状态，当接触器拉出柜外时，“FAULT”故障指示灯发亮，当接触器摇入运行位置后，故障灯熄灭，“OPEN”灯发亮，但此时接触器仍然是断开的。当接触器闭合，“OPEN”熄灭，此时指示接触器运行的状态指示灯“RUNNING”发光，反之亦然。

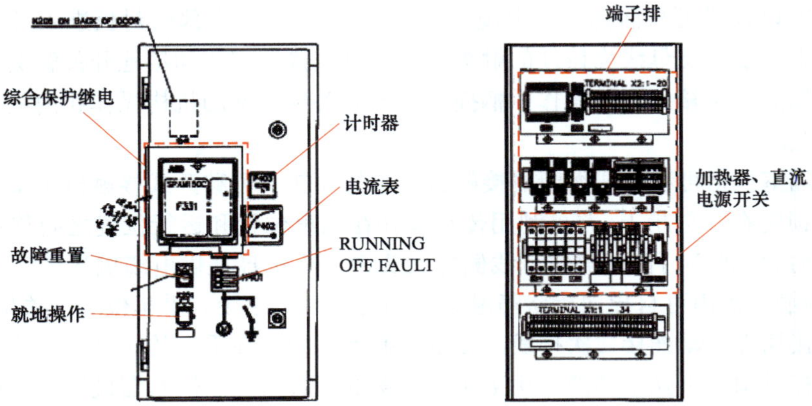

图 1-16　ZVC 金属铠装柜二次小室面板及柜体内部结构

故障重置按钮用于对接触器运行过程中出现的故障报警进行复位处理,如重置后故障依然存在,则需要进一步查明。接触器二次小室中装有报警单元,当接触器存在故障情况下,小室中的报警电路会启动。综合保护继电器报警指示灯会发光,另外报警信号也会送至主控制室。

4. 交流接触器的工作原理以及用途

交流接触器的工作原理:吸合线圈和静铁芯在绝缘外壳内故定不动,当线圈通电时,铁芯线圈产生电磁吸力,将动铁芯吸合。由于触头是与动铁芯连动的,因此动铁芯带动三条动触片同时运动,触点闭合,从而接通电源。当线圈断电时,吸力消失,动铁芯联动部分依靠弹簧的反作用而分离,使主触头断开,切断电源。

交流接触器可以通断启动电流,但不能切断短路电流,即不能用来保护电器设备。适用于电压为一千伏及以下的电动机或其他操作频繁的电路,作为远距离操作和自动控制,使电路通路或断路。不宜安装在有导电性灰尘,腐蚀性和爆炸性气体的场合。

包括:用于电动机的馈出线柜和用于变压器的馈出线柜(常规岛与核岛的接触器全部为挂钩式)。

6 kV 接触器由以下几部分组成:

(1) 电磁系统:包括吸合线圈、上铁芯(动铁芯)和下铁芯(静铁芯)

(2) 触头系统:包括三付主触头和两个常开辅助触头;它和动铁芯是联在一起互相联动的,主触头的作用是接通和切断主回路,而辅助触头则接在控制回路中,以满足各种控制方式的要求。

(3) 灭弧装置:接触器在接通和切断负荷电流时,主触头会产生较大的电弧,容易烧坏触头,为了迅速切断开断时的电弧,一般容量较大的交流接触器装置有灭弧装置。

(4) 其他部件还有支撑各导体部分的绝缘外壳,各种弹簧、传动机构、短路环、接线柱等。柜体内包括三个高压隔室。每个隔室的顶部安装了一块用于释放电弧故障压力的泄压板。

独立的低压隔室位于柜体的前顶部,进入该隔室的外部导线放置在柜体左前部的控制电缆槽内。矩形主母排由包覆环氧树脂的分支母排来支撑,它们位于母线隔室内。无需其他支撑件它们也能耐受母线系统的额定短路电流。

电缆隔室设计成可从前部安装电缆头,电缆穿过开关柜底部密封板进入开关柜。电流互感器装在组合了分支母线浇铸件的触头盒上。电缆接线端头和接地开关触头用环氧树脂相问分隔板隔离。将接地开关操作手柄插入位于开关柜前部的机构操作孔内就可以用手动操作接地开关。

接触器隔室包括可移开式熔断器接触器所用的导轨。可移开式接触器手车通过专用钥匙操作锁杆锁定在开关柜上,并可利用传动丝杆在隔离位置和运行位置之间移动。手车位于隔离位置时,金属活门自动盖住母线侧静触头盒也可选择提供电缆侧活门。手车位于工作位置时,静触头盒内可自导向棒状静触头与隔离动触头相接。手车位于开关柜内时,通过手车后部的接插件自动连接二次接线。接触器操动机构装在手车的底盘上并连至操作真空灭弧室的连杆机构。灭弧室的静触头采用硬连接的形式与位于熔断器模块环氧树脂套筒内的导电杆相连,动触头由软导线相连。

固定式型 HRc 熔断器保护一次回路。带一次侧熔断器的控制 VT 装在底盘上并与主回路熔断器的负载侧端子相连。对跳闸线圈通电或手动操作装在面板前部的按钮可以释放机械自保持操作机构打开门板可接近接触器和电缆隔室。

所有的操作，即分一合、隔离、接地和紧急手动分闸都必须在门板关闭状态下操作。所有动作指示，如分一合、隔离或运行、接地和熔断器熔断的指示也都可通过已关闭的门板上的观察窗来查看。

5. 6.0 kV 中压接触器柜主要技术参数

(1) 电气参数

电气参数如表 1-3。

表 1-3　6.0 kV 中压接触器柜电气参数

额定电压		kV	3.6	7.2
额定频率		Hz	50/60	50/60
额定绝缘水平(1)	1min 工频耐压雷电冲击耐受电压(峰值)	kV	3.6	7.2
		kV	18	32
		kV	40	60
母线最大电流		A	4 000	
分支母线额定电流		A	400	
额定峰值耐受电流		kA	130	
额定短时耐受电流(3 秒)		kA	50	
辅助电压：				
一熔断器接触器辅助电源		V	100～250 V　AC/DC	
一机械自保持跳闸线圈		V	24～30 V　DC	48～60 V　DC
			100～130 V　DC	220～250 V　DC
			100～130 V　DC	200～250 V　DC
接地开关额定关合电流		kA	31.5	
接地开关短时耐受电流(1 秒)		kA	12.5	
HV 熔断类型		固定式类型为 BS2692-1986 形式Ⅲ		
		454 mm 最大中心距		
CT 额定二次电流		A	1	
主回路电阻：				
一母线塔接处至上部静触头盒		μΩ	40±10	
一电缆接线端至下部静触头盒		μΩ	139±15	

(2) 熔断器灭弧方式

熔断器灭弧方式为填料和无填充料两种:

1) 无填料灭弧方式是用纤维管和硬绝缘材料管作熔断器的管体,主要靠熔管内壁在电弧高温下产生高压气体(9.5 MPa),从而将电弧熄灭。

2) 有填充料灭弧方式是在管内充石英砂,利用石英砂来吸收电弧的热量,使之冷却,促使电弧熄灭。

(3) 联锁与设备

联锁机构是用来保护人身和开关柜自身安全以及为了避免人为误操作带来的危害。各种联锁功能如下。

1) 熔断器式接触器和接地开关分闸及门板关闭时,手车才能从试验/隔离位置移至工作位置。

2) 手车完全置于试验或工作位置时,熔断器式接触器才能合闸。

3) 手车位于工作位置时,门板无法打开。

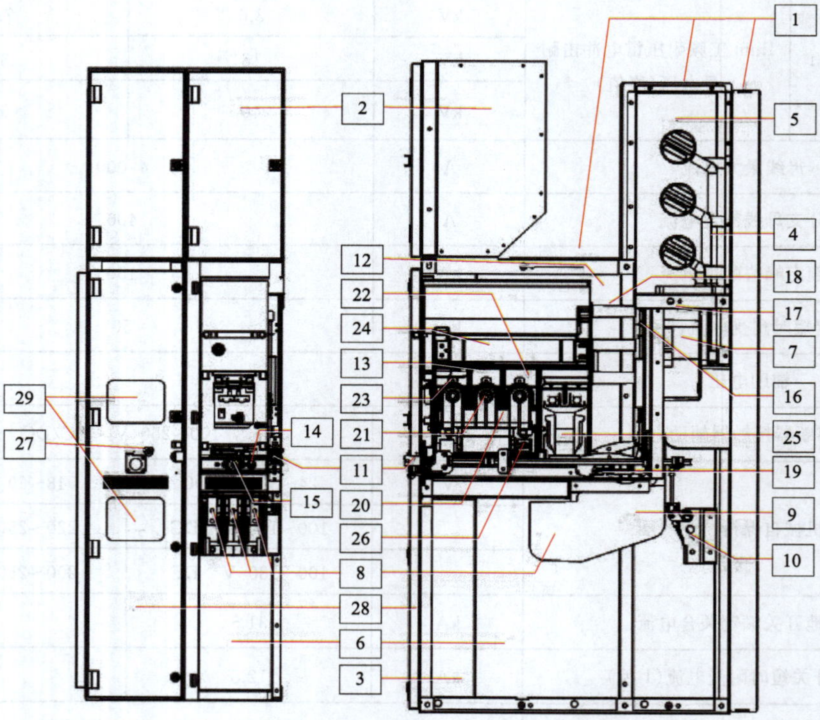

图 1-17 6.0 kV 中压接触器柜

图例:

1—压力释放板;2—低压隔室;3—控制电缆槽;4—分支母线;5—母线隔室;6—电缆隔室;7—电流互感器;8—电缆接线端;9—接地开关静触头;10—接地开关;11—接地开关操动机构;12—接触器隔室;13—手车导轨;14—可移开式熔断器接触器手车;15—丝杆;16—活门;17—静触头盒;18—隔离动触头;19—手车二次插件;20—接触器操动机构;21—真空灭弧室;22—连接项 21 和 23 的软接线;23—熔断器模块;24—HRCHV 熔断器;25—控制 VT 链项;26—跳闸线圈(选项—自保持);27—接触器手动跳闸操作器(装有跳闸线圈);28—接触器和电缆隔室的门板;29—接触器和接地开关观察窗

4）对于机械自保持的熔断器式接触器，手车处于试验位置且没有控制电压时，只能手动分闸(无法合闸)。

5）手车处于试验/隔离位置时，电压互感器二次侧是隔离的。

6）手车处于试验/隔离位置时，接地开关才能合闸。

7）接地开关合闸时，手车无法从试验位置移至工作位置。

EK6 型接地开关：接地开关有一个与驱动轴转速无关的快速合闸机构。仅当手车处于试验/隔离位置或移开时，才能操作接地开关。为安全起见，开关柜断路器室门关闭时，才可合接地开关。

1.1.6　电压互感器

1. 中压开关柜压变主要技术参数和设备概述

JDZ10/JSZVR2 型电压互感器

① 型号含义

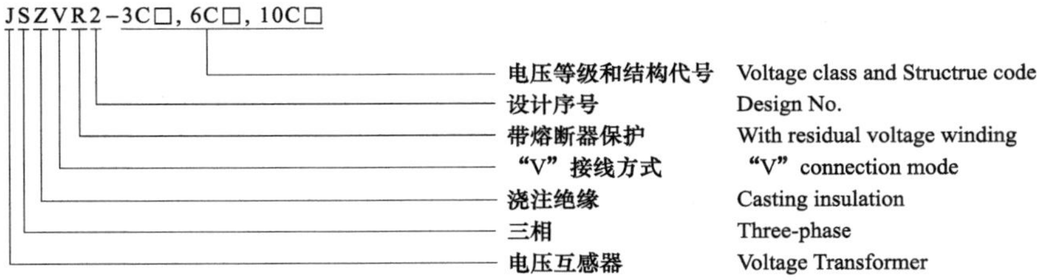

② 技术参数

技术参数见表 1-4。

表 1-4　中压开关柜压变主要技术参数

型号 Type	额定电压比 /kV	额定频率 /Hz	额定输出/VA			热极限输出 /VA	额定绝缘水平/kV
			0.2 级 class 0.2	0.5 级 class 0.5	1 级 class 1		
JSZVR2-3C1,C2,C3	3/0.1						3.6/25/40
JSZVR2-6C1,C2,C3	6/0.1	50～60	25	60	100	350	7.2/32/60
JSZVR2-10C1,C2,C3	10/0.1						12/42/75

型号 Type	额定电压比 /kV	额定频率 /Hz	额定输出/VA			热极限输出 /VA	额定绝缘水平/kV
			0.2 级 class 0.2	0.5 级 class 0.5	1 级 class 1		
JDZ10-3C1	3/0.1						3.6/25/40
JDZ10-6C1	6/0.1	50～60	25	60	100	350	7.2/32/60
JDZ10-10C1	10/0.1						12/42/75

③ 接线图

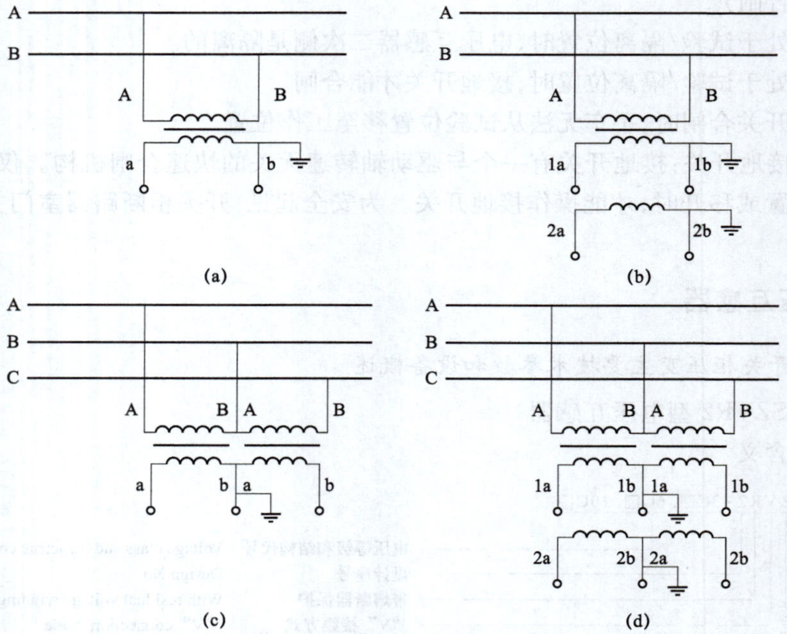

图 1-18　中压开关柜接线图

④ 注意事项

二次绕组不允许短路

2. 微电脑多功能消谐装置现场设备及其功能

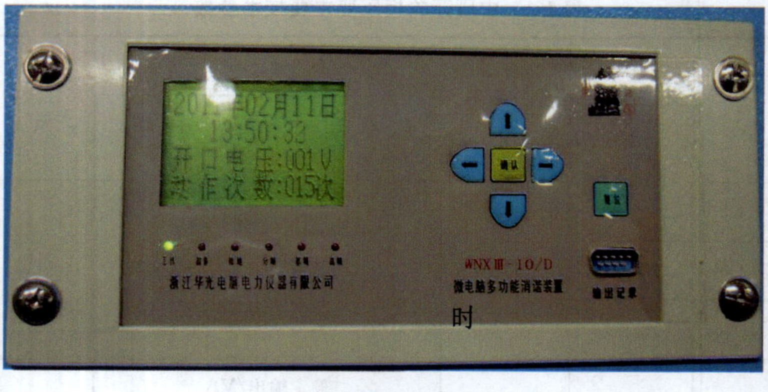

图 1-19　微电脑多功能消谐装置

入微机并将打印出来;有通讯功能,将有关数据随时向上级传送。

动作指示:接地与谐振的有关数据都被记录,可随时调出液晶显示。指示灯指示谐振类别,谐振消除后有消谐信号报警,接地有接地信号报警。

启动时间:均小于或等于四个谐振波周期。

具有重复消谐功能:即谐振波被阻尼消除后,若再次被激发产生,装置能再次启动予以消除，重复消谐间隔时间为 4 s。

记录容量：查看最后的谐振数据和接地数据各 300 次。累计谐振、接地总次数各 999 次。

记录谐振数据：开口三角形电压(V)、谐振频率(Hz)、谐振发生时间(年、月、日、时、分、秒)。

记录接地数据：开口三角形电压(V)、接地开始时间(年、月、日、时、分、秒)接地结束时间(年、月、日、时、分、秒)。

装置使用方法：

装置上电后，单片机开始自检，自检时指示灯群依次亮一下，继而绿灯(工作灯)有规律的闪亮。这表明单片机程序运行正常，硬件电路无异常。自检结束后，液晶屏显示时间、开口三角形电压和谐振动作次数如右图 1-20 所示。

单片机对开口三角形的零序电压的频率和幅值进行循环检测与识别。装置一旦判定电网发生铁磁谐振，就会转入消谐程序，发出高频脉冲群，使正反并联在开口三角形的两只可控硅交替过零触发导通，向电网施加有力的连续阻尼，使铁磁谐振过电压波迅速被消除。在此同时，相应的指示灯亮，指明谐振类别，液晶显示屏上动作次数项的数字自动加 1，装置的信号接点闭合，输出“铁磁谐振” 的信号，报警信号持续时间为 1 分钟，谐振消除后，单片机停止执行消谐程序，可控硅自行截止，单片机重新开始对开口三角形电压的频率和幅值循环检测，如果谐振再次发生，再次启动消谐程序予以消除。

若单片机测得的开口三角形电压不符合铁磁谐振判据原则，则不予置理。若测得开口三角形电压的频率率为 50 Hz，但是幅值较低(30～145 V)，则认定为接地。接地指示灯亮，装置的接地信号接点闭合，输出接地报警信号，液晶显示屏显示接地开始时间如右图 1-21 所示。

查看谐振记录：按“确认”键，进入菜单后选择“谐振记录”，再按“确认”键即可查看历次发生谐振的记录。

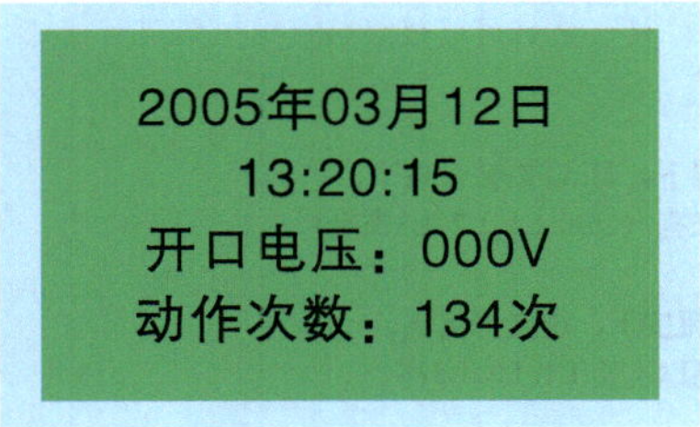

图 1-20　自检结束后，液晶屏显示时间、开口三角形和谐振动作次数

图 1-21　液晶屏显示接地开始时间

进入谐振记录，首屏显示最后一次谐振记录如右图 1-22 所示：

最后一行显示的是发生谐振的时间，显示的时间为 2005 年 7 月 14 日 13 时 20 分 15 秒。

查看接地记录：进入菜单后，选择“接地记录”，按“确认”键即可查看接地记录。

首屏也显示最后一次接地的数据，第三行显示接地开始时间，第四行显示接地结束时间。现在显示的接地开始时间为 2005 年 6 月 13 日 14 时 20 分 13 秒，接地结束时间为同日 15 时 27 分 30 秒。接地持续时间为 1 小时 7 分 17 秒。如右图所示。

图 1-22　液晶屏显示谐振记录

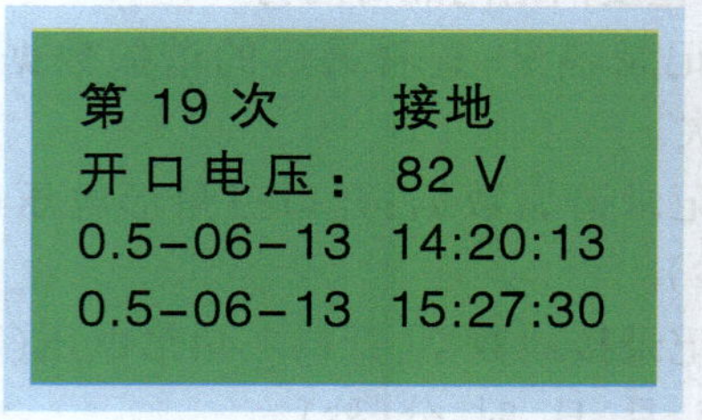

图 1-23　液晶屏显示最后一次接地的数据

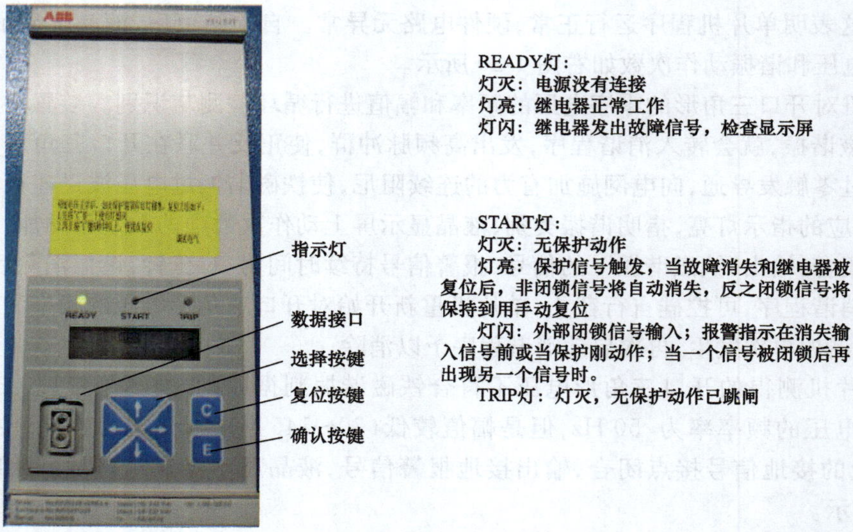

图 1-24　继电器

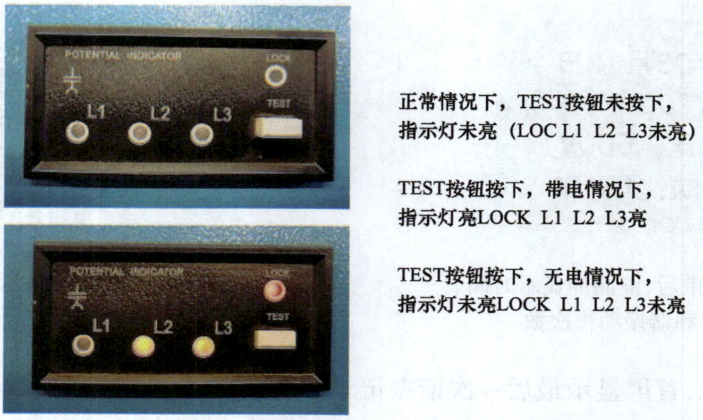

图 1-25　TEST 按钮按下，带电情况

1.1.7　电流互感器

6.0 kV 中压开关柜电流互感器主要技术参数和设备概述。

LZZBJ9 型电流互感器

① 型号含义

L Z Z B J 9 － 12/150□ （185□）

- □ 结构代号 Structure code
- 150 设备宽度 Nominal Width
- 12 设备最高电压 Highest voltage for equipment（kV）
- 9 设计序号 Desigh No.
- J 加强型 Reinforced type
- B 带保护级 With protective class
- Z 浇注式 Casting type
- Z 支柱式 Post type
- L 电流互感器 Current transformer

② 技术参数

产品符合 GB 1208—2006 和 IEC600441-1:2003

额定绝缘水平:12/42/75 kV

额定频率:50 Hz,60 Hz

额定二次电流:5 A,1 A

可制作测量级为 0.2 S 或者 0.5 S 的高精度电流互感器

表 1-5 6.0 kV 中压开关柜电流互感器主要技术参数表

额定一次电流/A	LZZBJ9-12/150b/2		LZZBJ9-12/150b/4			
	0.5-15 VA 5P10-15 VA		0.5-15 VA 5P10-15 VA		0.5-15 VA 5P10-15 VA 5P20-20 VA	
	Ith kA/s	Idyn kA	Ith kA/s	Idyn kA	Ith kA/s	Idyn kA
30,40			12/1	30		
50,60	7/1	18	17/1	42.5		
75	12/1	30	25/3	63		
100	15/1	37.5	25/3	63	7/1	18
150,160	21/1	52.5	25/3	63	15/1	37.5
200,250	25/3	63	25/3	63	25/1	63
300,315	31.5/3	80	40/3	100	25/2	63
400	31.5/3	80	40/3	100	31.5/2	80
500,600,630	31.5/3	80	40/3	100	31.5/3	80
750,800, 1 000,1 250	31.5/3	80	40/3	112.5	40/3	100

续表

额定一次电流/A	LZZBJ9-12/185b/2(h/2)		LZZBJ9-12/185b/4(h/4)			
	0.5-15 VA 5P10-15 VA		0.5-15 VA 5P10-15 VA		0.5-15 VA 5P10-15 VA 5P20-20 VA	
	Ith kA/s	Idyn kA	Ith kA/s	Idyn kA	Ith kA/s	Idyn kA
30,40	12/1	30	15/1	37.5		
50,60	21/1	52.5	28/1	70	7/1	18
75	25/2	63	28/1	70	12/1	30
100	25/3	63	31.5/2	80	21/1	52.5
150,160	25/3	63	31.5/3	80	25/1	63
200,250	31.5/3	80	40/3	100	25/3	63
300,315	40/3	100	40/3	100	31.5/3	80
400	40/3	100	40/3	100	31.5/3	80
500,600,630	40/3	100	40/3	100	40/3	100
750,800, 1 000,1 250	45/3	112.5	45/3	112.5	45/3	112.5
1 500,1 600, 2 000	50/3	125	50/3	125	50/3	125
2 500	63/3	160	63/3	160	63/3	160

1.1.8 继电保护装置

SPAJ142 继电保护装置见图 1-26。

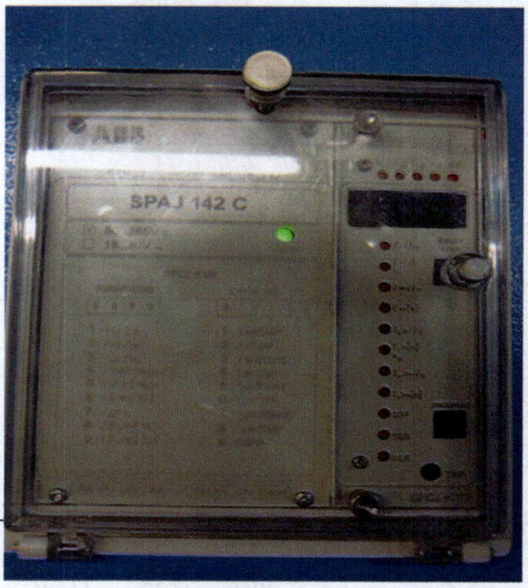

图 1-26 SPAJ142 继电保护装置

SPAJ 142C 继电保护装置正常运行时绿灯亮；
当保护动作时相应红灯亮，根据红灯指示查相关故障。

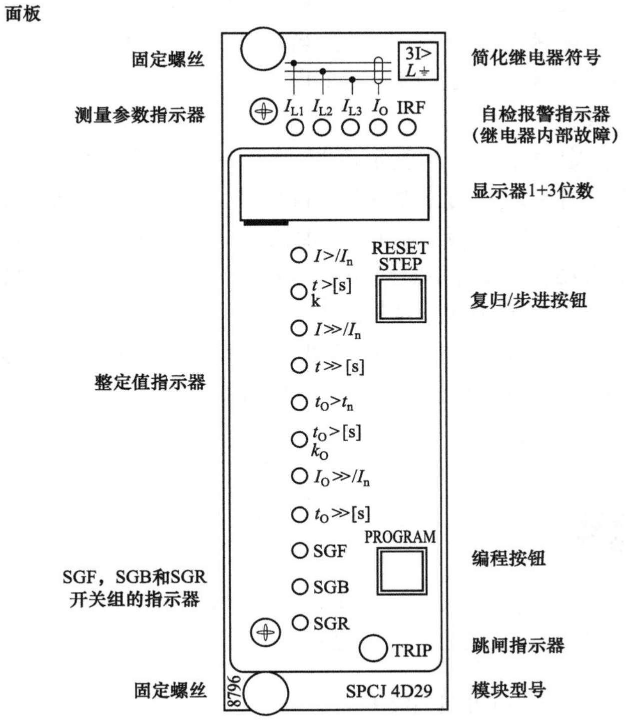

图 1-27 SPAJ 42 C 继电保护装置面板

显示码	说明	
1	I>START	=过电流元件的低定值段 I>已起动
2	I>TRIP	=过电流元件的低定值段 I>已跳闸
3	I≫START	=过电流元件的高定值段 I≫已起动
4	I≫TRIP	=过电流元件的高定值段 I≫已跳闸
5	Io>START	=接地故障元件低定值段 Io≫已起动
6	Io>TRIP	=接地故障元件低定值段 Io>已跳闸
7	Io≫START	=接地故障元件高定值段 Io≫已起动
8	Io≫TRIP	=接地故障元件高定值段 Io≫已跳闸
9	CBEP	=断路器失灵保护已动作

SPAJ 140C 型组合式过电流与接地故障继电器是用于直接接地，电阻接地或阻抗接地电力系统中的辐射式馈线作为有选择性的短路和接地故障保护。综合的保护继电器包括过流原件和接地故障元件两部分，他们都具有高度灵活的跳闸和信号装置。馈线保护可根据使用要求，采用单相、两相或三相过流保护以无方向接地故障保护。过流与接地故障继电器还包括有断路器失灵保护。

组合式过流与接地故障继电器是二次继电器，它是接在被保护馈线的电流互感器。三相过流元件和无方向接地故障元件连续地测量被保护馈线的相电流与零序电流，在故障情况下，这些元件可根据选择的保护方式启动外部自动重合闸或使断路器跳闸。

当相电流超出过流元件的低定值段 I＞的整定值时，该元件在预置的约 60 毫秒延时后，发出过流保护低定值动作跳闸指令。同样的，当启动值超出过流元件的高定值段 I≫的整定时，该元件在预置的约 40 毫秒延时后，发出启动信号。当整定动作时间到达后，发出过流保护高定值动作跳闸指令。

当零序电流超出低定值段 I_0＞的整定值时，接地故障元件将在预置的 60 毫秒启动延时后，发出启动信号，当定时限或反时限整定时间到达后，发出接地保护低定值动作跳闸指令，同样的，当启动电流超出接地故障元件的高定值段 I_0＞＞的整定值时，该元件将在预置的约 40 毫秒延时后，发出启动信号，当整定值动作时间后，发出启动信号，当整定动作时间到达后，发出接地故障元件高定值动作跳闸指令。

过流元件的低定值段和接地故障元件的低定值段均可选择定时限或反时限特性，当选择反时限特性时，本继电器可提供六种使用的特性曲线。

SPAM150 继电保护装置如图 1-28。

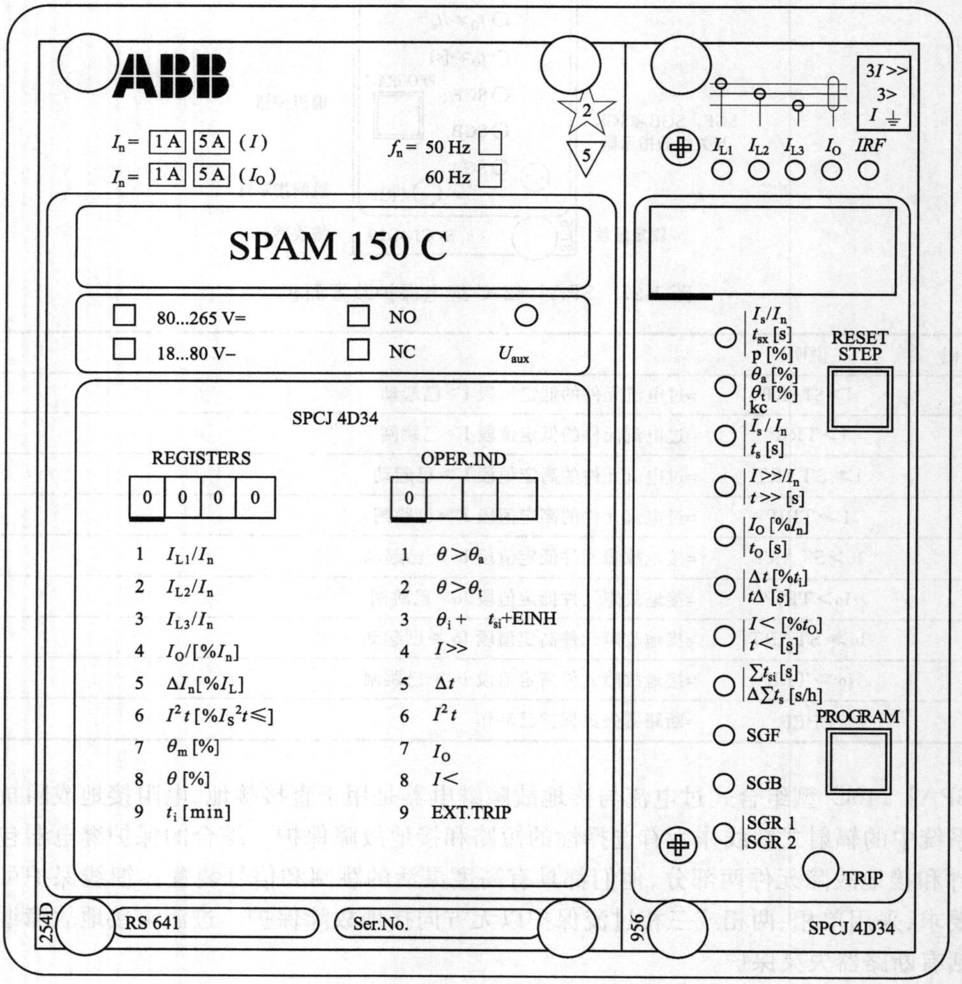

图 1-28 SPAM150 继电保护装置

多功能组合的电动机保护继电器是一个与所有保护的电动机驱动装置的电流互感器相连的二次继电器装置，保护连续测量装置的三相电流及中性点电流。根据所测量的值计算电动机热的状态，检测网络故障。故障时继电器的保护元件提供报警信号或使断路器跳闸。

设备功能：

1）断路器或接触器控制的交流电动机保护常用的多功能继电器；

2）用于馈线等保护对象灵活的单相，两相或三相保护继电器；

3）热过负荷保护，监视所有三相，对带热点的保护对象或者不带热点的保护对象热量模拟均可调节；

4）高定值过电流保护可以瞬时动作或以定时限特性动作；

5）不正确相序快速动作保护；

6）带跳闸或仅发信号功能的灵敏定时限或瞬时接地故障保护；

7）带宽范围整定启动电流及动作时间的低电流保护。

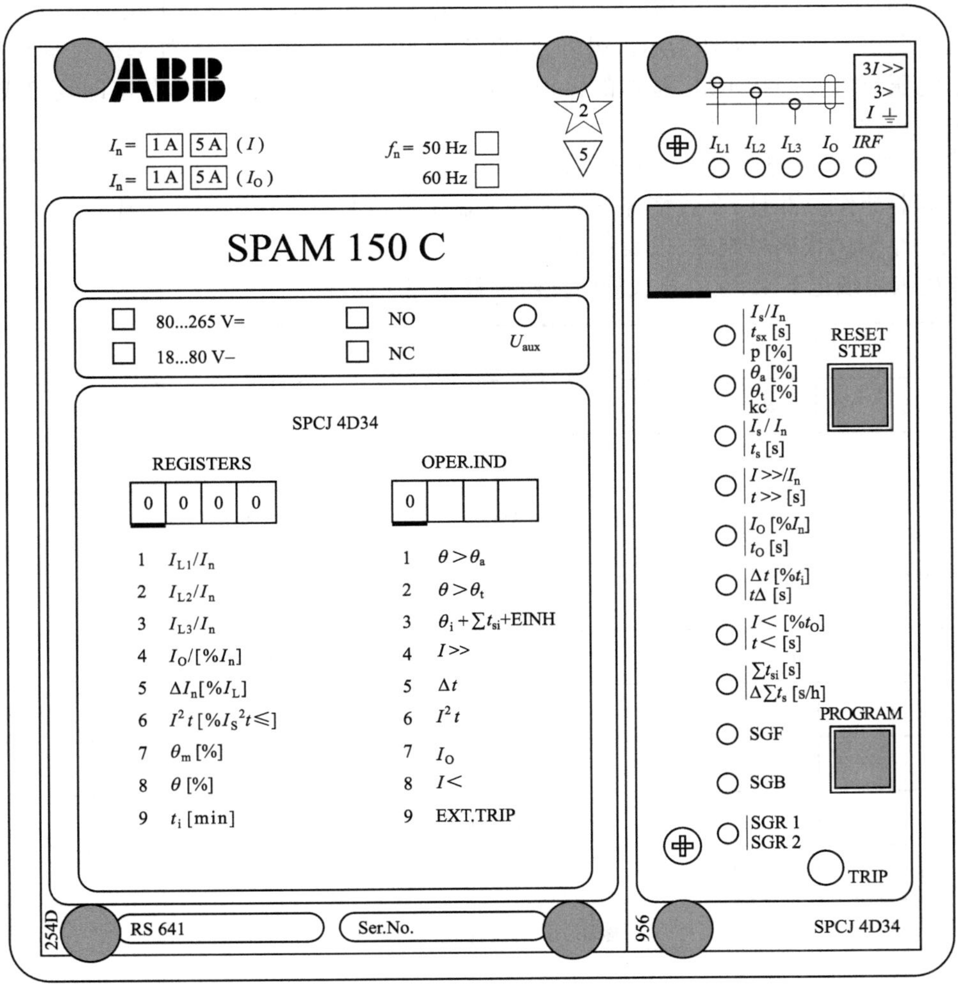

图 1-29　SPAM150C 继电保护装置面板

① 当有一个保护段动作时，动作指示灯 TRIP 点亮，当保护段复归时，红指示灯仍保持点亮。

② 当有一个保护段 I>，I>>或 I_0>动作，如果显示器为黑，则故障相或中性点通路用黄灯指示。例如如果 TRIP 指示灯变红，IL1 与 IL2 指示灯同时点亮，则 L1 与 L2 相有过电流。

③ 除了在数据指示中进行编码外，显示器最左边的红色数字也作为可观察的动作指示器。动作指示灯在只有红数字位开启时被识别。通常指示器显示首先出现的事件，然而对热元件，如果要进行跳闸，优先报警信号被随后的跳闸指示所取代。为了能读取实际的热量值等，在元件仍处于起动状态时，可以接受热元件的知识，同样也适用于接地故障的发信号。对上述这些情况，指示被记忆下来，并在显示器为黑时重新显现。当电动机被再启动时所有的动作指示被自动复归。下表在继电器的面板上称作的动作指示是所用的动作指示编码的关键部分。

④ 当保护段返回到正常状态时，TRIP 指示仍保持，按 RESET/STEP 按钮指示灯返回，电动机再启动自动复归动作指示。另外，如果开关 SGB/6 为位置 1，对外部控制输入 10-11 加控制电压也可复归指示灯，基本的保护继电器功能不与动作指示灯的状态即复归或不复归相关，继电器一直处于运行。

⑤ 内部自检系统检测出一个永久故障后 2 分钟内，红 IRF 指示灯点亮并且自检系统的输出继电器动作。并且，多数情况下显示器上显示自诊断故障代码。故障代码由一个红数字 1 及一个绿的代码号组成，以表示故障类型，只要故障仍然保持，故障代码究不能被复归，应将该代码用纸记下来，在安排大修时交给授权修理店修理。

指示		说明
1	$\theta > \theta_a$	=热量值已超过设定的优先报警级
2	$\theta > \theta_t$	=热元件已跳闸
3	$\theta > \theta_i \Sigma t_{si}$ EINH	=热再启动禁止级被超过，启动时间计数器满或外部禁止信号被激活
4	I>>	=过电流元件高定值段已跳闸
5	ΔI	=不平衡/不正确相序保护元件已跳闸
6	$I^2 \times t$	=起动失速保护元件已跳闸
7	Io	=接地故障元件已跳闸
8	I<	=低电流元件已跳闸
9	EXT.TRIP	=已执行外部跳闸信号

图 1-30　自诊断故障代码

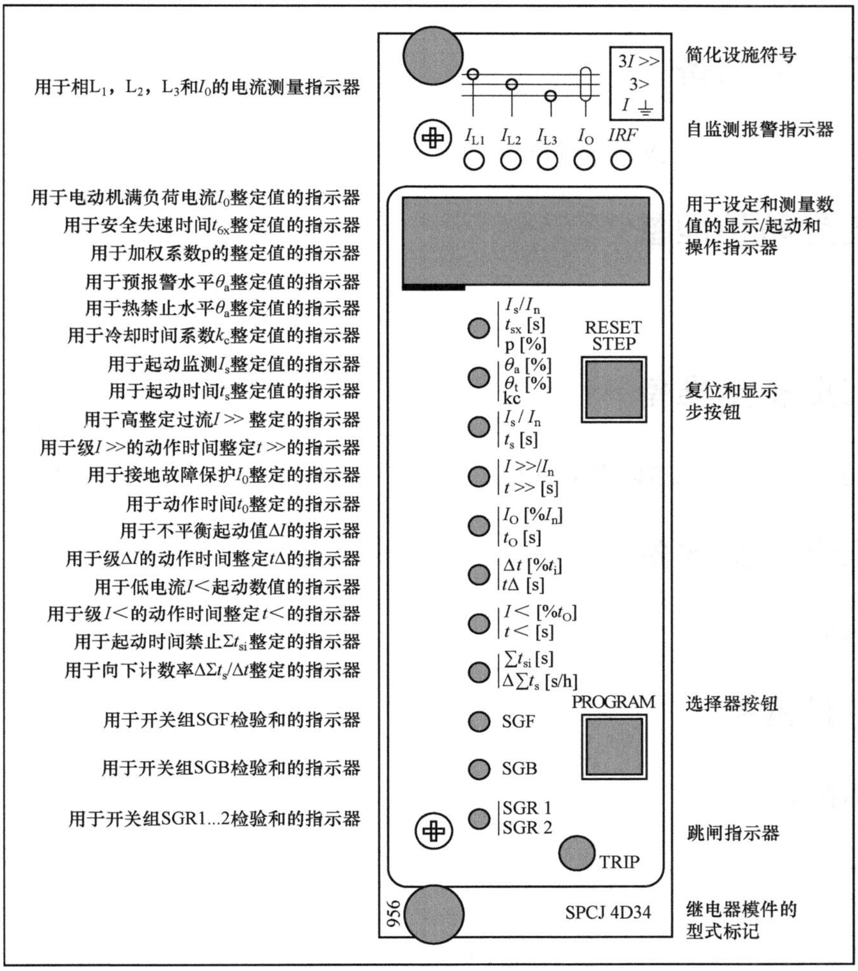

图 1-31　SPCJ 4034 继电保护装置面板

1.2　文件准备

C5L**001　6 kV 设备绝缘测量(VD4)

C5L**002　6 kV 设备绝缘测量(接触器)

C5L**006　6 kV 设备典型操作票

1.3　工器具准备

VD4 断路器操作手柄一套、F+C 接触器操作手柄一套。

摇绝缘工具:绝缘靴、绝缘手套、绝缘垫、高压发生器、6 kV 验电器、断路器解锁钥匙、兆欧表一台(AVO S1-5001)。

1.4 模拟体准备

UniGear ZS1 柜一台、VD4 断路器一台、ZVC 接触一台。

1.5 辐射防护准备

无。

1.6 工业安全准备

必要的防护用品:防砸鞋、安全帽等。

1.7 配合人员准备

摇绝缘配合人员 1 名。

1.8 场地准备

模拟体存放间。

第二章　操作实施

2.1　断路器操作及摇绝缘

断路器操作及摇绝缘实施过程见表 2-1。

表 2-1　断路器操作及摇绝缘实施过程

序号	操作步骤	操作要求	操作工器具	测评标准	备注
1	日常巡检	影响安全运行的异常现象。	无	按操作要求正确完成检查项目	
2	断路器手车摇入摇出	正确使用操作手柄将断路器手车摇到指定位置。断路器手车拉出柜外时需防止设备倾倒。	断路器手车操作手柄	操作手柄需插入到位，不可野蛮操作	
3	接地开关分合闸操作	正确使用操作手柄进行接地开关的分闸和合闸操作，操作出现异常时进行检修处理	ZS1 柜地刀操作手柄	操作手柄需插入到位，不可野蛮操作； 分闸操作前需确认电缆室柜门已关好，柜内清洁无异物。	
4	摇绝缘操作	正确使用兆欧表对设备进行绝缘测试	兆欧表	绝缘合格	

2.1.1　日常巡检

日常巡检的作用是尽早发现故障，以便及时给予解决，保证开关柜的正常运行，它包括以下内容：

1) 柜门是否关紧；
2) 位置指示器指示是否正确；
3) 开关柜是否有异味或异响；
4) 表计指示是否正常；
5) 继电器工作是否正常；
6) 带电指示器是否正常。

出现以下情况之一时，应立即退出运行，进行检修：

1) 绝缘不良、放电、闪络或击穿时；
2) 开关柜内元件损坏时；

3）其他影响安全运行的异常现象。

断路器遇哪些情况，应立即停电处理：

1）套管有严重破损和放电现象；

2）空气断路器内部有异常声响和严重漏气，压力下降，橡胶垫被吹出；

3）真空断路器出现真空破坏的嘶斯声。

断路器的运行总则：

1）在正常运行时，断路器的工作电流，最大工作电压和断流容量不得超过额定值；

2）断路器绝对不允许在带有工作电压时使用手动合闸或手动就地操作按钮合闸，以避免由于故障时引起断路器爆炸和危及人身安全；

3）远方和电动操作的断路器禁止使用手动合闸；

4）明确断路器的允许分、合闸次数；

5）禁止将有拒绝分合闸缺陷或严重缺油、漏油、漏气等异常情况的断路器投入运行；

6）所有断路器均应有分合闸机械指示器；

7）在检查断路器时，运行人员应注意辅助接点的状态；

8）检查断路器合闸的同时性。

正常起动时注意事项：

1）遵守所有相关的安全规程。

2）保证开关柜内的真空断路器处于断开（OFF）状态。

3）撤出危险工作区域内的接地和短接线。

4）馈电电缆通电。

5）按正常规定程序给开关柜通电，并注意观察信号和指示器。

6）有几路进线和几个开关组时，要检验相序（见 6.3.2 节）。

7）依靠所接的高压电源，进行所有的测量并检查所有的功能。

8）注意任何异常情况。

断路器检修工作完毕后，再送电前，应检查项目：

1）收回所有工作票，拆除安全设施，恢复常设遮拦，并对断路器进行全面检查；

2）测量断路器的绝缘电阻值；

3）分合闸机械位置指示器应指示在“分”位置；

4）二次回路的导线和端子排完好；

5）断路器接地装置应紧固不松动；

6）断路器进行拉合闸和重合闸试验一次，以检查断路器动作的灵活性。

2.1.2 断路器操作

手动将手车从试验/隔离位置推入到运行位置：

1）联接控制线插头；

2）关闭前门；

3）确认断路器处于分闸状态；

4）在转动滑片打开操作孔后，将操作手柄插入手车丝杆机构的方型插口中；

5）顺时针方向转动操作手柄，直到转不动为止（大约 20 圈）；

6）取下操作手柄。

注意事项：

1）手车不允许停留在运行位置和试验/隔离位置之间的任何中间位置。

2）在取下操作手柄后，必须注意弹簧销头应完全堵住操作孔，确保销头的后部已经移到丝杆的六角帽内，防止运行中对丝杆的误操作。误操作可能导致断路器的闭锁。

手动将手车从运行位置移到试验/隔离位置：

1）确认断路器处于分闸位置。

2）按上述进入工作位置的步骤，倒向操作。

注意事项：

1）必须在断路器分闸时推入或拉出手车！

2）必须缓慢地移动断路器手车及其他手车，以避免任何可能使机械闭锁变形的碰撞。如在移动中遇到阻碍，不要强行操作，要检查操作顺序是否正确。

3）在辅助电压下降时，不要强行移动带闭锁电磁铁的手车。如发生该情况，手车在从运行位置到试验位置的整个行程中均被闭锁，解除闭锁请参考断路器的技术资料。

将手车从试验/隔离位置移到服务小车上：

1）打开断路器室的门。

2）拔起控制线插头，将其锁定在手车上的存放位置。

3）将服务小车推到开关柜正面，通过小车高度调节器调整工作台的高度，让其定位销对准柜前的定位孔后，服务小车通过锁键与开关柜锁定。

4）向内侧压滑动把手，解除手车与开关柜的联锁，将手车拉到服务小车上。松开滑动把手，将手车锁定在工作台上。

5）操作键锁释放杠杆(在操作台的前下部)将服务小车从开关柜移开。

6）用挂锁将活门锁定。

7）将手车从运行位置移到试验/隔离位置。

按将手车从试验/隔离位置移到运行位置的操作顺序，倒序操作。

弹簧储能方法：

1）对配有储能电动机的断路器，储能自动完成。若储能电动机损坏，也可手动储能。

2）对配有手动储能机构的断路器，将储能杠杆插入插口，反复上下运动(约25次)，直到指示出已储能状态。达到储能状态时，储能机构自动脱扣，储能杠杆的进一步运动无效。

断路器的分闸与合闸时注意事项：

1）在运行位置对断路器进行分闸与合闸操作只能在门关闭的情况下进行。

2）操作就地或远方控制开关。

3）观察开关分合闸位置指示器。

4）断路器每操作一个循环，操作次数计数器就自动加1。

注意事项：

1）安装在断路器室门上的附加控制机构可在门关闭的情况下对断路器进行机械分闸(正常工况下，禁止使用)。

2）如断路器在运行位置，逆时针方向旋转旋钮直到其停止，再按下相关的分闸按钮，并观察开关分合闸位置指示器。

防跳系统：

1）断路器控制器确保当分闸命令发出时合闸操作被闭锁。

2）当合闸后马上又分闸时，仍然存在的合闸命令将被闭锁，下一次的合闸必须再发一次合闸命令。

防止误操作的联锁装置：

(1) 柜内联锁

开关设备具备一系列的联锁装置，从根本上防止出现危险和可能引起严重后果的误操作，因此有效地保护了操作人员和开关设备的安全：

1）当接地开关和断路器在分闸位置时，手车才能从“试验/隔离”位置移至工作位置，反之一样。在中间位置，开关被机械闭锁。当断路器手车带有闭锁电磁铁时，该电气联锁也起作用。

2）断路器只有在手车处于“试验/隔离”位置或“工作”位置时才能进行合闸操作。在中间位置时，开关被机械闭锁。当断路器手车带有闭锁电磁铁时，该电气联锁也起作用。

3）如开关柜采用数字保护装置，可通过软件编程来实现开关的防误操作。

4）手车在“试验/隔离”位置或“运行”位置而没有控制电压时，断路器不能合闸，仅能手动分闸(机械电气联锁)。

5）只有在“试验/隔离”位置时才能拔下控制线插头。

6）接地开关只有手车在“试验/隔离”位置或拉出开关柜时才能合闸(机械联锁)。

7）接地开关合闸时，手车不能从“试验/运行”位置移向运行位置(机械联锁)。

8）其他详细的联锁，如手车和/或接地开关的闭锁电磁铁，可在相应的定单中指明。

(2) 门板的联锁

开关柜可配备如下联锁：

1）如果断路器室门打开，手车不能被摇进运行位置。

2）如果手车在运行位置或在中间位置时，断路器室门不能被打开。

3）如果电缆室门打开，接地开关则不能合闸。

4）如接地开关分闸，则电缆室门不能被打开。

(3) 柜间联锁

1）只有本段母线上所有的手车在试验/隔离位置时，母线接地开关才能合闸(电气联锁)。

2）当母线接地开关合闸后，本段母线上的所有手车不能从试验/隔离位置移到运行位置(机械电气联锁)。

(4) 闭锁装置

1）活门在手车移开后用挂锁分别锁定。

2）接地开关操作孔可用挂锁锁定。

3）断路器手车操作孔可用挂锁锁定。

(5) 接地开关合闸操作

压下接地开关舌片，将接地开关操作手柄插入接地开关操作孔内，顺时针旋转 180°将接地开关合闸；确认接地开关是否完全到位。

接地开关的状态可以从三个地方看出:模拟指示器、柜内接地开关主轴上的指示器、接地开关操作孔处的指示器。

对于某些装有带电强制闭锁装置的开关柜,接地开关的操作步骤如下:

1) 确认低压室门板上的带电显示器为无电状态,同时辅助电源投入;

2) 压下接地开关舌片;

3) 插入接地开关操作手柄,顺时针旋转手柄 180° 合上, 接地开关合闸;

如开关柜不设接地开关,只需压下操作舌片即可打开电缆室门。如操作舌片不能压下,说明电缆侧带电或闭锁电磁铁损坏,应分析原因。如遇机构故障,切不可强行操作。

(6) 接地开关分闸操作

1) 将接地开关操作手柄插入接地开关操作孔内,逆时针旋转 180° 将接地开关分闸;

2) 确认接地开关是否完全到位(机械/状态指示器);

3) 执行接地开关分闸操作前需确认柜内清洁、无异物,确认开关柜电缆室门已完全关好。

(7) 断路器紧急操作

断路器紧急操作见图 2-1。

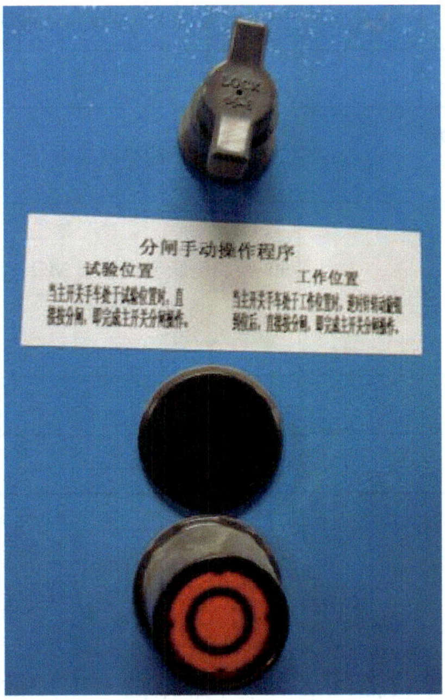

柜门正面

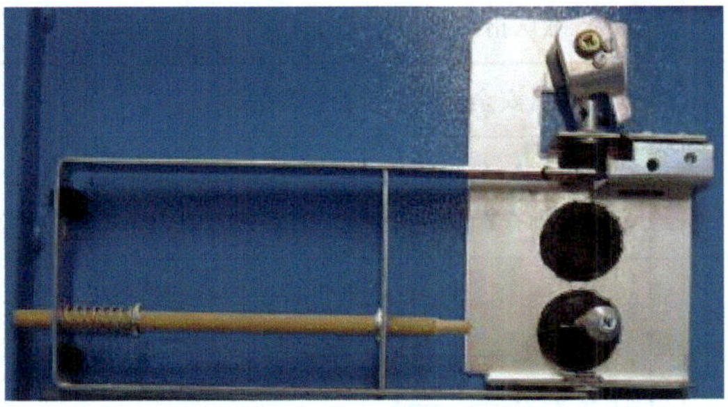

未扭动 LOCK 时,在试验/隔离位置进行分闸操作

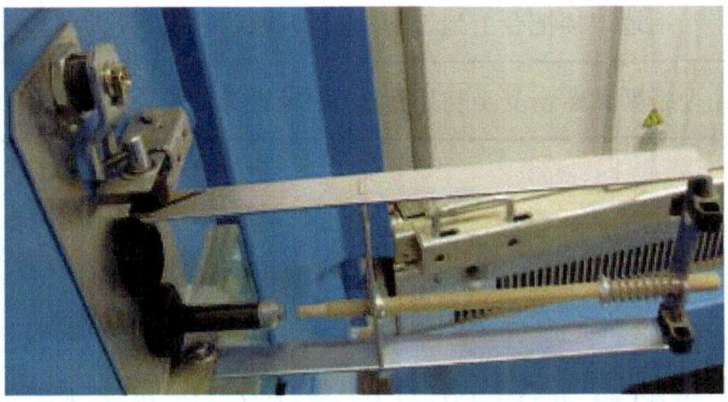

扭动 LOCK 时,在工作位置进行分闸操作

图 2-1 断路器紧急操作

2.1.3 绝缘电阻测量

风险分析与注意事项:

1) 绝缘测量会引入外源,并且有产生高压的风险。

2）测完绝缘后应该将开关恢复到初始状态。

3）绝缘测量时摇表的测量端有可能误碰带电部位。

涉及的专用工具：

绝缘手套、安全鞋、绝缘垫、10 kV 验电器、摇表、开关柜摇把、地刀摇把、中压开关柜接地开关紧急操作解锁钥匙，高压发生器。

操作步骤：

表 2-2 绝缘电阻测量操作步骤

序号	操作步骤		备注
1	检查断路器在断开位置(电气+机械指示)；		
2	确认直流二次开关 SM10/SM20/SM30 断开；		
3	将 VD4 断路器摇至试验/隔离位置；		
4	将接地刀闸合上，确认指示为（“I”）		
5	将下柜门打开，用地刀紧急解锁钥匙解锁，再用地刀摇把将地刀分闸，确认指示为（“O”）；		地刀紧急解锁钥匙插到位，检查地刀插入孔的闭锁铁销已缩回
6	操作者穿上安全鞋，将绝缘垫垫在脚下；		
7	用光信号按钮和高压发生器确认 10 kV 验电器正常。戴上绝缘手套，再对被测设备验电，确认其无电；		注意间隔，三相必须验电
8	根据摇表使用说明，对被测设备进行绝缘测量。 第 15 秒记录________， 第 60 秒记录________， 吸收比：R60/R15________。		60 秒后绝缘值大于 6 MΩ，吸收比大于 1.3，即为合格
9	用地刀摇把合上地刀，并将柜门重新关闭；		
10	将断路器恢复至初始状态，绝缘测量已结束。		

2.1.4 秦三厂断路器操作

1）安装延伸导轨

在将断路器移出柜外的操作中，经常会遇到延伸导轨插入后，断路器却拉不出来的状况，此时应该检查延伸导轨的机械闭锁，可能是销子掉落使闭锁不能解除引起的。另外，在将延伸导轨插入轨道中时，应将延伸导轨倾斜 30°，且不要用力过猛，否则可能将销子撞弯。

2）手动释放合闸弹簧储能

对于一个已处于“分闸”状态的断路器来说，手动释放合闸弹簧能量需要通过按动断路器本体的机械合分闸按钮，使断路器先合闸、后分闸来实现的。实际操作中，发生过多次为了释放合闸弹簧储能而在“工作”位置误合断路器的事件。针对这一情况，我们的典型操作票中明确规定，只有当断路器处于“试验”位置或者断路器小室之外才允许手动释放合闸弹簧能量。

3）断路器的试验位置和工作位置的改变

在将断路器从试验位置摇向工作位置或从工作位置摇向试验位置时，都需要使用摇柄操作。

在摇柄上的力通过操作连杆上的销钉传给断路器，此销钉承受很大的剪应力，在将断路器摇到位后如果用力过猛，将可能使销钉断裂，使后面的操作无法进行。当断路器摇到工作位置并到位后，断路器底座前方的红牌将全部露出来，而在试验位置时该红牌会消失。

4）小车的使用

断路器从冷备用改检修或从检修改冷备用时，都需要使用小车来起吊断路器。小车使用前，应先对其进行检查，以确保其安全可靠，要确认小车的的螺栓拧紧，防止在起吊过程中断路器跌落伤人或损坏设备；还应检查小车上的钢绳完好，没有发生断裂或部分断裂的情况。

起吊时，小车的 U 型铁应朝向断路器面板侧，并确认挂钩挂好，注意在吊上部间隔的断路器时，不要将小车摇的太高，以防止撞到上面的灯管。

5）绝缘手套

绝缘手套使用前除了看标定日期及有效期外，使用前还应进行检查，具体做法是：两手将绝缘手套袖口张开，使手套内充上足够的空气，然后快速甩动手套，使之以袖口为轴心旋转并缠绕从而将袖口扎牢并将气赶向手套的手部，使手部鼓起，保持数秒钟，如果手套不漏气，说明手套是好的，否则手套不能使用。

6）接地小车

11.6/6.3 kV 房间共有两个接地小车，其触头为圆形，前部的三根电缆一侧接地，另一侧可接在接地小车的上触头（进线侧接地）或下触头（母线侧接地），目前该接地小车只用于进线侧接地，并在下触头上安装有设备锁，因此只适用于 5314-BUA/05、5314-BUB/11（启备变侧进线开关）和 5314-BUA/11、5314-BUB/05（厂用变侧进线开关）开关柜内进线侧接地。

因为BUA 母线保护电源来自 BUA/11 间隔的跳闸回路，为了避免 BUA 母线失去保护，SST 共箱母线的接地小车选择安装在 BUA/05 间隔。同理，UST 共箱母线的接地小车选择安装在 BUB/05 间隔。

7）接地线

接地线在每次使用前应经过详细的检查，禁止使用不合格的接地线。

11.6/6.3 kV 断路器柜内有“母线侧”“负荷侧”标识，对于负荷接地，接地线应装设在“负荷侧”，对于母线接地，接地线应装设在“母线侧”。

断路器状态改变

热备用改冷备用操作票见图 2-2。

冷备用改检修操作票见图 2-3。

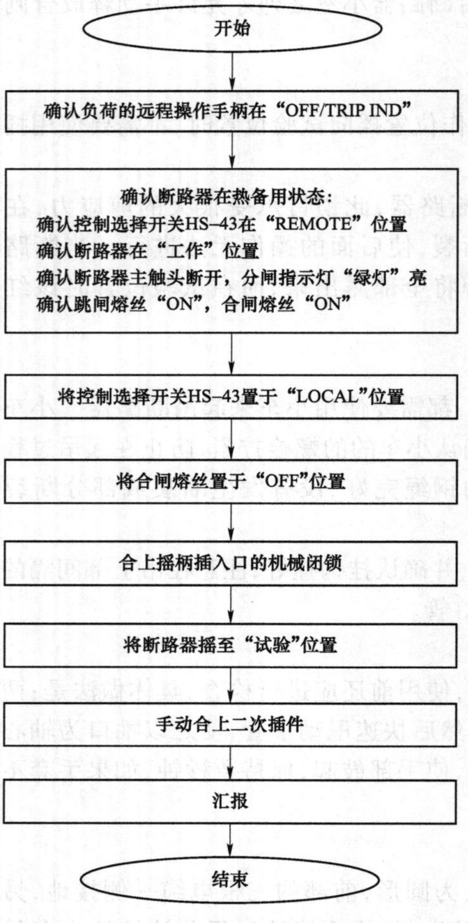

图 2-2 热备用改冷备用操作票

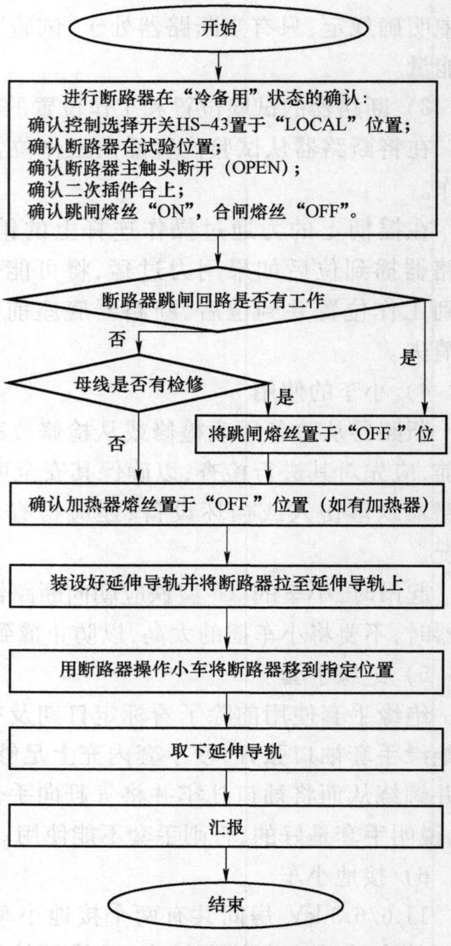

图 2-3 冷备用改检修操作票

2.2 接触器操作及摇绝缘

接触器操作及摇绝缘过程见表 2-3。

表 2-3 接触器操作及摇绝缘过程

序号	操作步骤	操作要求	操作工器具	测评标准	备注
1	日常巡检	影响安全运行的异常现象	无	按操作要求正确完成检查项目	
2	接触器手车摇入摇出	正确使用操作手柄将接触器手车摇到指定位置。接触器手车拉出柜外时需防止设备倾倒	接触器手车操作手柄	操作手柄需插入到位，不可野蛮操作	

续表

序号	操作步骤	操作要求	操作工器具	测评标准	备注
3	接地开关分合闸操作	正确使用操作手柄进行接地开关的分闸和合闸操作，操作出现异常时进行检修处理	接触器柜地刀操作手柄	操作手柄需插入到位，不可野蛮操作； 分闸操作前需确认电缆室柜门已关好，柜内清洁无异物	
4	摇绝缘操作	正确使用兆欧表对设备进行绝缘测试	欧表	绝缘合格	

2.2.1　日常巡检

日常巡检的作用是尽早发现故障，以便及时给予解决，保证开关柜的正常运行，它包括以下内容：

1）柜门是否关紧；

2）位置指示器指示是否正确；

3）开关柜是否有异味或异响；

4）表计指示是否正常；

5）继电器工作是否正常；

6）带电指示器是否正常。

出现以下情况之一时，应立即退出运行，进行检修：

1）绝缘不良、放电、闪络或击穿时；

2）开关柜内元件损坏时；

3）其他影响安全运行的异常现象。

2.2.2　接触器操作

（1）正常运行操作

确保可移开式接触器手车位于试验位置或移出柜外，掀开接地开关传动丝杆孔的盖板。要操作接地开关，必须确保接触器/电缆室的门板关闭。将操作手柄插入接地开关操作孔，然后按标牌所示的方向转动手柄。接地开关的状态显示于标牌窗口内。

接触器的操作通过低压室的控制来执行。接触器的状态显示位于接触器的前部，它可通过上部观察窗来观察。接触器的操作只能在可移开式接触器位于工作或试验位置时才能进行。我们郑重建议所有的切换操作均应在前门板关闭状态下进行。对于机械自保持接触器，应用所提供的专用杆操作装在可移开式接触器上的紧急手动分闸按钮可以执行紧急手动分闸。

（2）手车摇进

将接触器手车从试验位置摇进工作位置应确保以下工作已完成：

1）应用所提供的专用钥匙锁住接触器手车。

2）接触器/电缆室门板是关闭的。

3）接地开关分闸。

4）接触器分闸。

5）从摇孔盖板上取下挂锁。

将摇柄插入摇孔顺时针摇动 14 圈。这时接触器/电缆室门板不能被打开且接地开关不能合闸。要将接触器手车从工作位置退回试验位置，请确保接触器处于分闸状态。将摇柄插入摇孔逆时针摇动 14 圈即可。

当采用电压互感器(装在接触器手车上)作为控制回路的电源时，请注意只有手车位于工作位置时才能供电。如果在其他条件下仍然需要对此回路供电时，我们建议通过低压室的端子接进临时测试电源来解决。通过上部观察窗可以查看手车位置指示牌。请注意手车位于黄色位置指示的中间位置时接触器不能合闸。

(3) 移出接触器手车

确保接触器手车处于试验位置且接地开关处于合闸状态。打开接触器室门板，将接触器台车推近柜前，确保它的锁键钩住接触器手车下部隔板上的定位孔。用专用钥匙对接触器手车解锁拉动接触器手车前部的把手将接触器手车拉入台车。将接触器手车锁定在台车上，解除台车和隔板的锁定。这时台车和接触器手车就可以从柜体上移开。

(4) 移入接触器手车

打开接触器隔室门板，并把接触器手车和台车移至柜前，确保它的锁键钩住接触器手车下部隔板上的定位孔。用专用钥匙对接触器手车解锁并从台车上将接触器推入柜内。在柜内锁定接触器手车，解除台车和隔板的锁定，并将它移开。

(5) 熔断器动作

所有熔断器完好时指示牌为绿色。熔断器动作时指示牌切换成红底的“BLOwN”。另一块表示熔断器额定值的标牌位于手车上。

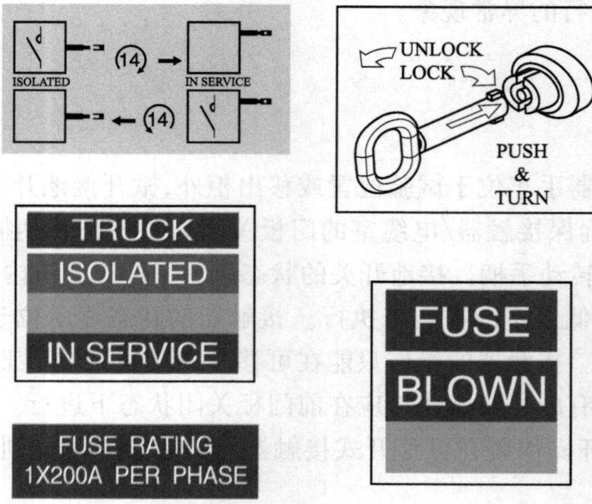

图 2-4 熔断器指示牌

(6) 手动分闸与合闸

1）向下压接地开关操作滑板(当接地开关处于合闸位置时，滑板一直处于压下的位置)。

注意事项：当操作遇到阻碍时，不要强行操作而损坏连锁，而应检查操作顺序是否正确。

2）将操作曲柄插入六角轴进行操作。

3）将操作曲柄向上或向下插入六角轴以便有足够的空间操作接地开关。

4）顺时针方向转动曲柄，关合接地开关，反时针方向转动曲柄，断开接地开关。转动角度约为 180°。转动时动作应连贯。

5）观察接地开关的机械/电气的位置指示器。

6）取下曲柄，接地开关合闸时，滑板保留在打开位置。

将操作过程中转动操作曲柄直到转不动为止，确保接地开关到达确定的位置。接地开关的操作机构也可加装闭锁电磁铁。

(7) 6.0 kV 中压接触器柜(UniGear type ZVC)异常和故障处理

故障处理

1）手车不能进入开关柜

① 参数不对所致。

选用正确额定电流值的接触器手车。

② 摇杆机构没有到达手车的前部。摇动摇柄至逆时针止动位。

2）手车在柜内无法锁定：接地开关分闸。合上接地开关。

3）手车无法摇入

① 摇柄没有完全与丝杆啮合。

完全推入摇柄。转动摇柄时维持一定的正向压力。

② 手车锁定杆没完全伸到位。

重推手车让其发出到位声响并确认专用钥匙位于顺时针止动位。

③ 活门锁住。

取下挂锁。

④ 前门没有完全关闭。

上紧门板螺栓。

⑤ 接地开关合闸。

分掉接地开关。

⑥ 摇孔锁住。

取下挂锁。

4）手车无法从柜内移出

① 手车没有完全处于隔离/试验位置。

转动摇杆至逆时针止动位。

② 手车锁在柜内。

对手车解锁。

5）真空接触器不能合闸

① 摇动操作没有完成(机械和电气联锁)。

摇动摇柄至止动位。

② 次控制插件损坏。

检查二次控制插件。

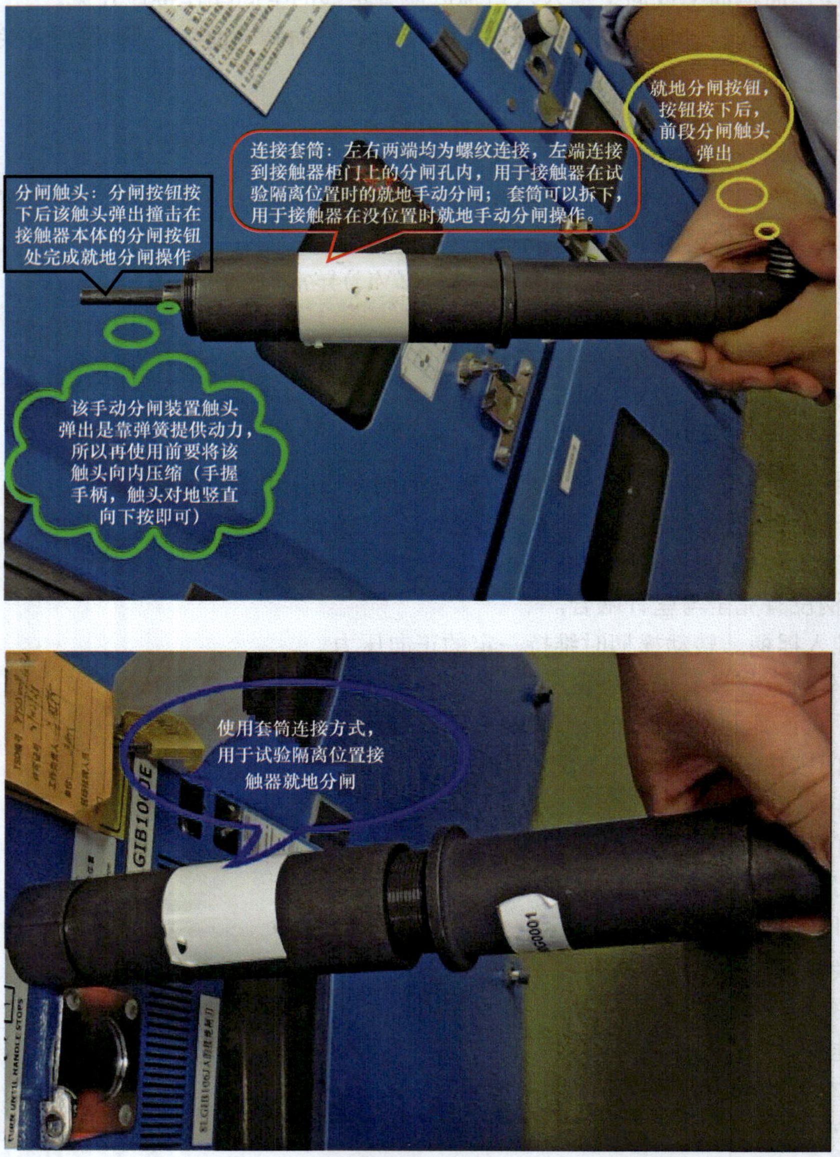

图 2-5　接触器紧急操作

③ 没有控制电压。

检查控制回路熔断器。

④ 熔断器烧断后辅助开关没复位。

⑤ 真空接触器辅助开关失效。

检查辅助开关动作性能，必要时予以更换。

⑥ 合闸线圈开路。

6）接地开关无法合闸：接地开关操作孔盖板被锁住。手车没有完全到达隔离/试验位置。

(8) 接触器紧急操作

由于运行出现过6 kV接触器无法正常分闸的现象,维修二处根据ABB公司的建议编写过应对措施:

1) 首选就地用试验盒进行分闸操作;

2) 其次断开其直流控制电源SM30,若接触器仍没有分闸则等待60秒重新送电用试验盒进行分闸,如还不能分闸可采用断开SM30的方式多尝试几次;

如果上述干预均无效时,运行人员必须断开接触器请立即断开本段中压母线的进行电源。

鉴于上述问题,6 kV接触器本体增加就地手动分闸装置,避免了断开中压母线进线电源的风险操作。

2.2.3 绝缘电阻测量

风险分析与注意事项:

1) 本操作单仅用于接触器型(F+C型接触器)开关供电的电动机绝缘测量。

2) 绝缘测量会引入外源,并且有产生高压的风险。

3) 测完绝缘后应该将开关恢复到初始状态。

4)绝缘测量时摇表的测量端有可能误碰带电部位。

涉及的专用工具:

绝缘手套、安全鞋、绝缘垫、10 kV 验电器、摇表、F+C 型接触器摇把、地刀摇把、高压发生器。

2.3 操作步骤

表2-4　操作步骤

序号	操作步骤		备注
1	确认接触器在断开位置(电气+机械指示)。		
2	确认直流二次开关SM20/SM30断开。		
3	将接触器摇至试验/隔离位置。		
4	用地刀摇把合上地刀,拧开柜门螺丝打开柜门。		地刀在“I”位置
5	开启柜门后,用地刀摇把再断开地刀。		需要将地刀摇把用力插入,并压紧弹簧才能进行分闸,地刀在“O”位置
6	操作者穿上安全鞋,将绝缘垫垫在脚下。		
7	用光信号按钮和高压发生器确认10 kV验电器正常。戴上绝缘手套。		注意间隔,三相必须验电

续表

序号	操作步骤		备注
8	根据摇表使用说明，对被测设备进行绝缘测量。 第 15 s 记录______， 第 60 s 记录______， 吸收比：R60/R15______。		60 s 后绝缘值大于 6 MΩ，吸收比大于 1.3，即为合格
9	在柜门开启时用地刀摇把将地刀合上，关闭柜门，拧紧四个螺栓。		需要将地刀摇把用力插入，进行合闸，中间两个螺栓必须拧到位才能执行下一步，不然会卡住卡销！
10	在柜门关闭时将地刀断开，拧开四个螺栓，验证柜门已不能开启后，重新拧紧四个螺栓。		如果柜门还能开启，请重复上一步操作，或请电气人员处理故障
11	将接触器恢复至初始状态，绝缘测量已结束。		

第三章　课程回顾及总结

1. 总结回顾培训过程以及关键点。
2. 针对学员技能培训进行点评。
3. 召开技能培训操作工后会。
4. 征求学员对技能培训及教材的信息反馈。

第四章 经验反馈

4.1 1-5323-BUF 母线在通过母联开关由 BUE 母线供电时意外失电

2005 年 12 月 25 日，1 号机组正处于停堆大修阶段，1-5323-BUF 母线进线变压器 1-5314-T2 停电检修，5323-BUF 通过母联开关由 BUE 母线供电，2#SDG 处于手动备用状态。15 时，主控出现 5323-BUF 母线低电压报警并失去部分照明。确认当时正在建立 5314-T2 检修安措，在 5323-BUF 失电时正在进行拉出 5323-BUF 进线 PT 的操作。

现场人员经过检查发现：1-5323-BUF 母线进线 PT 被误放在 BUF 母线 PT 间隔内，而母线 PT 则放在进线 PT 间隔内，两者互换了位置，在建立安措时，根据标牌拉出 BUF 进线 PT，实际上拉出 BUF 母线 PT，导致 BUF 母线低电压。BUF 母线低电压保护动作，对 BUF 母线进行扫负荷；因当时 1-5323-BUF 母线的运行方式是通过母联开关由 BUE 母线供电，2# 备用柴油发电机处于手动备用状态，故 BUF 母线低电压信号跳开母联开关时，2#备用柴油发电机未启动，使 BUF 母线失电。

在确认 5323-BUF 失电原因后，将 BUF 进线 PT 和母线 PT 进行互换，恢复到正常位置，然后通过母联开关恢复由 BUE 对 BUF 供电。在 BUF 母带电后，恢复 BUL/BUN 母线供电并恢复上述由于失电而停运的系统。

原因：在 101 大修中恢复 1-5323-BUF 母线运行时，将进线 PT 和母线 PT 位置放反了，原因是设备标牌安装在可移动的PT本体上，而固定的PT间隔舱位边框上没有标识，造成进线 PT 和母线 PT 回装时没有对应其间隔舱位。所以，在本次操作中根据 PT 本体上的标牌进行了拉出进线 PT 的操作，实际拉出的是母线 PT，导致 BUF 母线失电。

纠正措施：核查两个机组所有 6.3 kV 母线的进线 PT 和母线 PT 位置的正确性，并在固定的 PT 间隔舱位边框上增加母线 PT 和进线 PT 的标识。在 6.3 kV 母线的进线 PT 和母线 PT 本体上张贴标识，标识内容除设备编号和名称外，还包括该 PT 对应的间隔位置(注明是上间隔或下间隔)。

4.2 在工作位置释放断路器弹簧导致慢化剂泵意外启动

2002 年 4 月 1 日下午 16 时 20 分，慢化剂泵做点动试验，将断路器 5323-BUF12 (3211-PM2)摇到工作位置，泵点动试验成功。试验完成后，一名操作人员将弹簧储能释放(应该在试验位置释放储能。程序规定，严禁在工作位置释放断路器弹簧储能)，因此时断路器仍然在工作位置，导致断路器合闸，慢化剂泵意外重新启动，并持续运行 7 分钟，直到电气人员使用绝缘操作杆按下断路器本体上的跳闸按钮将断路器手动跳闸。

原因分析：该操作人员只记得要释放弹簧储能，却忘记了应在什么情况下释放释放储能，导致此事件的发生。

4.3　误碰低电压继电器 004XR 导致 0LKI 和 9LKI 跳闸

1. 事件概述

2015 年 1 月 13 日下午 1 点左右，主控发“9LGIB 母线低压报警”（LGB 为公用和厂区 6.6 kV 配电盘系统），维修人员接主控通知到 2 号主控室向值长了解情况，获知前一晚上刚做完 BAS57 试验，初步判断 9LGIB 的低电压报警没有复归后，维修人员与一名现操一同去就地确认报警。

到达现场后，在 9LGIB001TU 柜面板上未发现异常，根据面板上粘贴的操作提示单提醒（见下图 4-1）“确认柜内 004XR 已复位”，同时查看维修图纸，显示 004XR 为报警出口之一。维修人员打开 9LGIB001TU 柜二次仓柜门，检查 004XR 继电器。该继电器为 ABB 生产，面板上有个圆形小盖，里面有一圆形按钮，错误地认为该圆形按钮为复归按钮，打开圆形小盖，用螺丝刀按下，低电压出口引起 0LKI 和 9LKH 跳闸。

维修人员立即停止工作，向 2 号主控进行汇报，随后 1 号主控按照操作票于 2 点左右恢复所有影响的负荷。

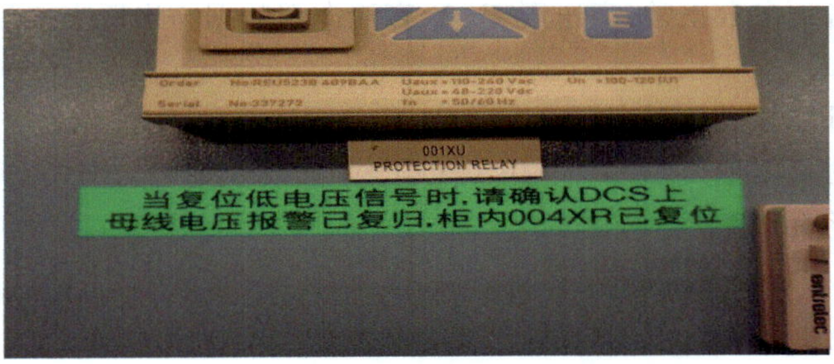

图 4-1　操作提示单

2. 事件后果或潜在后果

1) 0LKI 和 9LKH 跳闸

2) 0LKI 下负荷为 TC 楼风机，0LBM、0LBN 直流系统充电器一。

3) 9LKH 下负荷为常规岛公用段部分。

因汇报及时，迅速恢复其供电，未造成任何后果。

3. 原因分析

004XR 为中间继电器，两副常开接点报警，另两副常闭接点为低电压跳闸出口，失电后自动复归。

工作前未做风险分析，造成设备跳闸。

缺少质疑的工作态度：当接到抢修通知后就先入为主的认为低压报警未复位，现场粘贴的提示单更加深了自己的自信，从而错误的认为 004XR 未复位。当发现现场无异常，未对其原因进一步分析，相信面板上所贴提示内容。

4. 经验教训

1) 工作前应做好风险分析,不能盲目自信,先入为主。

2) 工作前应该明确工作对象。

3) 不能在未得到授权的情况下操作设备。

4) 工作时保持质疑的工作态度。

4.4 8LGIB 带地刀合闸事件调查

1. 事件概述

2015 年 8 月 27 日 18 时 44 分,福清核电 3、4 号机组项目调试部根据计划安排在执行 8LGIA/B 由 4LGC 切换至 3LGC 供电的倒电操作时,工作负责人违反管理程序和电力安规要求,无票作业,执行过程中漏掉拉 8LGI801JS 这一关键步骤,带地刀 8LGI801JE 合母联开关 8LGI762JA,触发 3 号主变高厂变两套保护装置高厂变 A 复压过流 2 段保护动作,3 号主变跳闸,3LGA/B/C/D 自动切换至主变、高压厂变辅变供电。整个事件过程无人员伤亡。

已采取的措施:

1) 调试项目部进行停工整改;

2) 项目调试部电气队制定了排查方案,并联系福建送变电,对 3 号机组主变进行了初步检查,确认主变各项参数正常,高压厂变 A 直流电阻数据与出厂交接数据比较超标,其他参数均正常;

3) 项目调试部联系天威保变厂家 8 月 31 日到场进行故障分析;

4) 二三公司对合闸地刀 8LGI801JE 进行了检查,确认地刀无损伤。

2. 事件直接影响

该事件造成 3 号主变高压侧 5031 开关跳闸,3 号机组 500 kV 主厂外电源不可用。

3. 调查过程记录

直接原因:

未断开隔离刀闸 8LGI801JS 的情况下合母联开关 8LGI762JA,导致带地刀 8LGI801JE 对母线 8LGIB 送电。

根本原因:

工作过程中,项目调试部工作人员违反了《国家电网公司电力安全工作规程》和《调试期间系统状态控制管理规定》的要求未编写倒电工作操作典型操作票,违章作业;操作人员和监护人员未遵守《国家电网公司电力安全工作规程》“高压电气设备都应安装完善的防误操作闭锁装置,防误操作闭锁装置不得随意退出运行……”的要求,在闭锁装置不可用的情况下违章合闸送电,安全意识淡薄。

4.5 带电误合 2LGD 5 开关母线侧接地刀闸

1. 事件概述

2004 年 11 月 24 日,1 号机组满功率运行。为执行外围厂房变压器的改造工作,需要把

9LGIB001TB 上的负荷全部倒到 9LGIA 上运行。

7 时 40 分当班隔离经理了解夜班执行 9LGIB 母线停运的操作票内容;

8 时 30 分隔离经理要求主控根据操作票安排现场停电倒负荷工作。隔离经理准备好操作票后等待主控操作完毕;

8 时 50 分执行 9LGIB 9 配电柜的隔离,并发放这张工作许可证,然后进行母线停电的准备工作;

9 时 30 分确认主控执行完 9LGIB 停电操作单内容后,剩余的工作是断开 9LGIB 上剩下的 6 kV/380 V 变压器配电柜电源,以及 9LGIB 母线断电;

10 时隔离经理带领两名现操到达电气厂房;

10 时 10 分开始合 2LGD5 上的地刀,导致 1LGC3 跳闸;

10 时 12 分隔离经理意识到了错误后,立即断开 2LGD5 接地刀。然后跑到 1LGC 配电盘,发现 1LGC3 开关已经断开。此时主控出现大量报警,主控操纵员广播询问隔离经理的操作情况;

10 时 30 分隔离经理了解到主控情况后,继续执行隔离,拉出 1LGC3 断路器,合上 1LGC3 的地刀,重新合上 2LGD5 开关母线侧地刀。

2. 事件原因

直接原因:

在 9LGIB 001TB 的两路供电未全部切除的情况下(未断开 1LGC3 的断路器)合上了 2LGD5 断路器 9LGIB 母线侧接地刀闸,导致 9LGIB001TB 母线接地,瞬间过流保护自动连锁跳开了 1LGC3 断路器。

根本原因:

隔离单做票顺序出现错误。做票的顺序应该是先执行完电气操作票,然后根据操作票内容做隔离单,但隔离经理在电气操作票未完成的情况下做了隔离票,而且隔离票中的隔离操作顺序也是没有考虑到正确的电气操作顺序,没有按先停电再合地刀的操作顺序进行隔离。

地刀防误操作的设计上存在不足,不满足电气设备一般安全要求“五防”规定。

合地刀前没有进行验电,没有按照电气停运的一般要求进行运行隔离操作。

由于当时工作任务较多,影响了运行操作人员的情绪,在执行重大操作时不够冷静。

相对核及热工方面的培训,核电厂运行人员电气技能培训欠缺,运行人员电气运行操作技能存在薄弱环节。

相关的运行管理规程的管理规定没有落实贯彻下去,执行力度不够。

此项操作工作计划安排不当,此工作安排在 8 时至 10 时之间,而这段时间隔离办的工作非常忙,隔离经理要发票,又要做票。一些办公设备问题、工作环境及现场工作人员之间的组织协调等因素影响了当事人的工作情绪。

事件后果:(包括对核电厂运行的影响、放射性后果、经济损失、潜在后果)

对运行的影响:无。

放射性后果:无。

直接经济损失:无。

间接经济损失:无。

潜在后果:可能造成人员伤害及电气设备损坏。

3. 经验教训

导致本次人因失误的主要原因有如下几方面:

工作实践:操作人员未能很好的按“STAR”原则进行自检,对带电合接地刀闸的风险认识不足。

监督方法:工作监护人未能起到监护作用。

培训/资格:运行人员在电气知识技能方面存在不足。

环境条件:运行操作人员受时间压力等诸多外部因素干扰,在进行操作之前不够冷静。

事件暴露了生产及管理部门人员对电站各项管理制度的执行、人员的工作行为规范及核安全文化意识等方面存在的问题与不足。所有员工都应对“STAR”制度进行重新学习和认真思考,对“STAR”在工作实践中的运用进行讨论,在每一项操作之前(特别是重要操作)都应本着探索的工作态度、严谨的工作方法、互相交流的工作习惯来进行准备、操作和反馈。

4.6 604 开关事件

1. 事件经过

2011 年 11 月 2 日,秦山一期机组进入 R13 大修第二天,按计划停役启备变。此时 6 kV 系统的运行方式为高压厂变带 6 kV 工作段,6 kV 工作段带 6 kV 公用段运行,6 kV 公用段母线带电。当晚,主控电令电气值班员将启备变由运行改为开关及变压器检修状态。在执行该操作时,需按顺序执行如下四张操作卡:

《6 kV 公用 I 段 603 开关由热备用改冷备用》《6 kV 公用 II 段 604 开关由热备用改冷备用》《启备变由充电状态改冷备用》《启备变由冷备用改变压器、开关检修》。在执行《启备变由冷备用改变压器、开关检修》操作卡第 9 大步第 7 小步“取下 6 kV 公用 II 段 604 开关二次插件,用转运小车将 604 开关移出开关柜,将高压启动备用变压器低压侧 II 接地小车移入 604 间隔,然后将接地小车摇至工作位置。”前,运行部电气值班员现场检查发现启备变低压侧第二分支接地小车的接地闸嘴安装位置异常,并在现场反复检查发现接地小车触头的位置在母线侧。该值班员立即停止操作,汇报主控及二回路工段人员,主控随后安排检查发现高压厂变第一分支接地小车闸嘴同样的安装错误问题。后经检修人员开票处理,重新调整了这两处接地小车的闸嘴,确认触头位置在变压器侧。之后完成了启备变改检修的操作。

2. 初步原因分析

6 kV 公用 II 段在 R12 大修期间进行了整体改造,当时投运后发现接地小车数量不够,需要 10 台只有 5 台,故大修后又采购了 5 台。这 5 台接地小车于今年 10 月 9 号刚刚到货随即用于现场使用。由于接地小车上没有明确标识是母线侧还是负荷侧接地小车,险些导致事件的发生,即电接地的恶性事故。

3. 即时经验反馈

1）该事件的后果最终得以避免，充分说明质疑的工作态度、严谨细致的工作作风、有效的防人因失误工具的使用，对电厂安全生产的重要意义；

2）检查分析其他接地开关小车（母线电源侧接地小车和母线负荷侧接地小车）闸嘴是否有类似问题。立即对相关的接地小车贴上相应的标识。

4.7　11.24 事件

1. 事件经过

2004 年 11 月 24 日为了升压站改造的需要需要将 9LGIB 母线改检修状态，9LGIB 母线有两路电源进线，分别为 1LGC3 和 2LGD5 开关柜。母线改检修之前 9LGIB 母线由 1LGC3 开关供电。

运行人员在执行母线停运操作票时在将所有出线负荷停运后没有将两路电源开关断开，然后直接按操作 CBA 中的隔离操作单进行母线改检修的操作。CBA 中改检修的操作步骤存在错误，在第一步检查 2LGD5 开关断开后直接合上 2LGD5 开关柜上的接地刀闸，而没有按照先断电源后合地刀的顺序进行操作，由于 2LGD5 开关柜上的接地刀闸在 9LGIB 母线侧，此时 1LGC3 向母线供电，2LGD5 开关柜的接地刀闸合上导致带电合地刀，1LGC3 开关过电流瞬时断开，1LGC100JA 没有动作，反应堆没有停。

简述事件的原因（包括直接原因和根本原因）。

2. 直接原因

1）运行人员在没有执行完配电盘停电操作单的情况下执行隔离操作票（隔离操作票中有合地刀项目）。

2）当班值准备的隔离操作票中的操作步骤错误，没有考虑正确的电气操作步骤。

3）运行人员没有严格执行电气操作的监护操作制度。

3. 根本原因

1）电气系统设计存在隐患，此处设计不符合五防规定

2）电气操作安规没有深入人心，相关的电气安全操作规定没有落实下去，电气安规考核上岗制度没有真正建立，电气一般行规在生产运行过程中落实不到位。

3）相对核知识、核安全、热工培训，电气知识技能培训不够，运行人员电气运行操作技能偏低。

4）相关的运行管理规程的管理规定没有落实贯彻下去（相关的管理规定是两年前定的）。

4. 简述事件的纠正行动和措施

1. 制订所有运行人员电气安规的轮回培训与考核（处内）计划。

2. 制定管理通告，明确重要电气操作的监护职责，重申执行电气操作的原则和规定，加强重大高风险电气操作的双重监护制度。

3. 升版电气操作票并考虑对电厂的所有相关的电气典型操作票进行编制和完善。

4. 对电气特殊关键电气设备实施特殊上锁隔离制度，钥匙保存在处领导和电气系统工程师处。

5. 对不符合五防要求的电气设备进行五防要求改造。

6. 在各值配备电气岗位技术主管。

第五章 习 题

5.1 选择题

1. VD4 断路器处于(D)位置时,可以关合地刀。

A. 隔离　　B. 运行　　C. 试验位置　　D. 隔离或试验

2. VD4 断路器分合闸不同期时间应不大于(B)。

A. 1 ms　　B. 2 ms　　C. 3 ms　　D. 4 ms

3. ZS1 金属铠装柜视窗采用的玻璃属于(B)。

A. 普通有机玻璃　　B. 防爆玻璃

4. ZVC 系列接触器在合闸后,金属铠装柜柜门(B)打开。

A. 可以　　B. 不能　　C. 允许

5. 在将接触器小车摇入柜内过程中,发现接触器小车因地刀闭锁销阻挡无法推入运行位置。此时,如需将小车摇入运行位置,需要对地刀进行(B)操作。

A. 合闸　　B. 分闸　　C. 闭锁

5.2 判断题

1. 一般情况下,VD4 断路器储能过程由马达电机驱动完成,电机启动后,对卷曲弹簧进行储能,储能完成后,电机自动停运。 (√)

2. 我厂中压系统二次控制电源电压为 220 V 直流电压。 (×)

3. 接触器在检修后,应处于分闸状态。 (√)

5.3 简答题

1. 断路器的分闸与合闸时注意事项?

(1) 在运行位置对断路器进行分闸与合闸操作只能在门关闭的情况下进行。

(2) 操作就地或远方控制开关。

(3) 观察开关分合闸位置指示器。

(4) 断路器每操作一个循环,操作次数计数器就自动加 1。

2. 6 kV 接触器由哪几部分组成?

(1) 电磁系统:包括吸合线圈、上铁芯(动铁芯)和下铁芯(静铁芯)。

(2) 触头系统:包括三个主触头和两个常开辅助触头;它和动铁芯是联在一起互相联动的。主触头的作用是接通和切断主回路。而辅助触头则接在控制回路中,以满足各种控制方式的要求。

(3) 灭弧装置:接触器在接通和切断负荷电流时,主触头会产生较大的电弧,容易烧坏触头,为了迅速切断开断时的电弧,一般容量较大的交流接触器装置有灭弧装置。

(4) 其他部件还有支撑各导体部分的绝缘外壳,各种弹簧、传动机构、短路环、接线柱等。柜体内包括三个高压隔室。每个隔室的顶部安装了一块用于释放电弧故障压力的泄压板。

3. 如何确认断路器在“冷备用”状态?

确认控制选择开关 HS-43 置于“LOCAL”位置;

确认断路器在试验位置;

确认断路器主触头断开(OPEN);

确认二次插件合上;

确认跳闸熔丝“ON”,合闸熔丝“OFF”。

4. 执行断路器从冷备用到热备用的操作时,除了严格按照程序执行外,还需要检查哪些东西?

答案:检查现场是否有妨碍断路器工作的情况,比如:断路器的继电器工作是否正常;是否有不正常的继电器掉牌等。

5. 5323-BUE01、BUE03、BUF17、BUF19 四个断路器是否能同时合闸?

答案:不能。这四个断路器分别为 5323-BUE BUF 母线的进线断路器和母联断路器之间是有闭锁的,不能同时合上,正常运行时最多只能同时合上三个,其目的就是防止出现共模事故。

6. 现场巡检时发现变压器控制面板上温度指示灯“LEFT PHASE”和“CENTER PHASE”绿色灯反复交错变亮,这是故障吗?为什么?

答案:不一定是故障。在变压器控制面板上,三相中温度最高的一相指示灯将会变亮,同时会在液晶屏上显示其温度,如果有两相温度接近或相等,可能出现交替显示的状态,属于正常现象。应检查变压器三相温度值,确认是否有两相温度接近以后再判断是否有故障。

7. 什么是断路器的“负联锁”功能,它有什么作用?

答案:如果断路器处于“试验”与“工作”位置之间,断路器将不能被机械合闸。这一连锁保证了断路器在断路器小室中移动过程中的人员安全,也避免了把已合闸的断路器摇入“工作”位置。

8. 请说出“开关五防”的内容,其中那几条要求有强制性措施?

答案:“开关五防”的要求如下。

防止误入带电间隔;

防止误分、合开关;

防止带负荷拉开隔离闸刀;

防止带电合接地线,或挂接地线;

防止带地线合断路器(或隔离闸刀)。

9. 停送电原则。

(1) 送电时先投二次设备及消防等辅助设备再投一次设备。先投直流再交流。

(2) 送电时按从高压到低压的顺序送电。即空载送电(变压器投入运行时,应先合上电源侧开关,后合上负荷侧开关。停用时操作顺序相反)。

(3) 停电时顺序正好相反。一次设备到检修状态时退出所有相关保护设备。

(4) 对设备(变压器,电机)送电先量绝缘,绝缘合格才能送电、合闸。

(5) 对电机送电时先确认没有远方合闸信号。

(6) 停电检修总步骤:停电,验电,挂接地线(合地刀),悬挂标识牌装设遮拦。

10. 接地操作注意事项。

(1) 接地操作必须注意:验明设备确已无电压后,应立即将检修设备接地并三相短路。这是保护工作人员在工作地点防止突然来电的可靠安全措施,同时设备断开部分的剩余电荷,亦可因接地而放尽。

(2) 装设接地线必须先接接地端,后接导体端,且必须接触良。拆接地线的顺序与此相应。装、拆接地线均应使用绝缘棒和戴绝缘手套。

(3) 接地线必须使用专用的线夹固定在导体上,严禁用缠绕的方法进行接地或短路。

第七部分　干式变压器

第一章　操作准备

1.1　变压器的工作原理

变压器是一种可以变换交流电压、电流和阻抗的设备,它是基于电磁感应原理而工作的。下图 1-1 是一个简单变压器的示意图,变压器中有两组线圈(或称绕组)套在同一个闭环的铁芯上,两组线圈之间相互绝缘,线圈的匝与匝之间也相互绝缘。将其中一组线圈接入交流电源,当线圈中有交流电流通过时,铁芯中便会产生与之相对应的交变磁通。而套在同一个铁芯上的另一组线圈在交变磁通的作用下,产生感应电动势。

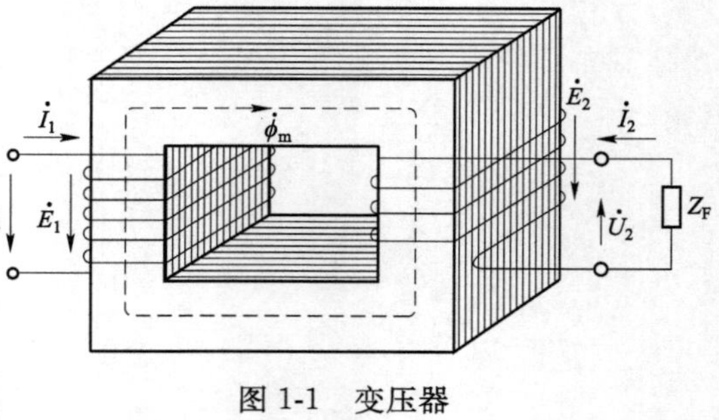

图 1-1　变压器

变压器的两组线圈都在同一交变磁通上,每一匝线圈所产生的感应电动势大小是相等的,所以两个线圈感应电动势的大小都正比于各自线圈的匝数。若两个线圈的匝数不同,则两个线圈感应电动势的大小也就不相同,匝数多的线圈感应电动势大,匝数少的线圈感应电动势小。通过改变变压器的两个线圈的匝数比,便可以达到改变电压的目的。这也是变压器在电力系统中的主要应用之一,如进行交流电压的升与降。

变压器中的线圈感应电动势的频率与铁芯交变磁通的频率是一致的,而铁芯交变磁通的频率则与线圈接入的外部电源的频率相同。

如果变压器的一侧接上交流电源,另一侧接上负载,变压器便完成两次能量转换。接入电源侧绕组将电能转换为磁能,带负载一侧的绕组则将磁能再转换为电能。

1.2　干式变压器的基本结构

干式变压器由铁芯、绕组、柜体及附件三个部分构成，其中绕组和铁芯组成了变压器的本体。

1）铁芯

铁芯是干式变压器的磁路部分，也是干式变压器的骨架，它由铁芯柱、铁轭夹紧装置组成。为了减小磁滞和涡流损耗，干式变压器的铁芯一般由两面涂有绝缘漆膜的硅钢片叠成。

按铁芯的结构不同，干式变压器可分为芯式和壳式两类，芯式结构的铁芯柱被绕组所包围，壳式结构则是铁芯包围着绕组的一部分顶面、底面和侧面。由于芯式变压器在结构上简单，绕组安置和绝缘比较容易，电力变压器大多采用芯式结构。

2）绕组

绕组是干式变压器的电路部分，由绝缘的导线绕制而成。按高低压绕组相互位置不同，可分为同心式绕组和交叠式绕组。

同心式绕组就是将高、低压绕组都做成圆筒形状，同心地装在铁芯柱上。为便于铁芯、绕组间的绝缘，一般低压绕组靠近铁芯柱，高压绕组套装在低压绕组的外面。同心式绕组的特点是外观较好，且运行时噪音低。国产干式变压器一般采用的是同心式绕组。

交叠式绕组都做成饼状，将高、低压绕组交替放置在铁芯柱上，交叠式绕组的特点是通风散热效果较好，但是外观一般，且运行时噪声较大。我们电厂使用的进口干式变压器一般采用的绕组结构为饼式的交叠式绕组。

干式变压器的两个绕组中，与电源相接的绕组叫一次绕组或一次侧，另一个接负载的绕组叫二次绕组或二次侧。

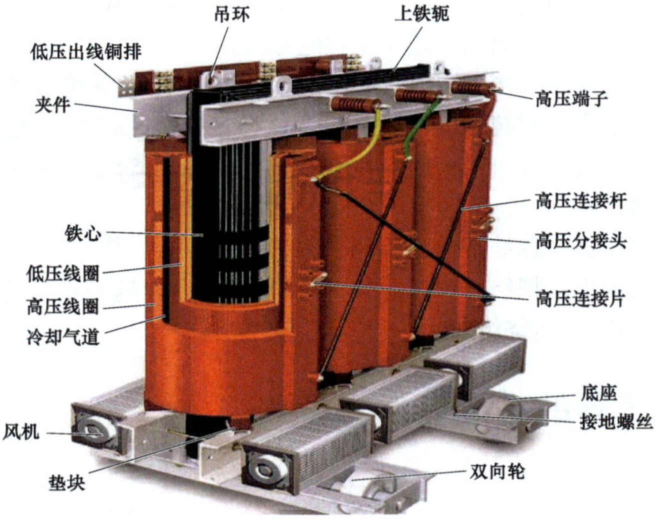

图 1-2　干式变压器

3）柜体及附件

干式变压器没有像油浸式变压器那样使用油作为冷却和绝缘介质，因此也就没有像油浸式变压器那样的一个较为密封的外壳。为了使干式变压器的本体不直接曝露在环境中，一般都会将干式变压器本体安装在一个与之相匹配的金属柜体内，使干式变压器的本体与外界能相对独立。

干式变压器运行时，变压器的绕组和铁芯因损耗而产生热量，干式变压器的冷却介质是变压器本体周围的空气，空气对流可以对变压器绕组和铁芯进行冷却，保证干式变压器的温升在其绝缘要求的温升限值范围以内，以避免绕组温升超过限值导致绝缘损坏。

干式变压器的金属柜体可以保证变压器的本体与环境相对独立，但为了提升变压器的冷却效果，除了一些防爆场变压器本体被安装封闭的柜体之外，均会在金属柜体的下部和上部设置有利于空气流通的通风口，利用空气自然对流对变压器绕组和铁芯进行冷却。或通过装在柜内的冷却风扇，通过风扇强迫空气循环来对变压器绕组和铁芯进行冷却。

1.3 干式变压器的种类和特点

干式变压器主要分为浸渍绝缘干式变压器和环氧树脂绝缘干式变压器两类。其中，环氧树脂浇注式技术更为成熟、可靠。

1）浸渍绝缘干式变压器

浸渍绝缘干式变压器绕组的结构与油浸式类似，早期的绕组采用玻璃丝包线绕制并浸普通绝缘漆。它的特点是绕组制造简单、成本低，但承受短路能力较差。另外，绕组的防潮和防尘性能差，变压器投入运行前必须进行清理和干燥处理。敞开通风干式变压器(OVDT)，其绕组采用真空压力浸漆，具有较强短路耐受能力和耐高温性能。这种变压器通风散热较好，过载能力强。

2）环氧树脂绝缘干式变压器

环氧树脂难燃、阻燃，并且电气性能优越，目前已广泛用作电气设备的绝缘材料。环氧树脂绝缘干式变压器可分为树脂浇注式和绕包绝缘式两种。

树脂浇注式绕组必须依靠模具并采用专用浇注设备，在真空状态下使绕组浇注成型。目前广泛使用的是薄层有填料树脂浇注式绕组。这种变压器的高低压绕组采用以超细石英粉为填料的环氧树脂进行浇注。其特点是在绕组内设置轴向气道，提高了散热能力，便于制造大容量干式变压器。

绕包绝缘干式变压器又称缠绕式树脂全包封干式变压器。绕组采用浸有树脂的长玻璃纤维丝用直绕和斜绕的方法把绕组包封起来，然后加温烘干。这种结构的绕组防开裂、抗短路能力优于浇注变压器，但是绕组外观一般，容量较小。

1.4 干式变压器的主要参数

1）额定容量

干式变压器输出视在功率的保证值称为变压器的额定容量，单位以千伏安(kVA)或兆伏安(MVA)表示。在不同的冷却条件下干式变压器的额定容量也会不同。

2）额定电压

变压器的额定电压是指制造厂规定的变压器各绕组在空载时额定分接头上的电压保证

值,单位以千伏(kV)表示。

3）额定电流

根据额定容量和额定电压所设计出来的电流值称为额定电流,单位以安培(A)或千安(kA)表示。

4）额定频率

单位以赫兹(Hz)表示,我国规定工频为 50 Hz。

5）绕组温度

变压器的部位		允许温升/℃		测量方法
		国产变压器	进口变压器	
绕组	A 级绝缘	60	65(允许最高温度 105)	电阻法
	E 级绝缘	75	80(允许最高温度 120)	
	B 级绝缘	80	90(允许最高温度 130)	
	F 级绝缘	100	115(允许最高温度 155)	
	H 级绝缘	125	140(允许最高温度 180)	
	C 级绝缘	150	180(允许最高温度 220)	
铁心及结构零件表面		最大不超过所接触的绝缘材料的允许温度		温度计法

第二章 操作实施

2.1 操作实施 1 干式变压器目视检查

干式变压器目视检查见表 2-1。

表 2-1 干式变压器目视检查

序号	操作步骤	操作要求	工器具	测评标准	备注
1	接受指令	接受指令	纸、笔	1. 使用三向交流； 2. 信息包括:设备的双重名称(设备编码、设备名称)。	
2	工器具准备	准备电气开关室房门钥匙 手电筒 听音器(听音棒) 红外测温仪		根据不同情况准备工器具。	
3	找到变压器	确认设备标牌		1. 使用自检确认； 2. 确认设备的双重名称(设备编码和设备名称)与要求一致。	
4	目视检查变压器	确认变压器运行情况		1. 确认干式变压器无烟雾或异味； 2. 确认干式变压器无异常声音； 3. 确认干式变压器无异常振动； 4. 确认干式变压器柜体上的通风口畅通、无异物阻挡； 5. 确认干式变压器周围有无影响变压器运行的物项,如漏水、粉尘等； 6. 通过干式变压器柜体的透明观察窗(如有),确认变压器本体的绕组外表无开裂,无放电痕迹； 7. 使用红外测温仪监测变压器柜体无异常温升及局部热点(如有需要)； 8. 确认干式变压器柜体上的就地监测盘带电,并显示正常； 9. 确认干式变压器高低压绕组每相的温度正常； 10. 确认干式变压器电流正常,三相负荷平衡； 11. 确认干式变压器冷却风扇(如果有)处于“自动”运行模式,运行时,无异常声音或振动； 12. 确认干式变压器的柜门(如有)锁闭； 13. 确认干式变压器的柜体接地正常。	
5	汇报下令人	向下令人汇报现场检查结果		使用三向交流。	

2.2 操作实施 2 干式变压器绝缘测量(仅适用于运行一处)

干式变压器绝缘测量过程见表 2-2。

表 2-2 干式变压器绝缘测量过程

序号	操作步骤	操作要求	工器具	测评标准	备注
1	接受指令	接受指令	纸、笔	1. 使用三向交流; 2. 信息包括:设备的双重名称(设备编码、设备名称)。	
2	工器具准备	准备以下工器具: 电气开关室房门钥匙 手电筒 绝缘兆欧表(摇表) 高、低压验电器 绝缘垫 测试专用导线		1. 验电器要根据被验设备电压等级进行选择; 2. 确认电气工器具在检验有效期内; 3. 确认所有使用到的工器具完好。	
3	找到变压器	确认设备标牌		1. 使用自检确认; 2. 确认设备的双重名称(设备编码和设备名称)与要求一致。	
4	确认变压器状态	确认变压器停运且检修工作已结束		1. 确认变压器进出线隔离闸刀已断开,即变压器已断电隔离; 2. 确认变压器进出线接地闸刀已断开或临时接地线已拆除。 3. 确认已没有人员在变压器本体上工作。	
5	确认干式变压器测量绝缘的位置	注:6 kV 变压器的绝缘测量要在高压侧进行(相对地、相间)。 1. 如果在变压器进出线开关处测量绝缘。则在相应的开关间隔内进行绝缘测量; 2. 如果直接在变压器本体上测量绝缘。则先判断变压器的高低压侧。 干式变压器高低压侧区分方法: 1) 看两侧引出线绝缘瓷瓶高度; 比较干式变压器两侧引线的绝缘瓷瓶高度,绝缘瓷瓶高的说明绝缘等级高,即为变压器的高压侧,否则为低压侧。 2) 看两侧导线截面积,比较干式变压器两侧引线的截面尺寸,一般导线截面积小的是高压侧(高压侧是高电压、小电流),截面积大的是低压侧(低压侧是低电压、大电流)。	手电筒	1. 正确确定干式变压器绝缘测量的位置; 2. 确认选定的绝缘测量位置可用。	

续表

序号	操作步骤	操作要求	工器具	测评标准	备注
5	确认干式变压器测量绝缘的位置	3）看两侧引出导线的数量(相数)，变压器的高压侧为 6 kV，秦一厂 6 kV 系统为不接地系统，故其引出导线只有三相，即为3根导线。低压侧为380 V，380 V系统是接地系统，故其引出线为4根，即三相+零线。			
6	测量干式变压器的绝缘	1. 选择兆欧表(摇表)的额定电压。 要与被测设备的工作电压相对应。 2. 测量前，对兆欧表(摇表)进行开路试验和短路试验。 开路试验应指示在“∞”的位置；短路试验应指示在“0”的位置。 3. 使用验电器，验明被测设备无电压。 验电器的选取择要与被测设备的工作电压相对应。 4. 选定一个良好的接地点。 5. 对设备的各相对地及相间测量绝缘。 测量时以兆欧表显示数值稳定为准。(如果是摇表测量，则应转速均匀约120r/min，摇测 1 分钟)。 6. 记录绝缘测量的数据。 6 kV 变压器：绝缘电阻值，每千伏一般不得低于 1MΩ，吸收比应大于或等于 1.3 (R60"/15")。 7. 对被测设备逐相放电。 8. 对摇表进行放电。	绝缘垫 兆欧表 验电器 测试专用导线	1. 正确验明变压器无电压； 2. 再次确认变压器本体处没有无关人员； 3. 正确测量变压器相间绝缘； 4. 正确测量变压器每相对地绝缘； 5. 正确记录相关数据； 6. 正确对摇表和被测设备进行放电。	
7	归还工器具	将工器具归还。		1. 现场工完料尽； 2. 工器具均归还，或归位。	
8	汇报下令人	向下令人汇报变压器绝缘测量结果。		使用三向交流。	

2.3 实施中需要特别注意的几个关键点

1）确认干式变压器运行情况时，非必要情况下，严禁打开变压器的柜门(如有)接近变压器本体进行检查。

2）测量绝缘时，必须验电，确认无电压的情况下才能测量绝缘。

第三章　故障检查和处理

3.1　常见故障现象和判断方法

常见故障现象和判断方法见表 3-1。

表 3-1　常见故障现象和判断方法

序号	故障现象	判断方法	故障原因分析	故障排除方法
1	干式变压器异音、振动	正常变压器运行时，会发出嗡嗡的声音。	冷却风扇运行时产生的异常振动，等待冷却风扇停运，再确认异音消除。	汇报并发工作申请
			干式变压器本体构件松脱，产生的振动。	汇报并发工作申请
			干式变压器柜体部件松脱产生的异常振动。	发工作申请
			干式变压器存在放电所产生的异音，并伴有异味。	汇报并发工作申请
2	干式变压器三相绕组温度上升较快	监测干式变压器的高低压绕组的温度值。	干式变压器的负荷短时间内增加较多	确认变压器的负荷，确认温度稳定，并在限值以内，或适当减慢增加负荷的速率。
			冷却风扇故障	汇报并发工作申请，确认温度稳定，并在限值以内。
			环境温度上升或通风口被堵	降低环境温度，清理干式变压器柜体的通风口，或发工作申请。

第四章　操作结束

4.1　总结

干式变压器的巡检过程中，需要通过干式变压器的各相绕组温度、电流等参数，变压器的声音和振动情况来判断变压器的运行状态。非必要情况下严禁打开变压器的柜门进入柜内检查，如需要打开柜门进行确认，也必须要有人监护并且人员不得进入柜内，防止人员触电和设备损坏。

干式变压器的绝缘测量工作一般是由维修人员完成，但秦山一厂的干式变压器有时需要由运行人员执行绝缘测量工作。运行人员在进行变压器绝缘测量前，需要确认变压器已从各方面隔离，特别说明的是断路器（开关）不能作为隔离点，必须要以隔离闸刀为隔离点。同时，必须要验明确实无电压。

4.2　评价

学员对干式变压器的巡检过程进行阐述，并说明其中的关键点以及注意事项。教员对学员的陈述简要记录，根据学员的阐述评判学员的掌握情况，并对学员的学习情况做出整体评价。

第五章　经验反馈

5.1　外部经验反馈:美国阿肯色核一厂 2 号机组辅助变压器发生火灾爆炸导致自动紧急停堆并触发了应急给水系统

在接近满功率条件下运行时,一个电气故障导致一台辅助变压器起火并爆炸,引起厂外电源损失和自动紧急停堆。该事件也致使一台启动变压器不可用。电厂宣布为异常事件,并要求当地消防支持。这一事件被认为是重要事件,因为它导致厂外电源丧失,进入异常事件工况,并寻求厂外机构的支持予以灭火,而且还导致了 33 天的强迫停机大修。

变压器爆炸和起火的直接原因是一条导线错误地接到了变压器差动继电器公用回路。根本原因是安装工艺不合格。引起母线故障的最可能原因是汽轮机房内 6 900 V 柔性连杆安装不当,从而导致柔性连杆连接件降级。爆炸和起火的诱因是缺少预防性维修计划。

5.2　内部经验反馈:秦山第三核电厂 1 号机组因公用段变压器故障跳闸停机停堆

事件描述:

2016 年 9 月 15 日 14 时 18 分 30 秒,1 号机组主控室出现大量报警,厂用电 400 V 部分负荷跳闸,包括:液体区域控制系统 1 号供水泵跳闸,反应堆厂房内就地空气冷却风机 LAC1～LAC16 跳闸,最终导致停机停堆。

事件的直接原因:

事件当天,受台风影响持续强降雨,雨水从公用段变压器T9箱体外壳拼缝处及箱体连接处(铆钉锈蚀后导致漏水)漏入吊顶层,并由吊顶拼缝漏至变压器T9本体上,导致变压器的 B、C 相间短路,再由电弧发展成不平衡三相短路。

事件的根本原因:

1) 设计防护等级低

公用段母线设计变更时选择了防护等级较低的箱式结构配电装置,按照 GB 4208—2008《外壳防护等级》的箱式配电装置外壳进行设计,防护等级为 IP23(防淋水),低于秦三厂户外变压器原设计的 IP55 防护等级。

2) 设备管理不足

没有制定对公用段母线的箱体外壳进行定期检查维护的要求。

第六章 习 题

6.1 理论题

1. 判断题

(1) 巡视干式变压器时,巡检人员可以独立打开变压器的柜门进入柜内检查。 (×)

(2) 环氧树脂绝缘干式变压器可分为树脂浇注式和绕包绝缘式两种。 (√)

(3) 干式变压器在三相负荷平衡的情况下,其三相绕组温度也应该基本一致。 (√)

2. 简答题

目视检查干式变压器的内容有哪些?

答:

1) 确认干式变压器无烟雾或异味;

2) 确认干式变压器无异常声音;

3) 确认干式变压器无异常振动;

4) 确认干式变压器柜体上的通风口畅通、无异物阻挡;

5) 确认干式变压器周围有无影响变压器运行的物项;

6) 确认变压器本体的绕组外表无开裂,无放电痕迹;

7) 确认干式变压器柜体上的就地监测盘带电,并显示正常;

8) 确认干式变压器高低压绕组每相的温度正常;

9) 确认干式变压器电流正常,三相负荷平衡;

10) 确认干式变压器冷却风扇处于“自动”运行模式,运行时,无异常声音或振动;

11) 确认干式变压器的柜门锁闭;

12) 确认干式变压器的柜体接地正常。

6.2 实操题

鉴定点:目视检查干式变压器

试题 1:干式变压器巡检

1. 准备要求

考场准备:

(1) 试题名称:干式变压器巡检

(2) 本题分值:100

(3) 考核时间:10 min

(4) 考核形式:实操

(5) 设备设施准备:

序号	名称	规格	单位	数量	备注
1	干式变压器		台	1	运行中的干式变压器

2. 考核要求

(1) 本题分值:100

(2) 考核时间:10 min

(3) 考核形式:实操

(4) 具体考核要求:对运行中的干式变压器进行巡检

(5) 否定项说明:无

3. 配分与评分标准

序号	考核内容	考核要点	配分	评分标准	扣分	得分
1	接受指令	接受指令	10	1. 使用三向交流; 2. 信息包括:设备的双重名称(设备编码、设备名称)。		
2	工器具准备	准备电气开关室房门钥匙 手电筒 听音器(听音棒) 红外测温仪	10	1. 根据不同情况准备工器具; 2. 确认工器具可用。		
3	找到变压器	确认设备标牌	10	1. 使用自检确认; 2. 确认设备的双重名称(设备编码和设备名称)与要求一致。		
4	目视检查变压器	确认变压器运行是否正常	60	1. 严禁打开干式变压器的柜门; 2. 确认干式变压器无烟雾或异味; 3. 确认干式变压器无异常声音; 4. 确认干式变压器无异常振动; 5. 确认干式变压器柜体上的通风口畅通、无异物阻挡; 6. 确认干式变压器周围有无影响变压器运行的物项; 7. 通过干式变压器柜体的透明观察窗,确认变压器本体的绕组外表无开裂,无放电痕迹; 8. 使用红外测温仪监测变压器柜体无异常温升及局部热点(如有需要); 9. 确认干式变压器柜体上的就地监测盘带电,并显示正常; 10. 确认干式变压器高低压绕组每相的温度正常; 11. 确认干式变压器电压及电流正常; 12. 确认干式变压器冷却风扇(如果有)处于"自动"运行模式,运行时,无异常声音或振动。		
5	汇报下令人	向下令人汇报现场检查结果	10	使用三向交流。		

否定项:

评分人:　　年　　月　　日　　　　　　　　核分人:　　年　　月　　日

第八部分　发变组保护

第一章　操作准备

1.1　发电机保护原理简介

秦二厂发电机保护双套设置，都是许继电气公司生产的 WFB-801A 微机发电机保护。第一套保护柜内由 WFB-801A 微机发电机保护装置、西门子公司的 20 Hz 电源装置、滤波装置和保护压板组成；第二套保护柜内由 WFB-801A 微机发电机保护装置和保护压板组成。发电机保护柜内保护压板是功能压板，跳闸压板都布置在 GPA008AR 柜内。

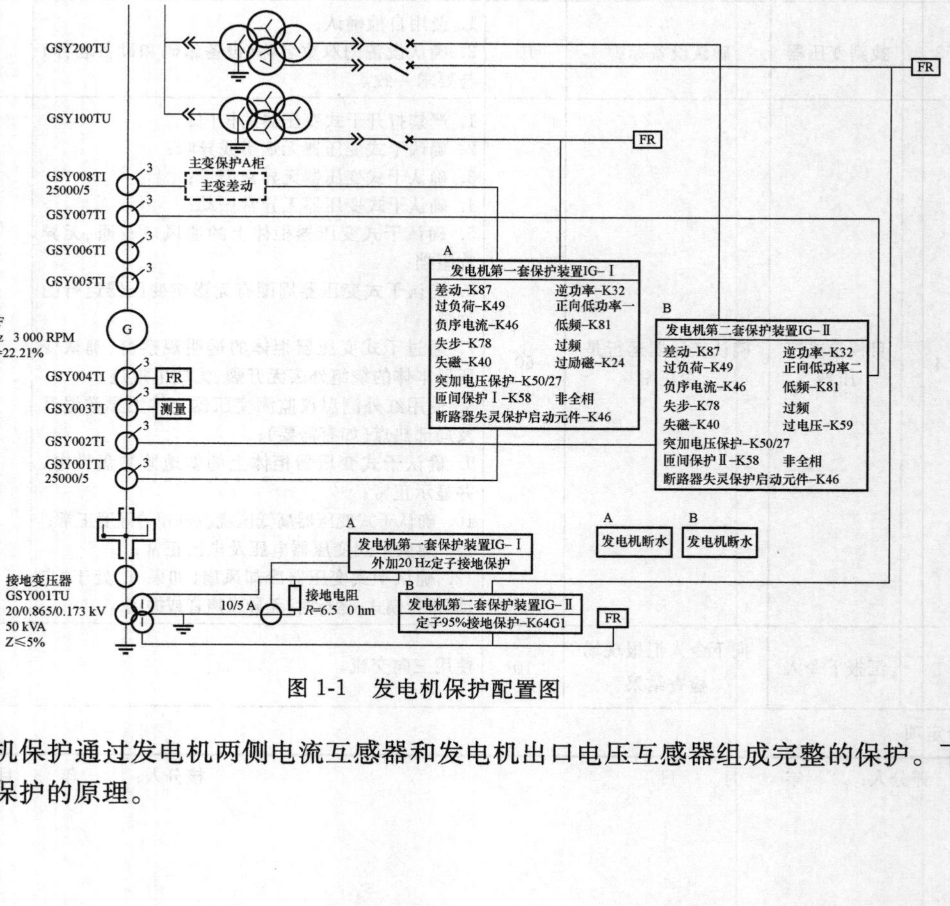

图 1-1　发电机保护配置图

发电机保护通过发电机两侧电流互感器和发电机出口电压互感器组成完整的保护。下面简述各保护的原理。

1.1.1 发电机差动保护

发电机差动保护是发电机定子绕组及其引出线相间短路故障的主保护。是利用发电机两侧电流向量之差,在区内短路时差流很大、在区外短路时几乎为零的特点,构成差动保护。

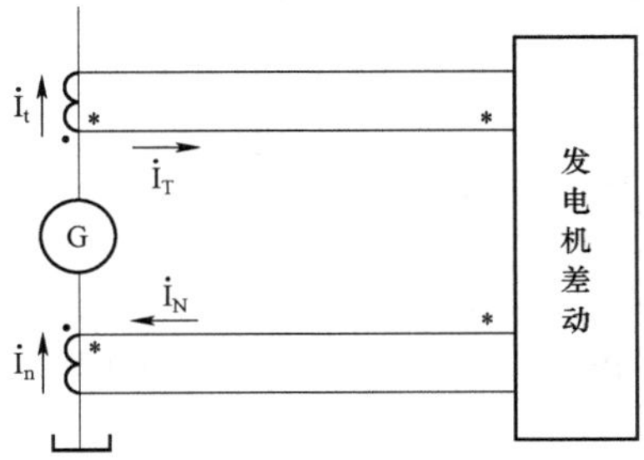

图 1-2 发电机差动保护原理

1.1.2 发电机匝间保护

发电机匝间保护是发电机定子绕组匝间短路故障的主保护,也可以反映发电机内部相间短路故障。是利用发电机定子绕组发生匝间短路时,机端三相对发电机中性点出现的零序电压而构成。

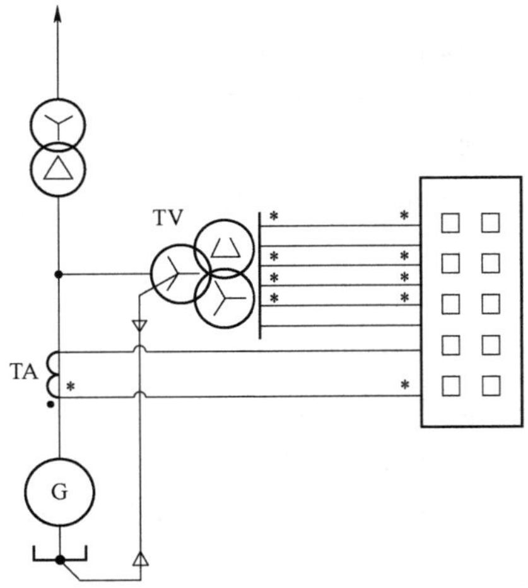

图 1-3 发电机匝间保护原理

1.1.3 发电机定子接地保护

发电机定子接地保护是反映发电机定子绕组单相接地故障。利用基波零序电压与三次谐波电压共同构成保护区为 100%的定子接地保护。当定子绕组发生单相接地故障时,三相电压中会出现较大的零序电压分量。越靠近机端,零序电压越大,越靠近中性点,零序电压越小。外加交流 20 Hz 电源发电机定子单相接地保护是在发电机定子回路对地之间外加一个交流 20 Hz 电源,发电机正常运行时,20 Hz 电源回路几乎不产生电流,发生定子单相接地故障时对地绝缘被破坏，20 Hz 电源回路将产生电流。

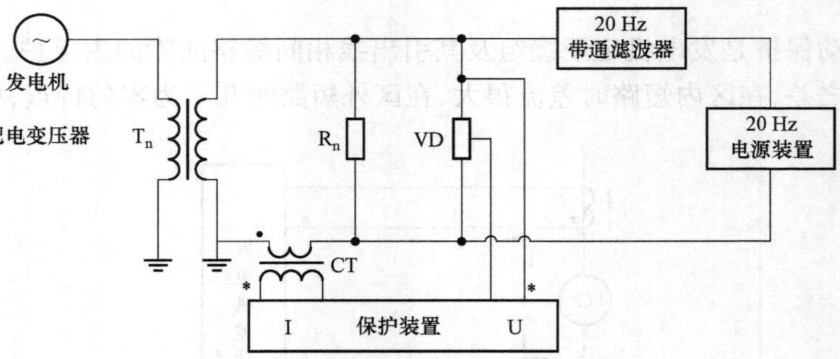

图 1-4　发电机定子接地保护原理

1.1.4　发电机对称过负荷保护

发电机对称过电流保护主要保护发电机定子绕组过负荷或外部故障引起的定子绕组过电流，保护由定时限和反时限两部分组成；定时限部分按发电机长期允许的负荷电流能可靠返回的条件整定。反时限部分按定子绕组允许的过电流能力整定。定时限部分动作于发信号，反时限部分动作于跳发电机断路器。

1.1.5　发电机负序过负荷

也称为发电机不对称过电流保护。发电机不对称过电流保护作为发电机不对称运行和不对称故障时的负序电流引起的发电机转子表面过热的保护，该保护由定时限反时限两部分组成，定时限部分按发电机长期允许的负序电流下能可靠返回的条件整定，反时限部分由发电机转子表层允许的负序过电流能力确定。定时限部分发信号，反时限部分跳发电机断路器。

1.1.6　发电机失磁保护

发电机失磁后，发电机失去同步，使发电机变为一个感应电动机运行，从系统吸收无功功率，发电机定子电流增大，定子过热，由于转差电流的出现在转子中产生差频电流，造成转子过热；由于电压下降，厂用机械不能稳定运行，为此必须装设失磁保护。

1.1.7　发电机逆功率保护

由于汽轮机系统的故障，主汽门关闭，使发电机变为电动机运行，从系统吸取有功功率，这种工况对发电机并无危险，但由于鼓风损失，汽轮机尾部叶片有可能过热，造成汽轮机事故。因此，汽轮发电机组不允许在这种状态下长期运行。逆功率允许运行时间及逆功率值应由汽轮机厂提供。逆功率保护动作跳发电机断路器。

1.1.8　低频累加保护

汽轮机低频运行会使汽轮机叶片受到疲劳损伤，这种不可逆的疲劳损伤累计到一定限度会使叶片断裂，造成严重故障，因此大型汽轮机有必要装设反映低频运行过程的低频累加保护。低频累加保护动作于发信号或关闭主汽门,待正向低功率继电器动作后跳发电机断路器。汽轮机在各个低频段允许运行的时间由汽轮机厂提供。

1.1.9　发电机过激磁保护

发电机的过励磁倍数与电压频率比成比例,电压升高频率降低均会使发电机的工作磁密值升高,导致励磁电流增大,铁芯过热。为防止发电机过励磁装设了过激磁保护,保护经延时动作于发电机跳闸。

1.1.10　发电机过电压保护

对于大型发电机,过激磁保护不能完全替代过电压保护。在调速系统和调压装置都正常运行的情况下,当满负荷运行的发电机突然甩去绝大部分负荷时,由于励磁电流不能突变,转速上升,从而使定子电压短时上升,危及发电机绝缘。为此装设发电机过电压保护,保护经延时动作于发电机断路器跳闸。

1.1.11　误上电保护

误上电保护作为发电机在起停机过程中发电机断路器误合闸的保护。发电机在盘车或静止状态下,由于发电机出口断路器误合闸,系统的三相工频电压突然加在发电机上,使同步发电机处于异步启动工况,由系统向发电机定子绕组倒送大电流,同时在转子中产生差频电流,会引起转子过热而损坏发电机。保护由低频元件和三相过电流元件组成,保护瞬时动作于发电机断路器跳闸。

1.1.12　发电机保护矩阵图

发电机保护矩阵图见图 1-5、图 1-6。

出口矩阵	保护投退硬压板	发电机差动	发电机匝间	20Hz定子接地	对称过负荷		负序过电负荷		失磁		失步		过励磁		逆功率	发电机断水	频率异常			突加电压	正向低功率	
					定时限	反时限	定时限	反时限	一段	二段	区外	区内	定时限	反时限			低频告警	低频跳闸	过频		t1	t2
		LP1	LP2	LP3	LP4		LP5		LP6		LP7		LP9		LP10	LP18	LP12			LP13	LP14	
	跳闸出口	跳发电机K386-1	跳发电机K386-1	跳发电机K386-1	告警	跳发电机K386-1	告警	跳发电机K386-1	汽机跳闸K586-1	汽机跳闸K586-1	告警	跳500 kV断路器K486-1	告警	跳发电机K386-1	跳发电机K386-1	跳发电机K386-1	告警	汽机跳闸K586-1	跳500 kV断路器K486-1	跳发电机K386-1	闭锁手合KI	跳发电机K386-1
出口 1	500 kV CB32(42)跳闸线圈一											√							√			
出口 2	500 kV CB33(41)跳闸线圈一											√							√			
出口 3	闭锁 CB32(42)重合闸											√							√			
出口 4	汽机跳闸一	√	√	√		√		√	√	√				√	√	√		√		√		√
出口 5	工频手动励磁跳闸	√	√	√		√		√						√	√	√				√		√
出口 6	启动 500 kVⅡ(Ⅰ)母线断路器失灵保护一											√							√			
出口 7	启动 500 kV中间断路器失灵保护											√							√			
出口 8	至 DEH											√							√			
出口 9	正向低功率闭锁发电机断路器手动跳闸																				√	
出口 10	启动发电机断路器失灵保护	√	√	√		√		√						√	√	√				√		√
出口 11	K386 动作	√	√	√		√		√						√	√	√				√		√

图 1-5　发电机保护矩阵图 1

出口矩阵 \ 保护投退硬压板		发电机差动	发电机匝间	20Hz定子接地	对称过负荷		负序过电负荷		失磁		失步		过励磁		逆功率	发电机断水	频率异常			突加电压	正向低功率	
					定时限	反时限	定时限	反时限	一段	二段	区外	区内	定时限	反时限			低频告警	低频跳闸	过频		t1	t2
		LP1	LP2	LP3	LP4		LP5		LP6		LP7		LP9		LP10	LP18	LP12			LP13	LP14	
	跳闸出口	跳发电机K386-1	跳发电机K386-1	跳发电机K386-1	告警	跳发电机K386-1	告警	跳发电机K386-1	汽机跳闸K586-1	汽机跳闸K586-1	告警	跳500 kV断路器K486-1	告警	跳发电机K386-1	跳发电机K386-1	跳发电机K386-1	告警	汽机跳闸K586-1	跳500 kV断路器K486-1	跳发电机K386-1	闭锁手合KI	跳发电机K386-1
出口12	K486动作											√							√			
出口13	K586动作								√	√								√				
出口14	K786动作																					
出口15	K986动作																					
出口16	发电机差动动作信号至RTU	√																				
出口17	6 kV LGA100JA跳闸线圈一																					
出口18	6 kV LGB100JA跳闸线圈一																					
出口19	6 kV LGC100JA跳闸线圈一																					
出口20	6 kV LGD100JA跳闸线圈一																					
出口21	发电机断路器跳闸线圈一	√	√	√		√		√						√	√	√				√		√
出口22	灭磁断路器跳闸线圈一	√	√	√		√		√						√	√	√				√		√
出口23	备用出口																					
	告警	√	√	√	√	√	√	√	√	√	√	√	√	√	√	√	√	√	√	√	√	√

图1-5 发电机保护矩阵图1(续)

出口矩阵 \ 保护投退硬压板		机端断路器失灵	发电机断路器非全相	冷却剂泵转速低	灭磁开关联跳	发电机断路器联跳
		LP15	LP8	LP17	LP16	LP11
	跳闸出口	发电机断路器失灵K986-1	跳发电机K386-1	跳500kV断路器K486-1	汽机跳闸K586-1	跳6kV断路器K786-1
出口1	500 kV CB32(42)跳闸线圈一	√		√		
出口2	500 kV CB33(41)跳闸线圈一	√		√		
出口3	闭锁CB32(42)重合闸	√		√		
出口4	汽机跳闸一		√		√	
出口5	工频手动励磁跳闸		√			
出口6	启动500 kVⅡ(Ⅰ)母线断路器失灵保护一	√		√		
出口7	启动500 kV中间断路器失灵保护	√		√		
出口8	至DEH			√		
出口9	正向低功率闭锁发电机断路器手动跳闸					
出口10	启动发电机断路器失灵保护		√			
出口11	K386动作		√			
出口12	K486动作			√		
出口13	K586动作				√	
出口14	K786动作					√
出口15	K986动作	√				
出口16	发电机差动动作信号至RTU					
出口17	6 kV LGA100JA跳闸线圈一	√				√
出口18	6 kV LGB100JA跳闸线圈一	√				√
出口19	6 kV LGC100JA跳闸线圈一	√				√
出口20	6 kV LGD100JA跳闸线圈一	√				√
出口21	发电机断路器跳闸线圈一		√			
出口22	灭磁断路器跳闸线圈一		√			
出口23	备用出口					
	告警	√	√	√	√	√

图1-6 发电机保护矩阵图2

1.1.13　发电机保护柜

发电机保护柜见图 1-7。

图 1-7　发电机保护柜

1.2　主变保护简介

秦二厂主变保护双套设置,每套保护柜内都是许继电气公司生产的 WFB-802A 微机变压器保护和 WFB-804A 微机非电量保护。由于非电气量是通用保护,故两套保护柜内保护压板有多少。主变保护柜内保护压板都是功能压板,跳闸出口压板都布置在 GPA008AR 内。

主变保护通过发电机出口电流互感器、发电机出口电压互感器、主变高压侧电流互感器、主变高压侧电压互感器和 500 kV 开关侧电流互感器组成完整的保护。

下面简述各保护的原理。

1.2.1　主变压器差动保护

主变压器差动保护作为主变压器内部、出线套管及引出线的短路故障保护。保护采用二次谐波比率制动的四侧差动保护构成,保护瞬时动作于全停。

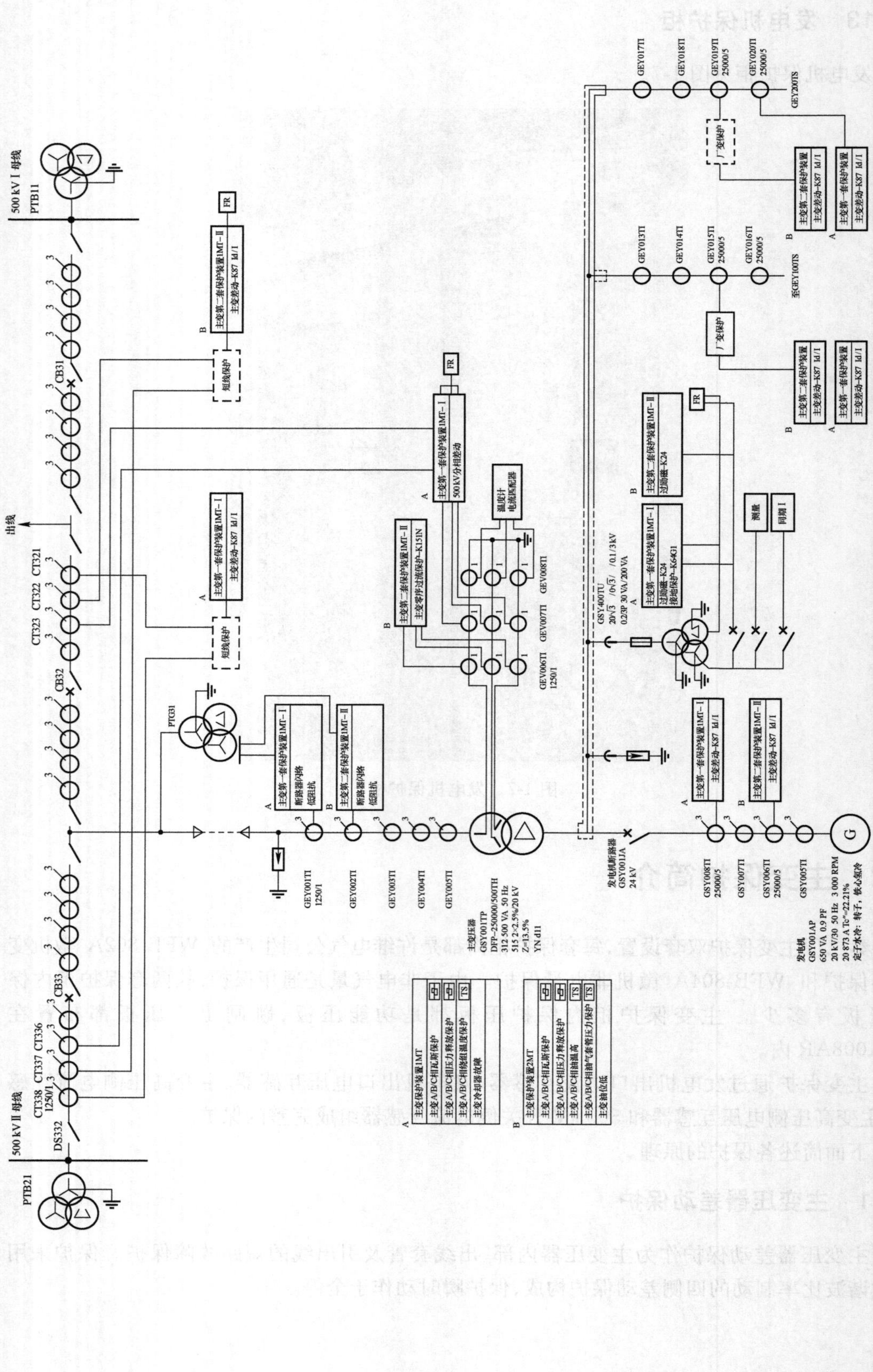

500 kV Ⅰ 母线
PTB11
500 kV Ⅱ 母线
PTB21
DS332
CT338 CT337 CT336
CB33
CB32
CT323 CT322 CT321
出线
CB31
PTG31
短线保护
主变第一套保护装置1MT-Ⅰ
主变差动-K87 Id/1
主变第二套保护装置1MT-Ⅱ
FR
断路器闪络
低阻抗
主变第二套保护装置1MT-Ⅱ
主变零序过流保护-K151N
主变第一套保护装置1MT-Ⅰ
500 kV分相差动
温度计
电流匹配器
GEY001TI
1250/1
GEY002TI
GEY003TI
GEY004TI
GEY005TI
GEV006TI
1250/1
GEV007TI
GEV008TI
主变压器
GSY001TP
DFP-250000/500TH
YN d11
发电机断路器
GSY001JA
24 kV
GSY008TI
25000/5
GSY007TI
GSY006TI
25000/5
GSY005TI
发电机
GSY001AP
G
主变保护装置1MT
主变A/B/C相瓦斯保护
主变A/B/C相压力释放保护
主变A/B/C相绕组温度保护
主变冷却器故障
主变保护装置2MT
主变A/B/C相瓦斯保护
主变A/B/C相压力释放保护
主变A/B/C相油温高
主变油位低
TS
GSY400TU
过励磁-K24
接地保护-K64G1
测量
同期Ⅰ
厂变保护
GEY013TI
GEY014TI
GEY015TI
25000/5
GEY016TI
25000/5
至GEY100TS
GEY017TI
GEY018TI
GEY019TI
25000/5
GEY020TI
25000/5
GEY200TS

图 1-8　主变保护配置图

1.2.2 主变压器高压侧分相差动保护

主变压器高压侧分相差动保护作为主变压器高压绕组及引出线单相接地故障的主保护，保护瞬时动作于全停。

1.2.3 低阻抗保护

低阻抗保护装于主变高压侧，主要用作发电机和主变相间故障的后备保护，延时动作于全停。

1.2.4 主变过激磁保护

主变过激磁倍数与电压频率比成比例，电压升高频率降低均会使主变压器的工作磁密值升高，导致励磁电流增大，铁芯过热。为防止主变压器过励磁，装设了过激磁保护，设定时限反时限两部分。定时限部分动作于发信号，反时限部分动作于 500 kV 断路器跳闸。主变过激磁保护受发电机断路器辅助接点控制，当发电机断路器断开时，该保护投入运行。

1.2.5 主变低压侧接地保护

主变低压侧接地保护接于主变低压侧电压互感器开口三角，用于主变低压侧接地检测，保护动作于 500 kV 断路器跳闸，主变低压侧接地保护受发电机断路器辅助接点控制，当发电机断路器断开时，保护投入运行。

1.2.6 主变保护矩阵图

主变保护矩阵图见图 1-9。

出口矩阵	保护投退硬压板	主变差动	分侧差动	主变低阻抗		断口闪络	500 kV失灵保护(备用)	主变过励磁		主变低压侧接地	发电机断路器联跳
				t1	t2			定时限	反时限		
		LP1	LP2	LP3		LP4	LP5	LP6		LP7	LP8
	跳闸出口	全停 K186-1	全停 K186-1	跳 500 kV 断路器 K486-1	全停 K186-1	跳闸方式六 K686-1	全停 K186-1	告警	跳 500 kV 断路器 K486-1	跳 500 kV 断路器 K486-1	跳闸方式七 K786-1
出口 1	500 kV CB32(42)跳闸线圈一	√	√	√	√		√		√	√	
出口 2	500 kV CB33(41)跳闸线圈一	√	√	√	√		√		√	√	
出口 3	闭锁 CB32(42)重合闸	√	√	√	√		√		√	√	
出口 4	汽机跳闸一	√	√		√	√	√				
出口 5	工频手动励磁跳闸	√	√		√	√	√				
出口 6	启动 500 kVⅡ(Ⅰ)母线断路器失灵保护一	√	√	√	√		√		√	√	
出口 7	启动 500 kV 中间断路器失灵保护	√	√	√	√		√		√	√	
出口 8	备用出口										

图 1-9 主变保护矩阵图

出口矩阵	保护投退硬压板 / 跳闸出口	主变差动	分侧差动	主变低阻抗 t1	主变低阻抗 t2	断口闪络	500 kV 失灵保护(备用)	主变过励磁 定时限	主变过励磁 反时限	主变低压侧接地	发电机断路器联跳
	硬压板	LP1	LP2	LP3		LP4	LP5		LP6	LP7	LP8
	跳闸出口	全停 K186-1	全停 K186-1	跳 500 kV 断路器 K486-1	全停 K186-1	跳闸方式六 K686-1	全停 K186-1	告警	跳 500 kV 断路器 K486-1	跳 500 kV 断路器 K486-1	跳闸方式七 K786-1
出口 9	备用出口										
出口 10	备用出口										
出口 11	K186 动作	√	√		√		√				
出口 12	K486 动作			√					√	√	
出口 13	K686 动作					√					
出口 14	K786 动作										√
出口 15	主变差动动作至 RTU	√									
出口 16	主变差动动作至水喷淋	√									
出口 17	6 kV LGA100JA 跳闸线圈一	√	√		√	√	√				√
出口 18	6 kV LGB100JA 跳闸线圈一	√	√		√	√	√				√
出口 19	6 kV LGC100JA 跳闸线圈一	√	√		√	√	√				√
出口 20	6 kV LGD100JA 跳闸线圈一	√	√		√	√	√				√
出口 21	发电机断路器跳闸线圈一	√	√		√	√	√				
出口 22	灭磁断路器跳闸线圈一	√	√		√	√	√				
	告警	√	√	√	√	√	√	√	√	√	√

保护投退硬压板 / 跳闸出口	主变A相绕组温度超高	主变B相绕组温度超高	主变C相绕组温度超高	主变A相冷却器故障	主变B相冷却器故障	主变C相冷却器故障	主变A相重瓦斯	主变B相重瓦斯	主变C相重瓦斯	主变A相轻瓦斯	主变B相轻瓦斯	主变C相轻瓦斯	主变A相压力释放	主变B相压力释放	主变C相压力释放	主变A相绕组温度高	主变B相绕组温度高	主变C相绕组温度高	备用非电量1	备用非电量2	备用非电量3	备用非电量4	备用非电量5
硬压板	LP13	LP14	LP15	LP16	LP17	LP18	LP19	LP20	LP21				LP22	LP23	LP24				LP25	LP26	LP27		
跳闸出口	全停二 K286-1	全停二 K286-1	全停二 K286-1	全停二 K286-1	全停二 K286-1	全停二 K286-1	全停二 K286-1	全停二 K286-1	全停二 K286-1	告警	告警	告警	全停二 K286-1	全停二 K286-1	全停二 K286-1	告警	告警	告警	全停二 K286-1	全停二 K286-1	全停二 K286-1	告警	告警
500 kV CB32 (42) 跳闸线圈一	√	√	√	√	√	√	√	√	√				√	√	√				√	√	√		
500 kV CB33 (41) 跳闸线圈一	√	√	√	√	√	√	√	√	√				√	√	√				√	√	√		
6 kV LGA100JA 跳闸线圈一	√	√	√	√	√	√	√	√	√				√	√	√				√	√	√		
6 kV LGB100JA 跳闸线圈一	√	√	√	√	√	√	√	√	√				√	√	√				√	√	√		
6 kV LGC100JA 跳闸线圈一	√	√	√	√	√	√	√	√	√				√	√	√				√	√	√		
6 kV LGD100JA 跳闸线圈一	√	√	√	√	√	√	√	√	√				√	√	√				√	√	√		
闭锁 CB32(42) 重合闸	√	√	√	√	√	√	√	√	√				√	√	√				√	√	√		
发电机断路器跳闸线圈一	√	√	√	√	√	√	√	√	√				√	√	√				√	√	√		
灭磁断路器跳闸线圈一	√	√	√	√	√	√	√	√	√				√	√	√				√	√	√		
汽机跳闸一	√	√	√	√	√	√	√	√	√				√	√	√				√	√	√		
工频手动励磁跳闸	√	√	√	√	√	√	√	√	√				√	√	√				√	√	√		
备用出口	√	√	√	√	√	√	√	√	√				√	√	√				√	√	√		
K286 动作	√	√	√	√	√	√	√	√	√				√	√	√				√	√	√		
告警	√	√	√	√	√	√	√	√	√	√	√	√	√	√	√	√	√	√	√	√	√	√	√

图 1-9 主变保护矩阵图(续)

1.2.7 主变保护柜

图 1-10 主变保护柜

1.3 核岛/常规岛高压厂变保护简介

秦二厂核岛/常规岛高压厂变保护双套设置,两套保护合在一个保护柜内都是许继电气公司生产的 WFB-802A 微机变压器保护和 WFB-804A 微机非电量保护。核岛/常规岛高压厂变保护柜内保护压板都是功能压板,跳闸出口压板都布置在 GPA008AR 内。

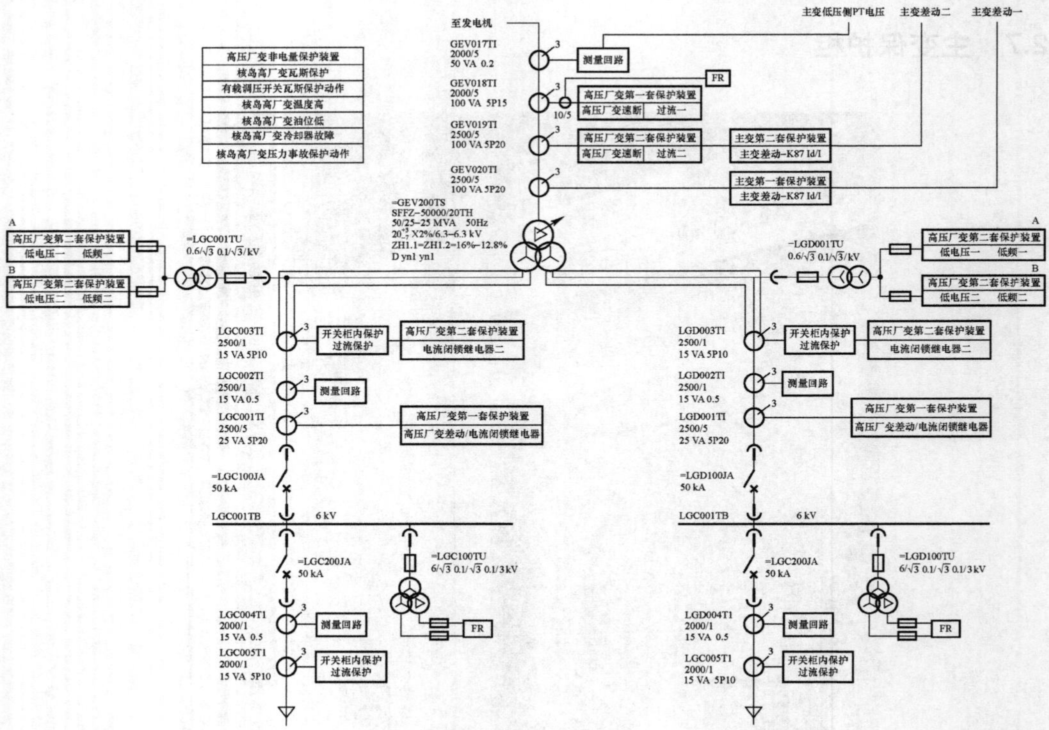

图 1-11 核岛高压厂变

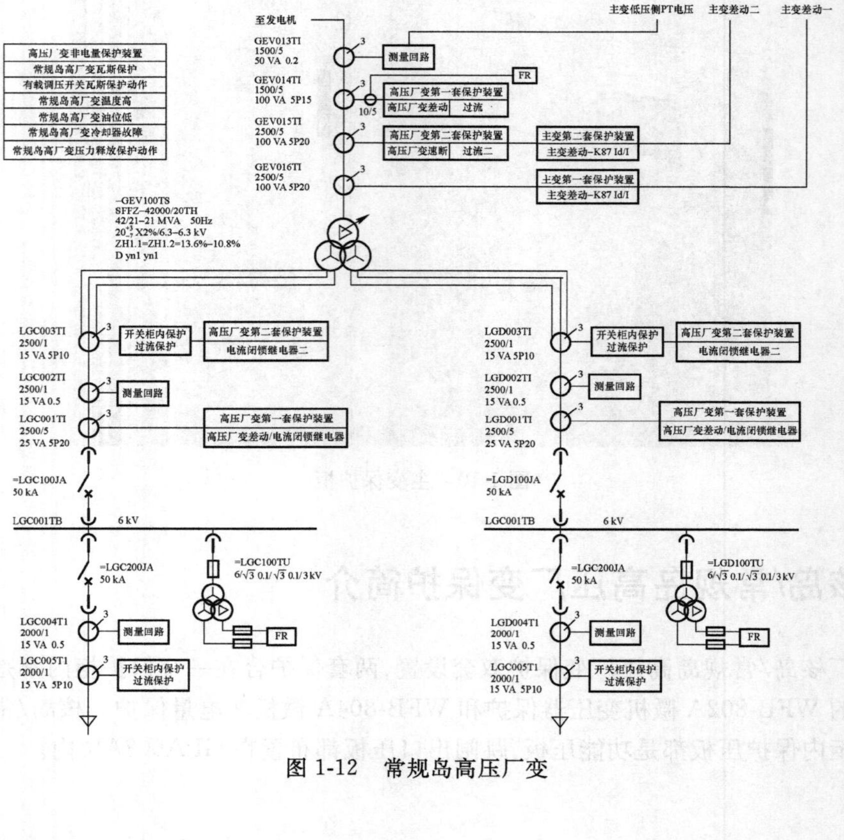

图 1-12 常规岛高压厂变

第一套电气量

出口矩阵	保护投退硬压板 / 跳闸出口	高厂变差动	高厂变高压侧过流一段	高厂变高压侧过流二段	LGA 电流闭锁	LGD 电流闭锁	6 kV 电压低		6 kV 频率低	
							t1	t2	t1	t2
		1LP1	1LP2	1LP3	1LP4	1LP5	1LP6		1LP7	
		全停 K186-1	全停 K186-1	闭锁 LGA LGD 过流	闭锁慢切	闭锁慢切	跳 500 kV K486-1	全停 K186-1	跳 500 kV K486-1	全停 K186-1
出口 1	500 kV CB32(42) 跳闸线圈一	√	√				√	√	√	√
出口 2	500 kV CB33(41) 跳闸线圈一	√	√				√	√	√	√
出口 3	闭锁 CB32(42)重合闸	√	√				√	√	√	√
出口 4	汽轮机跳闸一	√	√					√		√
出口 5	工频手动励磁跳闸	√	√					√		√
出口 6	启动 500 kVⅡ（Ⅰ）母线断路器失灵保护一	√	√				√	√	√	√
出口 7	启动 500 kV 中间断路器失灵保护	√	√				√	√	√	√
出口 8	闭锁 LGC 慢速切换				√					
出口 9	闭锁 LGD 慢速切换					√				
出口 10	备用出口									
出口 11	K186 动作	√	√					√		√
出口 12	K486 动作						√		√	
出口 17	6 kV LGA100JA 跳闸线圈一	√	√					√		√
出口 18	6 kV LGB100JA 跳闸线圈一	√	√					√		√
出口 19	6 kV LGC100JA 跳闸线圈一	√	√					√		√
出口 20	6 kV LGD100JA 跳闸线圈一	√	√					√		√
出口 21	发电机断路器跳闸线圈一	√	√					√		√
出口 22	灭磁断路器跳闸线圈一	√	√					√		√
	告警	√	√		√	√	√	√	√	√

图 1-13　核岛高压厂变第一套矩阵图

第二套电气量

出口矩阵	保护投退硬压板 / 跳闸出口	高厂变电流速断	高厂变高压侧过流一段	高厂变高压侧过流二段	LGC电流闭锁	LGD电流闭锁	6 kV 电压低		6 kV 频率低	
							t1	t2	t1	t2
		2LP1	2LP2	2LP3	2LP4	2LP5	2LP6		2LP7	
		全停 K186-2	全停 K186-2	闭锁 LGC LGD 过流	闭锁慢切	闭锁慢切	跳 500 kV K486-1	全停 K186-2	跳 500 kV K486-1	全停 K186-2
出口 1	500 kV CB32(42) 跳闸线圈二	√	√				√	√	√	√
出口 2	500 kV CB33(41) 跳闸线圈二	√	√				√	√	√	√
出口 3	闭锁 CB32(42) 重合闸	√	√				√	√	√	√
出口 4	汽轮机跳闸一	√	√					√		√
出口 5	工频手动励磁跳闸	√	√					√		√
出口 6	启动 500 kVⅡ(Ⅰ)母线断路器失灵保护二	√	√				√	√	√	√
出口 7	启动 500 kV 中间断路器失灵保护	√	√				√	√	√	√
出口 8	闭锁 LGC 慢速切换				√					
出口 9	闭锁 LGD 慢速切换					√				
出口 10	备用出口									
出口 11	K186 动作	√	√					√		√
出口 12	K486 动作						√		√	
出口 17	6 kV LGA100JA 跳闸线圈二	√	√					√		√
出口 18	6 kV LGB100JA 跳闸线圈二	√	√					√		√
出口 19	6 kV LGC100JA 跳闸线圈二	√	√					√		√
出口 20	6 kV LGD100JA 跳闸线圈二	√	√					√		√
出口 21	发电机断路器跳闸线圈二	√	√					√		√
出口 22	灭磁断路器跳闸线圈二	√	√					√		√
	告警	√	√		√	√	√	√	√	√

图 1-14　核岛高压厂变第二套矩阵图

保护投退硬压板 跳闸出口	高压变轻瓦斯	高厂变重瓦斯	高厂变油位上限	高厂变油位下限	高厂变温度高	有载调压瓦斯	冷却器故障	高厂变压力释放	备用非电量 1	备用非电量 2
		3LP1				3LP2		3LP3	3LP4	
	告警	全停二	告警	告警	告警	全停二	告警	全停二	全停二	告警
500 kV CB32(42)跳闸线圈一(二)		√				√		√	√	
500 kV CB33(41)跳闸线圈一(二)		√				√		√	√	
6 kV LGA100JA跳闸线圈一(二)		√				√		√	√	
6 kV LGB100JA跳闸线圈一(二)		√				√		√	√	
6 kV LGC100JA跳闸线圈一(二)		√				√		√	√	
6 kV LGD100JA跳闸线圈一(二)		√				√		√	√	
闭锁 CB32(42)重合闸		√				√		√	√	
发电机断路器跳闸线圈一(二)		√				√		√	√	
汽轮机路闸一(二)		√				√		√	√	
工频手动励磁跳闸		√				√		√	√	
灭磁断路器跳闸线圈一(二)		√				√		√	√	
备用出口		√				√		√	√	
K286 动作		√				√		√	√	
告警	√	√	√	√	√	√	√	√	√	√

图 1-15　核岛高压厂变通用矩阵图

出口矩阵 \ 保护投退硬压板 \ 跳闸出口		第一套电气量				
		高厂变差动	高厂变高压侧过流一段	高厂变高压侧过流二段	LGA 电流闭锁	LGB 电流闭锁
		1LP1	1LP2	1LP3	1LP4	1LP5
		全停 K186-1	全停 K186-1	闭锁 LGA LGB 过流	闭锁慢切	闭锁慢切
出口 1	500 kV CB32(42) 跳闸线圈一	√	√			
出口 2	500 kV CB33(41) 跳闸线圈一	√	√			
出口 3	闭锁 CB32(42) 重合闸	√	√			
出口 4	汽轮机跳闸一	√	√			
出口 5	工频手动励磁跳闸	√	√			
出口 6	启动 500 kVⅡ（Ⅰ）母线断路器失灵保护一	√	√			
出口 7	启动 500 kV 中国断路器失灵保护	√	√			
出口 8	闭锁 LCA 慢速切换				√	
出口 9	闭锁 LCB 慢速切换					√
出口 10	备用出口					
出口 11	备用出口					
出口 12	备用出口					
出口 13	K186 动作	√	√			
出口 17	6 kV LGA100JA 跳闸线圈一	√	√			
出口 18	6 kV LGB100JA 跳闸线圈一	√	√			
出口 19	6 kV LGC100JA 跳闸线圈一	√	√			
出口 20	6 kV LGD100JA 跳闸线圈一	√	√			
出口 21	发电机断路器跳闸线圈一	√	√			
出口 22	灭磁断路器跳闸线圈一	√	√			
	告警	√	√	√	√	√

图 1-16 常规岛高压厂变第一套矩阵图

第二套电气量

出口矩阵	保护投退硬压板 / 跳闸出口	高厂变电流速断	高厂变高压侧过流一段	高厂变高压侧过流二段	LGA 电流闭锁	LGB 电流闭锁
		2LP1	2LP2	2LP3	2LP4	2LP5
		全停 K186-2	全停 K186-2	闭锁 LGA LGB 过流	闭锁慢切	闭锁慢切
出口 1	500 kV CB32(42) 跳闸线圈二	√	√			
出口 2	500 kV CB33(41) 跳闸线圈二	√	√			
出口 3	闭锁 CB32(42) 重合闸	√	√			
出口 4	汽轮机跳闸二	√	√			
出口 5	工频手动励磁跳闸	√	√			
出口 6	启动 500 kVⅡ（Ⅰ）母线断路器失灵保护二	√	√			
出口 7	启动 500 kV 中国断路器失灵保护	√	√			
出口 8	闭锁 LGA 慢速切换				√	
出口 9	闭锁 LGB 慢速切换					√
出口 10	备用出口					
出口 11	备用出口					
出口 12	备用出口					
出口 13	K186 动作	√	√			
出口 17	6 kV LGA100JA 跳闸线圈二	√	√			
出口 18	6 kV LGB100JA 跳闸线圈二	√	√			
出口 19	6 kV LGC100JA 跳闸线圈二	√	√			
出口 20	6 kV LGD100JA 跳闸线圈二	√	√			
出口 18	发电机断路器跳闸线圈二	√	√			
出口 21	灭磁断路器跳闸线圈二	√	√			
	告警	√	√	√	√	√

图 1-17　常规岛高压厂变第二套矩阵图

保护投退硬压板 / 跳闸出口	高压变轻瓦斯	高厂变重瓦斯	高厂变油位上限	高厂变油位下限	高厂变温度高	有载调压瓦斯	冷却器故障	高厂变压力释放	备用非电量 1	备用非电量 2
		3LP1				3LP2		3LP3	3LP4	
跳闸出口	告警	全停二 K286	告警	告警	告警	全停二 K286	告警	全停二 K286	全停二 K286	告警
500 kV CB32(42) 跳闸线圈一(二)		√				√		√	√	
500 kV CB33(41) 跳闸线圈一(二)		√				√		√	√	
6 kV LGA100JA 跳闸线圈一(二)		√				√		√	√	
6 kV LGB100JA 跳闸线圈一(二)		√				√		√	√	
6 kV LGC100JA 跳闸线圈一(二)		√				√		√	√	
6 kV LGD100JA 跳闸线圈一(二)		√				√		√	√	
闭锁 CB32(42) 重合闸		√				√		√	√	
发电机断路器跳闸线圈一(二)		√				√		√	√	
汽轮机路闸一(二)		√				√		√	√	
工频手动励磁跳闸		√				√		√	√	
灭磁断路器跳闸线圈一(二)		√				√		√	√	
备用出口		√				√		√	√	
备用出口		√				√		√	√	
备用出口		√				√		√	√	
K286 动作		√				√		√	√	
告警	√	√	√	√	√	√	√	√	√	√

图 1-18　常规岛高压厂变通用矩阵图

图 1-19　核岛/常规岛高压厂变保护柜

1.4　发变组保护装置介绍

发变组保护装置见图 1-20。

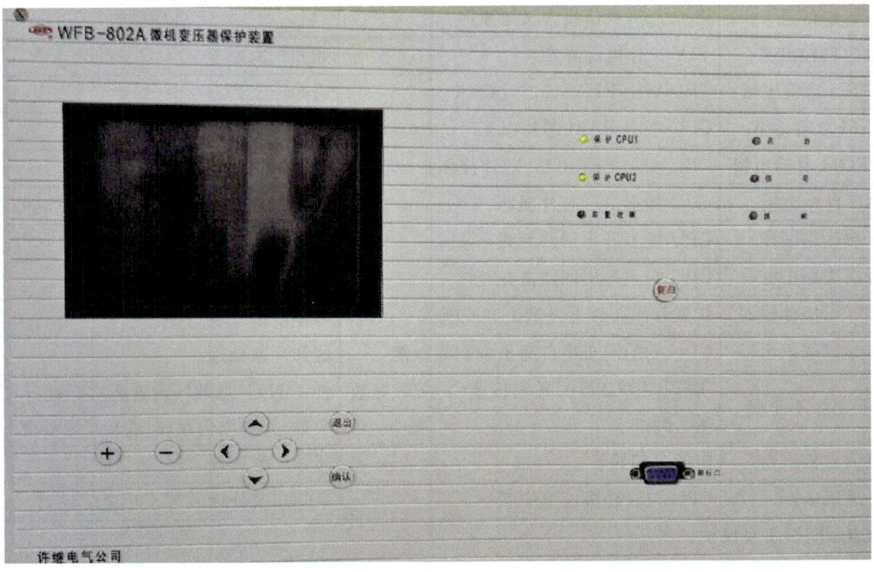

图 1-20　发变组保护装置

装置上电正常运行后，循环显示主接线及运行数据图和保护投退状态图，可通过“+”或“-”键快速切换，如果 5 分钟没有新的操作，将自动进入屏幕保护状态；当有保护动作或状态变位时，显示屏将自动激活并一直显示保护动作或状态变位信息，保护液晶屏一直点亮，需要运行人员复归。

装置实现保护硬压板状态显示和软压板设置，当功能硬压板投入或退出时，显示屏内进行同步变位。在保护逻辑上，硬压板串联软压板，在保护实际运用中将需要的保护进行投入，不需要的保护进行断开，防止不需要的保护进入保护逻辑，引起保护误动。

1.4.1 装置面板中指示灯说明

“保护 CPU1”：灯为绿灯，装置正常运行时常亮，保护启动时闪烁，如果不亮说明该 CPU 处于不正常运行状态；

“保护 CPU2”：灯为绿灯，装置正常运行时常亮，保护启动时闪烁，如果不亮说明该 CPU 处于不正常运行状态；

“装置故障”：灯为红灯，正常运行时熄灭，当装置发生故障或告警时点亮；

“启动”：灯为黄灯，正常运行时熄灭，当任一保护启动元件启动时点亮，当所有保护启动元件返回时启动灯熄灭；

“信号”：灯为红灯，正常运行时熄灭，当任一保护动作时点亮；

“跳闸”：灯为红灯，正常运行时熄灭，当任一保护跳闸时点亮；

“信号”：灯与“跳闸”灯均为磁保持，在保护返回后，只有按下“复归”键或在远方复归后才熄灭。

1.4.2 装置自检异常告警信息

装置自检异常告警信息见图 1-21。

序号	告警信息	信息含义与原因	处理措施	备注
01	电源自检出错	+5V 工作电源异常	通知厂家处理	#
02	FLASH 自检出错	CPU 板上 FLASH 芯片损坏	通知厂家处理	#
03	RAM 自检出错	CPU 板上 RAM 芯片损坏	通知厂家处理	#
04	EEPROM 自检出错	CPU 板上 EEPROM 芯片损坏	通知厂家处理	#
05	AD 自检出错	CPU 板上 AD 芯片损坏	通知厂家处理	#
06	开出回路断线	CPU 板上开出回路断线	通知厂家处理	
07	开出回路击穿	CPU 板上开出回路击穿	通知厂家处理	#
08	扩展开出插件错误	扩展开出插件上光耦击穿或断线	通知厂家处理	#
09	同步串口通讯出错	CPU 间的同步串口通讯中断或异常。	通知厂家处理	#
10	DSP 总数不正确	实际运行 CPU 总数与设置的 CPU 总数不一致	将“CPU 总数”设置为实际运行 CPU 个数；如现象仍存在，通知厂家处理。	#
11	定值自检出错	定值存储异常	通知厂家处理	#
12	通讯中断	CPU 与管理机通讯中断	通知厂家处理	#

⚠注：#表示闭锁所有保护。

图 1-21 装置自检异常告警信息

1.4.3 装置整定异常信息

装置整定异常信息见图 1-22。

序号	告警信息	信息含义与原因	处理措施	备注
01	主变差动(发变组、厂变、励磁变)、零序差动平衡系数超界	装量自动计算的差动平衡系数大于 4 或小于 0.1。	修正系数定值(容量、一次电压或 TA 变比),使差动平衡系数介于 0.1 与 4 之间。	*
02	主变(发变组、厂变、励磁变)差动接线型式整定错误	接线钟点数与接线型式不匹配。	修正接线钟点数或接线型式,使之相互匹配。	*
03	高压侧通风一(二)段整定错误	返回电流整定值大于动作电流整定值。	修正返回电流整定值和动作电流整定值,使返回电流整定值小于动作电流整定值。	*
04	负序过负荷反时限整定错误	反时限启动电流整定值小于长期运行允许值整定值。	修正反时限启动电流整定值或长期运行允许值整定值,使反时限启动电流大于长期运行允许值。	*
05	对称过负荷反时限整定错误	反时限启动电流整定有误。	$t=\frac{K}{I_*^2-(1+\alpha)}$,修正散热常数α或反时限启动电流整定值,使 $I_*^2-(1+\alpha)>0$。	*
06	励磁过负荷反时限整定错误	反时限启动电流整定有误。	$t=\frac{K}{I_*^2-(1+\alpha)}$,修正散热常数α或反时限启动电流整定值,使 $I_*^2-(1+\alpha)>0$。	*

⚠注:#表示只闭锁本保护。

图 1-22 装置整定异常信息

1.4.4 一般异常处理

一般异常处理信息见图 1-23。

序号	异常信息	信息含义与原因	处理措施	备注
01	CPU 运行灯闪烁异常或熄灭。	CPU 运行异常,CPU 系统退出运行。	通知厂家处理。	
02	液晶显示有启动报文,信号与跳闸灯未点亮。	1) 外部系统有扰动或故障; 2) 装置采样异常; 3) 定值整定欠妥。	1) 根据启动报文内容,查询外部系统在保护启动前是否有故障或扰动; 2) 查看保护装置采样值,如无异常,按电厂运行要求处理,如采样异常,通知厂家处理; 3) 考虑修正保护定值。	
03	调试软件与装置通讯异常。	前面板的串口参数设置不当。	重新设置串口参数(波特率和奇偶校验)与装置地址,使之与调试软件的相应参数一致。	
04	液晶花屏、闪屏或黑屏。	液晶损坏。	通知厂家处理。	
05	打印机不能打印。	1) 通信端口设置有误; 2) 打印机与通讯管理机通讯线故障; 3) 打印机损坏。	1) 进入通信设置,将“打印口”设置为“就地”; 2) 更换打印机通讯线; 3) 更换打印机。	
06	打印机不能自动打印。	1) 通信参数,端口设置有误; 2) 打印机与通讯管理机通讯线故障; 3) 打印机损坏。	1) 进入通信设置,将“打印口”设置为“就地”,将“自动打印”设置为“投”; 2) 更换打印机通讯线; 3) 更换打印机。	

图 1-23 一般异常处理信息

1.5 工器具准备

万用表。

1.6 模拟体准备

操作所使用的模拟体为许继电气公司生产的发变组保护屏,安装在培训中心的培训教室中。

1.7 辐射防护准备

无。

1.8 工业安全准备

按照电力安规相关规定执行,所有人员需规范穿戴劳动保护用品,规范使用万用表。

1.9 配合人员准备

必须两人进行。

1.10 场地准备

无。

第二章　操作实施

发变组保护巡检

巡检是运行现场操作员的日常工作之一，是保证运行设备安全运行的一项措施。运行人员巡检必须对巡检的设备有一定的了解，对巡检的环境有风险意识，对巡检发现的问题有初步的分析能力和汇报过程。

2.1　巡检准备工作

2.1.1　劳动保护用品的正确佩戴

1）工作服

巡检时，必须要穿工作服。因为工作服材质为棉，可以有效防止静电的产生，避免对有些敏感电器元件产生影响。另外，衣服的袖口、领口等部位必须扣好，防止在巡检过程中被卷入旋转设备或误碰按钮按键，造成工业安全事故！

2）安全帽

安全帽为保护巡检人员头部的主要防护用品，因此，巡检时必须佩戴安全帽。另外，安全帽的带子一定要扣好，以防止意外掉落或掉落后对头部的伤害！但对于需要打开柜门的巡检和操作，必须摘掉安全帽，防止无法正确判断安全距离，导致误碰设备引起故障。

3）劳保鞋

劳保鞋内有防护钢板，具有防砸、防扎功能，可以在运行人员巡检过程中，有效保护人员的脚部安全。另外，劳保鞋还具备一定的绝缘功能，可以在电气触电事故当中，有效保护人员安全。劳保鞋的鞋带要绑好，防止意外绊倒的情况。因此，运行人员巡检时，必须穿好劳保鞋！

4）手电

在巡检时，有些厂房和设备的照明情况不是很理想，光线比较暗，这时，就需要利用手电才能看清设备的运行情况！

5）笔、缺陷牌、绑扎带

这些物品的主要功能是在巡检的过程中发现缺陷时，能第一时间填写缺陷报告！

6）出入卡

出入卡和其他一些首饰，比如项链等，一定要放在工作服内，防止被旋转设备卷入，造成巡检人员的人身伤害。

2.1.2　了解保护巡检的重点和巡检要求

保护巡检要重点关注保护装置设置地点的环境，环境要干燥、温度在 20 ℃左右、通风良

好、照明充足、卫生整洁、警示明确。巡检要做到四到一不：眼到、耳到、鼻到、心到和不碰

眼到：目之所及，皆为巡检内容。巡检不仅仅是看小神探涉及的内容，而是小神探所属的范围。比如，防火门是否关好、厂房有无漏水等情况、接地线是否完好、现场临时设备的摆放是否合乎标准、有无杂物和无可燃物遗留在现场等！

耳到：巡检时，耳朵要听现场有无异音。如果发现异音，一定要有不查到绝不放过的心态，把设备的安全隐患消灭在萌芽当中！

鼻到：要闻现场有无异味。有些异味是环境引起的，有些是由配电柜烧焦引起的，有些是由通风管线传来的，原因各种各样，巡检人员一定追查到底，找到引起异味的根源！

心到：心到就是要怀着一颗高度的责任心去进行巡检，做一个具有高度责任心的核电工作者！

不碰：没有工作指令、没有规定操作的运行设备严禁去操作和碰触，要有敬畏之心。不要借学习和好奇引起设备误动，引起设备故障和人身伤害的风险。

保护巡检包括：运行指示灯、被保护设备的运行状态指示、压板状态、装置时间等。

2.2 操作实施 1 巡检前的准备

巡检前的准备见表 2-1。

表 2-1 巡检前的准备

序号	操作步骤	操作要求	工器具	测评标准	备注
1	正确穿戴工作服	符合规范	无	符合规范	
2	正确佩戴安全帽	符合规范	无	符合规范	
3	正确穿戴劳保鞋	符合规范	无	符合规范	
4	携带手电	合理放置	无	合理放置	
5	携带笔、缺陷牌、绑扎带	合理放置	无	合理放置	
6	正确放置工作证、项链等	符合规范	无	符合规范	
7	掌握需关注缺陷	掌握需关注的缺陷	无	掌握需关注缺陷	

2.3 操作实施 2 发变组保护的巡检

发变组保护的巡检见表 2-2。

表 2-2 发变组保护的巡检

序号	操作步骤	操作要求	工器具	测评标准	备注
1	检查防火门是否关闭	正确关闭	目视	必须关闭	
2	检查保护区域有无异音	准确判断	听	准确判断	

续表

序号	操作步骤	操作要求	工器具	测评标准	备注
3	检查保护区域有无异味	准确判断	闻	准确判断	
4	检查保护柜前后柜门	确认关闭	目视	必须关闭	
5	检查保护区域通风正常	确认有通风	目视	有通风	
6	检查保护装置指示灯	确认是否正常	目视	准确判断	
7	检查保护压板状态	确认是否正常	目视	准确判断	
8	检查房间温度、湿度是否正常	确认是否正常	感受	准确判断	
9	检查房间有无杂物	确认是否正常	目视	及时发现	
10	检查有无其他异常情况	确认是否正常	目视	及时发现	

2.4　操作实施 3　巡检后的注意事项

巡检后的注意事项见表 2-3。

表 2-3　巡检后的注意事项

序号	操作步骤	操作要求	工器具	测评标准	备注
1	及时填写缺陷单	及时准确	无	及时准确	
2	及时记录电子日志	及时准确	无	及时准确	
3	物资归还	及时准确	无	及时准确	

发变组保护操作

保护操作分为正常操作和特殊操作。正常操作一般配合一次设备状态改变来确定保护的投退操作。特殊操作指保护装置在运行中出现故障,通过检修才能将保护装置故障排除的操作,这适合保护双套设置。只有单套保护设置的保护故障时,只能通过一次设备的停役来进行。如涉及严重的保护故障,一次设备停役范围要扩大,通过保护传动试验进行验证。

2.5　操作实施 1　操作准备

操作准备见表 2-4。

表 2-4　操作准备

序号	操作步骤	操作要求	工器具	测评标准	备注
1	三段式沟通	符合规范	无	符合规范	
2	携带万用表	符合规范	无	符合规范	
3	操作票	符合规范	无	符合规范	

续表

序号	操作步骤	操作要求	工器具	测评标准	备注
4	携带手电	合理放置	无	合理放置	
5	携带笔、缺陷牌、绑扎带	合理放置	无	合理放置	
6	正确放置工作证、项链等	符合规范	无	符合规范	
7	监护制度	符合规范	无	符合规范	
8	个人劳保用品	符合规范	无	符合规范	
9	工前会	符合规范	无	符合规范	

2.6 操作实施 2 操作过程

操作过程见表 2-5。

表 2-5 操作过程

序号	操作步骤	操作要求	工器具	测评标准	备注
1	三段式沟通	符合规范	无	符合规范	
2	操作任务明确	符合规范	无	符合规范	
3	检查到位	符合规范	目视	符合规范	
4	操作正确	符合规范	目视	符合规范	
5	万用表使用正确	符合规范	目视	符合规范	
6	压板投退正确	符合规范	目视	符合规范	
7	压板投退到位	符合规范	目视	符合规范	
8	三段式沟通	符合规范	无	符合规范	
9	监护到位	符合规范	目视	符合规范	

2.7 操作实施 3 操作后注意事项

操作后注意事项见表 2-6。

表 2-6 操作后注意事项

序号	操作步骤	操作要求	工器具	测评标准	备注
1	关好柜门	符合规范	无	符合规范	
2	检查操作记录	符合规范	无	符合规范	
3	三段式沟通	符合规范	无	符合规范	
4	工具物资归还	符合规范	无	符合规范	
5	工后会	符合规范	无	符合规范	

第三章　操作结束

3.1　操作结束后验证

现场巡检操作结束以后,确认现场设备状态正常,无工具和物品遗留在现场。

3.2　总结

对学员在巡检操作前的准备工作和巡检过程中的表现进行回顾,指出实际操作中表现优异的方面,总结不足的方面。将不足的方面汇总成表,提炼出学员所遇到的共性问题,以便下次培训时重点讲解。

3.3　评判

教员根据学员的陈述及实际巡检操作表现,依据评判表,对学员的学习情况做出整体评判。

3.4　工后会

工后会是对整个工作的过程的回顾以及必要的经验反馈。

对巡检操作前的准备工作、巡检操作过程、防人因工具的使用、巡检操作后的注意事项、巡检操作中发现的问题等进行总结,对学员进行评价。

第四章　经验反馈

4.1　保护漏投导致变电站全停

2008 年 5 月 10 日，某供电公司 220 kV 武健线充电试运行，该线路两端分别为 220 kV 武口变电站和 220 kV 健康变电站。220 kV 武健线试充电完成，合环成功，线路两端各设备运行正常。在带负荷校验过程中，220 kV 武健线故障。健 220 开关跳闸、武 220 开关未跳闸，由于武 220 开关未跳闸引起武口变电站全站失压。

事故发生后，组织继电保护人员立即对 220 kV 武口变电站进行保护检查，发现用于对新线路充电的武 220 开关过流保护软压板未投入，只有硬压板投入，造成新线路发生故障时，此保护未能正确动作，扩大了停电范围。220 kV 武口变电站 220 kV 充电保护型号为南瑞 RCS-923，是新投入运行的保护装置，由于继电保护人员和运行人员对该充电保护装置没有熟悉掌握其应用，发生母联过流保护软压板漏投的事情。

另外，在带负荷校验线路保护时，调度下令将 220 kV 武健线双套线路保护同时退出，失去了配置双套保护的意义，没有充分发挥双套保护的作用，应该双套保护轮流对调，轮流校验保护，当线路发生故障时，未退出的一套线路保护可以动作使开关跳闸，切除故障。

针对此次事故反映出的问题，提出以下防范措施：

1）即将投入运行的新线路，投运之前要对沿线居民做好电力安全宣传工作，电力杆塔无论带电与否，均严禁攀爬，电力线路工作者要认真检查杆塔上“禁止攀登，高压危险！”标示牌是否完好，如有损坏或丢失，要及时增补；另外，新线路投运之前，要对新线路认真巡视检查，及时发现问题并处理，排除隐患，不允许有任何防碍送电的情况发生。

2）公司要抓好培训工作，加强岗位作业技能培训，要针对工作人员的具体岗位和技能水平，按照“干什么，学什么，缺什么，补什么”的原则，强化常见、典型作业技能实训，切实提高技能培训的针对性和实效性。例如此次事故中，继电保护人员和运行人员对新投入使用的新型号保护装置，没有熟练掌握其应用，造成保护漏投事件。要加强对新型设备性能、原理及应用的学习。

3）运行人员在工作中，要有高度的责任心，工作细心认真，在继电保护人员更改保护定值后，运行人员一定要与调度部门下发的保护定值单一一认真核对，在每月保护核查中认真检查保护压板、定值单，保证其正确性。

4）调度指令的正确与否对操作的正确性及电网的安全稳定运行起着至关重要的作用，因此调度值班人员应该加强学习，提高业务素质，以保证所下达操作指令的正确性。对于运行人员提出的异议要认真考虑，合理时预以采纳。为保证电网的安全稳定运行，共同努力。

第五章　习　题

5.1　填空题

1. 保护压板分为________、________、________和________。

答：功能压板　跳闸出口压板　接口压板　备用压板

2. 发电机保护主要有________、________、________、________、________、________、________、________、________、________、________、________等。

答：差动保护　匝间保护　接地保护　对称过负荷保护　负序过负荷保护　失磁保护　失步保护　过励激保护　逆功率保护　断水保护　频率异常保护　低功率保护

3. 主变压器保护主要有________、________、________、________、________、________、________等。

答：差动保护　分相差动保护　低阻抗保护　断口闪络保护　过励磁保护　低压侧接地保护　重瓦斯保护

4. 核岛/常规岛高压厂变保护主要有________、________、________、________等。

答：差动保护　过流保护　电流速断保护　重瓦斯保护

5. 保护压板投入前________不需要测量电压、________必须测量电压。

答：功能压板　跳闸出口压板

6. 保护压板测量电压时，万用表应选择________档。

答：直流电压

5.2　简答题

1. 简述什么是发电机定子接地保护？

答：是反映发电机定子绕组单相接地故障。利用基波零序电压与三次谐波电压共同构成保护区为 100%的定子接地保护。当定子绕组发生单相接地故障时，三相电压中会出现较大的零序电压分量。越靠近机端，零序电压越大，越靠近中性点，零序电压越小。外加交流 20 Hz 电源发电机定子单相接地保护是在发电机定子回路对地之间外加一个交流 20 Hz 电源，发电机正常运行时，20 Hz 电源回路几乎不产生电流，发生定子单相接地故障时对地绝缘被破坏，20 Hz 电源回路将产生电流。

2. 简述什么是主变压器差动保护？

答：主变压器差动保护作为主变压器内部、出线套管及引出线的短路故障保护。保护采用二次谐波比率制动的四侧差动保护构成，保护瞬时动作于全停。

实操题

试题1:保护巡检前的准备工作

鉴定点:保护巡检前的准备工作

1. 准备要求

考场准备:

(1) 试题名称:保护巡检前的准备工作

(2) 本题分值:100

(3) 考核时间:30 min

(4) 考核形式:实操

考生准备:

(1) 试题名称:保护巡检前的准备工作

(2) 本题分值:100

(3) 考核时间:30 min

(4) 考核形式:实操

(5) 工具及其他准备:无

2. 考核要求

(1) 本题分值:100

(2) 考核时间:30 min

(3) 考核形式:实操

(4) 具体考核要求:准备过程正确、规范

(5) 否定项说明:无

3. 配分与评分标准

序号	考核内容	考核要点	配分	评分标准	扣分	得分
1	正确穿戴工作服	符合规范	15	不符合规范,扣十分		
2	正确佩戴安全帽	符合规范	15	不符合规范,扣十分		
3	正确穿戴劳保鞋	符合规范	15	不符合规范,扣十分		
4	携带手电	符合规范	10	不符合规范,扣十分		
5	携带笔、缺陷牌、绑扎带	符合规范	15	不符合规范,扣十分		
6	正确放置工作证、项链等	合理放置	15	不符合规范,扣十分		
7	掌握需关注缺陷	合理放置	15	不符合规范,扣十分		

评分人: 年 月 日 核分人: 年 月 日

试题2:核岛高压厂变保护操作

鉴定点:核岛高压厂变保护操作

1. 准备要求

考场准备:

(1) 试题名称:核岛高压厂变保护操作

(2) 本题分值:100

(3) 考核时间:30 min

(4) 考核形式:实操

考生准备:

(1) 试题名称:核岛高压厂变保护操作

(2) 本题分值:100

(3) 考核时间:30 min

(4) 考核形式:实操

(5) 工具及其他准备:无

2. 考核要求

(1) 本题分值:100

(2) 考核时间:30 min

(3) 考核形式:实操

(4) 具体考核要求:准备充分、操作规范、三段式沟通

(5) 否定项说明:无

3. 配分与评分标准

序号	考核内容	考核要点	配分	评分标准	扣分	得分
1	操作前准备	准备充分	10	准备充分		
2	三段式沟通	规范	10	规范		
3	操作任务明确	询问	10	明确		
4	检查到位	准确判断	10	准确判断		
5	操作正确	准确判断	10	准确判断		
6	万用表使用正确	确认	10	正确		
7	压板投退正确	确认是否正常	10	准确判断		
8	压板投退到位	确认是否正常	10	准确判断		
9	三段式沟通	规范	10	规范		
10	监护到位	规范	10	规范		

评分人: 年 月 日 核分人: 年 月 日

附件一：秦三厂发变组保护差异性材料

秦三厂发电机保护装置采用的是ALSTOM生产的发电机综合保护装置LGPG111以及部分辅助保护装置组成，保护回路由美国 Bechtel 设计整定。发电机保护继电器安装在位于主控室设备间(S/B-327)的发电机保护屏 65100-PL4036#1 和 65100-PL4036#2 内。

发电机主保护屏 65100-PL4036#1 的前面板上安装有以下保护继电器及装置：一个 LGPG111 型继电器(32G1、40G1、46G1、50AEG、59G1、60G1、59N、81G1)、1 个 KBCH120 型继电器(87ET)、一个 KCGG142 型继电器(50/51ET)、6 个 MMLG 型试验插件(试验插件(TS))、一个闭锁输出开关(86 GA)、一个出口压板(FT-1)、一个跳闸回路监视继电器(96 GA)、22 个信号/中间继电器、一个 KIZT101 型 K-BUS 通讯转换装置。

发电机后备保护屏 65100-PL4036#2 的前面板上安装有以下保护继电器及装置：一个 LGPG111 型继电器(32G2、40G2、46G2、59G2、60G2、59N2、81G2)、一个 BE1-59N 型继电器(27TN)、一套 RAZK231 型继电器(78 G)、一个 MZTU34 型继电器(21 G)、一个 MCHD01 型继电器(49 G)、6 个 MMLG 型试验插件(试验插件(TS))、一个闭锁输出开关(86 GB)、一个出口压板(FT-1)、一个跳闸回路监视继电器(96 GB)、4 个信号/中间继电器、一块有功电度测量表和一块无功电度测量表。

励磁变保护装置采用的 ALSTOM 生产的 K 系列保护装置组成，保护回路由美国 Bechtel 设计整定。励磁变保护主要由电气量保护：变压器差动保护装置 KBCH120、过流保护装置 KCGG142 和非电气量保护：绕组温度高保护、励磁系统软件保护及转子接地报警装置组成。

发电机保护继电器安装在发电机保护屏 65100-PL4036 #1/#2 内，发电机保护屏 65100-PL4036 #1/#2 位于主控室设备间(S/B-327)，主要包括下列保护：

1. 导致发电机跳闸的保护有

1) 发电机低频保护；

2) 发电机失步保护；

3) 发电机差动保护；

4) 发电机负序保护；

5) 发电机逆功率保护；

6) 发电机定子接地保护(95%)；

7) 发电机失磁保护；

8) 发电机过激磁保护；

9) 发电机过电压保护；

10) 发电机低电压保护；

11) 发电机电压闭锁过流保护；

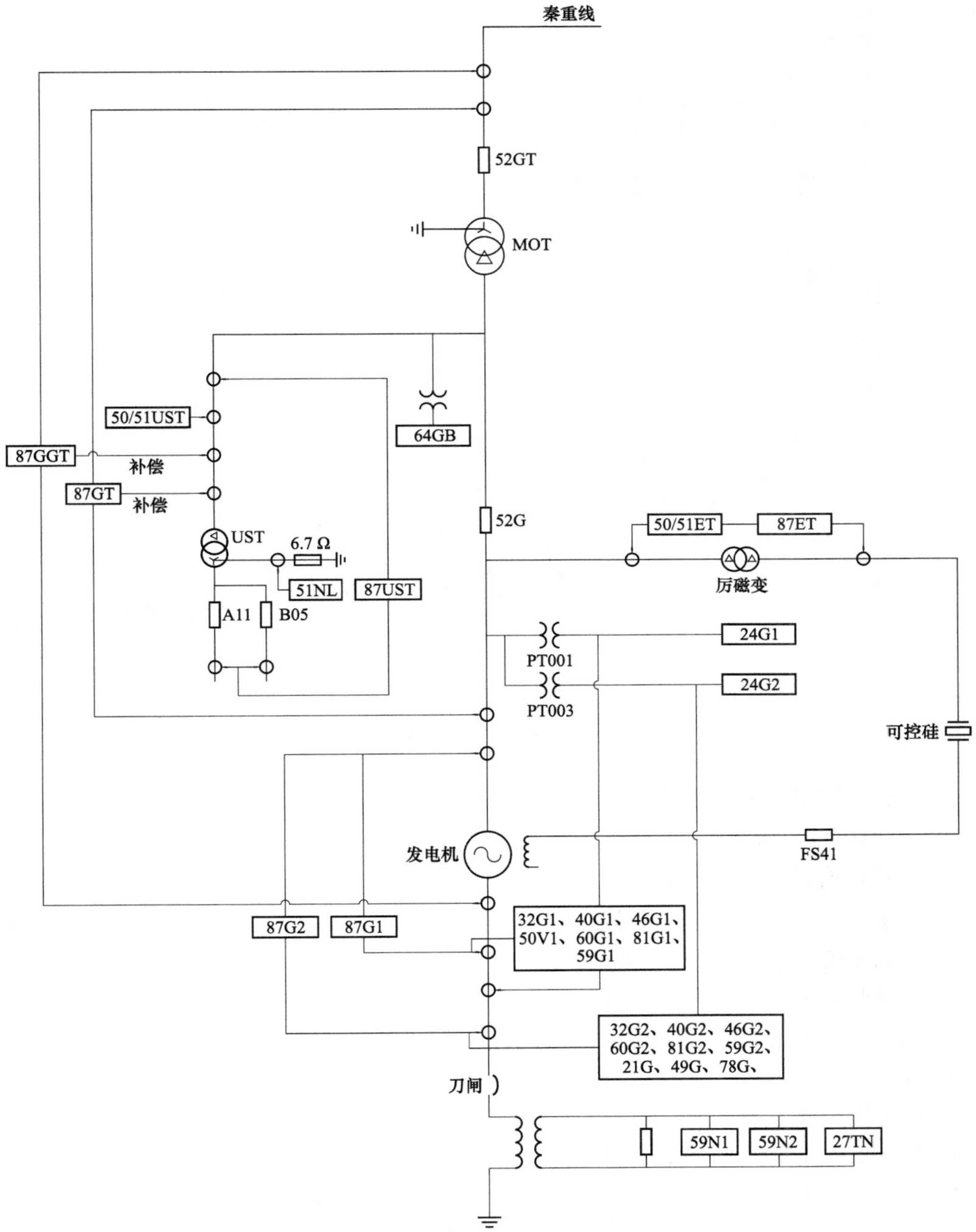

发电机及励磁系统保护接线简图

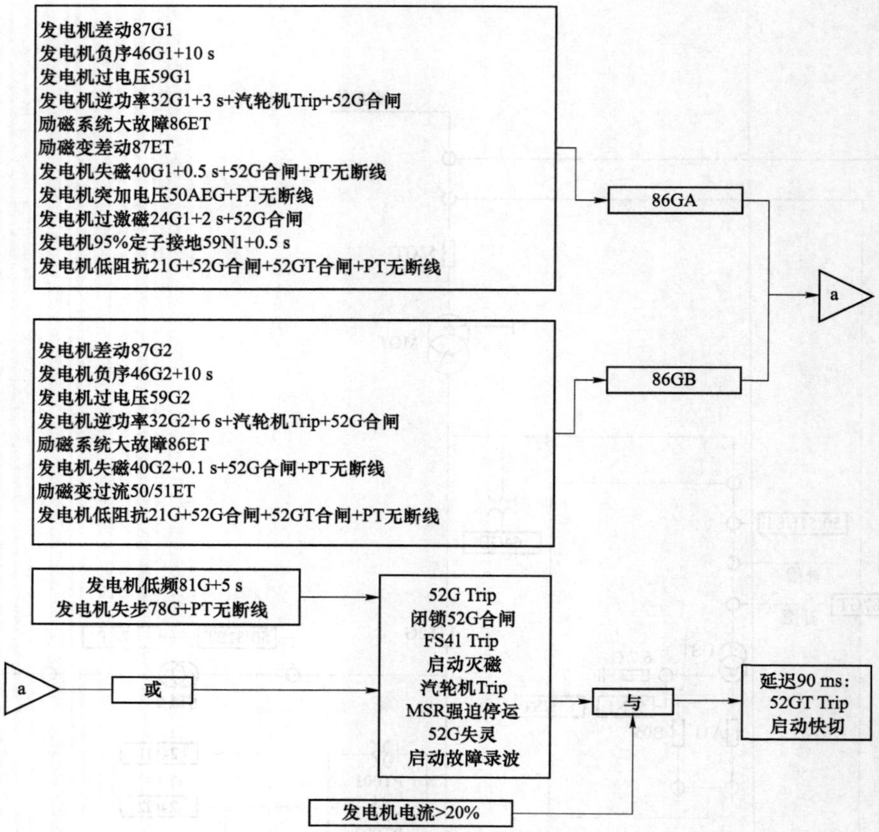

发电机及励磁系统保护逻辑简图

12) 发电机阻抗(距离)保护;

13) 发电机过负荷保护。

2. *励磁系统有以下大故障保护*

1) 大于三个或四个整流柜故障;

2) 励磁直流过电压(转子过电压);

3) 励磁开关过电流(转子过电流);

4) 超过一个整流柜交流过电压保护失效;

5) 起励失效;

6) 两个控制通道都失效;

7) 交流过电流瞬时或反时限动作;

8) 控制模块失效。

主变保护的功能:在发生电气故障的情况下,能通过一系列的继电保护装置的监测和分析,自动地发出相应的报警或跳闸操作,一方面能使主变及其相关系统不至于受到严重的损坏,另一方面能使操作人员尽早发现故障,并有充足的时间采取补救措施,避免异常工况发展为事故,从而保证电厂的安全、稳定、连续运行。

1. 主保护

1) 主变差动保护(87 GT):主要用于保护 500 kV GIS 线路侧、UST 高压侧和发电机出口侧之间发生的相绝缘或短路故障以及主变一定范围内的匝间绝缘和短路故障;

2) 发变组大差保护(87 GGT):主要用于保护 500 kV GIS 线路侧、UST 高压侧和发电机靠中性点侧之间以及主变一定范围内的匝间绝缘和短路故障;

3) 主变零差保护(50 GH):主要保护主变高压绕组内部发生的接地故障并有可能危及主变安全运行的对地绝缘低的故障;

4) 主变高阻抗零序差动保护(50/51 NH):为 51 NH 的后备保护,适用于带一定阻抗接地的故障,它既能躲过系统电流不对称增长引起的过大的零序电流也能在发生内部故障时,灵敏地动作;

5) 突然压力释放跳闸保护(63 ST):主要保护引起主变套管内的压力高的故障,如在套管内的绝缘油不纯时会导致绝缘降低,从而引起局部放电使套管内压力升高等。

6) 重瓦斯跳闸保护(96 BT):主要保护工况是:主变油变质,包括介损增加、油绝缘降低等。

2. 后备保护

1) 高压侧中性点过流跳闸保护(51 NH):主要保护高压侧三相不对称而引起大的零序电流的故障,主要适用于主变高压侧发生接地的故障;

2) 过流闭锁保护(50B):防止过负荷或保护范围外故障而引起主变压力高但并不影响主变正常运行的故障时 63ST 保护的误动作,从而增加这个条件闭锁信号;

3) 电压与频率比过激磁保护(24G2):主要是为了保护过多分量的高次谐波对主变铁芯的绝缘的破坏。

附件二：方家山发变组保护差异性材料

方家山发电机变压器组保护系统共设置 6 个保护柜，A 柜、B 柜分别是 1 号发电机保护的主保护和后备保护，C 柜、D 柜分别是 1 号主变/高厂变保护的主保护和后备保护，E 柜是 1 号发变组的非电量保护，F 柜是 1 号发变组的管理机。主变压器和高压厂用变压器系统投运时 GPA 投入时，需投运 C、D、E、F 保护柜，而发电机及 GSY 系统投运时 GPA 投入时，需投运 A、B 保护柜，且需确认 C、D、E、F 保护柜已投运。

发电机变压器组电量保护

序号	保护名称	序号	保护名称
	第一(二)套发电机保护		第一(二)套主变/高厂变保护
1	发电机差动保护	1	主变压器差动保护
2	发电机失步保护	2	主变压器高压侧分侧差动保护
3	发电机失磁保护	3	主变压器高压侧零序过流保护
4	发电机逆功率保护	4	主变压器复合电压闭锁过流保护
5	发电机正向低功率保护	5	主变压器过激磁保护(GCB 分闸时投入)
6	发电机定子匝间保护	6	主变低压侧 24 kV 母线接地保护(GCB 分闸时投入)
7	发电机定子 95%接地保护(20 Hz 定子接地保护)	7	500 kV 侧断路器断口闪络保护
8	发电机定子 100%接地保护	8	500 kV 侧断路器/GCB 断路器联锁跳闸
9	发电机定子绕组过负荷保护(定时限;反时限)	9	主变高压侧断路器失灵保护(启动原件在断路器保护屏中)
10	发电机转子表层过负荷保护(定时限;反时限)	10	高压厂变 A　A 分支 6.6 kV 低电压保护
11	发电机过激磁保护(定时限;反时限)	11	高压厂变 A　D 分支 6.6 kV 低电压保护
12	发电机低频保护	12	高压厂变 A　A 分支 6.6 kV 低频率保护
13	发电机过频保护	13	高压厂变 A　D 分支 6.6 kV 低频率保护
14	发电机定子过电压保护	14	高压厂变 A 差动保护
15	发电机起停机保护	15	高压厂变 A 速断保护
16	发电机复合电压闭锁过流保护	16	高压厂变 A 复合电压闭锁过流保护
17	发电机突加电压保护	17	高压厂变 A 过负荷保护
18	发电机断路器失灵保护	18	高压厂变 A 差动保护
19	发电机电压回路断线保护	19	高压厂变 A 速断保护
20	发电机 GCB/灭磁开关连锁跳闸	20	高压厂变 A 复合电压闭锁过流保护
21	励磁绕组过负荷保护	21	高压厂变 A 过负荷保护
22	核岛冷却剂泵转速低保护	22	
23		23	主变通风启动
24		24	高压厂变 A 通风启动
25		25	高压厂变 B 通风启动

发电机变压器组非电量保护

序号	保护名称	序号	保护名称
	发变组非电量保护		发变组非电量保护
1	主变压器 A/B/C 气体继电器(报警/跳闸)	1	高压厂变 A/B 有载调压开关 B 相压力释放跳闸
2	主变压器 A/B/C 压力释放继电器跳闸	2	高压厂变 A/B 有载调压开关 C 相压力释放跳闸
3	主变压器 A/B/C 压力突变继电器跳闸	3	高压厂变 A/B 有载调压开关 A 相保护继电器跳闸
4	主变压器 A/B/C 油面温度 1/2 保护(高/高高)	4	高压厂变 A/B 有载调压开关 B 相保护继电器跳闸
5	主变压器 A/B/C 线圈温度保护(高/高高)	5	高压厂变 A/B 有载调压开关 C 相保护继电器跳闸
6	主变压器 A/B/C 本体储油柜油位异常	6	高压厂变 A/B 有载调压开关本体储油柜油位异常
7	主变压器 A/B/C 套管 SF6 泄露仪报警	7	高压厂变 A/B 冷却器全停
8	主变压器 A/B/C 冷却器全停	8	励磁变压器温度高保护
9	高压厂变 A/B 气体继电器跳闸跳闸(报警/跳闸)	9	励磁系统故障
10	高压厂变 A/B 压力释放器跳闸	10	发电机定子断水保护
11	高压厂变 A/B 压力突变继电器跳闸	11	发电机转子接地保护 I 段
12	高压厂变 A/B 油面温度 1/2 保护(高/高高)	12	发电机转子接地保护 Ⅱ 段
13	高压厂变 A/B 线圈温度保护(高/高高)	13	发电机 LBA 系统失压
14	高压厂变 A/B 本体储油柜油位异常	14	发电机定子断水保护
15	高压厂变 A/B 有载调压开关 A 相压力释放跳闸	15	

关联接口系统:

- GEV 主变压器和高压厂用变压器系统
- GEW 500 kV 超高压系统
- GSY 发电机并网系统
- LG* 交流辅助配电系统 6.6 kV 配电盘
- LK* 交流辅助配电系统 380 V 配电盘
- GSE 汽轮机保护系统
- GRE 汽轮机调节系统
- KSC 主控制室系统
- KIC 电站计算机信息和控制系统
- NCS 开关站网络监控系统
- GEX 发电机励磁和电压调节系统
- RPR 反应堆保护系统
- KKO 电网计量与故障录波
- LBJ、LBM 110 V 直流配电系统
- LNE、LNG 不停电电源系统 UPS

发电机变压器组保护系统所用到的 3 种保护装置,用于发电机保护的 RCS-985G 型,用

于发电机注入式定子、转子接地保护的 RCS-985U 型,用于变压器保护的 RCS-985BT 型,用于变压器非电量及辅助保护的 RCS-974FG 型。

RCS-985 装置充分考虑大型发电机变压器组保护最大配置要求。包括了主变、发电机、高厂变、励磁变(励磁机)的全部保护功能。

RCS-985G 适用于大型发电机保护,可以满足汽轮发电机、水轮发电机、燃气轮发电机、抽水蓄能机组的保护要求。

RCS-985G 程序版本适应的主接线方式

如图 1 发电机单元,A、B 屏配置两套 RCS-985G,分别取自不同的 TA,每套 RCS-985G 包括一个发电机单元全部电量保护。

图 1 中标出了接入 A 屏的 TA 极性端,其他接入 B 屏的 TA 极性端与 A 屏定义相同。图中只画出了励磁变的主接线方式,配置方案也适用于励磁机的主接线方式。

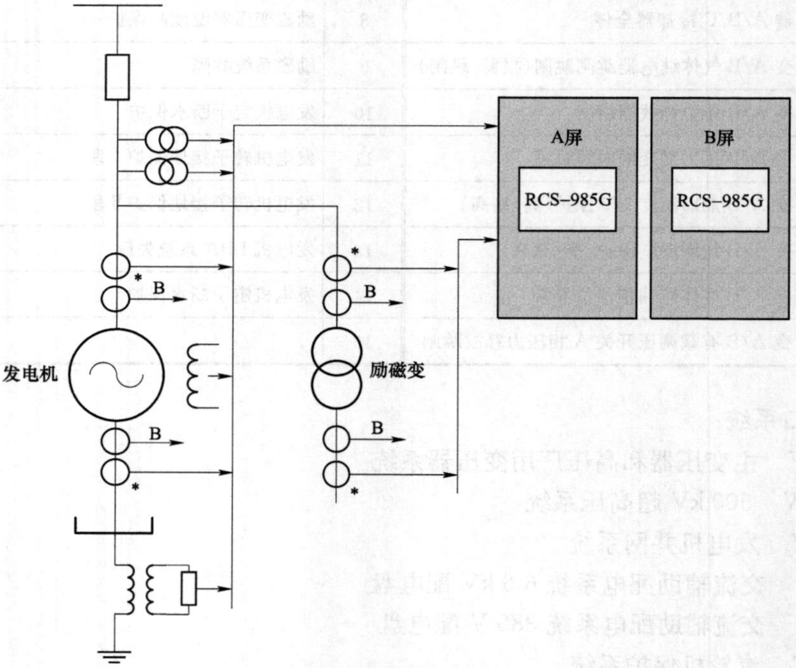

图 1　发电机保护方案配置示意图

信号灯说明如下:

"运　行"灯为绿色,装置正常运行时点亮,熄灭表明装置不处于工作状态;

"报　警"灯为黄色,保护发报警信号时点亮;

"跳　闸"灯为红色,当保护动作并出口时点亮,并保持;在保护返回后,只有按下"信号复归"或远方信号复归后才熄灭。

保护运行时液晶显示说明

装置上电后,装置正常运行,根据主接线整定,显示不同主接线。

当主接线整定为 500 kV 出线两圈主变的发变组单元时,液晶屏幕将显示如下信息。

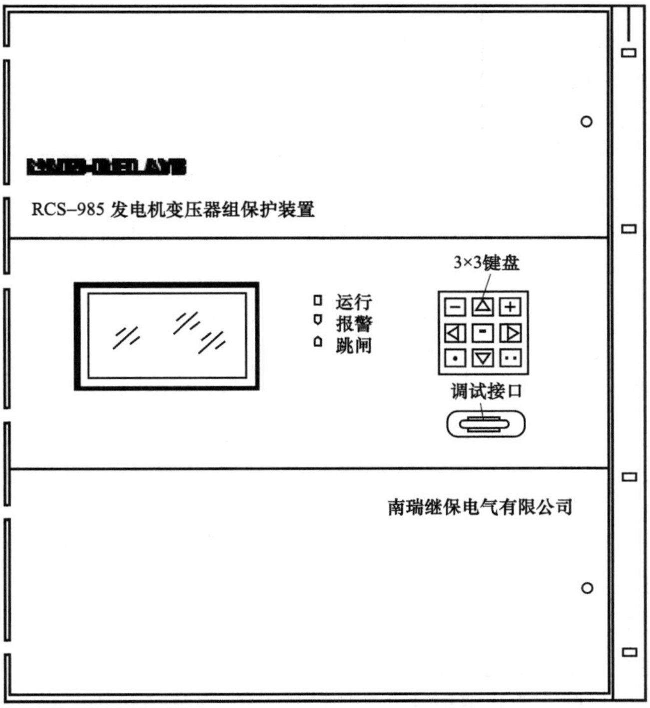

保护动作时液晶显示说明

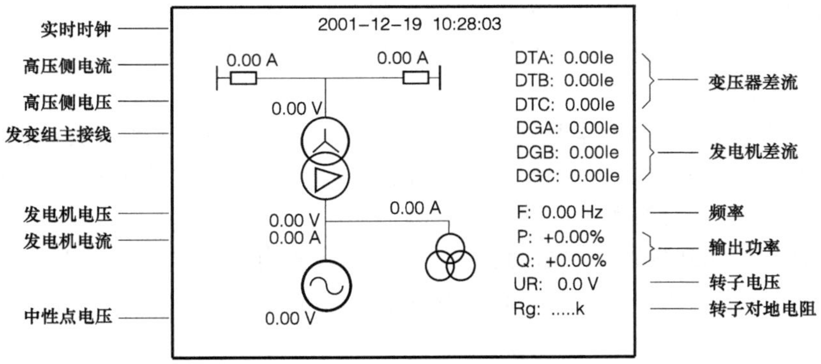

当保护动作时，液晶屏幕自动显示最新一次保护动作报告，格式如下：

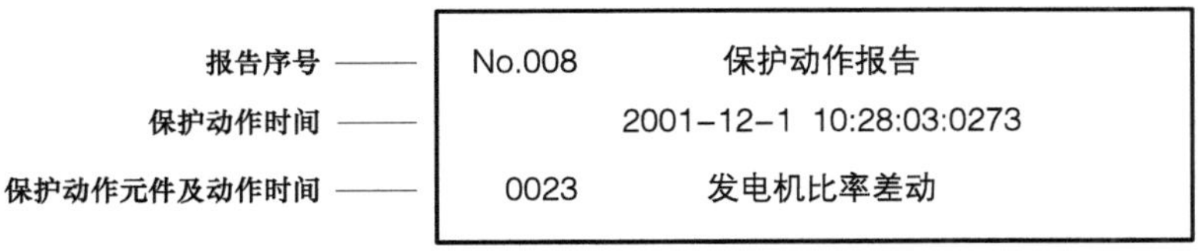

保护异常时液晶显示说明

保护装置运行中，液晶屏幕在硬件自检出错或系统运行异常时将自动显示最新一次异常报告，格式如下：

报告序号 ——	No.004　　异常事件报告
异常发生时间 ——	2001-12-1 10:06:01:0002
异常动作元件 ——	发电机机端TA异常

保护开关量变位时液晶显示说明

保护装置运行中,液晶屏幕在任一开关量发生变位时将自动显示最新一次开关量变位报告,格式如下:

报告序号 ——	No.006　　开入变位报告
开入变位发生时间 ——	2001-01-13 22:06:01:0870
开入变位元件 ——	发电机差动保护投入　　0 -> 1

注:从显示任何报告切换转为显示变压器主接线图按"ESC"键。

除了以上几种自动切换显示方式外,保护还提供了若干命令菜单,供继电保护工程师调试保护和修改定值用。

运行工况及说明

(1) 保护出口的投、退可以通过跳闸出口压板实现;

(2) 保护功能可以通过屏上压板或内部压板、控制字单独投退;

(3) 装置始终对硬件回路和运行状态进行自检,当出现严重故障时,装置闭锁所有保护功能,并灭"运行"灯,否则只退出部分保护功能,发告警信号。

(4) 启动风冷、闭锁调压等工况,装置只发报文,不发报警信号。

装置闭锁与报警

(1) 当 CPU 检测到装置本身硬件故障时,发装置闭锁信号,闭锁整套保护。硬件故障包括:RAM 异常、程序存储器出错、EEPROM 出错、定值无效、光电隔离失电报警、DSP 出错和跳闸出口异常等。此时装置不能够继续工作。

(2) 当CPU检测到装置长期起动、不对应起动、装置内部通信出错、TA断线、TV断线、保护报警信号时发出装置报警信号。此时装置还可以继续工作。

第九部分　仪控知识

第一章　操作准备

1.1　测量概述

1.1.1　测量与测量方法

测量是人类对自然界诸事物进行定量的工作，或者说是利用某种方式和手段获取被测对象的有关参数数值大小的过程。在这一过程中，人们借助专门的工具，通过试验和试验数据的分析计算，求得被测参数的数值。因此，可以说测量就是为取得某一未知参数数值而做的全部工作，包括测量的误差分析和数据处理等项工作在内。

测量技术有多种不同的种类分类，常见的分类方法有：按被测参数的种类分类；按被测参数在测量过程中是否变化分类；按仪表与被测对象是否接触分类；按测取得的测量结果分类等。工业生产过程中常见的检测参数的分类见表 1-1。

表 1-1　工业过程检测参数分类

热工量	温度、热量、压力、真空度、压差、流速、流量、物位等
电工量	电压、电流、电阻、电功率、频率、磁场等
物性与成分量	成分、浓度、粘度、粒度、浊度、露点、密度、酸碱度、纯度等
状态量	机械运转状态：起停、振动、位移、声音等 设备异常状态：过热、泄漏、变形、磨损、过负荷等 产品在线检测：表面质量、形状等 仪表装置状态：绝缘、短线、电源等

测量方法与测量原理具有不同的概念。测量方法是指实现被测量与单位进行比较并取得比值所采用的方法。而测量原理是指仪器、仪表工作所依据的物理、化学等具体效应。根据分类依据的不同，测量方法主要有以下几种分类方法：

（1）直接测量与间接测量

被测量与单位能直接比较，立即得到比值，或者仪表能直接显示出被测参数数值的测量方法被称为直接测量法。例如用尺测物体长度，用水银温度计测温度等。

间接测量采用此种测量方法不能直接得到测量结果，它需要先测出一个或几个与被测量有一定函数关系的其他量，然后根据此函数关系计算出被测量的数值。

（2）接触测量与非接触测量

用接触测量法测量时，仪表的某一部分（一般为传感器部分）必须接触被测对象（被测介质）。而采用非接触测量法时，仪表的任何部分均不与被测对象接触。过程检测多数采用接触测量方法。

（3）静态测量与动态测量

在测量过程中，如被测参数恒定不变，则此种测量称为静态测量。测量随时间变化的参数的方法称为动态测量。动态测量的分析与处理比静态测量繁杂得多。过程检测中的被测参数不可能始终保持不变，因此严格讲均属动态测量。但由于仪表的反应一般很迅速，而多数过程检测参数的变化又较缓慢，即在仪表响应的短时间内被测参数可近似视为恒定不变，因此可近似当成静态测量对待。这样近似，可以使分析处理大为简化，而分析结果与实际情况又不致有大的出入。

1.1.2　单位制与量值传递

测量单位是以定量表示的同类量量值而约定采用的特定量，它有明确的名称、定义与符号。

由一组约定选取的基本单位（即相互独立的量）和相应的导出量（由基本函数所定义的量）的特定组合称为单位制。

我国的法定计量单位是以国际单位制为基础，根据我国情况，适当增加了一些其他单位构成的。我国法定计量单位包括以下几个组成部分：

1）国际单位制的基本单位；

2）国际单位制的辅助单位；

3）国际单位制中具有专门名称的导出单位；

4）国家选定的非国际单位制单位；

5）由以上单位构成的组合形式的单位；

6）由词头和以上单位所构成的十进倍数和分数单位。

量值传递是计量领域中的常用术语，其含义是指单位量值的大小，通过基准、标准直至工作计量器具逐级传递下来。它是依据计量法、检定系统和鉴定规程逐级进行溯源测量的范畴。量值传递系统是指通过检定，把国家基准所复现的计量单位量值通过标准逐级传递到工作用计量器具，以保证被测对象所测的量值准确一致的工作系统。通俗的说，它是把测量单位量值由国家基准、高精确度的标准器具传递给低精确度测量器具的工作。

国家计量检定系统（表）是国家对计量基准到各等级的计量标准直至工作计量器具的检定主从关系所作的技术规定。通过这一系统，国家实质上建立了全国统一的量值传递体系。鉴定系统一般由框图和文字构成，内容包括基准、各等级剂量标准及工作器具的名称、测量范围、精确度等级和鉴定方法等。不同的被测参数有各自的鉴定系统。

1.2　仪表基础知识

1.2.1　仪表的组成与分类

一个仪表（测量系统）是传感器（变送器）、信号处理环节和显示装置的有机组合。图 1-1

表示了测量系统的组成结构框图。

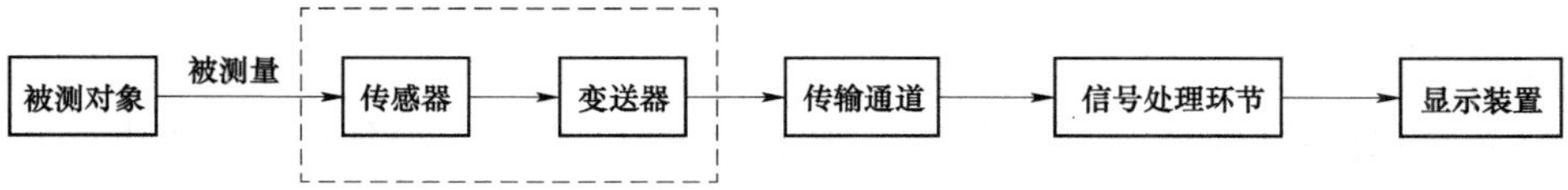

图 1-1　测量系统的组成框图

传感器是感受被测量(物理量、化学量、生物量等)的大小,并输出对应的可用信号(一般多为电量)的器件或装置。变送器将传感器输出的信号转变成便于传输和处理的信号,大多数变送器输出信号是统一的标准信号(如:4～20 mA 直流电流或是按照某一总线协议传输的数字信号)。由于集成技术的发展,目前在许多测量系统中,传感器和变送器被做成了一体化器件,这样不仅提高了系统的集成度,也有利于提高测量系统的可靠性。

传输通道是将测量系统各环节之间的信号连接起来,通常用电缆连接,或用光缆线连接,用以传输数据。

信号处理环节将传感器输出的信号进行处理和变换。如对信号进行放大、运算、线性化、模一数或数一模转换,使其输出信号便于显示、记录。这种信号处理环节还可用于自动控制系统,或与计算机系统相连接,以便对被测信号进行处理。

显示装置将被测量信息变成人的感观能接收的形式,以完成监视、控制或分析的目的。显示装置按其显示方式的不同可分为模拟式、数字式和屏幕显示三种。

模拟式显示方式是当前应用的最广泛的一种。它通过指针在刻度盘(标尺)上的相应位置或记录笔在记录纸上画出的曲线来反映被测参数的瞬时值或变化趋势。此类显示装置结构简单,价格便宜,显示形象,能直观的反映出参数的变化方向与变化的快慢。但是它的精确度一般较低,动态性能较差,在读数时存在主观"读表"误差。需要指出的是,由于模拟式显示装置有其自身的优点,许多仪表采用光电器件来模拟传统的指针一刻度盘式显示,比如光柱表等。模拟式显示方式有多种显示功能,主要有指示、记录、信号(报警)及积算等。

数字式显示方式采用数码管或液晶显示器直接以数字形式显示被测参数的数值。这种显示装置的电路比较复杂,价格较高,但是动态性能好,精确度较高,而且没有"读表" 误差。这种显示方式便于与计算机数据采集系统进行信息联络,得到了广泛的应用并逐步取代传统的模拟式显示仪表。另外,模拟数字混合式仪表集中了上述两种显示方式的优点,也得到广泛的应用。

屏幕显示技术是电视技术与计算机技术的结合应用的产物,往往作为计算机数据采集(监控)系统的组成部分。它既可在屏幕上以模拟或数字的形式显示被测参数,也可以通过曲线来反映参数的变化趋势。采用屏幕显示能方便操纵人员掌握全面情况,同时大大减少了控制盘上仪表的数量,有利于降低操纵员监视盘面的劳动强度。提高监视盘面的水平,从而有利于提高生产的安全性、经济性,是一种理想的显示方式,在核电厂和常规电厂的主控室仪表显示中得到了广泛的应用。

检测与过程控制仪表(通常称自动化仪表)分类方法很多,根据不同原则可以进行相应的分类。例如按仪表所使用的能源分类,可以分为气动仪表、电动仪表和液动仪表(很少见);按仪表组合形式,可以分为基地式仪表、单元组合仪表和综合控制装置;按仪表安装形式,可以分为现场仪表、盘装仪表和架装仪表;随着微处理机的蓬勃发展,根据仪表有否引入微处理机(器)又可以分为智能仪表与非智能仪表;根据仪表信号的形式可分为模拟仪表和数字仪表。

检测与过程控制仪表最通用的分类,是按仪表在测量与控制系统中的作用进行划分,一般分为检测仪表、显示仪表、调节(控制)仪表和执行器四大类,见表1-2。

检测仪表根据其被测变量不同,又可分为温度检测仪表、流量检测仪表、压力检测仪表、物位检测仪表和分析仪表(器)等。

表1-2 检测与过程控制仪表分类

按功能	按被测量	按工作原理或结构形式	按能源	其他
检测仪表	压力	液柱式,弹性式,电气式,活塞式		智能
	温度	膨胀式,热电偶,热电阻,光学,辐射	电、气	智能
	流量	节流式,转子式,容积式,速度式,电磁,旋涡	电、气	智能
	物位	直读,浮力,静压,点穴,声波,辐射,光学	电、气	智能
	成分	pH,氧分析,色谱,红外、紫外		
显示仪表		模拟和数字 指示和记录 动圈,自动平衡电桥,电位差计	电、气	单点,多点,打印,笔录
调节(控制)仪表		自力式 组装式 可编程	气动 电动	
执行器	执行机构	薄膜,活塞,长行程,其他	电、气、液	
	阀	直通单座,直通双座,套筒(笼式),球阀,蝶阀,隔膜阀		直线、对数、抛物线、快开

显示仪表根据记录和指示、模拟与数字等功能,又可以分为记录仪表和指示仪表、模拟仪表和数显仪表,其中记录仪表又可分为单点记录和多点记录(指示亦可以有单点和多点),其中又有有纸记录或无纸记录,若是有纸纪录又分笔录和打印记录。

调节仪表可以分为基地式调节仪表和单元组合式调节仪表。由于微处理机引入,又有可编程调节器与固定程序调节器之分。

执行器由执行机构和调节阀两部分组成。执行机构按能源划分有气动执行器、电动执行器和液动执行器,按结构形式可以分为薄膜式、活塞式(气缸式)和长行程执行机构。调节阀根据其结构特点和流量特性不同进行分类,按结构特点分通常有直通单座、直通双座、三通、角形、隔膜、蝶形、球阀、偏心旋转、套筒(笼式)等,按流量特性分有直线、对数(等百分比)、抛物线、快开等。

这类分类方法相对比较合理,仪表覆盖面也比较广,但任何一种分类方法均不能将所有仪表分门别类地划分得井井有序。它们中间互有渗透,彼此沟通。例如变送器具有多种功能,温度变送器可以划归温度检测仪表,多数差压变送器可以划归流量检测仪表,压力变送器可以划归压力检测仪表,若用静压法测液位可以划归物位检测仪表。另外单元组合仪表中的计算和辅助单元很难归并。

1.2.2　仪表的质量指标

仪表性能的优劣可以用一系列质量指标来反映。仪表的性能是多方面的，主要有计量性能、操作性能及可靠性、经济性等。

在诸多性能中，使用者最关注的是仪表计量方面的性能。它是指仪表能否满足测量要求并给出准确测量结果方面的性能

(1) 仪表的测量范围，上、下限及量程

仪表在保证规定精确度的前提下所能测量的被测量的区间称为仪表的测量范围。在上述相同条件下仪表所能测量的被测量的最高、最低值分别为测量的上限和下限(简称上、下限，又称仪表的零位和满量程值)。仪表的量程是指测量范围上限与下限的代数差。

如一只就地温度计的测量范围为-50～200 ℃，那么其测量下限为-50 ℃、上限是 200 ℃，量程为 250 ℃。

(2) 仪表的误差与精度等级

某一物理量的测量值 x 与真值 A 的差值为绝对误差 Δx

$$\Delta x = x - A \tag{1-1}$$

在实际测量中，由于真值无法求得，工程中长用比被测仪表高 3～5 倍的标准表测得的数值来代替。

绝对误差 Δx 与被测量真值 A 的比值称为相对误差。因测得值与真值接近、故也可近似用绝对误差与测得值之比作为相对误差，即

$$\text{相对误差} = \frac{\text{绝对误差}}{\text{真值}} \approx \frac{\text{绝对误差}}{\text{测得值}}$$

相对误差常用百分数(%)表示

$$\delta = \frac{\Delta x}{A} \times 100\% \tag{1-2}$$

同一台仪表在整个测量范围内的相对误差是随着被测量大小的变化而变化的。因而相对误差只能比较两种测量结果的精确度，而不能衡量不同仪表的质量。为此采用引用误差。

引用误差是一种简化和实用方便的仪器表示值的相对误差，它相对仪表满量程的一种误差，又成满量程相对误差，一般也用百分数表示。即

$$\gamma = \frac{\Delta x}{\text{测量量程范围上限} - \text{测量量程范围下限}} \times 100\% \tag{1-3}$$

式中：γ——引用误差；

通常以最大引用误差 max γ 来确定仪表的精确度等级。精确度等级标明了仪表的最大引用误差，不能超过的界限，如果某仪表为 A 级精确度，则表明仪表最大引用误差不会超过 A%，而不是仪表在各刻度点上的示值误差都具有 A%的数值。一般工业仪表的精确度等级有 0.1，0.2，0.5，1.0，1.5，2.5，4 等共 7 个等级。各种仪表的表盘上均标有精确度等级数值。根据精确度等级可以确定该仪表的最大测量误差。

[例 1-1]：量程为 1 V，精确度为 2.5 级的电压表。由

$$\gamma=\frac{\Delta x}{x_m}\times 100\%=2.5\%$$

可得 $\Delta x=1\times 2.5\%=25\ \mathrm{mV}$

这说明无论指针在刻度的哪一点，其最大绝对误差不会超过 25 mV。

(3) 线性度

由于线性仪表的刻度及信号处理都比较方便，符合使用习惯，所以通常希望仪表具有线性特性。线性度就是仪表特性曲线逼近直线特性的程度，反映仪表分度的均匀程度。仪表的非线性特性如图 1-2 所示。线性度用非线性误差来表示，即：

$$E_{L\max}=\frac{e_{L\max}}{S_p}\times 100\%$$

式中：$E_{L\max}$——线性度；

$e_{L\max}$——仪表特性曲线与理想直线特性间的最大偏差；

S_p——测量量程范围。

(4) 回差

回差(变差)是指被仪表在外界条件不变的情况下，被测参数由小到大(正向特性)和被测参数由大到小(反向特性)不一致的程度。如果仪表在整个刻度范围内各点回差的最大值为 $\delta_B=|A_1-A_2|$，则把 δ_B 称为仪表的回差，回差一般用引用误差的形式表示

$$\gamma_B=\frac{\delta_B}{\text{测量范围上限}-\text{测量范围下限}}\times 100\% \tag{1-4}$$

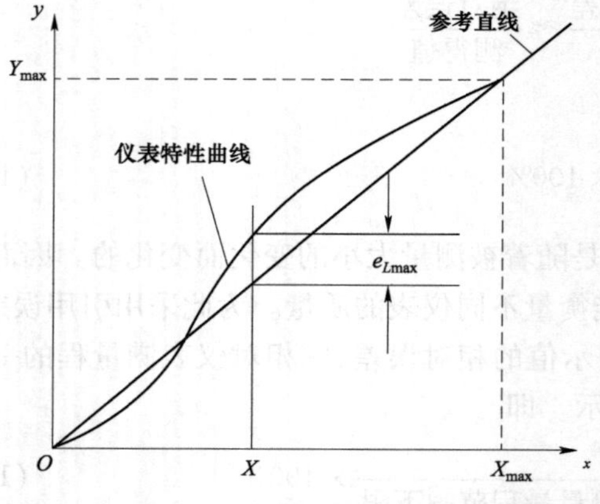

图 1-2 仪表的非线性特性图

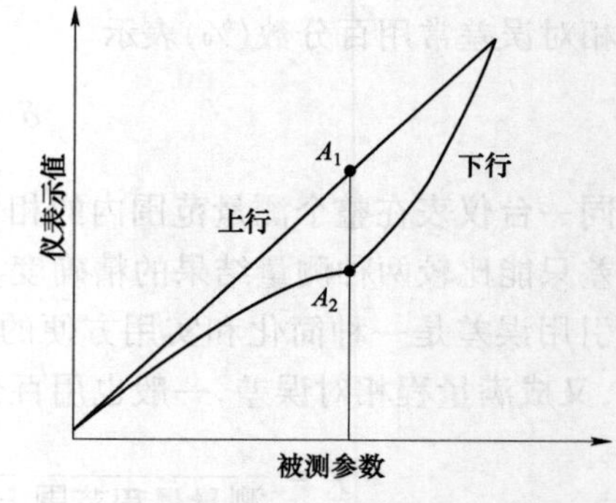

图 1-3 仪表的回差

引起回差的原因很多，列入仪表各机械元件之间的摩擦、弹性元件的不完全弹性等均会引起回差，随着仪表制造技术的发展，特别是微电子技术的应用，许多仪表电子化了，所以回差这个指标在只能仪表中显得不那么重要和突出了。

(5) 复现性

测量复现性是在不同测量条件下，如不同的方法，不同的观测者，在不同的检测环境对同一被检测的量进行检测时其测量结果一致的程度。复现性差的仪表主要表现在测量环境发生变化时误差增大，有时甚至不能保证测量结果在标示的精度以内。

(6) 灵敏度

灵敏度是指仪表对被测参数变化的灵敏程度，或者说是对被测的量变化的反应能力，是在稳态下，输出变化增量对输入变化增量的比值：

$$S=\frac{\Delta L}{\Delta x} \tag{1-5}$$

式中 S——仪表灵敏度；

ΔL——仪表输出变化增量；

Δx——仪表输入变化增量。

灵敏度有时也称“放大比”，也是仪表静特性曲线上各点的斜率。

增加放大倍数可以提高仪表灵敏度，单纯加大灵敏度并不改变仪表的基本性能，即仪表精度并没有提高，相反有时会出现振荡现象，造成输出不稳定。仪表灵敏度应保持适当的值。

然而对于仪表用户，诸如核电厂来讲，仪表精度固然是一个重要指标，但在实际使用中，往往更强调仪表的稳定性和可靠性，因为核电厂检测与过程控制仪表用于计量的为数不多，而大多的是用于过程检测。

(7) 稳定性

在规定工作条件内，仪表某些性能随时间保持不变的能力称为稳定性(度)。仪表稳定性是包括核电企业在内的工厂用户十分关心的一个性能指标。由于工厂使用仪表的环境相对比较恶劣，被测量的介质温度、压力变化也相对比较大，在这种环境中投入仪表使用，仪表的某些部件随时间保持不变的能力会降低，仪表的稳定性会下降。衡量或表征仪表稳定性现在尚未有定量值，工厂通常用仪表零点漂移来衡量仪表的稳定性。

所谓漂移，是指仪表在输入不变的情况下，输出变化的趋势。漂移主要是由于仪表在使用或存储过程中器件老化，机构磨损等原因造成的。漂移造成的误差包括随机误差和系统误差，例如温度变化引起的漂移多为随机误差，机构磨损引起的误差多为系统误差。漂移按照仪表的技术指标分一般有零点漂移，灵敏度漂移等。

如果仪表投入运行一年之中零位没有漂移，说明这台仪表稳定性好，相反仪表投入运行不到 3 个月，仪表零位就变了，说明仪表稳定性不好。仪表稳定性的好坏直接影响生产。仪表稳定性不好造成的影响往往比仪表精度下降对生产的影响还要大。

(8) 可靠性

仪表可靠性是仪表所追求的另一个重要性能指标。可靠性和仪表维护量是相辅相成的，仪表可靠性高说明仪表维修量小，反之仪表可靠性差，仪表维护量就大。对于检测与过程控制仪表，大部分安装在工艺管道、各类容器、换热器上，而且由于生产的连续性，较恶劣的环境，给仪表维护增加了很多困难，一是生产安全，二是关系到仪表维护人员人身安全，所以检测与过程控制仪表要求维护量越小越好，亦即要求仪表可靠性尽可能地高。

随着仪表更新换代，特别是微电子技术引入仪表制造行业，使仪表可靠性大大提高。仪表生产厂商对这个性能指标也越来越重视，通常用平均无故障时间(MTBF)来描述仪表的可靠性。一台全智能变送器的 MTBF 比一般非智能仪表如电动Ⅲ型差压变送器要高 10 倍左右，它可高达 100～390 年。

1.3 核电厂仪表系统功能介绍

核电厂约由几百个系统、上万个大小设备组成，每个系统、设备需完成一个或几个功能。而要求设备执行何种功能取决于核电厂的运行工况，如冷启动工况、热启动工况、满功率运行工况、冷热停堆工况等。反过来，电厂运行工况的实施有赖于相关系统及设备实施的是何种功能。可见，核电厂也是一个相对较复杂的发电生产过程，也同样需要有大量的仪表和控制系统来确保核电厂生产过程得到有效控制，保证核电厂的安全。尤其是核电厂高可靠性和高安全性的要求，为了减轻工作强度，为了减少人因故障扩大异常事件或事故后果，需要提高自动化控制、保护水平，需有大量仪表监测和相应的控制保护系统，包括核电厂的核岛、常规岛等各部分系统的仪控系统，来实现提供各类控制、保护的手段及监视信息等监控目的，以保证核电厂能安全、可靠和经济地运行。仪表系统就如人体感觉器官，存在于核电厂所有系统所需要的各个角落，用来把系统或设备的物理参数（如温度、压力、流量、电压、电流等模拟量）或状态参数（开、关等）检测出来，并向运行人员指示信息，向控制系统提供监测信息以便控制系统分析处理。

常用仪表通常包括传感器、变送器、指示器、记录仪、限位开关、状态指示灯、继电设备等，对于数字化仪表，还包括计算机显示终端等。但是，如果只有仪表而没有生产过程相应的控制系统，仪表也只能给提供监测信息显示，无法自动控制、保护生产过程，以保证生产过程满足人们的需求。在实际生产过程中，仪表系统和控制系统是一个难以分开的一个整体，常被称为仪表控制系统，简称 I&C 系统。

控制调节系统则通过对仪表系统监测信息的分析、处理和判断生产过程中发生的工作变化情况，并根据核电厂运行功能所要求的预先设定的控制要求，发出相应的控制指令，通过执行机构来改变系统和设备运行状态，是用来改变或维持系统和设备运行状态以执行核电厂所要求的运行状态，它既可以改变系统和设备的状态，也可以维持系统和设备的运行参数在某一指定范围之内。它通常由控制按钮、选择开关、继电设备、接触器或断路器、定值器、放大器、驱动器、控制台（屏）等设备组成。

另外，不能保证核电厂成千上万的设备均能长期安全可靠无故障地运行。当某一设备运行不正常时，则需要相应的仪表监测信息来判断并根据需要使用保护系统来保护该设备本身，以及与其相关的设备或系统。对核电厂尤为重要的是，如果设备或系统异常时，引起核电厂运行参数超过安全限值时，则保护系统必须在一定时间内动作，使反应堆安全停堆，并使反应堆受控地排出余热，保证核电厂的核安全。

总之，核电厂的 I&C 系统是为核电厂包括核岛、常规岛在内的全厂各系统、设备提供各种控制、保护手段及监视信息的系统，以保证核电厂安全、可靠和经济地运行。根据核电厂 I&C 系统的用途，可以归纳其主要功能有三种：信息功能、控制功能和保护功能，并统称为监控三大功能。

核电厂的 I&C 系统监测核电厂各系统和设备需要监测的相关参数，并实时地把有关参数提供给相应运行人员，以便运行人员全面了解其负责运行的核电厂的相关系统和设备的运行状态，更好地控制核电厂的运行，同时对数据进行处理和存储，支持核电厂的最佳运行。

核电厂运行监测一般包括功率（中子注量率）监测、辐射监测和热工参数监测三部分，但

核电厂 I&C 系统要完成的信息功能不限于这三部分,应包括:

(1) 核参数监测,即核仪表系统,主要监测反应堆的中子注量率水平、中子注量率变化率及功率分布情况;

(2) 辐射水平检测,即核电厂辐射监测系统,监测核电厂的辐射防护辐射水平和辐射工艺、辐射水平及环境辐射水平监测,还有元件包壳的破损监测等;

(3) 堆芯热工参数监测,即监测核电厂的工艺过程参数,其中主要是堆芯热工参数监测系统,包括监测堆芯温度、流量参数及其发布情况,还包括压力、水位等热工参数;

(4) 热工参数监测,即热工测量监测系统,监测核电厂的工艺过程参数,包括核岛、常规岛和 BOP 的各工艺系统回路和设备的温度、压力、流量、液位等参数;

(5) 火灾参数监测与报警;

(6) 电气参数监测与报警;

(7) 监测反应堆及设备的事故状态(如冷却剂的泄漏、燃料元件包壳的破损等);

(8) 设备潜在故障的诊断及报警;

(9) 其他特种参数监测:主要包括监测设备的状态、位置、运动速度及冷却剂化学成分参数的监测等,如控制棒驱动机构、主泵、汽轮机的状态、位置、转速,冷却剂、慢化剂的纯度,硼酸浓度等;

(10) 监测信号异常、故障或事故的判断及声光报警;

(11) 系统间的监测信息传输;

(12) 监测参数信息处理及存储。

1.4 核电厂仪表控制设备的安全分级

1.4.1 安全分级

仪表和控制系统设备按其所在系统功能对电厂安全的重要性分为三类:安全级设备、安全有关的设备和非安全重要设备。它们的供电设备按其所在系统功能对电厂安全的重要性分为两类:安全级设备和非安全重要设备。

(1) 安全级(1E 级)设备:

安全级(简称 1E 级)的仪表及其供电设备,是完成反应堆安全停堆、安全壳隔离、堆芯冷却以及从安全壳和反应堆排出热量所必需的,或者是防止放射性物质向环境过量排放所必需的。

安全级仪表及其供电设备的功能是预防假设始发事件或缓解假设事发事件的后果,因此要限制其功能范围和复杂程度,以保证其高度的可用性和可靠性。

执行下述功能,或对核安全有下述影响的仪表及其供电设备属核安全级:

1) 预防假设事发事件或缓解假设事发事件后果,例如,反应堆紧急停堆并维持在次临界状态,堆芯余热和安全壳热量排出,应急堆芯冷却,安全壳隔离;

2) 若在需要它们动作响应假设事发事件时失效(拒动),可能产生严重后果;

3) 它们的故障或误动作直接导致严重后果;

4) 为允许操纵员干予以预防事故或缓解事故后果而提供信息或控制能力;

5）控制放射性释放。

典型的安全级仪表及其供电设备如：反应堆保护系统，安全执行系统的仪表和控制设备，专设安全设施（如应急堆芯冷却系统、安全壳喷淋系统、安全壳空气控制系统、蒸汽发生器辅助给水系统和安全壳隔离系统）的某些仪表和控制设备，安全系统辅助设施（如设备冷却水系统、应急厂用水系统）的某些仪表和控制设备，某些辐射监测系统以及逆变装置等。

（2）安全有关的（SR）设备

安全有关的（简称 SR）设备，在实现或保持核电厂安全方面起补充、支持或间接的作用，因此有可能避免触发安全级系统和设备，也可能避免或缓解假设事发事件的后果，或者改善安全级设备功能的效果。安全有关仪表的供电设备可以是 1E 级的，也可以是非安全重要的，根据此类仪表对供电的要求决定。

执行下述功能的仪表和控制系统设备属于核安全有关的：

1）控制电厂运行，使得过程变量保持在安全限值以内；

2）其故障或失效可能要求安全级系统或设备动作；

3）在电厂设计基准范围之内，预防或减轻较小的放射性排放，或较小的燃料性能劣化；

4）记录或监测电厂安全级系统和设备的状态，向控制室操纵员发出故障警告；

5）减少对安全级系统或设备的性能要求，或提高其性能；

6）为安全级设备和运行人员提供一个可接受的环境，例如在电厂有放射性释放时；

7）PIE 的监测和报警（属 1E 级的除外），以降低其频度；

8）监测可控放射性排出物，保持放射性物质排放率和排放总量在安全限值之内，警告核电厂人员现场有大量放射性物质释放或有辐照危险。

典型的核安全有关的系统如：反应堆控制系统、电厂数据处理系统、报警系统、区域辐射监测系统、排出流辐射监测系统、厂区通信系统。

（3）非安全重要（NS）设备

非安全重要（简称 NS）仪表及其供电设备，在实现或保持核电厂安全方面无明显作用，对核安全没有明显影响。

应该指出，安全级的系统中，有些设备可能是非安全级的，在安全有关的系统中，有些设备可能是安全级的。此外，由于某个系统或设备可能执行一个以上的安全功能，所以分级时可能将其分为不同的安全级别，这时，它们的最终级别应是其中的最高级别。

1.4.2 对 1E 级仪控设备的基本要求

不同安全级别的 I&C 系统和设备，在设计、加工、安装及运行过程中，其要求是不一样的，所遵循的设计准则也不同。这些要求主要包括功能、可靠性、性能、耐环境能力的保证要求和质量保证及质量控制等方面。下面重点介绍一下对 1E 级设备的基本要求。

（1）功能保证要求

须制定符合技术要求的技术规格书，在设计、制造、安装和运行的全过程中都根据此规格书检查 I&C 系统设备及其供电设备，它也是在役更改时必要的参考文件。设计须符合国家相关法规、导则及标准的要求，并应采用成熟技术，力求简单可靠，以实现高度的可用性。但为了提高可靠性，增加一些功能是必要的，如冗余功能，故障诊断功能等。

(2) 可靠性保证要求

设计时必须规定对安全级仪表有其供电设备的可靠性要求，除另有规定之外，安全级系统必须满足单一故障准则和故障安全原则，因此必须采用冗余、实体分隔和电气隔离，并应能定期试验。应根据相关标准对安全级仪表及其供电设备进行可靠性分析。必须考虑共因故障，当分析表明冗余系统和设备的可靠性不能满足要求时，就应考虑多样性。

(3) 性能保证要求

对安全级 I&C 系统设备及其供电设备性能保证主要考虑由对部件、系统和设备的制造与安装的技术要求，质量控制程序，预运行和在役定期试验等几个方面，其基本要求包括：

1) 必须规定性能要求；

2) 必须按 HAF 003 的要求制定质量保证(QA)大纲；

3) 必须按 QA 计划进行部件、组件、子系统和系统试验；

4) 必须考虑在运行期间的定期检验。

(4) 耐环境能力保证要求

耐环境能力按设备质量鉴定大纲鉴定。设备质量鉴定大纲应保证设备在老化影响下和必须运行时所处的环境条件下，该设备的可靠性不低于设计要求值。

(5) 质量保证(QA)和质量控制(QC)要求

从核电厂概念设计开始，在设计、制造、试验、安装、试运行和交付运行的每个阶段，都必须考虑对仪表及其供电设备的功能、可靠性、性能和耐环境能力的保证要求，这是通过在适用的 QA 和 QC 大纲管理下完成每个阶段的工作来保证的。

1.5 温度测量仪表

1.5.1 温度测量简介

温度检测仪表分为接触式和非接触式两大类。接触式是基于热平衡原理，被测对象与感温元件必须充分热接触，使两者处于同一热平衡状态，具有同一温度。非接触式是利用被测对象的辐射原理，两者不必接触。

通常说来接触式测温仪表比较简单、可靠，测量精度较高；但因测温元件与被测介质需要进行充分的热交换，故需一定的时间才能达到热平衡，所以存在测温延迟的现象，同时受到耐高温材料的限制，不能应用于很高的温度测量。非接触式仪表测温是通过热辐射原理来实现的，测温元件不需要与被测介质接触，测温范围广，不受测温上限的限制，也不会破坏被测物体的温度场，反应速度一般较快，但受到物体的发射频率、测量距离、烟尘和水汽等外界因素的影响，其测量误差较大。

核电厂采用的测温仪表主要是接触式测温仪表，有热电偶、热电阻、双金属温度计、电接点温度计等，但在电气维修工作中，测量动力线接线端子的温度常采用手持式红外测温仪，这就是一种非接触式测温仪表。常用测温仪表的种类及优缺点如表 1-3 所示。

表 1-3 常用测温仪表种类及优缺点

测温方式	温度计种类		常用测温范围/℃	优点	缺点
非接触式测温仪表	辐射式	辐射式	400～200	测温时，不破坏被测温度场	低温段测量不准，环境条件影响测温准确度
		光学式	700～3 200		
		比色式	900～1 700		
	红外式	热敏探测	−50～3 200	测温时，不破坏被测温度场，响应快，测温范围大，可以测量温度分布	易受外界干扰，标定困难
		光电探测	0～3 500		
		热电探测	200～2 000		
接触式测温仪表	膨胀式	液体	−50～600	结构简单、使用方便、测量准确价格低廉	易碎、不能记录和远传
		双金属	−80～600	结构紧凑，牢固可靠	精度低，量程和使用范围有限
	压力式	液体	−30～600	耐震、坚固、防爆，价格低	精度低，测温距离短，滞后大
		气体	−20～350		
		蒸汽	0～250		
	热电偶	铂铑-铂	0～1 600	测温范围广，精度高，便于远距离、多点、集中测量和自动控制	需冷端温度补偿，在低温段测量精度低
		镍铬-镍铝	0～900		
		镍镉-康铜	0～600		
	热电阻	铂	−200～500	测温精度高，便于远距离、多点、集中测量和自动控制	不能测高温，需要注意环境温度的影响
		铜	−50～150		
		半导体	−50～300		

1.5.2 热电偶温度计

1. 热电偶温度计工作原理

将两种不同的导体(金属或半导体)A 和 B 组成一个闭合回路，如图 1-5 所示，称热电偶，构成热电偶的两种导线状的材料称为热电极。当两导体的两个接点 1 和 2 处于不同的温度 T 和 T_0 时，回路中有一定大小的电流，表明回路中有电势产生，称热电效应。测量温度时，两个热电极的一个接点置于被测量温度场(T)中，称该点为测量端，也叫工作端或热端；另一个接点置于某个恒定温度(T_0)的地方，称参考端或自由端、冷端。

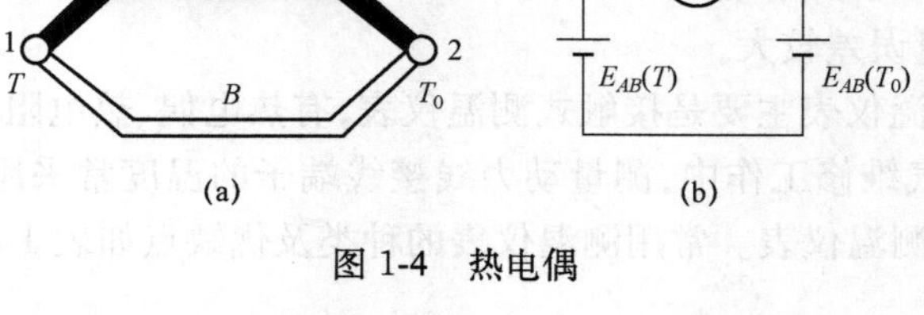

图 1-4 热电偶

热电偶回路电势与两导体材料、两接点温度 T、T_0 有关，当材料确定后热电势就仅与 T、T_0 有关。当 T_0 保持某个稳态值时，热电势的大小就简单地与热电偶热端温度 T 成一与一的对应关系。通过测量热电势的值就可以知道被测量点的温度 T,这就是热电偶测温原理。

2. 常用热电偶种类及结构形式

根据热电极的材料,热电偶可分为难熔金属热电偶、贵金属热电偶、廉金属热电偶、非金属热电偶等;根据测温范围,热电偶可分为高温热电偶、中温热电偶、低温热电偶;根据工业标准化的情况,又分为标准化热电偶和非标准化热电偶。我国从 1988 年 1 月 1 日起,热电偶和热电阻全部按 IEC 国际标准生产,并指定 S、B、E、K、R、J、T7 种标准化热电偶作为我国统一设计型热电偶。

(1) 铂铑-铂热电偶(S)。铂铑、铂热电极组成的热电偶称为铂铑-铂热电偶。其中铂铑合金为热电偶的正极,它是由 90%铂、10%铑制成的铂铑合金;铂是负极,是较纯的铂丝。这种材料比较昂贵,一般加工成为 0.5 mm 以下的热电偶丝。该电偶物理机械性能比较稳定,测量准确度高,便于复制,可测量较高的温度,短时间可测量 1 600 ℃,长时间可工作在 1 300 ℃以下。一般用于较精密的测温或作标准热电偶。由于它的热电势较小,平均电势只有 0.009 mV/℃,本身电阻大,测量时需配用灵敏度和准确度较高的仪表。铂铑—铂热电偶有很多优点,尤其在稳定性方面,所以目前被规定为国际实用温标中,在 630.74～1 064.43 ℃范围内复现温标的基准仪器。

(2) 镍铬-镍硅热电偶(K)。镍硅作热电极组成的热电偶称为镍铬-镍硅热电偶。其中镍铬合金为正极,不亲磁,是 90%镍、9%～10%铬、0.4 硅的合金;镍硅为负极,稍亲磁,是 90%镍、2.5%～3%硅、0.6%钴的合金。它是非贵金属热电偶中性能最稳定的一种。其热电极通常做得较粗。它的正负电极中含有大量镍,故高温下抗氧化能力和抗腐蚀能力都很强。镍铬—镍硅热电偶短时可用到 1 300 ℃,长时间可工作在 900 ℃(部分型号在 1 200 ℃)以下,复制性能比较好,灵敏度较高,约为 0.014 mV/℃。其缺点是在还原性介质和硫或硫化物介质中很快被腐蚀,精度不如铂铑-铂热电偶高,但能满足目前工业生产的要求,所以在工业生产中采用最多的就是镍铬-镍硅热电偶。

(3) 镍铬—考铜热电偶。它的正极颜色较暗。是 90%镍、9%～10%铬、0.4%硅的合金。负极呈银白色,是 43%～44%镍、56%～57%铜的合金。负极因含有一半以上的铜而容易氧化。该热电偶短时可用到 800 ℃,长期可工作在 600 ℃以下。适用于还原或中性介质中。在标准分度的热电偶中,它的热电势最大,分度曲线也较接近线性,测量精度也较高,目前应用较广。

(4) 铂铑—铂铑热电偶。它属于高温热电偶。其正极较硬,是 70%铂、30%铑的合金(简写铂铑 30);负极稍软,是 94%铂、6%铑的合金(简写铂铑 6)。该热电偶短时可工作在 1 800 ℃,长期使用时温度可达 1 600 ℃。

(5) 铜—康铜热电偶(E)。它属于低温热电偶,是低温热电偶中唯一定型的通用热电偶。其正极为红色,是纯铜;负极是银白色,是 60%铜、40%镍的康铜合金,主要用于 −200～300 ℃区间的温度测量。这种热电偶在低温时具有较好的稳定性,目前在−100～0 ℃之间被用作标准热电偶,用于校定其它低温仪表。

选择热电偶时,可以充分利用它们的分度表,比较同样温度下不同热电偶的热电势大小。若用分度表的数据画出热电势—温度曲线(称热电偶的热电特性),还可以看出它的线性范围。热电偶广泛地应用于各种条件下温度测量,因而它的结构形式很多。按热电偶本身结构划分，有普通热电偶、铠装热电偶、薄膜热电偶等。

（1）普通热电偶。它的热电极是一端焊在一起的两根金属丝。两热电极之间用绝缘管绝缘。这种热电偶主要用于测量气体、蒸汽、液体等介质的温度。为了防止有害介质侵蚀热电极，在工业上使用的热电偶一般都有保护套管。普通热电偶的外形和典型结构如图 1-5 所示普通热电偶已做成标准形式，外形上有棒形、角形、锥形等；按固定安装时连接的形式又分螺纹固定、法兰固定和无专门固定装置等；按使用状态的要求又分密封式和高压固定螺纹式等。

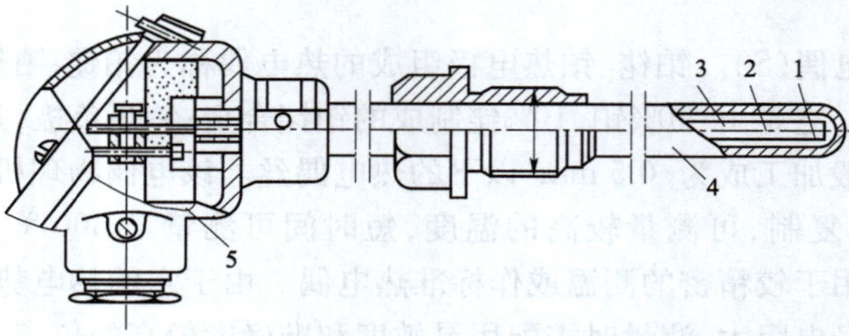

图 1-5　热电偶的外形与典型结构

1—热电偶测量端；2—热电极；3—绝缘管；4—保护管；5—接线盒

（2）铠装热电偶。它是将热电极、绝缘材料和金属保护套管组合在一起，经拉伸加工而成坚实的组合体。它的内芯有单芯和双芯的，如图 1-6 所示。这样的元件可以做得很细很长，而且可以弯曲，其外径可以小到 1～3 mm，热电极直径为 0.2～0.8 mm，绝缘材料一般采用高纯度脱水氧化铝和氧化镁。铠装热电偶的主要优点是测温端热容量小，动态响应快、挠性好、强度高、抗振性能好和耐冲击。适于位置狭小地点的温度测量。它的应用非常广泛。

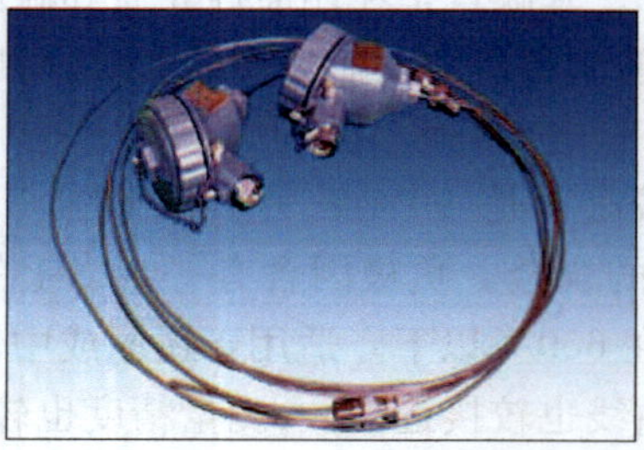

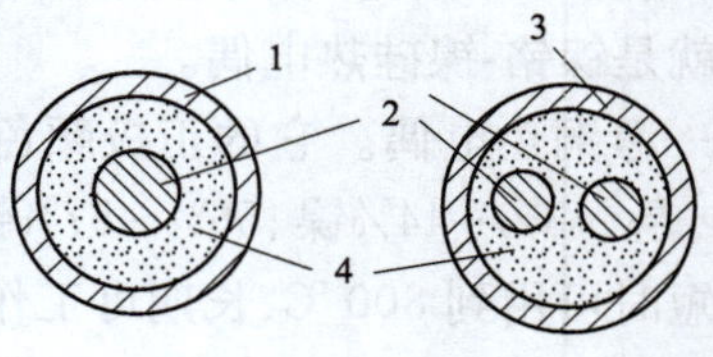

图 1-6　铠装热电偶外形与内部界面

1—套管兼外电极；2—内电极；3—套管；4—绝缘材料

3. 热电偶的冷端处理

热电偶只有冷端温度保持恒定时，其输出的热电势才是测量端（热端）温度的单值函数。而且，工程技术上广泛使用的热电偶分度表和根据分度表刻划的测温显示仪表的刻度都是根据冷端温度为 0 ℃而制作的。因此，使用热电偶分度表或显示仪表时，冷端温度最好保持 0 ℃或至少保持冷端在某一恒定温度上。然而实用中热电偶的两端距离很近，冷端又暴露在大气中，容易受周围环境温度和高温设备的影响，这些都会引起冷端温度的变化，使热电势随着变化，造成测量误差。为了将热电偶冷端移到距被测对象较远且温度稳定的环境中，采用了价格较便宜的补偿导线。补偿导线只是将热电偶的热电极延长，把冷端移到温度变化较小的地方，它不能对冷端温度变化进行补偿，还需采用其他的补偿方法。

(1) 仪表机械零点调整法。对于具有零位调整的显示仪表而言，如果热电偶冷端温度较为恒定时，预先将显示仪表的机械零点调整到冷端温度上，这样测量系统投入工作后，显示仪表的示值就是实际的被测温度

(2) 电桥补偿法。补偿电桥利用不平衡电桥随温度变化的输出电压，自动地补偿因热电偶冷端温度变化而引起热电势的变化，图1-7是它的原理图。冷端补偿器与热电偶的补偿导线配套使用极为方便，其补偿精度也完全能满足生产上的要求，得到了广泛的采用。由于各种热电偶的分度值不同，因此各种热电偶均有与之配套的补偿器，而且只能在补偿器规定的温度范围内使用。

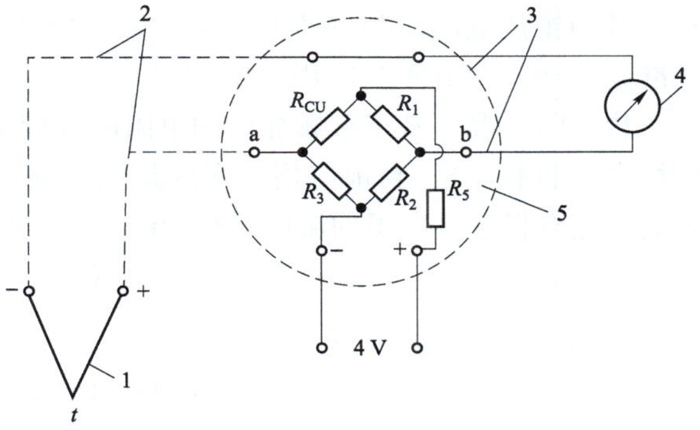

图 1-7 具有补偿电桥的热电偶回路

1—热电偶；2—补偿导线；3—铜导线；4—指示仪表；5—冷端补偿器

4. 一体化热电偶温度变送器

随着测量仪表技术的发展，越来越多的一体化热电偶温度变送器被应用，它主要由热电偶和热电偶温度变送器模块组成，使用场合与热电偶基本一样，用于温度的自动检测、控制和作为计算机控制系统的一次仪表。

一体化变送器的特点是热电偶将被测温度转换成电信号，再将该信号送入变送器的输入网络，该网络包含调零和热电偶补偿等相关电路。经调零后的信号输入到运算放大器进行信号放大，放大的信号一路经 V/I 转换器计算处理后以 4～20 mA 直流电流输出。有些变送器带有 A/D 转换器，将温度通过 LCD 或 LED 就地显示。图 1-8 为一体化变送器原理框图与外形图。

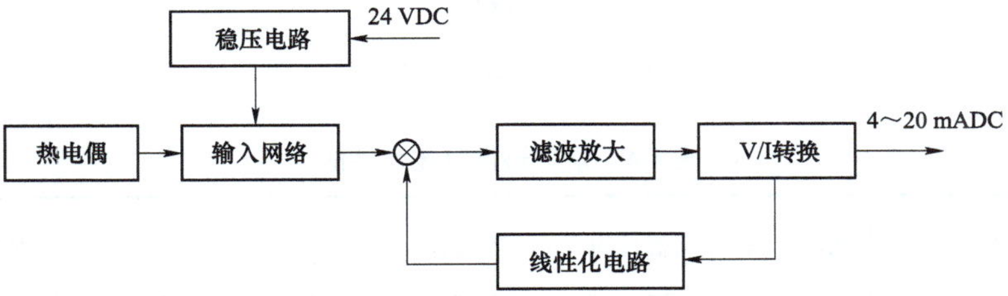

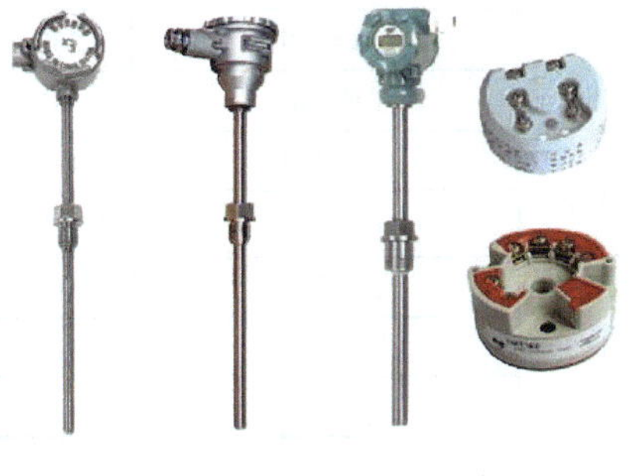

图 1-8 具有补偿电桥的热电偶回路

1—热电偶；2—补偿导线；3—铜导线；4—指示仪表；5—冷端补偿器

1.5.3 热电阻温度计

热电阻是中低温区最常用的一种温度检测仪器。它的主要特点是测量精度高，性能稳定。其中铂热电阻的测量精度是最高的，它不仅广泛的应用于工业测温，而且被制成标准的基准温度计。在 IPTS-68 中规定−259.34～630.74 ℃温域内以铂电阻温度计作为基准仪。

热电阻测温是基于金属导体的电阻随温度增加而增加这一特性来实现的。热电阻大多由纯金属材料制成，目前应用最多的是铂和铜，此外，现在也开始采用铟、镍、锰和铑等材料来制作热电阻铂热电阻的温度特性，在 0～850 ℃范围内：

$$R_t = R_0(1+At+Bt^2)$$

在−200～0 ℃范围内：

$$R_t = R_0(1+At+Bt^2+C(t-100)t^3)$$

式中 A、B、C 的系数各为：

$$A=3.908\ 02\times10^{-3}\ ℃^{-1}$$

$$B=-5.802\times10^{-7}\ ℃^{-2}$$

$$C=-4.273\ 05\times10^{-12}\ ℃^{-4}$$

铂电阻阻值与温度的分度关系由以上两式决定，具体数值可以查标准化分度表铜热电阻的温度特性，在−50～150 ℃范围内：

$$R_t = R_0(1+At+Bt^2+Ct^3)$$

式中 A、B、C 的系数各为：

$$A=4.288\ 99\times10^{-3}\ ℃^{-1}$$

$$B=-2.133\times10^{-7}\ ℃^{-2}$$

$$C=1.233\times10^{-9}\ ℃^{-4}$$

表 1-4　常见热电阻技术性能

名称	分度号	测温范围/℃	温度为 0 ℃时阻值 R_0/Ω	电阻比 R_{100}/R_0	主要特点
铂电阻(WZP)	Pt10	−200～850	10±0.01	1.385±0.01	测量精度高，稳定性好，可作为基准仪器
	Pt50		50±0.05	1.385±0.01	
	Pt100		100±0.1	1.385±0.01	
铜电阻(WZC)	Cu50	−50～150	50±0.05	1.428±0.02	稳定性好，价格低，体积大，机械强度低
	Cu100		100±0.1	1.428±0.02	
镍电阻(WZN)	Ni100	−60～180	100±0.1	1.617±0.03	灵敏度高，体积小，稳定性和复制性差
	Ni300		300±0.3	1.617±0.03	
	Ni500		500±0.5	1.617±0.03	

一个热电阻温度测量装置一般由三部分构成：热电阻传感器、测量线路(变送器)和指示仪表。来自被测对象的温度变化引起热电阻阻值的变化，这一阻值的变化通过测量线路(变

送器)转换为电流或电压信号并传送到上级指示仪表后便可显示出被测对象的温度。使用热电阻中,需要注意热电阻和显示仪表的分度号必须一致,未来消除联接导线电阻变化的影响,要采用三线制接法。图 1-9 是一只普通热电阻结构图,可见其外形结构与热电偶类似。

同一体化热电偶温度变送器一样,热电阻也有类似产品,即一体化热电阻温度变送器,它将温度通过热电阻检测后,转换为 4～20 mADC 信号输出。

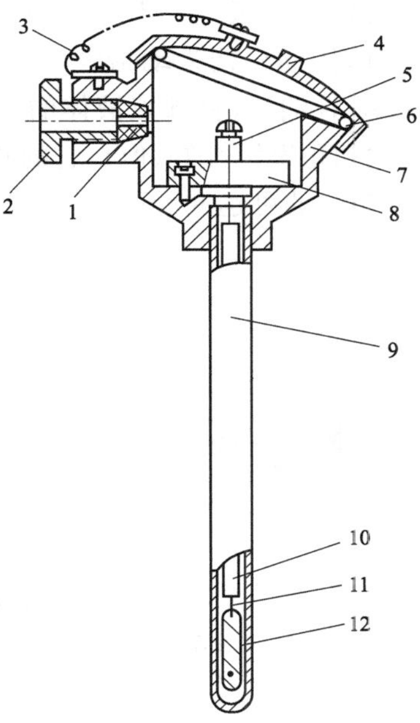

图 1-9　普通工业用热电阻产品的结构

1—出线孔密封圈;2—出线孔螺母;3—链条;4—盖;5—接线柱子;6—盖的密封圈;7—接线盒;8—接线座;9—保护管;10—绝缘管;11—引出线;12—感温元件

1.5.4　就地温度测量仪表

就地温度测量仪表中常用的有双金属片温度计和膨胀式温度计双金属片温度计由两种具有不同热膨胀系数的金属结合而成,如果双金属片一端受热,那么膨胀系数较高的金属比膨胀系数较低的金属更加容易膨胀。结果,整个双金属片将向较低膨胀系数的金属方向弯曲。

如果在双金属片的末端接上一个指针,这样就可以获得由双金属片感应的温度指示。实际上,由于双金属片偏移的大小直接与它本身长度的平方成正比,通常双金属片被弯曲成螺旋形以增加它的位移。螺旋型双金属温度计常用来测量-80～600 ℃范围的温度,抗震性能好,读数方便,但是精度不高。它们通常被用于测量诸如泵与轴承温度等过程参数。它具有现场显示温度,直观方便,安全可靠使用寿命长,结构形式多样,可满足不同要求等特点。图 1-10 所示为一个典型的螺旋形金属温度计。

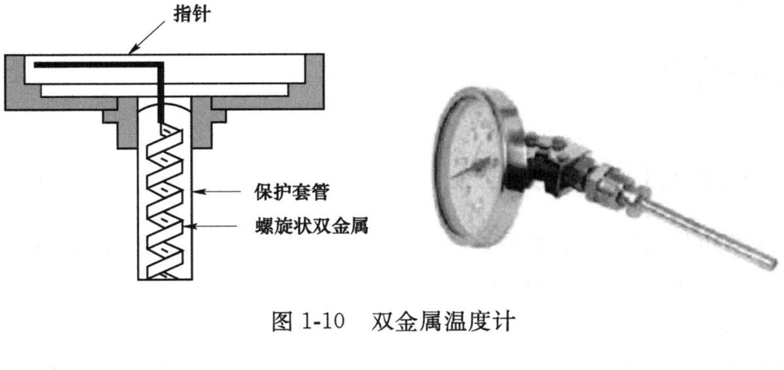

图 1-10　双金属温度计

另一种膨胀式温度计是利用封闭容器中的气体压力随温度升高而升高的原理来测温的,利用这种原理测温的并带有上下限温度报警接点的温度计又称作电接点温度计、温度开关等。

如图 1-11 所示,温包、毛细管和弹簧管三者的内腔构成了一个封闭容器,其中充满工作物质(如气体常用氮气),当温包处被测对象的温度升高时,工作物质的压力升高,引起弹簧管变形并由传动机构带动指针,指示出被测温度的值。温包内的物质也可以是液体(如甲醇、二甲苯、甘油)或低沸点液体的饱和蒸气(如乙醚、氯乙烷、丙酮等)。这种温度计结构简单、抗震性和耐腐蚀性好,但是它的测量距离受毛细管长度的限制,一般充液体的可达 20 m,充气体或蒸气的可达 60 m。

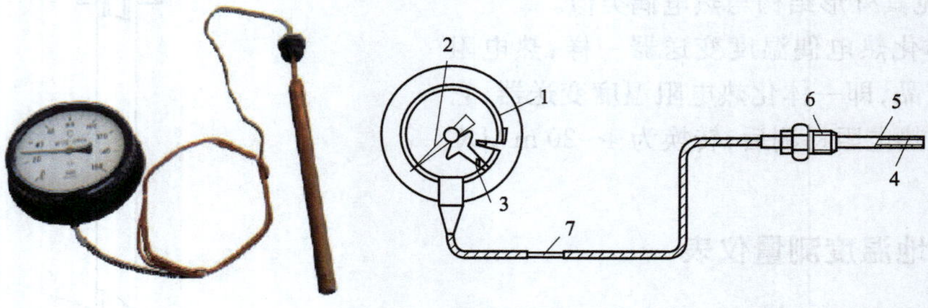

图 1-11　压力式电接点温度计

1—弹簧管;2—指针;3—传动机构;4—工作介质;5—温包;6—螺纹连接件;7—毛细管

1.5.5　温度开关

温度开关是一种用双金属片作为感温元件的温度开关,电器正常工作时,双金属片处于自由状态,触点处于闭合/断开状态,当温度升高至动作温度值时,双金属元件受热产生内应力而迅速动作,打开/闭合触点,切断/接通电路,从而起到热保护作用。当温度降到重定温度时,触点自动闭合/断开,恢复正常工作状态。

温度开关具有体积小、外壳绝缘、动作灵敏、寿命长等特点,广泛适用于各种广泛用于电机、变压器、镇流器及一般电气设备的过热过流双重保护作用。

温度开关按照动作性质可以划分为常开型、常闭型,按照材质可以分为:电木体、塑胶体、铁壳体及陶瓷体。(见右图 1-12 温度开关)

图 1-12　温度开关

1.6　压力测量仪表

1.6.1　压力的概念与仪表的分类

压力是工质势和状态的主要参数之一。在核电厂中,为了使核岛和常规岛的各种设备的安全经济运行,必须监视和控制压力。

按定义,工程技术中压力是指“垂直作用在物体单位面积上的力”。

在国际单位制(SI)和我国法定计量单位中,压力的单位是“帕斯卡”,简称“帕”,符号为“Pa”。

$$1\ \text{Pa}=1\ \text{N/m}^2$$

即 1 N 的力垂直均匀作用在 1 m^2 的面积上所形成的压力叫 1 Pa。

目前并存的几种压力单位之间的换算关系见表 1-5。

表 1-5 压力单位的换算简表

单位名称	帕斯卡(Pa)/(N/m^2)	巴/bar	标准大气压/atm	工程大气压/(kgf/cm^2)	毫米水柱/mmH_2O	毫米汞柱/mmHg
1 帕斯卡	1	1.0×10^{-5}	$9.869\ 24\times10^{-6}$	$1.019\ 72\times10^{-5}$	$1.019\ 72\times10^{1}$	$7.500\ 64\times10^{-3}$
1 bar	1.0×10^{5}	1	$9.806\ 65\times10^{-1}$	1.019 72	$9.806\ 65\times10^{4}$	$7.500\ 64\times10^{2}$
1 标准大气压	$1.013\ 25\times10^{5}$	1.032 5	1	1.033 23	$1.033\ 23\times10^{4}$	7.60×10^{2}
1 工程大气压	$9.806\ 65\times10^{4}$	$9.806\ 65\times10^{-1}$	$9.678\ 41\times10^{-1}$	1	1.0×10^{4}	$7.355\ 62\times10^{2}$
1 毫米水柱	9.806 65	$9.806\ 65\times10^{-5}$	$9.678\ 41\times10^{-5}$	1.0×10^{-4}	1	$7.355\ 62\times10^{-1}$
1 毫米汞柱	$1.333\ 23\times10^{2}$	$1.333\ 23\times10^{-2}$	$1.315\ 79\times10^{-3}$	$1.359\ 51\times10^{-3}$	$1.359\ 51\times10^{1}$	1

压力分为以下几种：

(1) 绝对压力。以完全真空作为零标准表示的压力称为绝对压力。当用绝对压力表示低于环境压力(大气压力)的压力时,该绝对压力称为真空度。

(2) 表压。以环境压力(大气压力)作为零标准表示的压力称为表压力。表压为正时,简称压力;表压力为负时,称为负压力或真空。因为各种工艺设备和测量仪表都处在环境压力(大气压力)的作用下,所以工程上都用表压力表示压力的大小。

(3) 压差。用两个压力之差表示的压力称为压差,也就是以环境压力(大气压力)之外的任意压力作为零标准表示的压力。

压力仪表的品种和规格繁多,有按工作原理、用途、结构特点、精度等级及显示方法等的各种分类方法。两种常见的分类方法如下：

(1) 按仪表的测量参数范围分

有气压表(测量大气压力)、压力表(测量较大的正表压力)、真空表(测量负压力)、压力真空表(测量较小的正压力和真空)、微压计(测量 250 Pa 以下的压力、负压或压差)等。

(2) 按仪表的工作原理分

有液柱式、活塞式、弹性式和电气式等。

(3) 按压力表的信息表示方式分

有将被测压力转换为指针位移的的压力表和带变送器的仪表,它由一次变送器,二次显示仪表和连接线构成。

压力仪表及其主要技术性能见表 1-6。

表 1-6 测压仪表及其主要技术性能

类型	测量范围	精确度	优缺点	主要用途
液柱式压力计	$0\sim2.66\times10^{5}$ Pa ($0\sim2\ 000$ mmHg)	0.5;1.0;1.5	结构简单,使用方便,但测量范围窄,只能测低压或微压,易损坏	用来测量负压或较小的真空,或作压力标准计量仪器
弹性式压力表	$-10^{5}\sim10^{9}$ Pa ($-1\sim10^{4}$ kgf/cm^2)	精密:0.2;0.25;0.35;0.5 一般:1.0;1.5 2.5	结构简单,使用方便,可以制作成电气远传式,被广泛应用	用来测量压力及真空,可就地指示,也可集中控制,具有记录、报警、远传等功能。

续表

类型	测量范围	精确度	优缺点	主要用途
电气压力表	$7\times10^{2}\sim5\times10^{8}$ Pa ($7\times10^{-3}\sim5\times10^{3}$ kgf/cm^{2})	0.2～1.5	测量范围广，便于远传与控制	用于压力需要远传与集中控制的场合
活塞式压力计	$-10^{5}\sim2.5\times10^{5}$ Pa $5\times10^{6}\sim2.5\times10^{8}$ Pa ($-1\sim2.5$ kgf/cm^{2} $50\sim2\ 500$ kgf/cm^{2})	一等：0.02 二等：0.05 三等：0.2	测量精确度高，但结构复杂，价格较贵	用来校核精密压力表和普通压力表

1.6.2 液柱式压力计

液柱式压力计使用的是连通器的工作原理，在连通器中两头的压力相等时工作液体的液位相等，若不相等时其中一个液柱的剩余压力与另一个液柱表示剩余压力的液体静力学平衡。最简单，最普遍且具有足够精度的仪表是平衡式双管压力表及压差计，常称为U形管，如图1-13所示，它由玻璃测量管1和2组成，在下面连通并固定在垂直基板 3 上，其中的一根管子与被测介质相连，在两管之间装有毫米标尺 4 并刻有零标线，管子1用橡皮管与被测介质连通。精密的U形管压力计还有游标对准装置、水准器等。U形管压力计一般用来测量厂房的负压，由于可靠性较差，此类仪表在核电厂采用较少。由于封液上面是气体，可以忽略封液上面介质的影响，则有：

$$p_2=p_1+g\rho h$$

式中：g——当地重力加速度，m/s^2；

h——液柱高度，m；

p_1，p_2——高、低压测的压力，Pa；

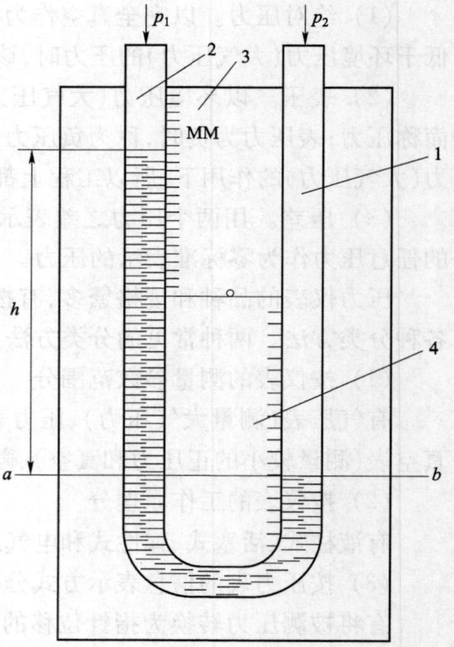

图 1-13 U形管压力计

1.6.3 弹性式压力表与压力开关

传统意义上，用弹性元件来检测压力和压差的仪表称为弹性式压力仪表。弹性元件是压力计的核心元件，它把被测量的压力转换为弹性元件的微小弹性位移输出然后通过传动机构直接指示压力和压差，或通过变送器，输出 4～20 mADC 信号，实现压力和压差的远距离指示，或在压力表上带有电接点，实现压力开关的功能。金属弹性式压力计的精确度等级可以达到 0.16 级、0.25 级、0.4 级。工业生产中使用的弹性压力计大都是 1.5 级、2.0 级、2.5 级。弹性式压力表适用的测量条件比较广泛，有抗震型、抗冲击型、放水型、防暴型、防腐型等。

目前常用的检测压力和压差的弹性元件有薄膜式(含膜盒式)、波纹管式和弹簧管式三类。弹性元件常用铍青铜、不锈钢等材料制成。图 1-14 给出了几种典型的弹性元件:膜片式、波纹管式、弹簧隔板式和弹簧管式。

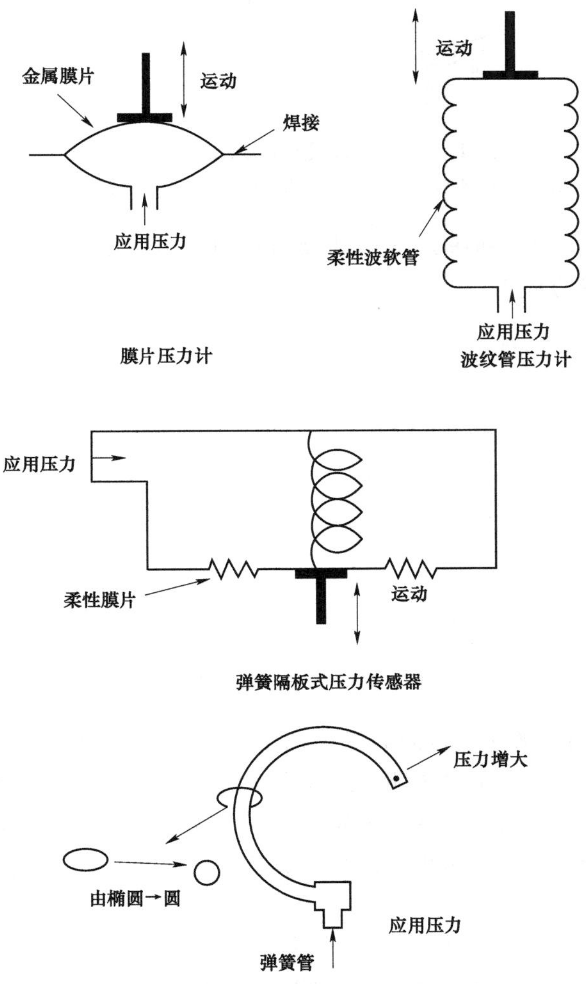

图 1-14　几种典型的弹性元件

下面以最常用的弹簧管式压力表为例说明,如图 1-15 所示,管子截面呈扁圆形或椭圆形,它的一端固定在支撑座上,并与汽水介质相通。另一端是封闭的自由端,与杠杆连接。杠杆的另一端连接扇形齿轮,扇形齿轮又与中心轴上的小齿轮相啮合,压力表的指针固定在中心轴上。

当弹簧弯管受到介质压力的作用时,它的截面有变成圆形的趋势,迫使弹簧弯管逐渐伸直,从而使弹簧弯管的自由端向上翘起。压力越高,自由端向上翘起的幅度越大。这一动作经过杠杆、扇形齿轮、小齿轮的传动,使指针偏转一个角度,在刻度盘上指示出压力高低。当被测介质压力降低时,弹簧管要恢复原状,指针退回到相应刻度处。

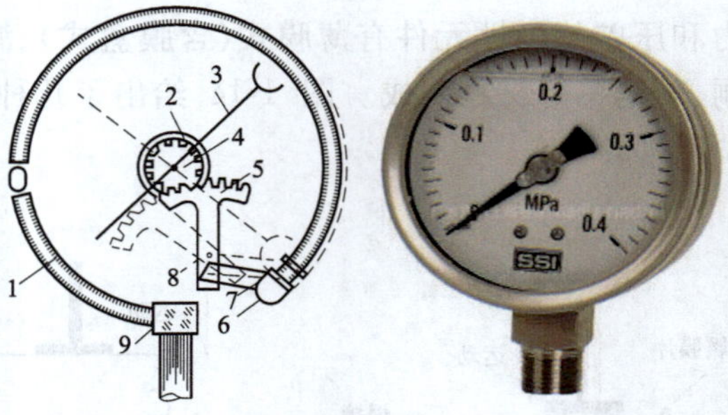

图 1-15 弹簧管式压力表结构与外形图

1—弹簧管;2—游丝;3—指针;4—小齿轮;5—扇形齿轮;6—自由端;7—连接杠杆;8—支点;9—固定端

图 1-16 为电接点压力表和压力开关,电接点压力表即在弹簧管压力表上装有电接点,从而达到压力高、低报警的目的。

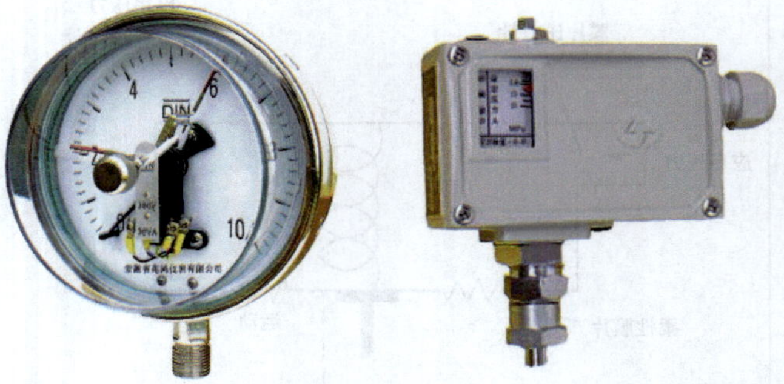

图 1-16 电接点压力表与压力开关

压力开关是一种简单的压力控制装置,当被测压力达到额定值时,压力开关可发出警报或控制信号。它的工作原理是:当被测压力超过额定值时,弹性元件的自由端产生位移,直接或经过比较后推动开关元件,改变开关元件的通断状态,达到控制被测压力的目的。压力开关采用的弹性元件有:单圈弹簧管、膜片、膜盒及波纹管等。开关元件有磁性开关、水银开关、微动开关等。

常见的压力/差压开关大致分为两类:机械式和电子式。机械压力开关式(见下图 1-17)为纯机械形变导致微动开关动作,当压力增加时,作用在不同的传感压力元器件上使其产生形变,向上移动,通过栏杆弹簧等机械结构,最终启动最上端的微动开关,使电信号输出。简单来讲,即当被测压力超过额定值时,弹性元件的自由端产生位移,直接或经过比较后推动开关元件,改变开关元件的通断状态,达到控制被测压力的目的。机械式压力开关通常采用的弹性元件有单圈弹簧管、膜片、膜盒及波纹管等,从功能原理上又可分成连续位移型和力平衡型。

电子式压力开关(见图 1-17),随着电子技术和信息技术的飞速发展,压力测量和自动控制技术已深入到人们生活和工作的各个领域,作为压力量的控制方式之一的压力开关已不仅仅局限于对某一点压力的开闭式两态控制,而是在开关控制的基础上要同时能够实现分辨压力大小,对控制点连续设定,进行远距离信号传输等功能,因此电子压力开关代替各种机械式压力开关已逐渐成为应用的主流。

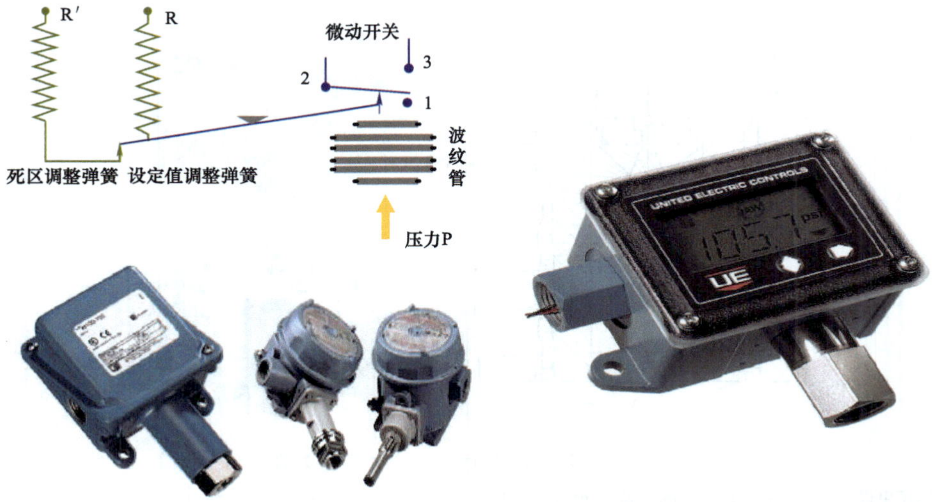

图 1-17　常见压力/差压开关

电子压力开关主要采用压力传感器进行压力采样，通过压力传感器直接将非电量一压力转换为可直接测量的电量一电压或电流，再通过信号调理电路对传感器信号进行放大和归整处理，最后通过比较电路，使得该器件在所设定的压力门限上，输出电平是某一逻辑状态，这个逻辑电平可输入到微控制器，驱动后部电路或控制电开关。

用户可以通过设定电平转换门限来决定压力开关的动作的压力值，而且可以通过放大和归整处理后的电信号对压力进行实时监测和远距离传输。

1.6.4　智能压力变送器

应该说明的是，从测量原理上来说，智能压力变送器并不能归为一类，因为智能压力变送器测量压力的元件有弹性元件、电容元件、压电元件、压阻硅元件等。但是，由于智能压力变送器在核电厂大量使用，故在此单做介绍。

(1) 电容式压力(压差)变送器

电容式压力(压差)变送器由感测部分(传感器)和测量电路两部分组成，电容器的电容量由其两个极板的大小、形状、相对位置以及极板之间的电介质的介电系数所决定。若电容的一个极板固定不动，而另一个极板随压力(压差)而变化其位置，电容器的电容量 C 即随着压力(压差)的变化而变化，通过测量电路将电容量 C 的变化转换成电流信号，送至有关单元实现显示和控制。为了提高电容式压力(压差)传感器的灵敏度和改善其输出特性，实际采用的常是差动的形式，也就是将可动极板放置于两块固定极之间，当压力(压差)变化时，一个电容的电量增大而另一个电容的电容量则减小，因此其灵敏度可提高一倍而非线性又可大大降低。图 1-18 差动式压力(差压)变送器的压力敏感部件的结构图和外形图。

电容式压力(压差)变送器唯一可动部件是测量膜片，利用测量膜片的微位移产生的电容量的变化，经过转化电路将其转化为 4～20 mA 统一标准信号、电压或数字 HART(高速可寻址远程发送器数据公路)输出信号。这类变送器的测量精度可以达到 0.25%，具有可靠性高、体积小、重量轻的特点。包括核电厂在内的各行业广泛应用的 1153 系列、1152 系列、1151 系列、CEC 系列智能变送器便是以这种压力(压差)变送器为核心元件构成的。

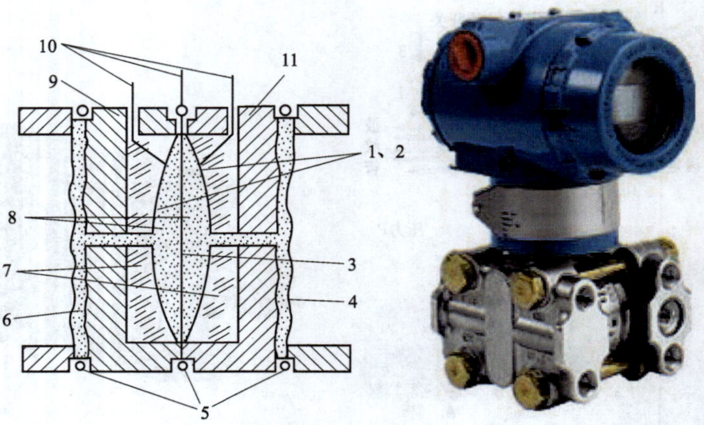

图 1-18 差动式压力(差压)电容变送器

1,2—固定电极;3—测量膜片;4、5—隔离膜片;6—隔离膜片;5—密封圆;7—绝缘体;8—硅油;11—外壳;10—电容引出线

(2) 压阻式压力变送器

固体受力后电阻率发生变化的现象称为压阻效应。压阻式压力传感器是基于半导体材料(单晶硅)的压阻效应原理制成的传感器。压阻效应是当力作用于硅晶体时,晶体的晶格产生变形,引起载流子的迁移率发生变化,扰动了载流子纵向和横向的平均量,从而使硅的电阻率发生变化。这种变化随晶体的取向不同而异,因此硅的压阻效应与晶体的取向有关。硅的压阻效应不同于金属应变计(见电阻应变计),前者电阻随压力的变化主要取决于电阻率的变化,后者电阻的变化则主要取决于几何尺寸的变化(应变),而且前者的灵敏度比后者大 50～100 倍。

图 1-19 所示为一种压阻式压力传感器,硅膜片在圆形硅杯的底部,其两边有两个压力腔,分别输入被测差压或被测压力与参考压力。高压腔接被测压力,低压腔与大气连通或接参考压力,在硅膜片与被测介质之间有不锈钢隔离膜片隔离并充填硅油。膜片上的两对电阻中,一对位于受压应力区,另一对位于受拉应力区,当压力差使膜片变形,膜片上的两对电阻阻值发变化,使电桥输出相应压力变化的信号。为了补偿温度效应的影响,一般还可在膜片上沿对压力不敏感的晶向生成一个电阻,这个电阻只感受温度变化,可接入桥路作为温度补偿电阻,以提高测量精度。压阻式压力传感器的特点:是灵敏度高,频率响应高;测量范围宽,可测低至 10 Pa 的微压到高至 60 MPa 的高压;精度高,工作可靠,其精度可达±0.2%～0.02%,;易

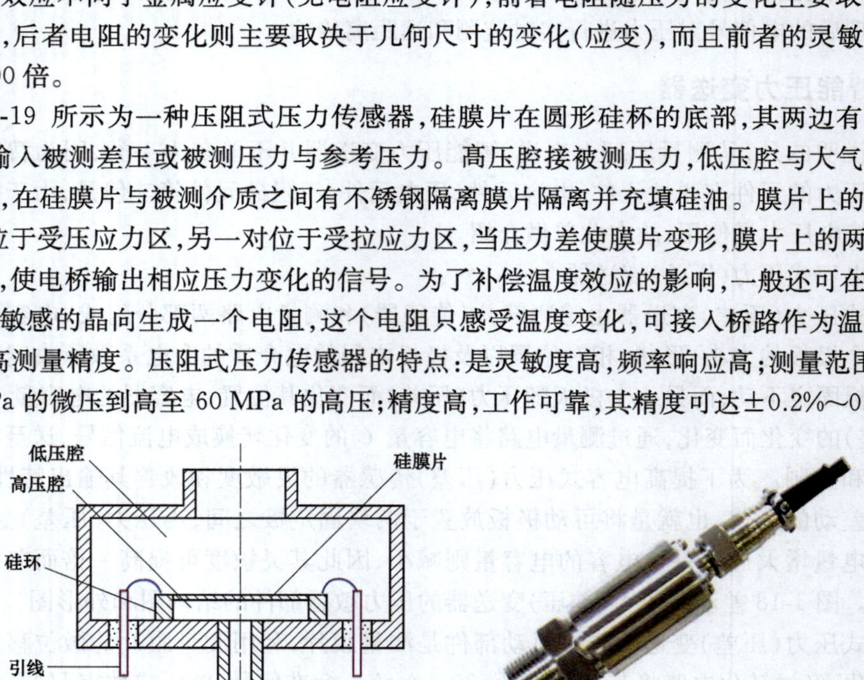

图 1-19 压阻式压力传感器

于微小型化。由于硅的压阻系数除了与晶向有关外，还与材料的掺杂浓度有关。掺杂浓度较低时虽然压阻系数较大，但其随温度变化也较明显，而这是对传感器性能不利的，目前一些产品测量的介质温度一般在-30～120 ℃。

1.7　液位测量仪表

1.7.1　液位测量方法简介

液位的高低对于核电厂来说是个重要的参数，检测的目的主要有两个：一是通过液位测量可以确定容器、设备中液体介质的体积或流量，以保证连续供应生产各个环节所需的液体；二是监视或控制容器内的介质液位，使他们保持在工艺要求的高度上，以调节容器中流入与流出介质的平衡，以保证安全生产和运行效率。

(1) 直读式液位检测仪表。它可以直接用与被检测容器连通的玻璃管或玻璃板显示容器中的液位高度。

(2) 浮子式液位检测仪表。这是一种利用浮子较所测液体的比重稍小的特点，使浮子在液面上并随液面的升高或下降来反映液位的仪器。

(3) 静压式液位检测仪表。它是利用液柱对某点产生压力，检测该点压力或检测该点与另一参考点的压差而间接检测液位的仪表。

(4) 电磁式液位检测仪表。它是将液位的变化转换为某些电量的变化，进行间接测量的液位仪表，如电容式、电感式和电阻式液位仪表等。

(5) 超声波式液位检测仪表。它是利用超声波在气体、液体中吸收衰减的不同来探测探头有无液位，从而可测得液位。或者测量发射与接收超声脉冲的时间间隔和介质中的传播速度，即可求得探头与液面间的距离。

图 1-20 中示意了各种液位检测仪表。

1.7.2　直读式液位计

核电厂应用的直读式液位计主要是玻璃管式液位计和磁翻板液位计。

(1) 玻璃管式液位计

图 1-21 为主给水泵润滑油箱油位/温度计。

玻璃管式液位计采用联通器的原理，就是在容器的上下两端通过法兰盘与一支玻璃管联通，玻璃管内的液位与容器内的液位保持一致，在玻璃管上刻度出标尺，即可方便的读出液位。该液位计两端各装有一个针形阀，当玻璃管发生意外事故而破碎时，针形阀在容器压力作用下自动关闭，以防容器内介质继续外流。

玻璃管式液位计只适用于一般贮液设备中的液体位置的现场检测，其结构简单，测量准确，是

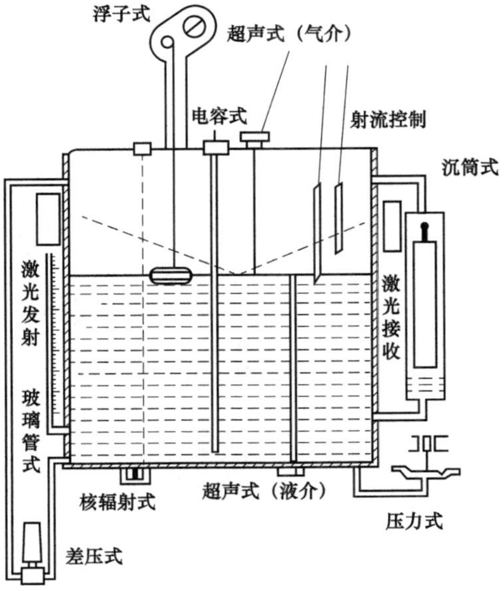

图 1-20　各种液位检测仪表示意图

传统的现场液位测量工具。由于玻璃管易破碎、不能用于高温、高压和特殊液体等原因，核电厂的工艺流程中很少使用，但是在一些设备的润滑油箱上多用于油位的就地指示，包括油箱上的油窗，也可以看作是这类液位计的一种。如图 1-21 所示主给水泵润滑油箱的油位计便采用的是玻璃管式液位计。由于玻璃管液位计的局限性，目前直采用较多的读式液位计是磁翻板液位计。

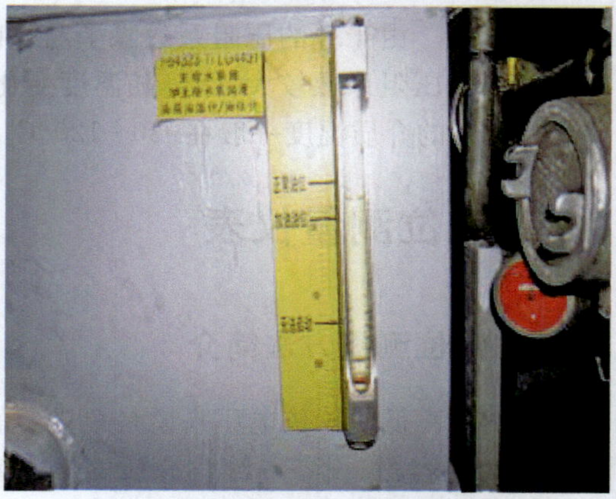

图 1-21 主给水泵润滑油箱油位/温度计

(2) 磁翻版液位计

磁翻板液位计是一种新颖的现场检测仪表，它的主体材质为不锈钢 304/316、可全面取代玻璃管(板)液位计。液位计根据浮力原理和磁性耦合作用原理工作的。当被测容器中的液位升降时，液位计主导管中的浮子也随之升降，浮子内的永久磁钢通过磁耦合传递到现场指示器，驱动红色、白色(也有其他颜色)翻柱翻转 180°，当液位上升时，翻柱由白色转为红色，当液位下降时，翻柱由红色转为白色，指示器的红、白界位处为容器内介质液位的实际高度，从而实现液位的指示。磁翻版液位计外形和结构如图 1-22 所示。

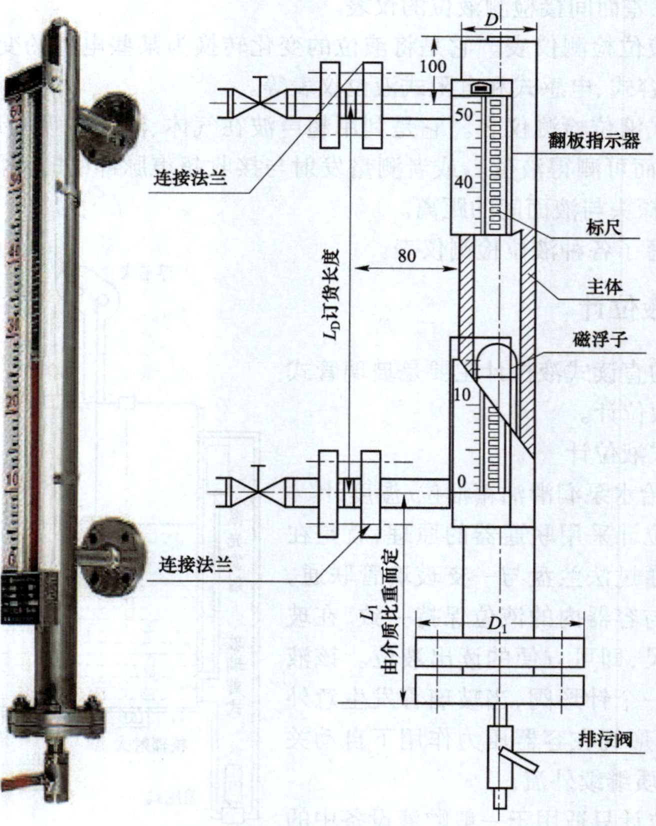

图 1-22 磁翻版液位计

为了将液位信号传递到远方的控制。指示仪表上,磁性翻板液位计也有电信号远传型产品,它也由基型主体、磁浮子、传感器、变送器和翻板指示器五部分组成,该产品可视为在基型磁性液位计翻板指示器旁并行安装一个电远传传感器,产品在本体内浮子磁钢驱动外俯翻板指示器现场指导的同时,浮子磁钢同步驱动传感器内部相应位置上的干簧管接通或断开,从而使传感器内内电回路中的总电阻(或电压)发生相应的变化。然后通过变送器将传感信号转变成 4~20 mmADC 标准电流输出,实现对液位的远距离、位式显示、控制、断续或连续的 PID 调节。

1.7.3 压差式液位计

压差式液位计是利用容器内的液位改变时,液柱产生的静压也相应变化的原理而工作的。

压差式液位计有如下特点:检测元件在容器中几乎不占空间,只需在容器壁上开一个或两个孔即可;检测元件只有一、两根导管,结构简单、安装方便,易于操作维护,工作可靠;适用于有毒、高温、放射性腐蚀性等介质的液位测量。

由于压差式液位计的优点,在核电厂核岛、常规岛和 BOP 厂房设备和工艺流程中被大量采用。

容器中液体的压力如下式所示:

$$P=\rho gH$$

式中 P——压力,Pa

ρ——液体密度,kg/m^3

g——重力加速度,$9.81m/s^2$

H——液位,m

由于液体密度和重力加速度是固定的,因此,测得液体的压力即为反应容器中的液位,所以也可以说压差式液位计实质上是压力测量仪表,只不过将表盘指示刻度为液位(长度单位)罢了。

由于压差式液位计实质上是压力测量仪表,其工作原理与外形与 1.7.4 所述的压差仪表基本相同,下面主要介绍压差式液位计的不同使用方式。

(1) 敞口容器的液位检测

图 1-23 给出了典型的敞口容器液位检测的示意图。如果容器敞口,液位变送器的高压端与容器底面连接,低压端与大气连通,其功能为一个差压变送器,则用:

$$P_{high}=P_{atm}+S\cdot H$$

$$P_{low}=P_{atm}$$

$$\Delta P=P_{high}-P_{low}=S\cdot H$$

式中 P_{high}——高压,Pa

P_{low}——低压,Pa

ΔP——差压,Pa

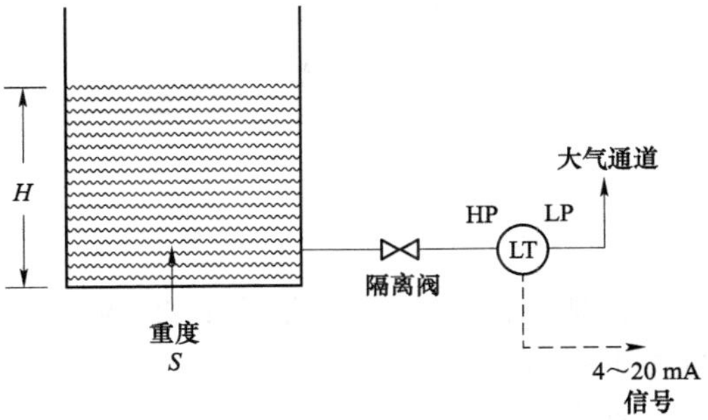

图 1-23 敞口容器液位测量装置

S——重度，kgf/m^3

H——高度，m

(2) 密封容器的液位检测

密封容器液位检测系统如图 1-24 所示。密封容器中气相的压力必须补偿掉。气相压力补偿可以通过把气体压力与变送器的高、低压端同时连接的办法来实现。当低压管线直接与容器中的气相连接时，这条管路被称为干脚。

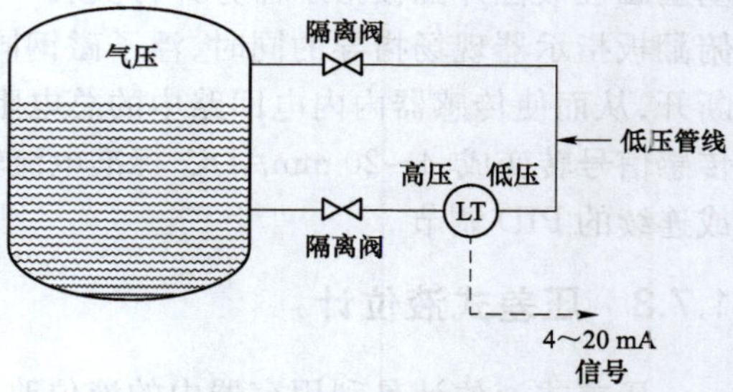

图 1-24　典型的密封容器液位检测系统

$$P_{high}=P_{gas}+S\cdot H$$

$$P_{low}=P_{gas}$$

$$\Delta P=P_{high}-P_{gas}=S\cdot H$$

式中　P_{high}——高压，Pa

P_{gas}——气压，Pa

P_{low}——低压，Pa

ΔP——差压，Pa

S——重度，kgf/m^3

H——液位，m

可见密封容器中液位的测量是通过测量密闭容器中气体侧和液体侧的压差来获得的，例如，在稳压器压差式液位测量指示计中，如果仪表在冷态下标定，则正常功率运行时测得的液位将低于实际液位。

为使灵敏度最高，所用的压力传感器的灵敏范围必须与预期的液柱的静压相匹配。但是，如果气体压力意外地只施加到差压传感器的一侧，则传感器会因压力超出范围而遭到损坏。

通常使用三阀组来保证传感器的压力不会超出范围。它也可以使变送器与过程回路相隔离。它包括两个截止阀和一个平衡阀。图 1-25 给出了一个三阀组外形与流程图。

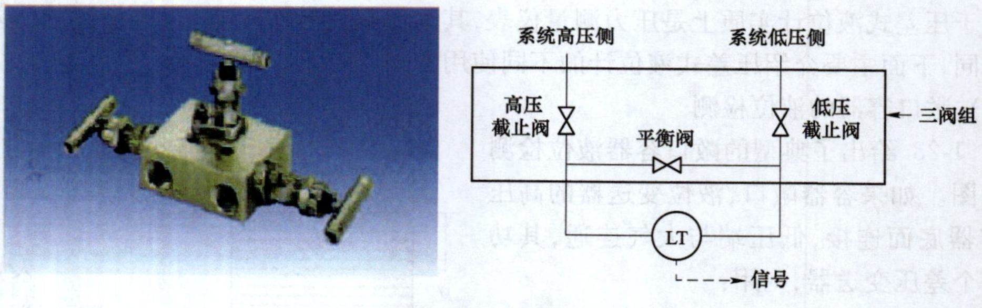

图 1-25　三阀组

正常运行时，平衡阀是关闭的，两个截止阀是打开的。当变送器投入使用或停用时，必须按下列步骤操作。

把变送器投入使用时：

1）检查所有阀门都是关闭的。

2）打开平衡阀——这可以保证变送器两端施加同样的压力，即零差压。

3）慢慢打开高压侧截止阀,检查变送器高压侧和低压侧有无泄漏。

4）关闭平衡阀——锁定变送器两端的压力。

5）打开低压侧截止阀把过程压力引入到变送器低压侧,建立工作差压。现在变送器可投入使用。

变送器停用时:

1）关闭低压侧截止阀;

2）打开平衡阀;

3）关闭高压侧截止阀。

现在变送器已停用。

(3) 干管系统

图 1-26 给出了完整的“干管”系统图。如果气相为可压缩气体,如水蒸气,那么在低压信号线路中就会产生凝结现象,从而产生一定体积的液体,使变送器低压端产生额外压力,解决的方法是在变送器低压侧加一个混容器(分离器)(如图 1-26 所示),在分离器中定期排空凝结水,保证“干管”的干度。在实际中,核电厂大多数密封容器的液位检测装置都用“湿管”。因为“干管”系统需要经常维护。在大多数密闭容器上使用湿管液位测量系统。

(4) 湿管系统

在湿管系统中,低压脉冲管内是充满液体的(通常是与工艺过程内相同的液体)。因此命名为“湿管”,其液位变送器及相应的三阀组的使用方式与干管系统相同。

图 1-27 给出了一个典型的湿管系统安装图。在低压管线的顶部是一小型气体捕捉箱。气体蒸汽在湿管和捕捉箱内凝结。带有倾斜连接管的捕捉箱在液位变送器的低压侧保持一固定静压。这一固定压力在变送器中产生的误差可通过校验方法很容易得到补偿。如容器安排在室外,必须在湿管段使用加热装置(蒸汽管线/电加热元件缠绕在湿管上)以防结冰。

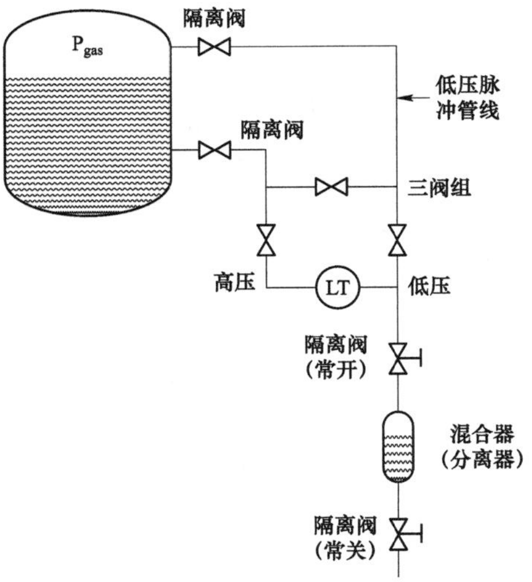

图 1-26　带三阀组的干管装置

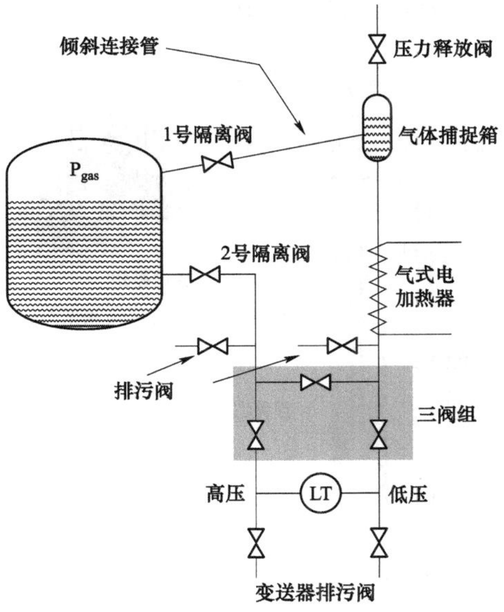

图 1-27　带三阀组的湿管

注意这里有两套排污阀。变送器排污阀只用来对变送器排污。位于三阀组上面的两只排污阀用来对高压侧管路及湿管排污和充水。

要隔离变送器以进行维护时,需进行如下操作:

1) 使用标准的三阀组隔离规程来隔离变送器(已在前面描述)。

2) 关闭隔离阀(与工艺隔离)。这就形成了两处隔离。

3) 打开压力释放阀(从湿管中排出压力)。再关闭压力释放阀,5 分钟之后再次打开。如果还有压力释放,则上面的那只隔离阀有泄漏。如果没有泄漏让阀门保持开。

4) 使用变送器排污阀从变送器泄放压力。

1.7.4 浮力式液位计

浮力式液位计是根据液面上的浮球或浮标随液位的高低而产生上下位移,或沉于液体中的浮筒随液位变化而引起浮力变化的原理工作的。浮力式液位计构有造简单、造价低、维护方便的特点。这里主要介绍变浮力式液位计(浮筒式液位计)。

(1) 扭力管式电浮筒液位计

如图 1-28 所示,扭力管式电浮筒液位计是根据阿基米德原理工作的,当液位变化时,浮筒悬挂在杠杆一端,与扭力管固连。扭力管是一种密封式的输出轴,利用扭力管的弹性变形把浮筒上的力变成芯轴的转动,检测元件检测出转动后,变送器功能模块电路将测量信号经缓冲、放大和电压/电流变换后,输出 4~20 mA 标准电流信号,此时与作用在浮筒上的浮力成正比例变化。

(2) 磁感应式电浮筒液位计

磁感应式电浮筒液位计工作原理如图 1-29 所示,当被测液面位置变化时,浮筒浸没体积变化,所受浮力也变化,通过测量浮力变化确定出液位的变化量。液位高度变化与弹簧变形量成正比。弹簧变形量可用多种方法测量,既可就地指示,也可用变换器(如差动变压器)变换成电信号进行远传控制。

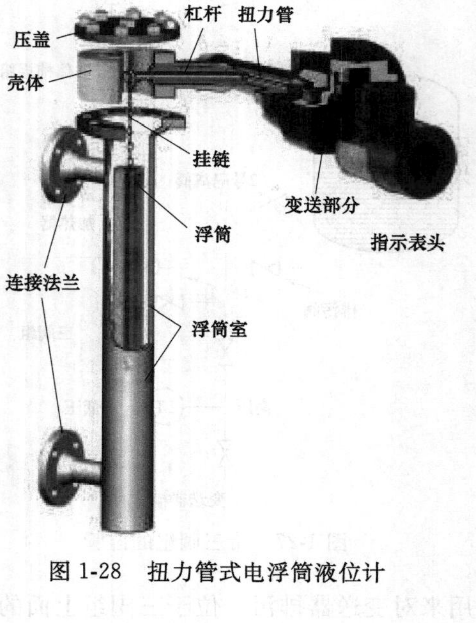

图 1-28 扭力管式电浮筒液位计

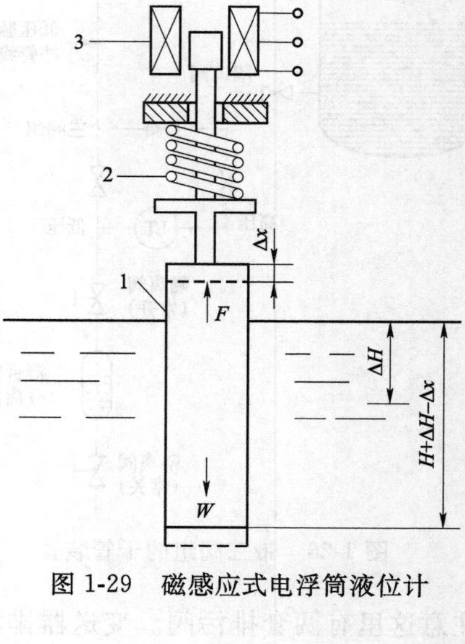

图 1-29 磁感应式电浮筒液位计

1.7.5　电容式液位计

电容式液位计的结构形式很多，有平极板式、同心圆柱式等。它的适用范围非常广泛，对介质本身性质的要求不象其他方法那样严格，对导电介质和非导电介质都能测量，此外还能测量有倾斜晃动及高速运动的容器的液位。不仅可作液位控制器。还能用于连续测量。

在液位的连续测量中，多用同心圆柱式电容器，如图 1-30。同心圆柱式电容器的电容量：

$$C=\frac{2\pi\varepsilon L}{\ln(D/d)}$$

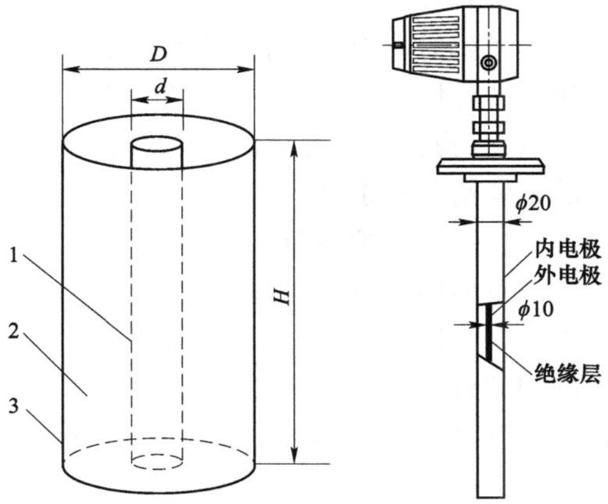

图 1-30　圆柱型电容器与复合式电容液位计

1—内极板；2—被测介质；3—外极板

式中：

D、d——外电极内径和内电极外径，m；

ε——极板间介质介电常数，F/m；

L——极板相互重叠的长度，m。

从上式可知，当液位变化引起等效介电常数变化时，由于其他参数均为常数，从而电容器的电容量变化为介电常数的单值函数，通过测量电容量的变化可以用来检测液位，这就是电容式液位计的检测原理。必须指出，如液体是黏滞性介质，当液体下降时，由于电极套管上仍粘附一层被测介质，会造成虚假的液位示值，使仪表所显示的液位比实际液位为高。

1.7.6　其他液位计简介

（1）超声波液位计

超声波液位计利用波在介质中的传播特性，在容器底部或顶部安装超声波发射器和接收器，发射出的超声波在相界面被反射。并由接收器接收，测出超声波从发射到接收的时间差，便可测出液位高低。

超声波液位计按传声介质不同，可分为气介式、液介式和固介式三种；按探头的工作方式可分为自发自收的单探头方式和收发分开的双探头方式。

单探头液位计使用一个换能器，由控制电路控制它分时交替做发射器与接收器。双探头式则使用两个换能器分别做发射器和接收器，对于固介式，需要有两根金属棒或金属管分别作发射波与接收波的传输管道。

超声波液位测量有许多优点：

1）与介质不接触，无可动部件，电子元件只以声频振动，振幅小，仪器寿命长；

2）超声波传播速度比较稳定，光线、介质粘度、湿度、介电常数、电导率、热导率等对检测几乎无影响，因此适用于有毒、腐蚀性或高粘度等特殊场合的液位测量；

3）不仅可进行连续测量和定点测量，还能方便地提供遥测或遥控信号；

4）能测量高速运动或有倾斜晃动的液体的液位，如置于汽车、飞机、轮船中的液位。

超声波液位测量也有缺点：

1）超声波仪器结构复杂，价格相对昂贵；

2）当超声波传播介质温度或密度发生变化，声速也将发生变化，对此超声波液位计应有相应的补偿措施，否则严重影响测量精度；

3）有些物质对超声波有强烈吸收作用，选用测量方法和测量仪器时要充分考虑液位测量的具体情况和条件。

（2）磁致伸缩液位计

磁致伸缩液位计原理如图 1-31 所示，铜导线每隔 0.1 s 同入一个电流脉冲，沿波导管周围产生的脉冲磁场，此浮子上磁钢的磁场相互作用，对软磁性波导管产生瞬时扭力，导致波导管产生伸缩（拉紧），波导管上张力变化以脉冲波形式，沿波导管上、下传播（约 2 830 m/s）。波导管上张力脉冲波向上下传播时，“携带”螺旋磁场的轴向分量沿波导管轴向移动。在检测线圈上产生感应电压脉冲，即返回脉冲。返回脉冲信号由检测电路进行处理，通过测量电流询问脉冲与返回脉冲之间的时间来精确地确浮子的位置，从而达到测量液位的目的。而沿电流方向向下传播的张力脉冲波，通过阻尼器衰减掉，以确保在波导管的末端不会产生反射，干扰正常的“返回脉冲”。

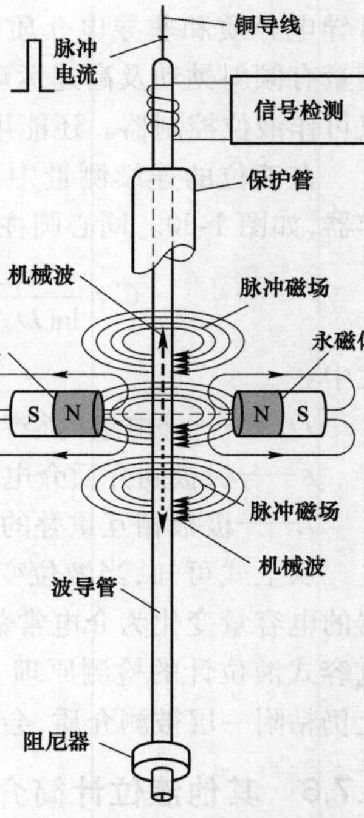

图 1-31　磁致伸缩液位计原理图

磁致伸缩液位计的特点如下：

1）可同时连续测量液面、界面和多点温度，能测量含泡沫、强腐蚀性和易挥发性的液体。

2）精度高，可达 0.01%F.S。全量程误差不超过 1 mm，重复性高达 0.025 mm。

3）仪表全集成化设计，简单可靠，无需维护，仪表无需重新校准即可投入使用。

4）测量受波导管、保护管限制，最大测量可达 30 m。

5）适应性强。工作温度−40～150 ℃，工作压力小于 2 MPa。

1.7.7 液位开关

液位开关即控制液位的开关，从形式上主要分为接触式和非接触式两大类，常见有以下几种：电容式、电缆浮球式、电子式、压力式、浮球式、侧帖式超声波液位开关。

右图 1-32 为顶装浮子式液位开关，该液位开关以下几个特点：可适用于发泡液体，波动液体或者搅拌液体等；采用多种形式的开关结构来满足窄差或宽差的液位范围；浮子位置可以沿悬缆调整到任一点；标准悬缆长度为 10 ft（约 3 m）；可提供法兰或螺纹式安装连接；现场可调的设定点和开关回差；防涌动设计消除了开关短路的可能性；开关结构选择：水银式，干触点式气动型，密封型。

顶装浮子式液位开关基于简单的浮力原理，即弹簧被重于液体的浮子加载，浮子浸没在液体时，浮力产生变化，致使弹簧向上移动。由于弹簧仅在液位移动到浮子上时移动，因此在弹簧移动 A 始终是浮子移动距离 B 的一小部分。弹簧上端连接有一个磁套管 C，该磁套管在非磁性的隔离管 D 的范围内移动，弹簧移动导致磁套管吸引装在枢轴上的磁铁 E，使位于隔离管外的开关机构 F 动作。内置式限位止挡可以防止弹簧在液体波动的情况下过度移动(见左图 1-33)。

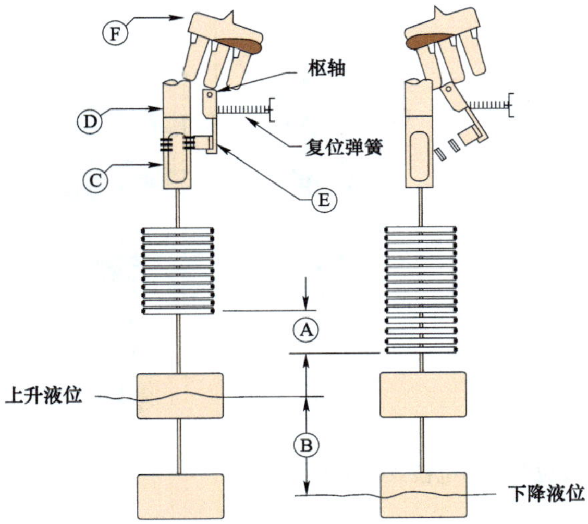

图 1-32 顶装浮子式液位开关

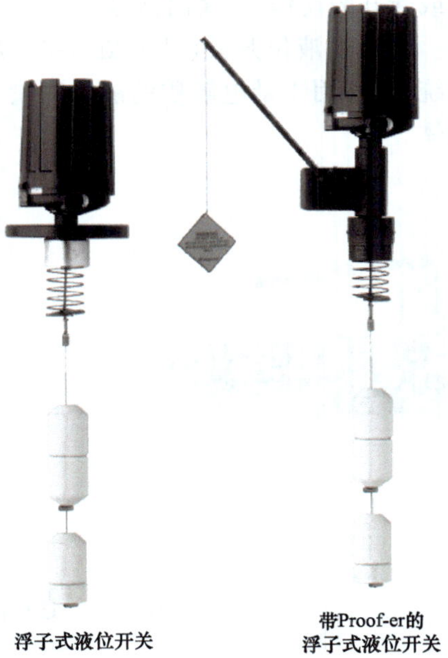

图 1-33 内置式限位止挡

焊接式外浮筒液位开关原理(见下图 1-34),一块永久磁铁 1 装在带支点的开关执行机构 2 上,当浮球 3 随液位升高时,它将铁芯 4 提升到磁铁的磁场中。此时,铁芯与永久磁铁相吸并靠在非磁性的密封管 5 上,使开关机构动作。密封管在开关机构和工艺液体之间提供了静压隔离。液位下降时,复位弹簧将永久磁铁所拉回,开关机构复位。

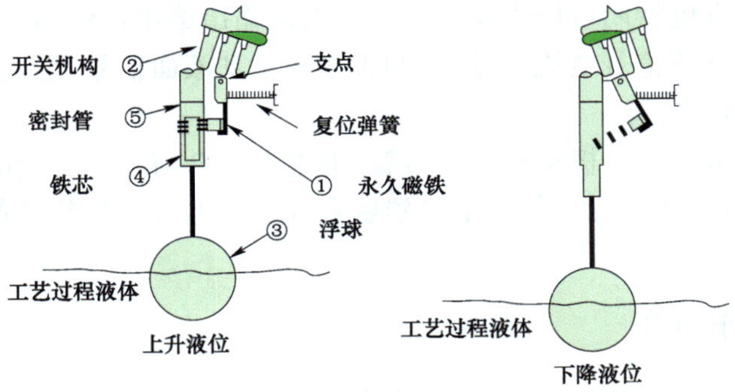

图 1-34 焊接式外浮筒液位开关原理

该液位开关可通过螺纹或法兰连接,侧面安装在储罐或容器上具有以下几个特点:碳钢或者不锈钢的焊接式外筒;不锈钢浮子和内连杆;开关回差范围现场可调;可提供单个或多个开关机构;最小比重为 0.32;工作压力可达 138 bar;工艺过程温度可达 399 ℃。

连杆浮球式液位开关(见下图 1-35),原理为在密封的不锈钢管(非导磁性)外穿过一个或多个内置环形磁铁的浮球，在安装一个或多个干簧管到不锈钢管内，液位上升和下降的同时会带动浮球一起移动，当浮球的磁铁到达密封管内干簧的同一水平位置时，干簧管产生吸合或断开的动作，并输出信号。

电极式液位开关(见下图 1-35)是由电极式传感器和控制器两部分组成的一体式测量系统，多应用于带电解质的液位测量，液位开关安装在容器的顶部或容器的壁上，电极插入液体。

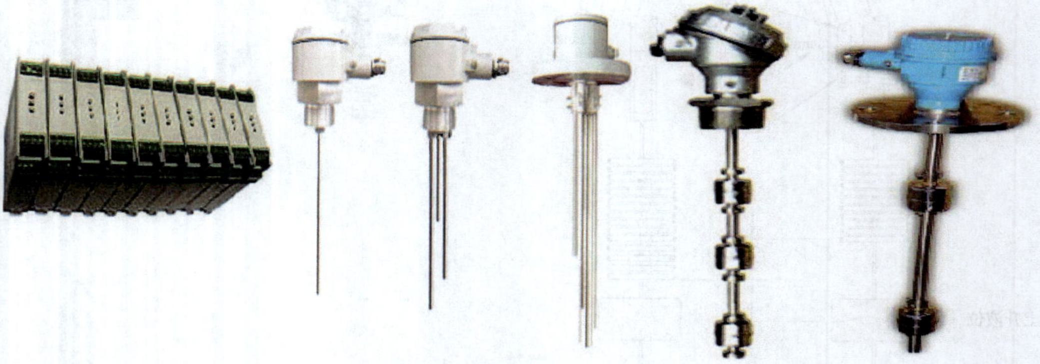

图 1-35　连杆浮球式液位开关与电极式液位开关

电极式液位开关根据工艺要求不同，检测电极可有一个或多个，以实现不同功能。一根电极适用于金属罐体液位报警，两根电极适用于非金属罐体液位或管路检漏报警，三根电极最为常用，适合给排水和其他进液或排液控制，与机泵结合可实现自动控制给排水。四根电极则可在给排水控制的基础上增加上限报警或下限报警功能，防止水位超高溢流或过低空泵运行。

电极式液位开关测量时，电极上通有交流信号电压，当液位上升接触到电极时，电极间就有交流信号电流流过从而产生液面信号，控制板接收到液面信号后，进行整流、滤波、放大等处理，最后转换成继电器闭合触点输出或标准电流输出给用户使用。当液位下降离开电极时，电极间就没有交流信号电流流过，控制板接收不到液面信号，继电器又恢复成释放状态或标准电流又回到初始值。

因此，只要通过液体与电极接触与不接触，继电器吸合与不吸合或电流大小，就能正确测量出液位高低位置。用户可以使用继电器触点或输出电流与外部设备联系，实现液位的自动控制。

1.7.8　仪表阀操作简介

仪表阀门按照外形(见下图)可以分为：整体式的五阀组(机组常用)、单阀组(压力表、压力变送器)、单阀组组合而成的“五阀组”及整体式的三阀组(机组常用)，按照级别可以分为核级和非核级。

仪表阀的作用是用于隔离下游仪表，从而展开对仪表的维护工作，并实现工艺上接口转接。通常差压式仪表(变送器，压力表)可选用五阀组，压力式仪表常用单阀组，单阀组可以通过连接变成五阀组。

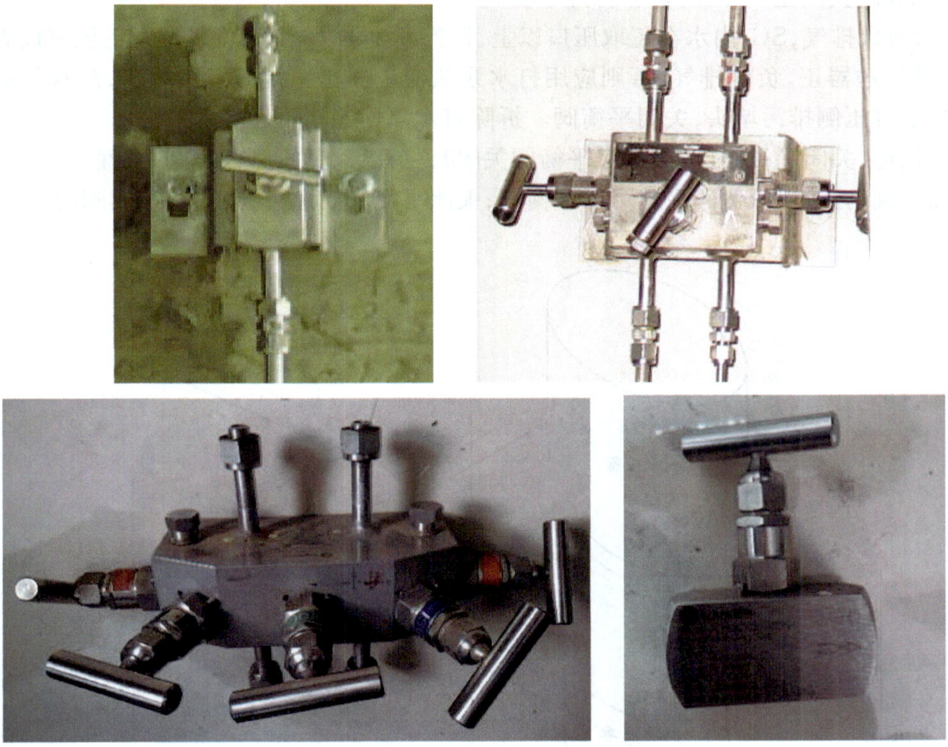

图 1-36 仪表阀门

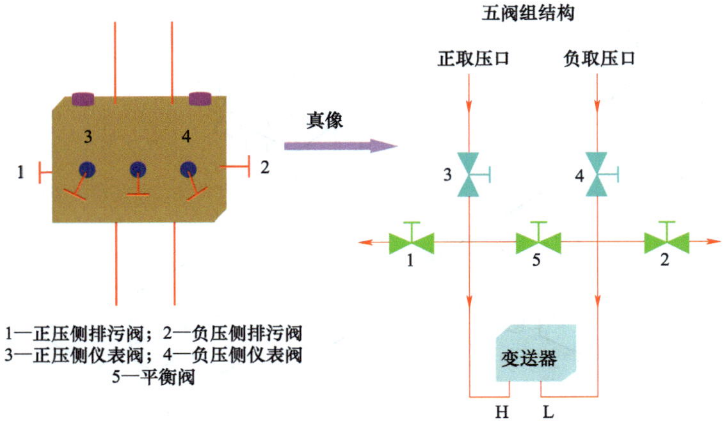

图 1-37 五阀组结构

仪表阀结构很简单，但在一些特殊场合下会有很大的作用。在操作中要多思考，正确操作顺序，也是一门技术。有时候按平常的操作方法执行反而可能引来更大的麻烦，甚至影响机组安全。以下介绍特殊场合的几种操作步骤和方法。

1）负压侧带平衡罐(蒸汽发生器液位测量)，五阀组

如图 1-38 所示，操作步骤为：

A. 隔离,关闭正负压测阀门,打开平衡阀;

B. 充水、排气,SG 内水在正取压口以上,蒸汽发生器为冷态,可以打开正压侧仪表阀和平衡阀对变送器正、负侧排气,否则应用打水泵从变送器正压排污堵头打水,使水从负压侧排出,拧上负压侧排污堵头,关闭平衡阀。拆除打水泵回装堵头;

C. 投运,关闭平衡阀(必须确定平衡阀关闭),打开正、负压侧仪表阀,查漏。

注意:关闭正、负压侧阀后才可开平衡阀;关闭平衡阀后才可开正、负压侧阀门。

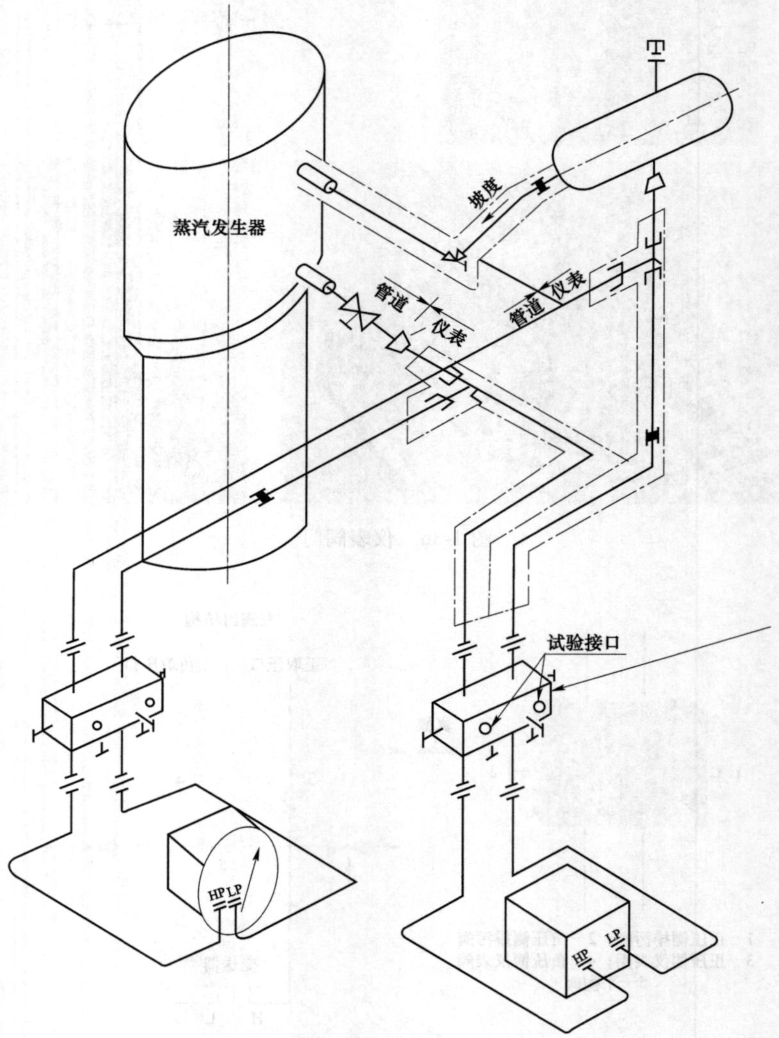

图 1-38 蒸汽发生器液位测量

2) 负压侧带平衡罐(稳压器水位测量),单阀组组成的五阀组

该液位测量是由单阀组组成五阀组功能,负压侧为毛细管,液体带有放射性。如图 1-39 所示,操作步骤:

A. 关正阀门 1 和 3;

B. 稳压器内的水如在正取压口以上,则可打开阀门 1(确保阀门 2 关),从变送器正排污

口排出(必须做好打水准备,防沾污),否则在确保压力不大的情况下,用打水泵从变送器正压排污堵头打水,缓慢打开阀 1,使水进入稳压器内部,从而达到充水;再关闭阀 1,拆除打水工具,回装变送器排污堵头;

C. 确保阀门 2 已关闭,打开阀门 1,3 投表。

注意:阀门比较多,操作顺序不正确,很容易造成平衡罐内水跑空和人体沾污。

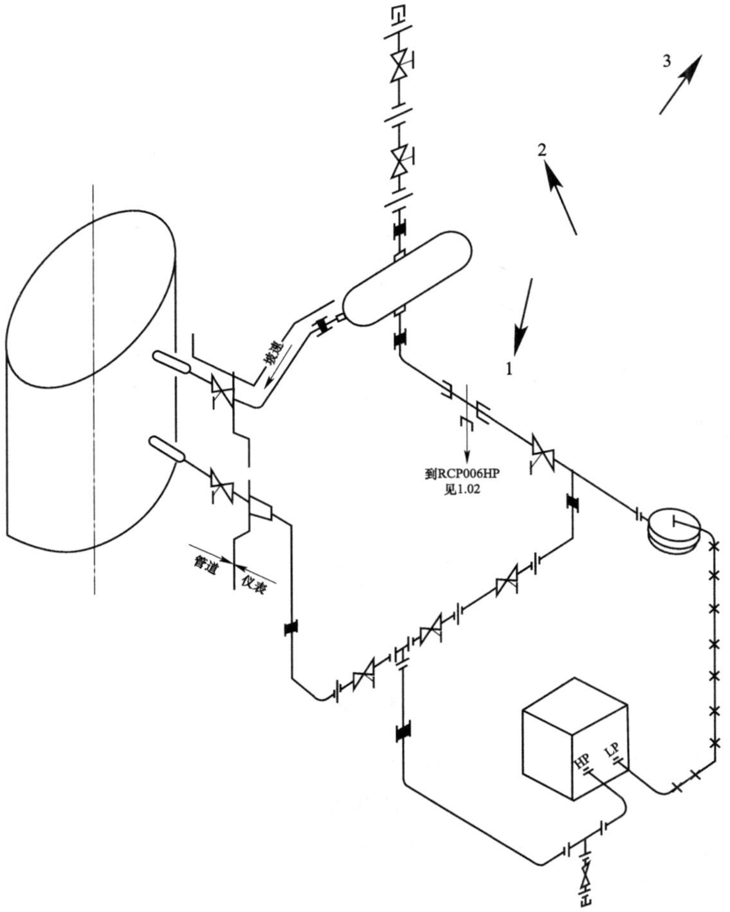

图 1-39　稳压器水位测量

3) 变送器并联安装(主给水流量测量),五阀组

此类变送器的特点是并联、高温、高压,但是没有平衡罐 (如图 1-40)。

操作步骤:

A. 充水/补水,要保证正负压阀关闭,给仪表管补水,如果利用仪表管内的水,压力比较大不好控制,瞬间压力卸出还可能影响另一块表低漂,且有高温水流出伤人和损坏变送器的风险;

B. 投表,虽然没有平衡罐,但投表的操作要与有平衡罐操作一样,必须保证平衡阀关闭后才开正、负压阀门;

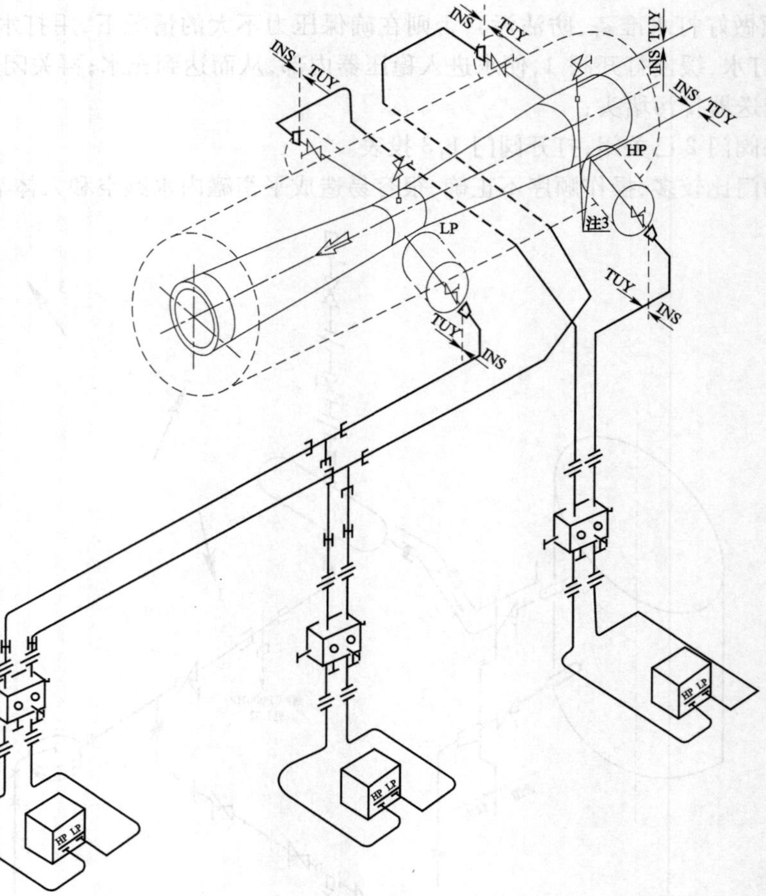

图 1-40 主给水流量测量

注意:有错误操作的风险,如造成变送器正、负压侧“短路”,造成另一块变送器低漂;仪表管内水形成回路,高温水流入仪表管使五阀组管线温度升高,损坏仪表。

4) 大压力,小差压测量(中压安注箱液位测量),五阀组

此类测量的特点系统压力高,测量量程小,正压为水,负压为氮气(如图 1-41)。

中压安注箱水位测量仪表所处静压为 4.3 MPa 左右,变送器量程为 6 kPa。如果不正确操作五阀组来投运仪表,就可能造成变送器单边受压,影响精度。

带压在线充水排气(正、负压侧关闭,平衡阀开)。

A. 先关闭冷凝罐上面阀门和打开排污堵头,缓慢打开正压侧阀,使水从变送器正、负压侧排污堵头处流出,并保证排气完整,回装变送器正、负压侧排污堵头;

B. 关闭平衡阀;

C. 缓慢打开负压侧阀,很小开度,再很小开度打开变送器负压侧排污阀,用氮气对变送器负压侧和冷凝罐残留水吹扫,时间可持续 3 分钟(时间过长氮气有窒息风险);

D. 确保无残留水时,回装变送器负侧排污堵头,把冷凝罐排污堵头回装,打开冷凝罐上方阀门,使还剩下的残留水流入冷凝罐内。

E. 再全开正、负压侧仪表阀。

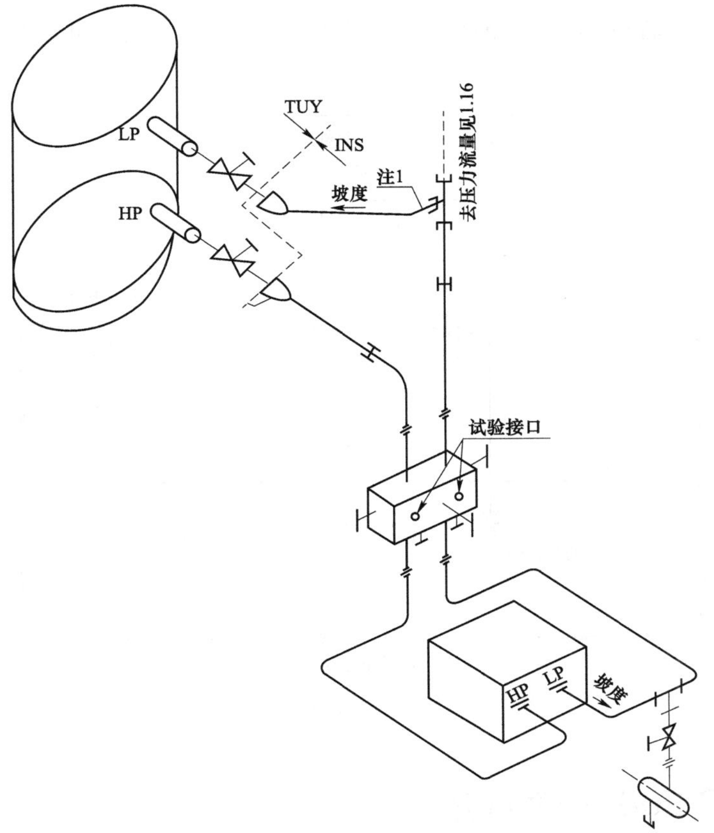

图 1-41　中压安注箱液位测量

注意:如果正、负压侧阀同开,由于气有一定压缩性,气侧传压较慢,会造成单边受压;如果先开气侧,气体进入正压侧,再打开正压侧阀门时,气会向上走,造成正压侧仪表管内有积气,也影响变送器测量精度。

5) 硼酸回路流量测量变送器,五阀组

该变送器(如下图 1-42)的特点由单阀组组成五阀组功能,正、负压侧均为毛细管,且为硼酸回路,经常会出现仪表管堵塞,从而必须对仪表管进行补水冲洗管线,同样有一定的操作步骤。

A. 隔离仪表。确认系统已停运,主管道内介质为静态。隔离仪表,关闭正、负仪表阀。

B. 排空介质。打开正、负法兰侧排污堵头,打开正、负侧排污阀和平衡阀,排空死管段内所有介质,用收集袋收集;

C. 正压侧死管段冲洗和加水。关闭平衡阀和负法兰排污口,在正压侧法兰排污口接上打水泵,缓慢把已加热到 60 ℃左右的除盐水打入死管段内,其除盐水从正排污阀下游排出,一段时间后关闭正排污阀,打开平衡阀,使除盐水从负排污阀下游排出。再关闭平衡阀,缓慢打开正压侧仪表阀向主管道内充水,一段时间后关闭正压侧仪表阀,拆除打水泵回装法兰排污口堵头。

D. 同样方法进行负压侧死管段冲洗、加水。此时注意的是平衡阀不能开。

E. 投运仪表。启动系统,缓慢打开正、负侧仪表阀投运仪表,即可尽可能保证死管段内为"清水"。

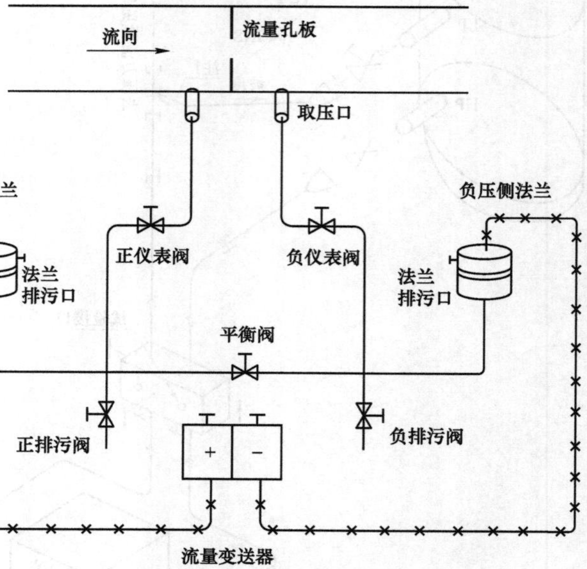

图 1-42　硼酸回路流量测量变送器

1.8　SPEC 200 组件简介

过程仪表控制系统(KRG)所用组件主要有三大类:SPEC200、SPEC200MICRO 及 TN 卡,下面对这三类组件分别加以介绍:

1) SPEC200 组件

它是 KRG 系统中应用最多的组件组装式模拟仪表,它采用 0~10 V 直流电压信号作为系统内统一信号,具有传输精度高、负载能力强、读数直观等优点。

SPEC200 系统是按照用户对过程控制的要求,在制造厂生产、制造、组装、接线,并调试正常后,交付用户现场安装的。在现场只需要将通往变送器、阀门和执行机构的现场电缆与系统连接上后,就能方便地投入正常运行,极大简化了现场的安装工作,缩短了开机投运时间,方便用户。采用 SPEC200 仪表作过程控制,用户只需要提供控制回路的方块图,由制造厂提供给用户系统的工程接线图,大大减轻了用户的设计工作。SPEC200 采用工业级的电子元器件,产品设计上对提高可靠性作了精心考虑,自 1972 年正式生产以来,经现场应用,也已证明它是一种比单元组合仪表更先进的过程控制仪表。

SPEC200 组装仪表在系统结构上分为两大部分:架装仪表部分和盘装仪表部分。其中架装仪表由以下几种组件组成。组件部分见图 1-43,原理框图见图 1-44。

输入组件:输入组件可将 4~20 mA 电流、热电偶、热电阻、触点等各种现场信号转换成 SPEC200 内部统一的 0~10 V 电压信号。

信号处理组件;信号处理组件可对输入组件送来的 0~10 V 电压信号进行报警检测、加减、乘除、开方、非线形校正、高低选择、限幅、变化速率限制及动态补偿等处理，以满足过程控制对信号的处理要求。

调节组件：调节组件有比例、比例—微分、比例—积分、比例—积分—微分等功能调节组件，实现对信号、给定值的偏差进行处理。

输出组件：输出组件可将调节组件送出的 0～10 VDC 电压信号转换成 4～20 mA 电流、电压及开关等现场信号，以驱动阀门和执行机构。根据使用现场的环境要求，还提供隔离型、本安型的输入/输出组件。

组件箱：上述各种功能组件均具有标准的外形和安装尺寸，可安装在组件箱内，并通过组件箱的供电母线得电。

机柜：当系统所需的功能组件数量较多时，就需要多个组件箱来安装，而组件箱则安装于机柜中。

电源：根据组件的多少，可选用但组件箱电源或多组件箱电源及电源分配组件对功能组件集中供电。

盘装仪表由以下部分组成。

指示仪表：有单针和双针指示仪，也可带有报警功能。通过标准的连接电缆可与架装区功能组件输出的 0～10 VDC 信号连接，作为指示和监视报警。

记录仪表：有单笔至四笔记录仪，也可带有报警功能。通过标准的连接电缆可与架装区功能组件输出的 0～10 VDC 信号连接，作为指示和监视报警。

显示操作器：通过标准的连接电缆，与架装区的调节组件连接，可指示调节组件的测量信号、给定信号和输出信号；可设定调节组件的给定值；选择调节组件自动/手动工作方式和进行手动操作，同样也可带有报警功能。

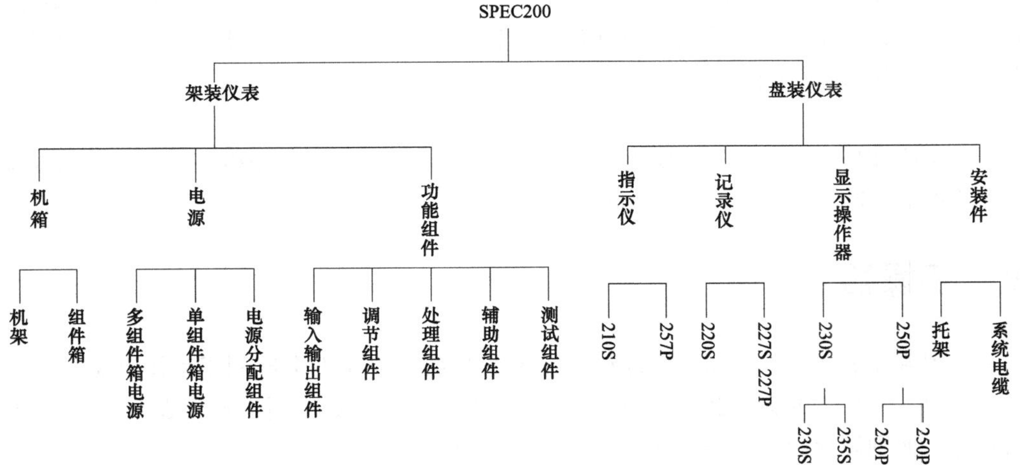

图 1-43　SPEC200 系统的组建、部分

SPEC200 系统技术指标如下：

① 内部信号：0～10 VDC；

② 信号负载能力：可驱动输入为 0～10 VDC 的 SPEC200 组件 40 个；

③ 正常工作温度范围：5～50 ℃；

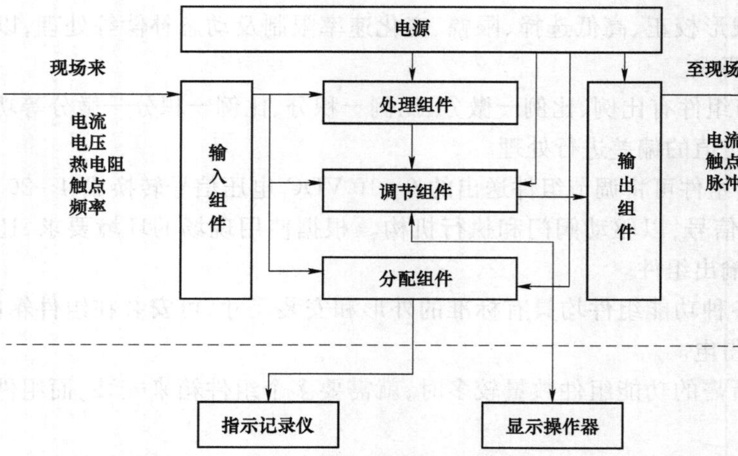

图 1-44 SPEC200 系统原理框图

④ 运输和贮存温度范围:-40～70 ℃;

⑤ 环境湿度范围:相对湿度 95%以下;

⑥ 系统内部电源:模拟子系统:+15 V 和-15 VDC;

⑦ 记录仪走纸机构及报警灯:24 VAC;

⑧ 系统内部输入电路:采用对共模干扰有高抑制作用的差动输入方式。

2) SPEC200MICRO 组件

SPEC200MICRO 组件是控制调节功能与显示操作功能分离的带微处理器的数字组装仪表。它的调节功能是通过控制功能模块实现的,功能块是功能很强的控制算法应用程序,每个功能块以组态表格的形式把一些与控制有关的数据组织在一起,形成一个组态数据库。SPEC200MICRO 在 KRG 系统中担负着一些重要控制系统(如稳压器水位控制、旁路控制、功率调节等系统)的调节作用。

3) TN 卡

TN 卡是 T1 试验装置的主要组成部分,它作为计算机自动控制检测的信号接口与保护测量回路的 SPEC200 卡件安装在一起。

1.9 手操器

手操器在主控的应用非常多,特别是几大调节系统中几乎全部利用手操器来控制各个调节的参数。有些控制系统进行了部分改造,在 DCS 中引入软操控制,但在日常运行中,这些也全部切换到硬操控制。下图为一般手操器示意图。

手操器一般与自动/手动平衡卡件配用,而具有以下功能:

1) 0～10 VDC 输入和输出信号;

2) 逻辑电平+15 VDC 和 0 VDC 自动/手动状态信号;

3) 高低报警信号;

4) 还有部分手操器提供具有偏置功能(如 APA 转速调节、汽水压差调节器等)。手操器供电电源一开始供电时,操作器总是位于自动操作方式,要在操作者选择另一种操作方式

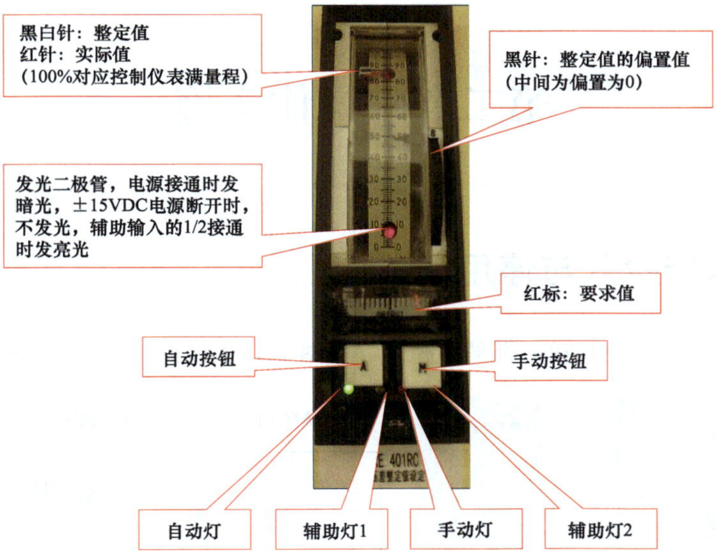

图 1-45　一般手操器示意图

时才会改变。手操器的红针、绿针或白底黑针，当指示为 0%时，代表输入为 0 VDC，当指示为 100%时，代表输入为 10 VDC。手操器置手动后，输出的信号直接对应为执行结构的输入，而不经过任何调节环节，如 ARE031RC 置手动后，拨杆调节的直接对应为 ARE031VL 的开度。在手操器需要放回自动，放之前尽量将整定值与实际测量值调整到一致，以避免出现较大的扰动，特别是对有微分环节的调节器（如稳压器压力调节器）。下图为手操器的控制说明。

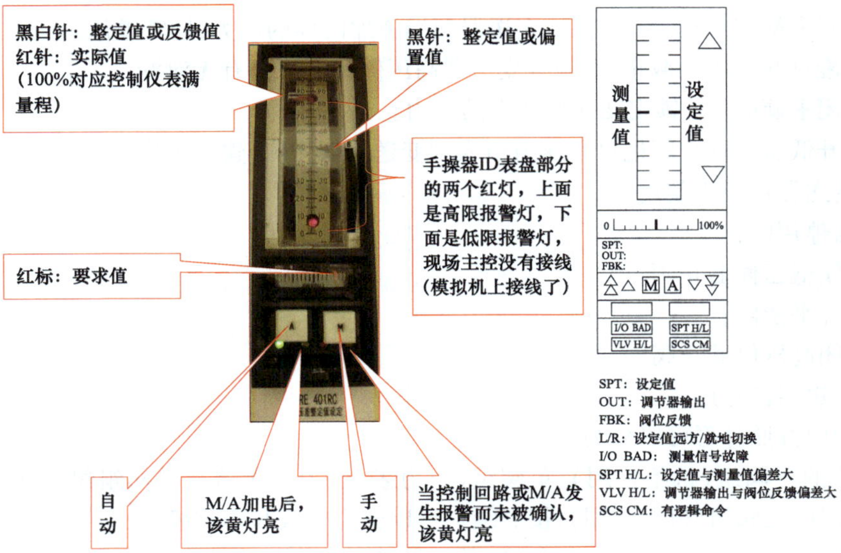

图 1-46　RC 控制说明

第二章　操作实施

三阀组变送器投入与停用

三阀组包括两个截止阀和一个平衡阀。如下图 2-1 给出了一个三阀组外形与流程图。

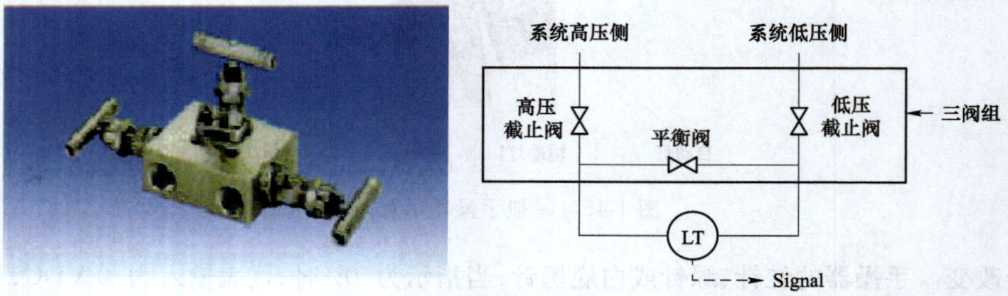

图 2-1　三阀组外形与流程图

正常运行时，平衡阀是关闭的，两个截止阀是打开的。当变送器投入使用或停用时，必须按下列步骤操作。

把变送器投入使用时：

1）检查所有阀门都是关闭的。

2）打开平衡阀——这可以保证变送器两端施加同样的压力，即零差压。

3）慢慢打开高压侧截止阀，检查变送器高压侧和低压侧有无泄漏。

4）关闭平衡阀——锁定变送器两端的压力。

5）打开低压侧截止阀把过程压力引入到变送器低压侧，建立工作差压。

现在变送器可投入使用。

变送器停用时：

1）关闭低压侧截止阀；

2）打开平衡阀；

3）关闭高压侧截止阀。

现在变送器已停用。

仪表阀门按照外形可以分为：

整体式的五阀组（机组常用）、单阀组（压力表、压力变送器）、单阀组组合而成的“五阀组”及整体式的三阀组（机组常用），按照级别可以分为核级和非核级。

仪表阀的作用是用于隔离下游仪表，从而展开对仪表的维护工作，并实现工艺上接口转接。通常差压式仪表（变送器，压力表）可选用五阀组，压力式仪表常用单阀组，单阀组可以通过连接变成五阀组。

第三章　课程回顾及总结

1. 总结回顾培训过程以及关键点

仪表投用和隔离时注意，关闭正、负压侧阀后才可开平衡阀，关闭平衡阀后才可开正、负压侧阀门。如操作与一回路相关的开关变送器时，应注意操作顺序是否正确，防止造成平衡罐内水跑空或人体沾污。在操作并联安装的变送器时，有错误操作的风险，可能会造成变送器正、负压侧“短路”，造成另一块变送器低漂，或是仪表管内水形成回路，高温水流入仪表管使五阀组管线温度升高，损坏仪表。在进行中压安注箱液位计投用时，要注意防止单边受压，或造成仪表管内积气。

2. 针对学员技能培训进行点评

学员对隔离和投用过程进行阐述，并说明其中的关键点以及注意事项。教员对学员的陈述简要记录，根据阐述评判学员的掌握情况。其中隔离具体步骤、投用具体步骤需要完成阐述。教员指出学员阐述过程中的错误以及需要注意的事项，并且依据评判表，对学员的学习情况作出整体评判。

3. 召开技能培训操作工后会

4. 征求学员对技能培训及教材的信息反馈

第四章 经验反馈

某电厂 4ARE047MD 满漂处理

事件序列:2014 年 5 月 9 日 12 时,主控操纵员准备执行 PT 4RPA010/042 规程。

12 时 55 分,突发报警 VVP403AA,经查为 ARE047 MD 满漂,主控利用 ARE441 CC 切除 ARE047 MD。并记录 RPR2(一个测量通道不可用且未置于安全位置)。

12 时 55 分到 20 时 23 分,仪控经查得出 ARE047 MD 变送器故障,其测量电流超量程。仪控准备备件并校验,准备更换变送器。在主控要求下,仪控编写了重大缺陷处理方案。在进行充分的风险分析后,仪控进行开工。

20 时 23 分,仪控隔离 4ARE047MD 并拆除接线,触发 4RPR731AA(蒸汽/给水失配)。记录 RPR1。

20 时 59 分 40 秒,ARE048MD 流量波动下降,ARE032VL 开大。为仪控打开 ARE047MD 仪表根阀。

21 时 12 秒,ARE243VL 开始关小。

21 时 29 秒,触发 ARE403AA,SG2 水位 0.216 m。

21 时 58 秒,确认故障后 ARE032VL 放手动控制,此时大阀开度 75.6%,小阀 54.5%,水位 0.457 m。

21 时 1 分 3 秒,大阀手动关小到 47.5%,小阀此时开度约 10%,给水流量为 1 737 t/h

21 时 1 分 13 秒,小阀手动恢复 100%开度,给水流量为 1 969 t/h。

21 时 3 分,逐步关小 ARE032VL 阀门,SG2 水位仍在上升达最高 0.72 m。

21 时 4 分 4 秒,经联系仪控现场人员隔离 ARE047MD,现场关闭 ARE047MD 五阀组上下腔阀门。此时流量显示为 1 834 t/h。

21 时 6 分 34 秒,ARE403AA 报警消失。

21 时 9 分 24 秒,恢复 ARE032/243VL 阀门自动。

22 时 30 分 1 秒,根据仪控重新讨论方案以及经验反馈,再次对 ARE047MD 投入,提前 ARE032/243VL 放手动。

22 时 37 分 30 秒,投入 ARE047MD,流量显示正常。

22 时 43 分 25 秒,阀门投入自动。

22 时 55 分,经观察后 ARE441CC 投入中选。

原因分析:5 月 9 日早班发现 4ARE047MD 满漂后联系仪控检查,工作负责人持 PT 票进行检查,确认 ARE047MD 变送器满漂,其输出电流值高达 28.5 mA。中班仪控准备进行更换仪表,与值长沟通后仪控准备重要缺陷处理方案。20 点左右在中控室开展工前会。在工前会上值长强调了在工作过程中避免对其他两块表 ARE0 44/48MD 的影响。同时在开工前主控专门强调在仪表拆装以及准备投入时务必提前通知主控。在工作过程中仪控在仪表拆除前通知了主控室,主控安排人员全程监视蒸汽发生器水位。在大约 21 时主控发现蒸汽发生器水位上涨,并触发 ARE403AA 报警。主控通过对比给水阀开度,给水流量等参数确认为控制异常后,阀门放手动,并稳定水位。在水位逐渐下降后立即联系仪控,停止工作,恢复仪表 047MD 隔离,此时给水流量 048/044MD 显示一致。仪控人员到主控后了解到仪控在现场已经打开了 047MD 的仪表根阀,对仪表进行投入工作。随后仪表通过五阀组上的阀门隔离。

后仪控反馈在仪表投入期间,打开了 047MD 的五阀组平衡阀。由于 048MD 与 047MD 共用引压管,所以造成 048MD 两侧压差变小,测得流量变小。而此时参与蒸汽发生器水位控制的信号为 044MD(显示正常),048MD(显示偏小),0 V 信号。则中选后为 048MD 参与控制,造成了扰动。

事件反馈:对于涉及保护系统的相关检修,必须制定重大缺陷检修方案;对检修过程中的风险分析不足。重点关注了蒸汽发生器水位信号误发可能造成停堆,而忽视了相同引压管下之间仪表投切时相互的影响,尤其是工作负责人误操作下的风险预估不足。此工作若在仪表投入时液位手动控制则不会出现此瞬态;在检修过程中加入与主控关键点汇报。虽然在开工前与工作负责人强调在拆除仪表前,以及恢复仪表时多个点务必通知主控,但是检修规程中没有涉及,造成现场与主控沟通不及时;重大操作期间务必保证专人监视相关参数与控制器,以便及时响应。

第五章 习 题

5.1 选择题

1. 通常使用仪表时最关注的性能是(A)。

A. 计量性能　　B. 操作性能　　C. 可靠性　　D. 经济性

2. 温度开关具有什么特点(ABCD)。

A. 体积小　　B. 外壳绝缘　　C. 动作灵敏　　D. 寿命长

3. 压力仪表按照工作原理可分为(ABCD)。

A. 液柱式　　B. 活塞式　　C. 弹性式　　D. 电气式

5.2 填空题

1) 仪表和控制系统设备按其所在系统功能对电厂安全的重要性分为三类:________、________和________。

答:安全级设备　安全有关的设备　非安全重要设备

2) 温度检测仪表分为______和______两大类。

答:接触式　接触式

3) 温度开关按照动作性质可以划分为______、______。

答:常开型　常闭型

4) 压力开关是一种简单的压力控制装置,当被测压力达到额定值时,压力开关可发出______或______。

答:警报　控制信号

5) 三阀组包括两个截止阀和一个平衡阀,正常运行时,平衡阀是______,两个截止阀是______。

答:关闭的　打开的

6) SPEC200 组装仪表在系统结构上分为二大部分:______和______。

答:架装仪表部分　盘装仪表部分

5.3 简答题

1. 手操器具有哪些功能?

答:手操器一般与自动/手动平衡卡件配用,而具有以下功能:

1) 0~10 VDC 输入和输出信号;

2) 逻辑电平+15 VDC 和 0 VDC 自动/手动状态信号;

3）高低报警信号；

4）还有部分手操器提供具有偏置功能。

2. 1E 级设备的基本要求是什么？

答：

1）功能保证要求；

2）可靠性保证要求；

3）性能保证要求；

4）耐环境能力保证要求；

5）质量保证（QA）和质量控制（QC）要求

3. 我们常说的“表压”是什么概念？

答：以环境压力（大气压力）作为零标准表示的压力称为表压力。表压为正时，简称压力；表压力为负时，称为负压力或真空。因为各种工艺设备和测量仪表都处在环境压力（大气压力）的作用下，所以工程上都用表压力表示压力的大小。

4. 投送、切除压差变送器时三阀组的操作流程是什么？

答：正常运行时，平衡阀是关闭的，两个截止阀是打开的。当变送器投入使用或停用时，必须按下列步骤操作。

把变送器投入使用时：

1）检查所有阀门都是关闭的。

2）打开平衡阀——这可以保证变送器两端施加同样的压力，即零差压。

3）慢慢打开高压侧截止阀，检查变送器高压侧和低压侧有无泄漏。

4）关闭平衡阀——锁定变送器两端的压力。

5）打开低压侧截止阀把过程压力引入到变送器低压侧，建立工作差压。

现在变送器可投入使用。

变送器停用时：

1）关闭低压侧截止阀；

2）打开平衡阀；

3）关闭高压侧截止阀。

现在变送器已停用。

5. 并联安装的主给水流量测量变送器（五阀组），有哪些特点？操作时有什么注意事项？

答：此类变送器的特点是并联、高温、高压，但是没有平衡罐。

注意事项：有错误操作的风险，如造成变送器正、负压侧“短路”，造成另一块变送器低漂；仪表管内水形成回路，高温水流入仪表管使五阀组管线温度升高，损坏仪表。

第十部分 500 kV 联合开关站保护

第一章 操作准备

1.1 继电保护运行总则

1）继电保护装置包括主保护、后备保护、保护通道接口、故障信息系统及数据交换接口等设备。安全自动装置包括自动重合闸、补充跳机装置。

2）任何运行设备不得无保护运行。保护装置在一次设备投运前投入，一次设备停用后才能全部停用。

3）属调度管辖的一次设备，对其继电保护及自动装置的投退或变更定值，应按调度的指令执行，在执行完调度指令后，应立即将执行情况和执行完毕的时间报告给当班调度员。

4）因一次设备停役需陪停的二次保护要与一次设备状态相对应，不得少停，更不得多停保护。无调度命令的二次保护调整操作应按继电保护整定说明及规程的相关规定执行。

5）对于调度管辖的继电保护设备，整定单更改后，投运前必须与当班调度核对整定单编号。

6）保护装置的电压、电流回路变动，包括相应一次设备的更换，需经带负荷试验正确后，才能投跳闸。

7）继电保护及自动装置的操作应填写操作票(单项操作、事故处理时例外)。

8）微机型保护投跳前必须确认保护面板上无异常动作信号。

9）一次设备在运行时，若需将其保护屏上某一插件插入或拔出，必须在切断其直流电源，隔离相应的交流电压回路后方可进行。并不得将 CT 回路开路。

10）500 kV 故障录波器的停用必须经调度许可。

1.2 线路保护操作的原则性规定

1）线路分相电流差动保护一侧改信号或停用时，线路对侧的分相电流差动保护也要求同时改信号或停用。停用时原则上按“跳闸改信号”“信号改停用”顺序操作；投用时按“停用改信号”“信号改跳闸”顺序操作。由信号改停用的操作应该在对侧已改为信号或停用时才能执行，反之由信号改跳闸的操作应在对侧已改为跳闸或信号时才能执行。

2）对 3/2 接线方式，线路停役开关恢复成串运行时，应将远方跳闸通道停用。

3）当分相电流差动保护改为无通道跳闸状态或信号状态时，由调度单独发令将对应的远方跳闸改信号状态；同样，当分相电流差动保护为跳闸状态时，其对应的远方跳闸功能也为跳闸状态。

4）保护通道有故障需要处理时，应申请将保护改无通道跳闸或停用其中一套主保护，两套保护通道故障时，保护改无通道跳闸或线路陪停。

5）当线路保护回路有检修、试验工作时，必须将线路保护改信号。

6）短引线保护在主变或线路闸刀断开时投入，主变或线路闸刀合上时退出，运行人员除操作相应的投切压板及出口压板外，还应检查确认该闸刀接点的状态是否正确（通过装置指示灯），为保证可靠，强投压板与短引线保护投退情况要求对应一致。

7）两套短引线保护由调度发令时应明确是第几套，当调度只发令投退短引线保护时，即认为是二套短引线保护同时操作。正常情况下，跟随线路或主变闸刀一次状态的短引线保护操作调度不单独发令。

8）自动重合闸的投、停操作一般根据调度指令执行。按开关配置的重合闸状态应与开关状态对应，即开关停运时应同时停用该开关的自动重合闸功能，调度不单独发令。

9）调度发令停用线路重合闸时，线路保护跳闸方式应置三跳位置，相应的二台开关的重合闸切换开关置“停用”位置，同时退出开关保护屏重合闸出口压板，有沟通三跳回路压板时应用上该压板。

10）下列情况下要求向调度申请停用重合闸：

① 线路带电作业时，根据作业内容、地点申请是否停用线路重合闸；

② 线路一次系统检修工作时，根据检修内容、地点情况，申请停用与之同杆架设的其他线路重合闸；

③ 线路充电、强送、试送电时应停用线路重合闸；

④ 无手合闭锁功能的线路开关在合闸前应停用重合闸；

⑤ 开关操作机构油压、气压或相应气室 SF_6 压力下降到闭锁重合闸压力时，应停用开关重合闸；

⑥ 重合闸装置异常时，应向调度申请停用重合闸；

⑦ 重合闸相关二次回路有工作时，应申请停用重合闸。

1.3 母差及开关失灵保护的操作原则

1）在母线运行中不考虑同一母线的两套保护同时停用，若两套母差保护同时停用，则要求该母线停役。

2）母线侧开关该检修时，需要对母差 CT 进行短接，但检修工作中没有涉及开关配合检修工作时，可以不用对母差 CT 进行短接。

3）除非有专门的继保工作安措要求，当一次系统设备状态改变时，一律不对 500 kV 开关失灵保护进行投切操作；继电保护工作需要断开的回路，等工作终结后，必须及时恢复。

1.4 继电保护异常及动作后的一般处理规定

1）保护装置动作或发信后，应对 NCS、装置、现场相关设备进行检查与确认，并作好详细记录。

2）保护装置动作出口后，应及时通知检修继保人员进行确认。运行人员不得自行复归。涉及调度管辖设备的保护装置动作后，值长应及时将保护装置的动作情况向当班调度人员作详细汇报。主要设备的保护动作后，还应及时向相关领导汇报。

3）若经检修人员检查，保护系误动，在未查明误动的具体原因或未消除误动因素前，需经过相应的保护退出审批手续，方可暂时将保护退出运行。

4）根据保护装置的动作情况，对事故提出初步的分析意见。作相应事故预想，必要时建议调度对运行方式作相应调整。

5）线路保护动作跳闸后的强送，应根据调度指令执行。

1.5 保护装置巡检要求

运行值班人员应按交接班制度、巡检制度的规定每天对继电保护、自动装置及二次回路进行核对性巡视。主要巡视内容：

1）装置面板上的小开关，按钮的位置，指示灯应符合运行方式的要求。

2）液晶显示屏的指示是否正确。

3）保护定值是否符合定值单及运行方式的要求。

4）保护压板状态是否符合现场运行方式。

5）故障录波器工作正常，打印机电源正常、打印纸完备。

6）继保室温湿度正常，采暖、通风及照明情况良好，电缆封堵良好。

7）定期进行灯光、警铃、喇叭等信号装置的试验。

1.6 线路保护介绍

500 kV 线路秦乔 5413、5414 线，秦由 5415、秦拳 5416 线各配置二套独立的分相电流差动保护，配以相应的光纤通道以 2 M 复用方式构成全线速动保护。第一套线路保护采用南京南瑞公司制造的分相电流差动保护装置，型号为 PCS931；第二套线路保护采用北京四方公司制造的分相电流差动保护装置，型号为 CSC103A。每回线路配置两套分相电流差动保护原理的微机保护作为主保护，每套主保护又具有完善的后备保护。从电流互感器、电压互感器二次绕组、直流控制电源、跳闸线圈均实现了完全独立。通信通道采用复用光纤通道，光纤为 OPGW 型地线复合光缆。

1.6.1 秦乔 5413 线第一套线路保护屏

1. 保护屏内装置组成及选择开关定义

组成：主保护装置、过电压保护及故障起动装置（远跳装置）、操作继电器箱和保护压板（图 1-1）。

1QK1：5031 开关“检修/正常”切换开关，5031 开关运行时置“正常”位置。当 5031 开关长时间停运或检修时置“5031 开关检修”位置。

1QK2:5032 开关“检修/正常”切换开关,5032 开关运行时置“正常”位置。当 5032 开关长时间停运或检修时置“5032 开关检修”位置。

1QK3:“选相跳闸/沟通三跳”切换开关,秦乔 5413 线线路运行时置“选项跳闸”位置。当重合闸停用时置“沟通三跳”位置。

1QK4:“定值区”切换开关,可选有 4 个定值区,正常时置“定值区 1”位置。

9QK1:“远跳投入/远跳退出”切换开关,正常时置“远跳投入”位置。当线路停役而线路任一侧开关需要恢复成串运行时应置“远跳退出”位置。

1FA/9FA:复归按钮。

1YA/9YA:打印 按钮。

DYQK:打印切换开关。

JK2:交流照明电源开关。

JK1:交流电源开关。

9ZKK:PCS-925 装置电压开关。

1ZKK:PCS-931 装置电压开关。

1K:PCS-931 装置电源开关。

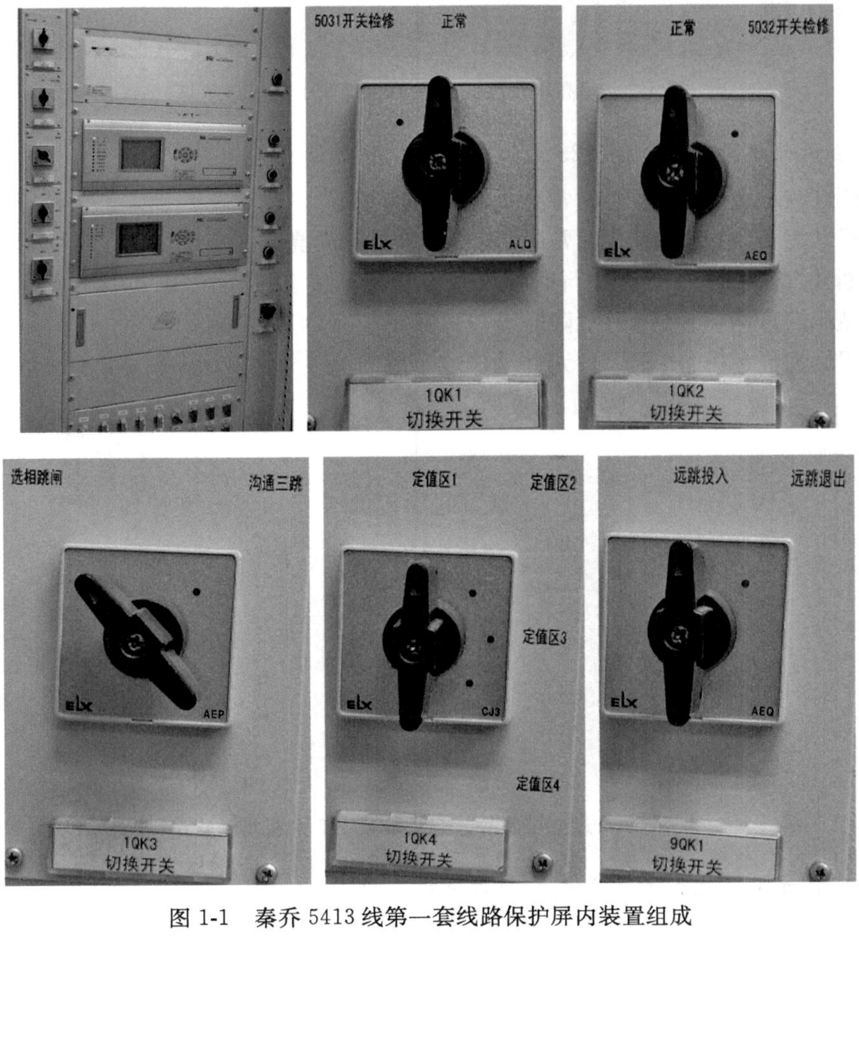

图 1-1　秦乔 5413 线第一套线路保护屏内装置组成

2. 超高压线路成套保护装置 931 面板指示灯说明（图 1-2）

“运行”灯为绿色，装置正常运行时点亮，装置闭锁时灭。

“报警”灯为黄色，正常运行时常灭，装置自检异常时点亮。

“PT 断线”灯为黄色，正常运行时常灭，PT 回路断线、失压时亮。

“充电”灯为黄色，当重合充电完成时点亮(此功能不用，正常运行时灭)。

“通道 A 异常”“通道 B 异常”灯为黄色，当相应通道故障时点亮。

“A 相跳闸”“B 相跳闸”“C 相跳闸”灯为红色，当保护动作出口点亮。

“重合闸”灯为红色，当保护动作出口点亮(此功能不用)。

图 1-2　超高压线路成套保护装置 931 面板指示灯

3. 过电压及故障起动装置 925 面板指示灯说明（图 1-3）

“运行”灯为绿色，正常运行时常亮，装置闭锁时灭。

“报警”灯为黄色，正常运行时常灭，装置自检异常时亮。

“PT 断线”灯为黄色，正常运行时常灭，PT 回路断线、失压时亮。

“通道故障”灯为黄色，通道故障时亮。

“跳闸”灯为红色，过电压保护元件动作或远跳时亮。

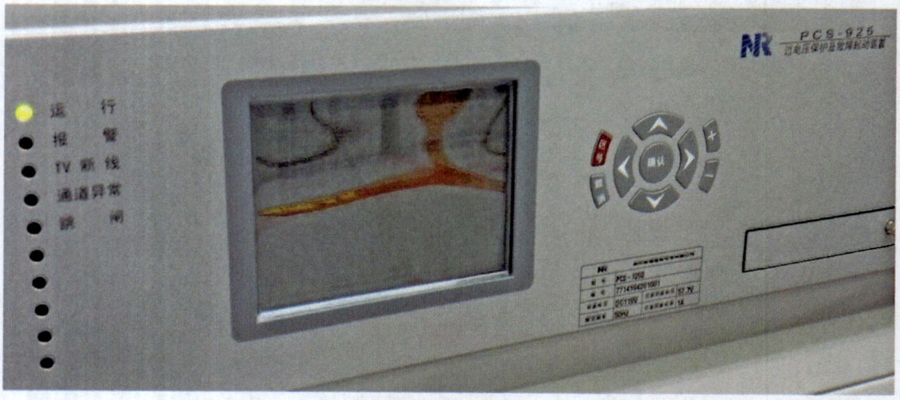

图 1-3　过电压及故障起动装置 925 面板指示灯

4. CJX 装置（从左到右）面板指示灯说明（图 1-4）

LOCK OUT(5031 开关跳圈 1)：灯为红色，正常运行时常灭，三相出口跳闸时亮。

LOCK OUT(5032 开关跳圈 1):灯为红色,正常运行时常灭,三相出口跳闸时亮。

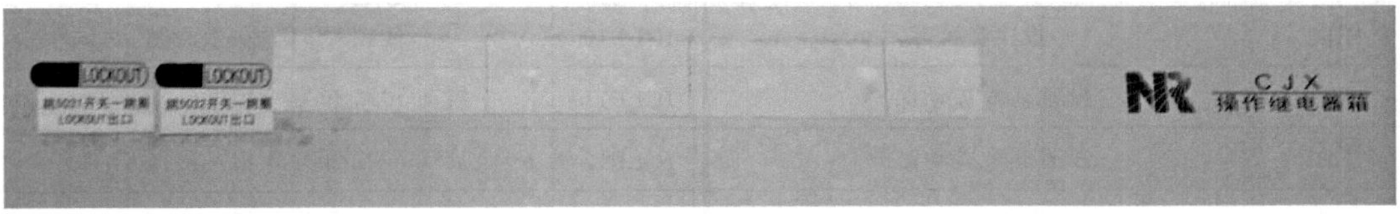

图 1-4 CJX 装置面板指示灯

5. **南瑞 931 主保护查询故障测距过程**

按“上”方向键进入主菜单

↓

按“确认”键

↓

选择“显示报告”

↓

按“确认”键

↓

选择“动作报文”

↓

显示最新报文,如要选择其他报文按“左右”键(最左边数字是序号)

↓

按“确认”键

↓

按“左右”键看报文,直到显示故障测距

↓

多次按“取消”键回到原始画面

注意:当出现故障时,显示屏中会显示动作报文,按“确认”键及最后两步操作即可。

6. 秦乔 5413 线第一套保护屏压板（图 1-5）

1LP1	投检修状态	1CLP10	闭锁 5031 开关重合闸
1LP2	投通道 A 差动保护	1CLP11	启动 5032 开关 A 相失灵、重合闸
1LP3	投通道 B 差动保护	1CLP12	启动 5032 开关 B 相失灵、重合闸
1LP4	投距离保护	1CLP13	启动 5032 开关 C 相失灵、重合闸
1LP5	投零序保护	1CLP14	闭锁 5032 开关重合闸
1CLP1	5031 开关 1 跳圈 A 相出口	9LP1	投检修压板
1CLP2	5031 开关 1 跳圈 B 相出口	9CLP1	5031 开关 1 跳圈 A 相出口
1CLP3	5031 开关 1 跳圈 C 相出口	9CLP2	5031 开关 1 跳圈 B 相出口
1CLP4	5032 开关 1 跳圈 A 相出口	9CLP3	5031 开关 1 跳圈 C 相出口
1CLP5	5032 开关 1 跳圈 B 相出口	9CLP4	5032 开关 1 跳圈 A 相出口
1CLP6	5032 开关 1 跳圈 C 相出口	9CLP5	5032 开关 1 跳圈 B 相出口
1CLP7	启动 5031 开关 A 相失灵、重合闸	9CLP6	5032 开关 1 跳圈 C 相出口
1CLP8	启动 5031 开关 B 相失灵、重合闸	9CLP7	启动 5031 开关失灵、闭锁重合闸
1CLP9	启动 5031 开关 C 相失灵、重合闸	9CLP8	启动 5032 开关失灵、闭锁重合闸

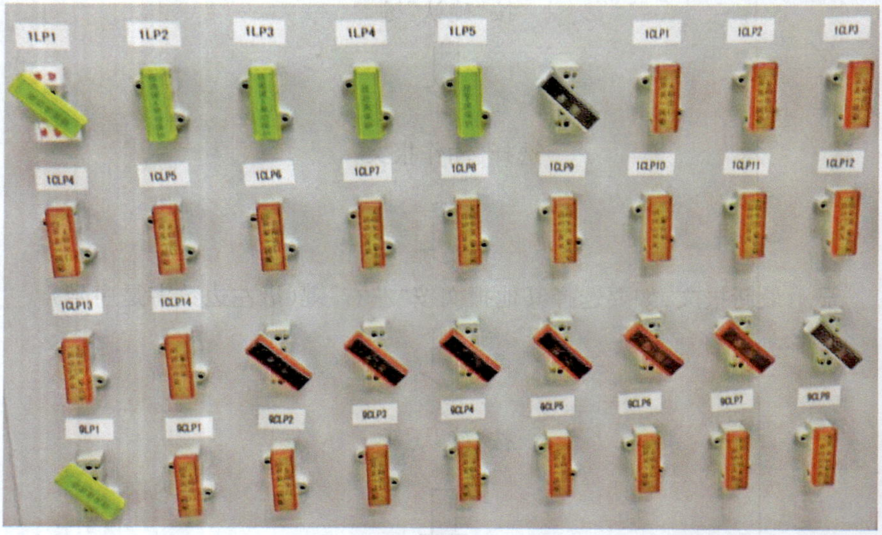

图 1-5　秦乔 5413 线第一套保护屏压板

1.6.2　秦乔 5413 第二套线路保护屏

1. 保护屏内装置组成及选择开关定义

组成：主保护装置、数字式故障起动装置（远跳装置）、操作接口继电器和保护压板

(图 1-6)。

1QK1:“通道 A 检修/通道 B 检修/双通道运行/通道全退”通道切换开关,正常运行时置“双通道运行”位置,根据通道运行状态和检修方式进行其他位置的选择。

1QK2-1:“正常/边开关检修”切换开关,此“边开关检修”指 5031 开关,正常时置“正常”位置。当 5031 开关长时间停运或检修时置“边开关检修”位置。

1QK2-2:“正常/中开关检修”切换开关,此“中开关检修”指 5032 开关,正常时置“正常”位置。当 5032 开关长时间停运或检修时置“中开关检修”位置。

1QK3:“远方跳闸投入/闭锁远方跳闸”切换开关,正常时置“远方跳闸投入”位置。当线路停役而线路任一侧开关需要恢复成串运行时应置“闭锁远方跳闸”位置。

1QK4:“沟通三跳投入/沟通三跳退出”切换开关,秦乔 5413 线线路运行时置“沟通三跳退出”位置。当重合闸停用时置“沟通三跳投入”位置。

1QK5:“定值区”切换开关,可选有 4 个定值区,正常时置“定值区 1”位置。

9FA/2-4FA/1FA:复归按钮。

GJA:光通讯通道 A 信号灯。

GJB:光通讯通道 B 信号灯。

1DK:装置电源开关。

9ZKK:CSC-125 装置电压开关。

1ZKK:CSC-103 装置电压开关。

JDK:交流电源开关。

图 1-6 秦乔 5413 第二套线路保护屏内装置

2. 数字式超高压线路保护装置 103 面板指示灯说明(图 1-7)

“运行”灯为绿色,保护启动时闪烁。

“跳 A、跳 B、跳 C”灯为红色,正常灭,保护跳闸出口时亮。

“通道告警”灯为红色,正常灭,通道故障时亮。

“告警”灯为红色,正常灭,当闪时是告警 1 动作,装置闭锁所有保护功能和出口;当常亮时是告警 2,装置闭锁相关保护功能,但不闭锁出口。

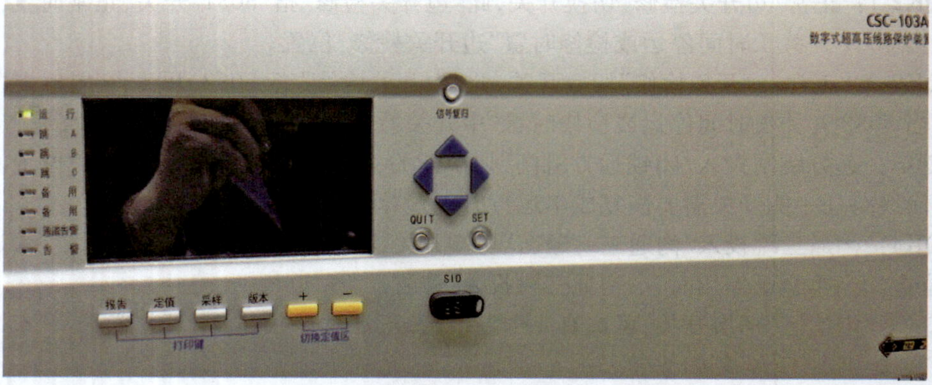

图 1-7　数字式超高压线路保护装置 103 面板指示灯

3. 数字式故障启动装置 125 面板指示灯说明(图 1-8)

“运行”灯为绿色,正常时亮,保护启动时闪烁。

“远方跳闸”灯为红色,正常时灭,远跳保护出口跳闸时亮。

“过压跳闸”“过压发信”灯为红色(此功能不用,正常灭)。

“通道故障”灯为红色,正常时灭,当通道 1、2 或两个通道同时有故障时亮。

“告警”灯为红色,正常时灭,当闪时是告警 1 动作,装置闭锁所有保护功能和出口;当常亮时是告警 2,装置闭锁相关保护功能,但不闭锁出口。

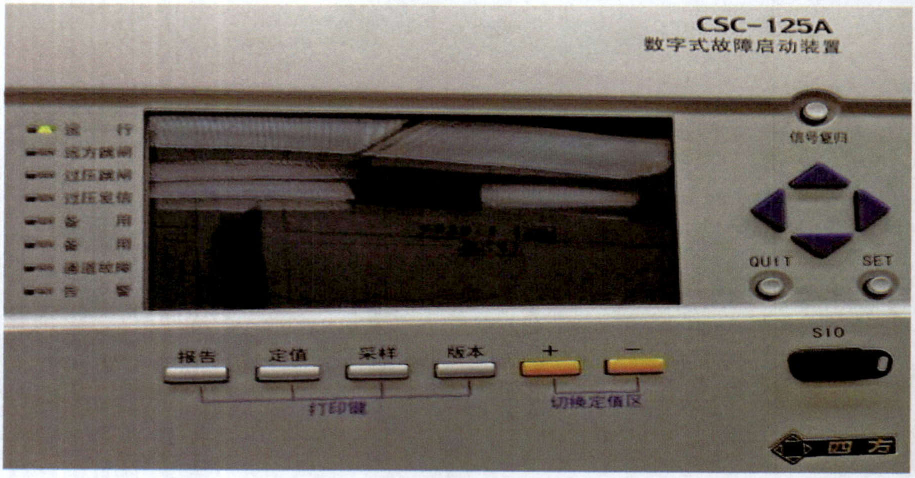

图 1-8　数字式故障启动装置 125 面板指示灯

4. 522J 装置面板指示灯说明(图 1-9)

一组电源:绿色,回路电源监视。

一组三相:红色,三相出口跳闸(5031 跳圈 2)。

二组电源:绿色,回路电源监视。

二组三相:红色,三相出口跳闸(5032 跳圈 2)。

图 1-9　522J 装置面板指示灯

5. 四方 103 主保护查询故障测距过程

正常画面显示

按“SET”键进入主菜单

选择“报告查询”

按“SET”键

选择“动作报告”

按“SET”键

↓

选择“最近一次报告”或“最近六次报告”

↓

按“SET”键

↓

如前面选择“最近一次报告”就再按“SET”键，
如选择“最近六次报告”就选择你要看的报告再按“SET”键

↓

通过上下方向键查看信息，如直接看故障测距按“上”键

↓

完成后多次按“QUIT”键到正常画面

6. 秦乔 5413 线第二套线路保护屏压板（图 1-10）

1KLP1	纵联差动投入	1CLP13	5032 A 相启动失灵、重合闸
1KLP2	距离保护投入	1CLP14	5032 B 相启动失灵、重合闸
1KLP3	零序反时限投入	1CLP15	5032 C 相启动失灵、重合闸
1KLP4	检修状态投入	1CLP9	103 A 闭锁 5032 重合闸
1CLP1	103 A 跳 5031 开关二线圈 A 相	9CLP4	125 A 闭锁 5031 重合闸
1CLP2	103 A 跳 5031 开关二线圈 B 相	9CLP8	125 A 闭锁 5032 重合闸
1CLP3	103 A 跳 5031 开关二线圈 C 相	9KLP1	125 A 检修状态投入
1CLP6	103 A 跳 5032 开关二线圈 A 相	9CLP1	125 A 跳 5031 开关二线圈 A 相
1CLP7	103 A 跳 5032 开关二线圈 B 相	9CLP2	125 A 跳 5031 开关二线圈 B 相
1CLP8	103 A 跳 5032 开关二线圈 C 相	9CLP3	125 A 跳 5031 开关二线圈 C 相
1CLP10	5031 A 相启动失灵、重合闸	9CLP5	125 A 跳 5032 开关二线圈 A 相
1CLP11	5031 B 相启动失灵、重合闸	9CLP6	125 A 跳 5032 开关二线圈 B 相
1CLP12	5031 C 相启动失灵、重合闸	9CLP7	125 A 跳 5032 开关二线圈 C 相
1CLP4	103 A 闭锁 5031 重合闸	9CLP9	125 A 启动 5031 失灵
		9CLP10	125 A 启动 5032 失灵

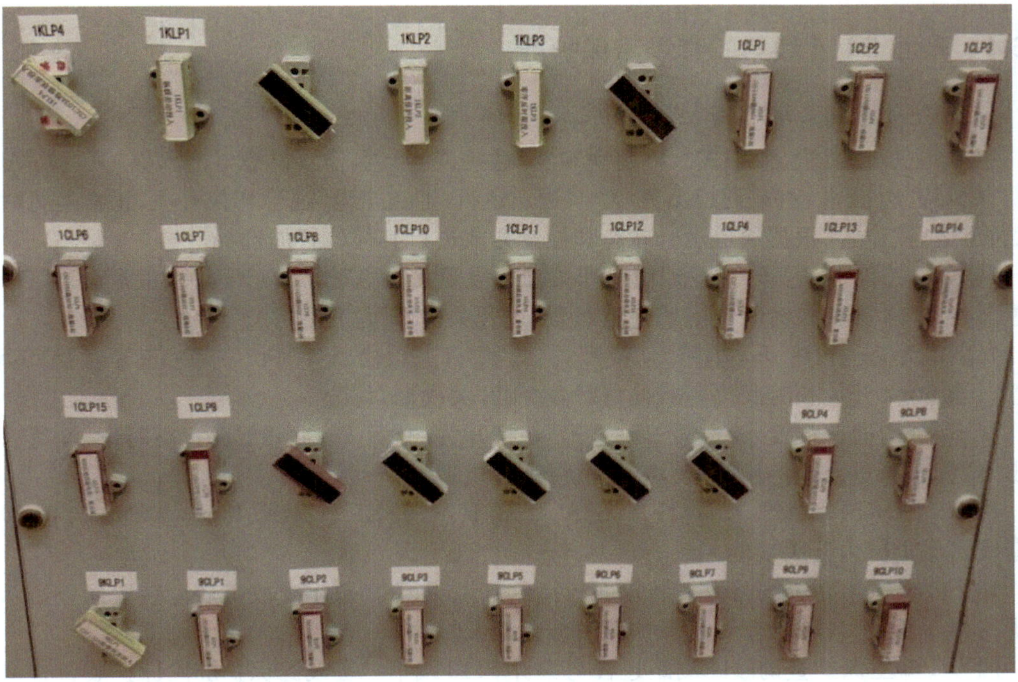

图 1-10　秦乔 5413 线第二套线路保护屏压板

1.6.3　秦乔 5414 线第一套线路保护屏

1. 保护屏内装置组成及选择开关定义

组成:主保护装置、过电压保护及故障起动装置(远跳装置)、操作继电器箱和保护压板。

1QK1:5043 开关“检修/正常”切换开关,5043 开关运行时置“正常”位置。当 5043 开关长时间停运或检修时置“5043 开关检修”位置。

1QK2:5042 开关“检修/正常”切换开关,5042 开关运行时置“正常”位置。当 5042 开关长时间停运或检修时置“5042 开关检修”位置。

1QK3:“选相跳闸/沟通三跳”切换开关,秦乔 5414 线线路运行时置“选项跳闸”位置。当重合闸停用时置“沟通三跳”位置。

1QK4、9QK1、1FA/9FA、1YA/9YA、DYQK、JK2、JK1、9ZKK、1ZKK、1K 开关与秦乔 5413 线第一套线路保护屏内开关功能一致。

931 超高压线路成套保护装置面板指示灯说明、925 过电压及故障起动装置面板指示灯说明与秦乔 5413 线第一套线路保护屏内装置指示灯功能一致。

931 主保护查询故障测距过程与秦乔 5413 线第一套线路保护屏内保护装置查询过程一致。

2. CJX 装置(从左到右)面板指示灯说明:

LOCK OUT(5043 开关跳圈 1):灯为红色,正常运行时常灭,三相出口跳闸时亮。

LOCK OUT(5042 开关跳圈 2):灯为红色,正常运行时常灭,三相出口跳闸时亮。

1.6.4 秦乔 5414 线第二套线路保护屏

1. 保护屏内装置组成及选择开关定义

组成：主保护装置、数字式故障起动装置（远跳装置）、操作接口继电器和保护压板。

1QK1："通道 A 检修/通道 B 检修/双通道运行/通道全退"通道切换开关，正常运行时置"双通道运行"位置，根据通道运行状态和检修方式进行其他位置的选择。

1QK2-1："正常/边开关检修"切换开关，此"边开关检修"指 5043 开关，正常时置"正常"位置。当 5043 开关长时间停运或检修时置"边开关检修"位置。

1QK2-2："正常/中开关检修"切换开关，此"中开关检修"指 5042 开关，正常时置"正常"位置。当 5042 开关长时间停运或检修时置"中开关检修"位置。

1QK4："沟通三跳投入/沟通三跳退出"切换开关，秦乔 5414 线线路运行时置"沟通三跳退出"位置。当重合闸停用时置"沟通三跳投入"位置。

1QK3、1QK5、9FA/2-4FA/1FA、GJA、GJB、1DK、9ZKK、1ZKK、JDK 与秦乔 5413 线第二套线路保护屏内开关功能一致。

103 数字式超高压线路保护装置面板指示灯说明、125 数字式故障启动装置面板指示灯说明与秦乔 5413 线第二套线路保护屏内装置指示灯功能一致。

四方 103 主保护查询故障测距过程与秦乔 5413 线第二套线路保护屏内保护装置查询过程一致。

2. 522J 装置面板指示灯说明

一组电源：绿色，回路电源监视。

一组三相：红色，三相出口跳闸（5043 跳圈 2）。

二组电源：绿色，回路电源监视。

二组三相：红色，三相出口跳闸（5042 跳圈 2）。

1.6.5 秦由 5415 线第一套线路保护屏

1. 保护屏内装置组成及选择开关定义

组成：主保护装置、过电压保护及故障起动装置（远跳装置）、操作继电器箱和保护压板。

1QK1：5053 开关"检修/正常"切换开关，5053 开关运行时置"正常"位置。当 5053 开关长时间停运或检修时置"5053 开关检修"位置。

1QK2：5052 开关"检修/正常"切换开关，5052 开关运行时置"正常"位置。当 5052 开关长时间停运或检修时置"5052 开关检修"位置。

1QK3："选相跳闸/沟通三跳"切换开关，秦乔 5415 线线路运行时置"选项跳闸"位置。当重合闸停用时置"沟通三跳"位置。

1QK4、9QK1、1FA/9FA、1YA/9YA、DYQK、JK2、JK1、9ZKK、1ZKK、1K 开关与秦乔 5413 线第一套线路保护屏内开关功能一致。

931 超高压线路成套保护装置面板指示灯说明、925 过电压及故障起动装置面板指示灯说明与秦乔 5413 线第一套线路保护屏内装置指示灯功能一致。

931 主保护查询故障测距过程与秦乔 5413 线第一套线路保护屏内保护装置查询过程一致。

2. CJX 装置（从左到右）面板指示灯说明

LOCK OUT(5053 开关跳圈 1):灯为红色,正常运行时常灭,三相出口跳闸时亮。

LOCK OUT(5052 开关跳圈 2):灯为红色,正常运行时常灭,三相出口跳闸时亮。

1.6.6　秦由 5415 线第二套线路保护屏

1. 保护屏内装置组成及选择开关定义

组成:主保护装置、数字式故障起动装置(远跳装置)、操作接口继电器和保护压板。

1QK1:“通道 A 检修/通道 B 检修/双通道运行/通道全退”通道切换开关,正常运行时置“双通道运行”位置,根据通道运行状态和检修方式进行其他位置的选择。

1QK2-1:“正常/边开关检修”切换开关,此“边开关检修”指 5053 开关,正常时置“正常”位置。当 5053 开关长时间停运或检修时置“边开关检修”位置。

1QK2-2:“正常/中开关检修”切换开关,此“中开关检修”指 5052 开关,正常时置“正常”位置。当 5052 开关长时间停运或检修时置“中开关检修”位置。

1QK4:“沟通三跳投入/沟通三跳退出”切换开关,秦乔 5415 线线路运行时置“沟通三跳退出”位置。当重合闸停用时置“沟通三跳投入”位置。

1QK3、1QK5、9FA/2-4FA/1FA、GJA、GJB、1DK、9ZKK、1ZKK、JDK 与秦乔 5413 线第二套线路保护屏内开关功能一致。

103 数字式超高压线路保护装置面板指示灯说明、125 数字式故障启动装置面板指示灯说明与秦乔 5413 线第二套线路保护屏内装置指示灯功能一致。

四方 103 主保护查询故障测距过程与秦乔 5413 线第二套线路保护屏内保护装置查询过程一致。

2. 522J 装置面板指示灯说明

一组电源:绿色,回路电源监视。

一组三相:红色,三相出口跳闸(5053 跳圈 2)。

二组电源:绿色,回路电源监视。

二组三相:红色,三相出口跳闸(5052 跳圈 2)。

1.6.7　秦拳 5416 线第一套线路保护屏

1. 保护屏内装置组成及选择开关定义

组成:主保护装置、过电压保护及故障起动装置(远跳装置)、操作继电器箱和保护压板。

1QK1:5063 开关“检修/正常”切换开关,5063 开关运行时置“正常”位置。当 5063 开关长时间停运或检修时置“5063 开关检修”位置。

1QK2:5062 开关“检修/正常”切换开关,5062 开关运行时置“正常”位置。当 5062 开关长时间停运或检修时置“5062 开关检修”位置。

1QK3:“选相跳闸/沟通三跳”切换开关,秦乔 5416 线线路运行时置“选项跳闸”位置。当重合闸停用时置“沟通三跳”位置。

1QK4、9QK1、1FA/9FA、1YA/9YA、DYQK、JK2、JK1、9ZKK、1ZKK、1K 开关与秦乔 5413 线第一套线路保护屏内开关功能一致。

931 超高压线路成套保护装置面板指示灯说明、925 过电压及故障起动装置面板指示灯说明与秦乔 5413 线第一套线路保护屏内装置指示灯功能一致。

931 主保护查询故障测距过程与秦乔 5413 线第一套线路保护屏内保护装置查询过程一致。

2. CJX 装置（从左到右）面板指示灯说明

LOCK OUT(5063 开关跳圈 1):灯为红色,正常运行时常灭,三相出口跳闸时亮。

LOCK OUT(5062 开关跳圈 2):灯为红色,正常运行时常灭,三相出口跳闸时亮。

1.6.8 秦拳 5416 线第二套线路保护屏

1. 保护屏内装置组成及选择开关定义

组成:主保护装置、数字式故障起动装置(远跳装置)、操作接口继电器和保护压板。

1QK1:"通道 A 检修/通道 B 检修/双通道运行/通道全退"通道切换开关,正常运行时置"双通道运行"位置,根据通道运行状态和检修方式进行其他位置的选择。

1QK2-1:"正常/边开关检修"切换开关,此"边开关检修"指 5063 开关,正常时置"正常"位置。当 5063 开关长时间停运或检修时置"边开关检修"位置。

1QK2-2:"正常/中开关检修"切换开关,此"中开关检修"指 5062 开关,正常时置"正常"位置。当 5062 开关长时间停运或检修时置"中开关检修"位置。

1QK4:"沟通三跳投入/沟通三跳退出"切换开关,秦乔 5416 线线路运行时置"沟通三跳退出"位置。当重合闸停用时置"沟通三跳投入"位置。

1QK3、1QK5、9FA/2-4FA/1FA、GJA、GJB、1DK、9ZKK、1ZKK、JDK 与秦乔 5413 线第二套线路保护屏内开关功能一致。

103 数字式超高压线路保护装置面板指示灯说明、125 数字式故障启动装置面板指示灯说明与秦乔 5413 线第二套线路保护屏内装置指示灯功能一致。

四方 103 主保护查询故障测距过程与秦乔 5413 线第二套线路保护屏内保护装置查询过程一致。

2. 522J 装置面板指示灯说明

一组电源:绿色,回路电源监视。

一组三相:红色,三相出口跳闸(5063 跳圈 2)。

二组电源:绿色,回路电源监视。

二组三相:红色,三相出口跳闸(5062 跳圈 2)。

1.6.9 秦重 5421、5422 线保护屏

秦重 5421、5422 线分别配置了两套完全相同功能的分相电流差动保护作为主保护,以距离保护作为后备保护。保护功能都集成在 1 个 REL561 继电器内部,此外网控侧的每套保护还为启用方向零流保护功能而加装了 1 个相同的 REL-561 继电器。合计 8 个 REL-561 继电器。为了启动失灵保护,主控侧还外加了一个失灵继电器 50BF 和 2 个失灵时间继电器 50BFT。网控侧和主控侧的两套保护装置的通信采用光缆通讯。正常情况下,两套保护装置同时运行,如果一套保护装置故障,可以短期内退出运行。保护继电器 REL-561 由 ABB

生产，保护组屏由日立完成。

每套保护屏内有两套 REL561 继电器装置，并装有液晶显示屏，在故障时可以显示故障信息并查看。

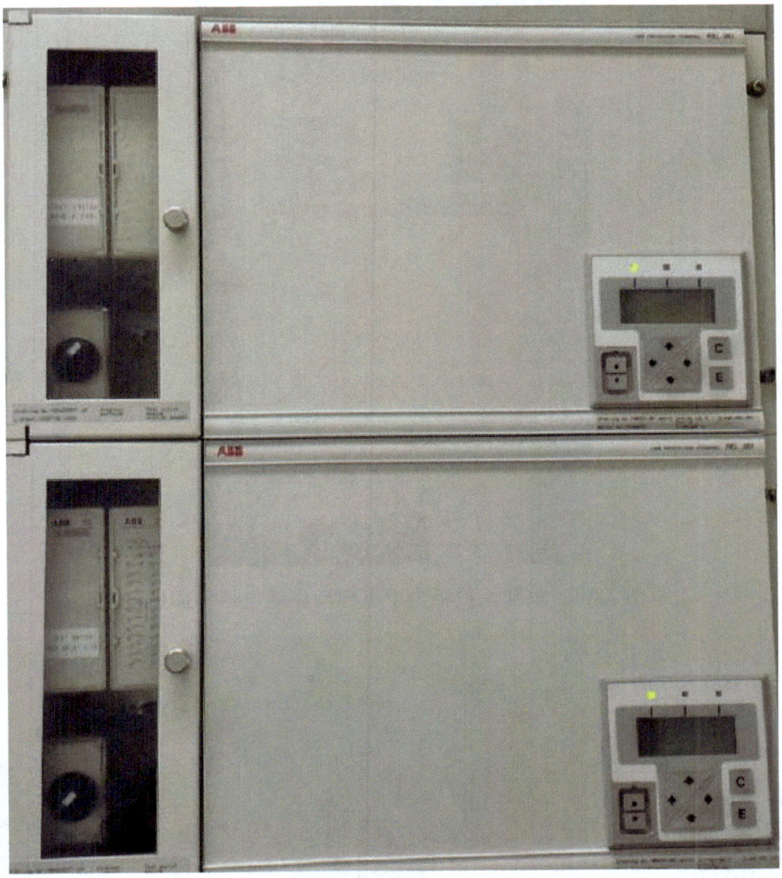

图 1-11　单套保护柜内上部两套 REL561 装置

图 1-12　单套保护柜内中部继电器和保护插板

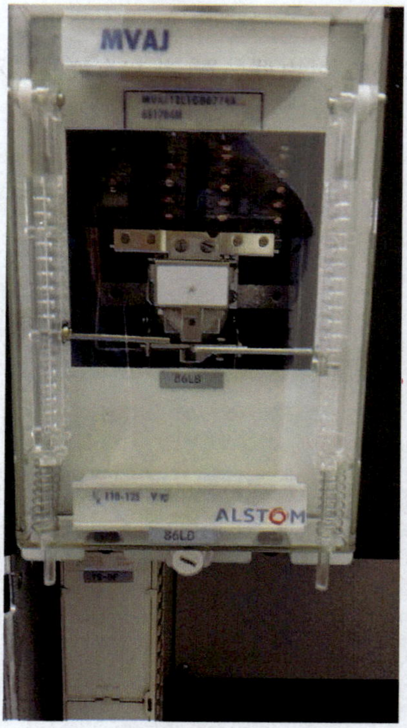

图 1-13　单套保护柜内中下部动作继电器和插板

图 1-14　单套保护柜内下部选择开关

1.7　500 kV 开关、重合闸、短引线保护和三相不一致保护

1.7.1　开关保护

当保护对象要求的断路器跳闸与清除故障不成功时，则断路器失灵保护提供后备保护。通过检查从保护对象动作时起的短暂时间之后故障电流仍持续，而进行动作的保护。每一个断路器都有失灵保护，无论断路器是单跳还是三跳故障都将启动失灵保护动作。装置启动后能瞬时分相和短延时三相重跳本断路器，并有接点输出跳相关断路器和启动远跳。

1.7.2 重合闸

重合闸方式采用单相重合闸,因为对于 500 kV 输电线路,单相接地短路占 90%。在线路出现单相接地短路情况,主保护快速切除故障后,迅速进行重合,提高了系统的连续供电能力,也提高了系统的稳定性。

单相重合闸时只进行电压判别,不进行同期判别。正常情况下主保护动作的同时也启动线路开关和中间开关的失灵保护回路和重合闸回路,失灵保护由主保护动作(三相或任一相)叠加故障相有电流延时 200 毫秒触发。若主保护动作后没有闭锁重合闸信号,则先对侧检查线路无电压后闭合重合闸回路,进行合闸;然后本侧检查线路有电压(也就意味着对侧已合闸成功)后闭合重合闸回路,进行合闸。即由对侧先重合,对侧重合成功后本侧再重合,从而避免重合到故障点上对机组的影响。

1.7.3 短引线保护

线路或主变退出运行,而开关站内合环运行时,当线路或主变隔离闸刀到串之间的短引线发生故障时,短引线保护实现故障隔离。短引线保护的投退是通过线路或主变隔离闸刀辅助触点实现的,当线路或主变隔离闸刀断开时,自动投运短引线保护;当线路或主变隔离闸刀合闸时,短引线保护自动退出运行。

在线路或主变停运期间,线路保护或主变保护由于 PT 停电而不能使用,这部分短引线将失去保护,因此投入短引线保护作为开关到线路或主变闸刀一段连线内进行故障保护。

开关站使用的短引线保护装置可以实现三相过流延时跳闸和瞬时过流跳闸。在目前的保护整定中三相过流延时动作元件未用,只应用了瞬时动作元件。保护有可靠的自检功能,在线路或主变隔离闸刀合闸时,保护用电流监测元件在运行状态,此时跳闸回路退出,电流继电器动作掉牌后也不会引起跳闸;当线路或主变退出运行,隔离闸刀拉开后,此时断路器在合环运行,通过线路或主变闸刀的辅助触点使短引线保护跳闸回路投入。短引线保护动作跳开相应开关同时启动开关失灵和闭锁重合闸。

短引线保护除了作为短线部分的保护外,还可以用作充电保护,即线路空长线充电和空载变压器充电时,作为带电设备首次进行带电的主保护,因为这时线路保护或主变保护还没有使用过。进行充电前,先手动通过压板投入短引线保护的跳闸回路,当设备充电发生短路故障时,继电器中流过短路电流,瞬时切除断路器,起到充电保护作用。如果充电无故障发生,充电电流只是很小的电容电流或不平衡电流,继电器不会动作。

1.7.4 三相不一致保护

每个断路器在就地 LCP 柜内都安装有三相不一致保护,正常运行时,作为断路器分合闸出现三相不同时动作的保护跳闸。也作为线路发生单相瞬时故障时,对重合闸无法动作引起的三相不一致状态进行动作跳闸的后备保护。三相不一致保护整定时间要躲过重合闸动作时间。

1.7.5 500 kV 开关、重合闸及短引线保护配置说明

根据实际接线情况,开关保护基本配置情况如表 1-1 所示。

表 1-1　500 kV 开关、重合闸及短引线保护配置

序号	名称	装置规格	柜数	对应开关
1	失灵+重合闸	RCS921	4	5032,5042,5052,5062
2	失灵+重合闸+2 套短引线保护	RCS921+2 RCS922	4	5031,5043,5053,5063
3	失灵+2 套短引线保护	RCS921+2 RCS922	6	5011,5023,5033,5041,5051,5061
4	失灵	RCS921	2	5012,5022

1.7.6　具体开关保护柜面板介绍

1. 5032/5042/5052/5062 开关自动重合闸及失灵保护柜

3FA/4FA:复归按钮。

3YA:打印选择开关。

5FA:复归按钮。

3QK:重合闸方式切换开关,停用、单重、三重可选(5032、5042,5052 和 5062 没有选择开关,通过保护压板设定)。

JK2:照明开关。

JK1:交流电源开关。

3ZKK2:921 电压开关。

3ZKK1:921 电压开关。

3K:921 电源开关。

图 1-15　开关自动重合闸

2. 装置指示灯说明(以 5032 开关为例)

1) CJX 装置(从左到右):

LOCK OUT:红色,三相出口跳闸,跳 5032 开关跳圈 1(开关失灵保护动作跳闸)。

LOCK OUT:红色,三相出口跳闸,跳 5032 开关跳圈 2(开关失灵保护动作跳闸)。

图 1-16　CJX 操作继电器箱

2) 921 装置:

运行:绿色,正常运行时常亮,装置闭锁时灭。

PT 断线:黄色,正常运行时常灭,PT 回路断线、失压时亮。

充电:黄色,当重合闸充电完成时亮,(视为重合闸可用)。
跳 A:红色,保护动作出口时亮。
跳 B:红色,保护动作出口时亮。
跳 C:红色,保护动作出口时亮。
重合闸:红色,重合闸动作出口时亮。

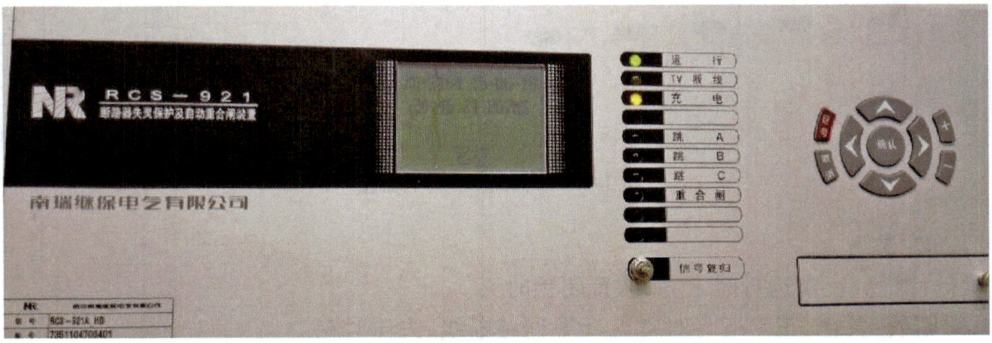

图 1-17　921 装置

3. 5031/5043/5053/5063 开关自动重合闸及失灵、短引线保护柜

5FA/6FA/3FA:复归按钮。
4FA:复归按钮(5053、5063)。
7FA:复归按钮(5031、5043)。
3YA:打印选择开关。
1YA/2YA:打印按钮(5031、5043)。
1FA/2FA:复归按钮(5031、5043)。
1-10FA/2-10FA:复归按钮(5053、5063)。
1-10YA/2-10YA:打印按钮(5053、5063)。
3QK:重合闸方式切换开关,停用、单重、三重可选(5031、5043)。
JK2:照明开关。
JK1:交流电源开关。
2K:922 第二套电源开关(5031、5043)。
1K:922 第一套电源开关(5031、5043)。
1-10K:922 第一套电源开关(5053、5063)。
2-10K:922 第二套电源开关(5053、5063)。
3ZKK2:921 电压开关。
3ZKK1:921 电压开关。
3K:921 电源开关。

4. 装置指示灯说明（以 5031 开关为例）

1) CJX 装置(从左到右)

LOCK OUT:红色,三相出口跳闸,跳 5031 开关跳圈 1(开关失灵保护动作跳闸)。
LOCK OUT:红色,三相出口跳闸,跳 5031 开关跳圈 2(开关失灵保护动作跳闸)。

LOCK OUT:红色,三相出口跳闸,跳 5031 开关跳圈 1(第一套短引线保护动作跳闸)。

LOCK OUT:红色,三相出口跳闸,跳 5032 开关跳圈 1(第一套短引线保护动作跳闸)。

LOCK OUT:红色,三相出口跳闸,跳 5031 开关跳圈 2(第二套短引线保护动作跳闸)。

LOCK OUT:红色,三相出口跳闸,跳 5032 开关跳圈 2(第二套短引线保护动作跳闸)。

图 1-18　CJX 操作继电器箱

2) 921 装置

运行:绿色,正常运行时常亮,装置闭锁时灭。

TV 断线:黄色,正常运行时常灭,PT 回路断线、失压时亮。

充电:黄色,当重合闸充电完成时亮,(视为重合闸可用)。

跳 A:红色,保护动作出口时亮。

跳 B:红色,保护动作出口时亮。

跳 C:红色,保护动作出口时亮。

重合闸:红色,重合闸动作出口时亮。

图 1-19　921 装置操作面板

3) 922 装置两套

运行:绿色,正常运行时常亮,装置闭锁时灭。

投保护:黄色,正常运行时灭,当线路闸刀拉开或压板强投时亮。

跳闸:红色,保护动作出口时亮。

5. 5011/5023/5033/5041/5051/5061 **开关失灵、短引线保护柜**

5FA/6FA/3FA:复归按钮。

4FA:复归按钮(5051、5061)。

7FA:复归按钮(5041、5033)。

图 1-20 921 操作面板指示灯

3YA:打印选择开关。
1YA/2YA:打印按钮(5041、5033)。
1FA/2FA:复归按钮(5041、5033)。
1-10FA/2-10FA:复归按钮(5051、5061)。
1-10YA/2-10YA:打印按钮(5051、5061)。
JK2:照明开关。
JK1:交流电源开关。
2-10K:922 第二套电源开关(5051、5061)。
1-10K:922 第一套电源开关(5051、5061)。
3ZKK2:921 电压开关(5041、5051、5061)。
3ZKK1:921 电压开关(5033、5041、5041、5061)。
3K:921 电源开关。
1K:922 第一套电源开关(5033、5041、5011、5023)。
2K:922 第二套电源开关(5033、5041、5011、5023)。
ZKK:921 电压开关(5011、5023)。
1) 装置指示灯说明(以 5033 开关为例)
CJX 装置(从左到右)(5033、5041、5051、5061)
LOCK OUT:红色,三相出口跳闸,跳 5033 开关跳圈 1(开关失灵保护动作跳闸)。
LOCK OUT:红色,三相出口跳闸,跳 5033 开关跳圈 2(开关失灵保护动作跳闸)。
LOCK OUT:红色,三相出口跳闸,跳 5033 开关跳圈 1(第一套短引线保护动作跳闸)。
LOCK OUT:红色,三相出口跳闸,跳 5032 开关跳圈 1(第一套短引线保护动作跳闸)。
LOCK OUT:红色,三相出口跳闸,跳 5033 开关跳圈 2(第二套短引线保护动作跳闸)。
LOCK OUT:红色,三相出口跳闸,跳 5032 开关跳圈 2(第二套短引线保护动作跳闸)。

图 1-21 CJX 装置指示灯说明(以 5033 开关为例)

2）CJX 装置装置指示灯说明(以 5011 开关为例)(从左到右)(5011、5023)

LOCK OUT:红色,三相出口跳闸,跳 5012 开关跳圈 2(第二套短引线保护动作跳闸)。

LOCK OUT:红色,三相出口跳闸,跳 5011 开关跳圈 2(第二套短引线保护动作跳闸)。

LOCK OUT:红色,三相出口跳闸,跳 5012 开关跳圈 1(第一套短引线保护动作跳闸)。

LOCK OUT:红色,三相出口跳闸,跳 5011 开关跳圈 1(第一套短引线保护动作跳闸)。

LOCK OUT:红色,三相出口跳闸,跳 5011 开关跳圈 2(开关失灵保护动作跳闸)。

LOCK OUT:红色,三相出口跳闸,跳 5011 开关跳圈 1(开关失灵保护动作跳闸)。

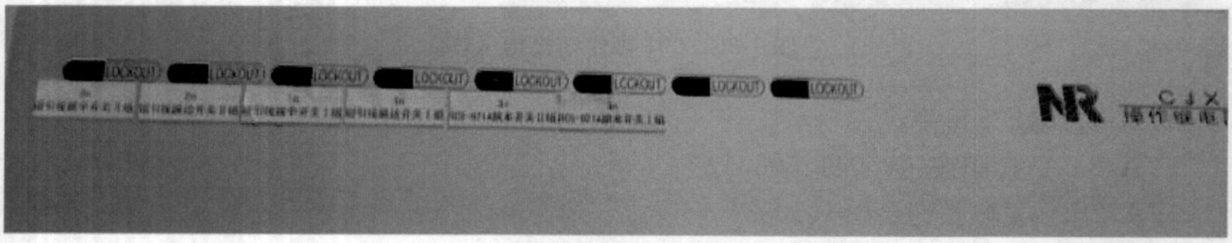

图 1-22 CJX 装置指示灯说明(以 5011 开关为例)

3）921 装置

运行:绿色,正常运行时常亮,装置闭锁时灭。

TV 断线:黄色,正常运行时常灭,PT 回路断线、失压时亮。

充电:黄色,当重合闸充电完成时亮,(视为重合闸可用)(不用)。

跳 A:红色,保护动作出口时亮。

跳 B:红色,保护动作出口时亮。

跳 C:红色,保护动作出口时亮。

重合闸:红色,重合闸动作出口时亮(不用)。

4）922 装置两套

运行:绿色,正常运行时常亮,装置闭锁时灭。

投保护:黄色,正常运行时灭,当线路闸刀拉开或压板强投时亮。

跳闸:红色,保护动作出口时亮。

6. 5012/5022 开关失灵保护柜

复归按钮、打印选择开关(中文标示)。

3QK:重合闸方式切换开关(不用)。

ZKK:921 电压开关。

3K:921 电源开关。

照明、交流开关在端子排上。

装置指示灯说明

1）CJX 装置(从左到右)5012

LOCK OUT:红色,三相出口跳闸,跳 5012 开关跳圈 2(开关失灵保护动作跳闸)。

LOCK OUT:红色,三相出口跳闸,跳 5012 开关跳圈 1(开关失灵保护动作跳闸)。

2）CJX 装置(从左到右)5022

LOCK OUT:红色,三相出口跳闸,跳 5022 开关跳圈 1(开关失灵保护动作跳闸)。

LOCK OUT:红色,三相出口跳闸,跳 5022 开关跳圈 2(开关失灵保护动作跳闸)。

3) 921 装置

运行:绿色,正常运行时常亮,装置闭锁时灭。

PT 断线:黄色,正常运行时常灭,PT 回路断线、失压时亮。

充电:黄色,当重合闸充电完成时亮,(视为重合闸可用)(不用)。

跳 A:红色,保护动作出口时亮。

跳 B:红色,保护动作出口时亮。

跳 C:红色,保护动作出口时亮。

重合闸:红色,重合闸动作出口时亮(不用)。

7. 三相不一致装置

装置如图 1-23。

图 1-23　三相不一致装置

1.8　500 kV 母线保护

1) 500 kV 一个半断路器接线的母差保护,按双重化配置,每组母线配置 2 套完整独立的母线保护 PCS-915(南瑞)、BP-2CS-H(深瑞),每一套母差保护设备组装在一面保护屏上,共四面屏。

2) PCS-915 为微处理器逻辑单元结合中阻抗测量原理的比例制动特性母线差动保护。动作于区内各种相间和接地故障。

3) BP-2CS-H 为差动电流大于制动系数乘以和电流再减差动电流,判断为启动定值不制动为区内故障,判断为启动定值并制动为区外故障。

4) 500 kV 母差保护跳闸出口回路采用非电自保持、人工复归、带动作指示的有接点继电器。

5）母线保护包括交流电流监视回路，它在 5%In 时即能可靠动作，当交流电流回路不正常或断线时不误动。并经延时闭锁母线保护及发出告警信号。

6）母线保护具有失灵保护起动的输入回路，以便母线侧断路器失灵，起动母差跳闸出口继电器。

7）母线保护可进行断路器跳闸、闭锁重合闸、起动失灵保护。

图 1-24　第一套母差保护装置

图 1-25　第一套母差 CJX 装置

1.8.1　500 kV 母线保护屏面板介绍

1. Ⅰ母第一套母差

1K：保护装置电源

JK1：打印机和加热器电源

JK2：照明电源

1FA/4FA：复归按钮

1YA：打印按钮

装置指示灯说明：

运行：绿色，正常运行时常亮。

报警：黄色，装置异常时亮。

通道异常、位置报警：黄色，不用。

交流断线：黄色，CT 二次断线。

母差动作：红色，母差保护动作出口时亮。

失灵动作：红色，断路器失灵保护动作时亮。

其他动作：备用。

CJX 装置：

LOCKOUT：支路 1、2 出口(5011、5022)。

LOCKOUT：支路 3、4 出口(5031、5041)。

LOCKOUT：支路 5、6 出口(5051、5061)。

保护屏压板配置情况：

编号	功能	编号	功能
1LP1	投检修压板	1CLP9	5031 A 相跳闸出口
1LP2	投差动保护	1CLP10	5031 B 相跳闸出口
1LP3	投失灵保护	1CLP11	5031 C 相跳闸出口
1LP4	5011 失灵启动投入	1CLP12	5031 启动失灵、闭锁重合闸
1LP5	5022 失灵启动投入	1CLP13	5041 A 相跳闸出口
1LP6	5031 失灵启动投入	1CLP14	5041 B 相跳闸出口
1LP7	5041 失灵启动投入	1CLP15	5041 C 相跳闸出口
1LP8	5051 失灵启动投入	1CLP16	5041 启动失灵
1LP9	5061 失灵启动投入	1CLP17	5051 A 相跳闸出口
1CLP1	5011 A 相跳闸出口	1CLP18	5051 B 相跳闸出口
1CLP2	5011 B 相跳闸出口	1CLP19	5051 C 相跳闸出口
1CLP3	5011 C 相跳闸出口	1CLP20	5051 启动失灵
1CLP4	5011 启动失灵	1CLP21	5061 A 相跳闸出口
1CLP5	5022 A 相跳闸出口	1CLP22	5061 B 相跳闸出口
1CLP6	5022 B 相跳闸出口	1CLP23	5061 C 相跳闸出口
1CLP7	5022 C 相跳闸出口	1CLP24	5061 启动失灵
1CLP8	5022 启动失灵		

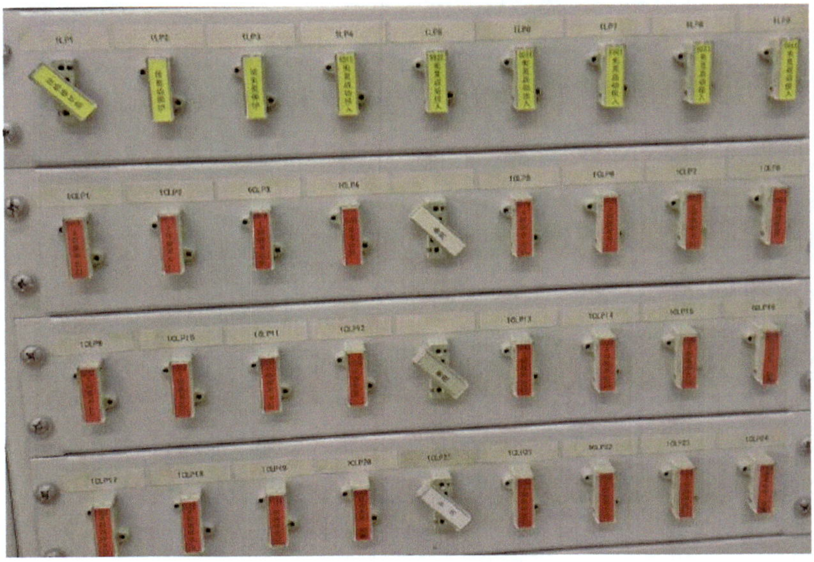

图 1-26　第一套母差保护压板

2. I母第二套母差

ACK1:照明电源
ACK2:加热器电源
DK:保护装置电源
1-24DK:光纤转换器电源
2-24DK:光纤转换器电源
LD:保护出口指示灯
AN1:保护装置复归按钮
AN2:外部出口复归按钮(复归LD)

装置指示灯:

管理运行:绿色,装置正常运行时亮。
保护一运行:绿色,第一组保护CPU板。
保护二运行:绿色,第二组保护CPU板。
保护三运行:绿色,第三组保护CPU板。
差动保护:红色,母差保护动作时亮。
失灵动作:红色,断路器失灵保护动作时亮。
CT断线:红色,CT断线故障时亮。
CT告警:红色,CT告警故障时亮。
运行异常:红色,失灵接点误开入时亮。
装置异常:装置硬件故障时亮。

图1-27 微机母线成套保护装置

保护屏压板配置情况:

编号	功能	编号	功能
1KLP1	投检修压板	1C3LP1	5031 A 相跳闸出口
1KLP2	投差动保护	1C3LP2	5031 B 相跳闸出口
1KLP3	失灵经母线保护跳闸	1C3LP3	5031 C 相跳闸出口
1KLP4	5011 启动失灵投入	1C3LP4	5031 出口启动失灵、闭锁重合闸
1KLP5	5022 启动失灵投入	1C4LP1	5041 A 相跳闸出口
1KLP6	5031 启动失灵投入	1C4LP2	5041 B 相跳闸出口
1KLP7	5041 启动失灵投入	1C4LP3	5041 C 相跳闸出口
1KLP8	5051 启动失灵投入	1C4LP4	5041 出口启动失灵
1KLP9	5061 启动失灵投入	1C5LP1	5051 A 相跳闸出口
1C1LP1	5011 A 相跳闸出口	1C5LP2	5051 B 相跳闸出口
1C1LP2	5011 B 相跳闸出口	1C5LP3	5051 C 相跳闸出口
1C1LP3	5011 C 相跳闸出口	1C5LP4	5051 出口启动失灵
1C1LP4	5011 出口启动失灵	1C6LP1	5061 A 相跳闸出口
1C2LP1	5022 A 相跳闸出口	1C6LP2	5061 B 相跳闸出口
1C2LP2	5022 B 相跳闸出口	1C6LP3	5061 C 相跳闸出口
1C2LP3	5022 C 相跳闸出口	1C6LP4	5061 出口启动失灵
1C2LP4	5022 出口启动失灵		

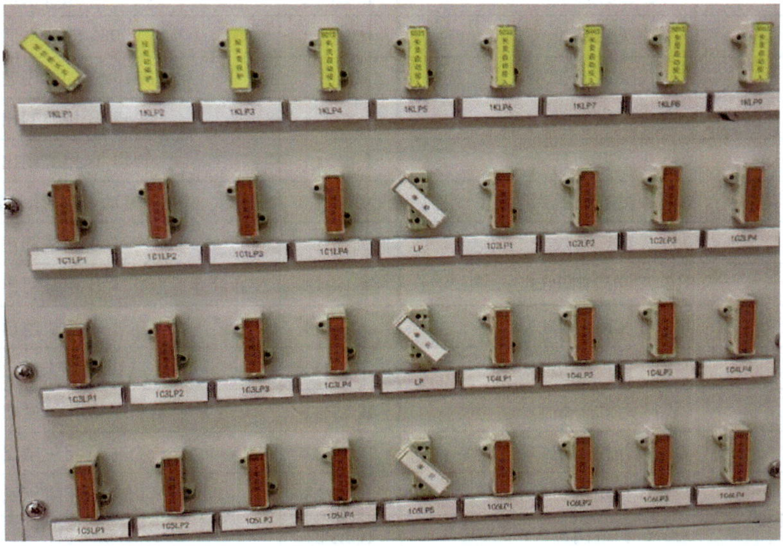

图 1-28 第二套母差保护压板

3. Ⅱ母第一套母差

1K:保护装置电源

JK1:打印机和加热器电源

JK2:照明电源

1FA/4FA:复归按钮

1YA:打印按钮

装置指示灯说明:

运行:绿色,正常运行时常亮。

报警:黄色,装置异常时亮。

通道异常、位置报警:黄色,不用。

交流断线:黄色,CT 二次断线。

母差动作:红色,母差保护动作出口时亮。

失灵动作:红色,断路器失灵保护动作时亮。

其他动作:备用。

CJX 装置:

LOCKOUT:支路 1、2 出口(5012、5023)。

LOCKOUT:支路 3、4 出口(5033、5043)。

LOCKOUT:支路 5、6 出口(5053、5063)。

保护屏压板配置情况:

编号	功能	编号	功能
1LP1	投检修压板	1CLP9	5033 A 相跳闸出口
1LP2	投差动保护	1CLP10	5033 B 相跳闸出口
1LP3	投失灵保护	1CLP11	5033 C 相跳闸出口
1LP4	5012 失灵启动投入	1CLP12	5033 启动失灵
1LP5	5023 失灵启动投入	1CLP13	5043 A 相跳闸出口
1LP6	5033 失灵启动投入	1CLP14	5043 B 相跳闸出口
1LP7	5043 失灵启动投入	1CLP15	5043 C 相跳闸出口
1LP8	5053 失灵启动投入	1CLP16	5043 启动失灵、闭锁重合闸
1LP9	5063 失灵启动投入	1CLP17	5053 A 相跳闸出口
1CLP1	5012 A 相跳闸出口	1CLP18	5053 B 相跳闸出口
1CLP2	5012 B 相跳闸出口	1CLP19	5053 C 相跳闸出口
1CLP3	5012 C 相跳闸出口	1CLP20	5053 启动失灵闭锁重合闸
1CLP4	5011 启动失灵	1CLP21	5063 A 相跳闸出口
1CLP5	5023 A 相跳闸出口	1CLP22	5063 B 相跳闸出口
1CLP6	5023 B 相跳闸出口	1CLP23	5063 C 相跳闸出口
1CLP7	5023 C 相跳闸出口	1CLP24	5063 启动失灵闭锁重合闸
1CLP8	5023 启动失灵		

4. Ⅱ母第二套母差

ACK1:照明电源

ACK2:加热器电源

DK:保护装置电源

1-24DK:光纤转换器电源

2-24DK:光纤转换器电源

LD:保护出口指示灯

AN1:保护装置复归按钮

AN2:外部出口复归按钮(复归 LD)

装置指示灯:

管理运行:绿色,装置正常运行时亮。

保护一运行:绿色,第一组保护 CPU 板。

保护二运行:绿色,第二组保护 CPU 板。

保护三运行:绿色,第三组保护 CPU 板。

差动保护:红色,母差保护动作时亮。

失灵动作:红色,断路器失灵保护动作时亮。

CT 断线:红色,CT 断线故障时亮。

CT 告警:红色,CT 告警故障时亮。

运行异常:红色,失灵接点误开入时亮。

装置异常:装置硬件故障时亮。

保护屏压板配置情况:

编号	功能	编号	功能
1KLP1	投检修压板	1C3LP1	5033 A 相跳闸出口
1KLP2	差动保护投入	1C3LP2	5033 B 相跳闸出口
1KLP3	失灵经母线保护跳闸	1C3LP3	5033 C 相跳闸出口
1KLP4	5012 启动失灵投入	1C3LP4	5033 出口启动失灵
1KLP5	5023 启动失灵投入	1C4LP1	5043 A 相跳闸出口
1KLP6	5033 启动失灵投入	1C4LP2	5043 B 相跳闸出口
1KLP7	5043 启动失灵投入	1C4LP3	5043 C 相跳闸出口
1KLP8	5053 启动失灵投入	1C4LP4	5043 出口启动失灵、闭锁重合闸
1KLP9	5063 启动失灵投入	1C5LP1	5053 A 相跳闸出口
1C1LP1	5012 A 相跳闸出口	1C5LP2	5053 B 相跳闸出口
1C1LP2	5012 B 相跳闸出口	1C5LP3	5053 C 相跳闸出口
1C1LP3	5012 C 相跳闸出口	1C5LP4	5053 出口启动失灵、闭锁重合闸
1C1LP4	5012 出口启动失灵	1C6LP1	5063 A 相跳闸出口
1C2LP1	5023 A 相跳闸出口	1C6LP2	5063 B 相跳闸出口
1C2LP2	5023 B 相跳闸出口	1C6LP3	5063 C 相跳闸出口
1C2LP3	5023 C 相跳闸出口	1C6LP4	5063 出口启动失灵、闭锁重合闸
1C2LP4	5023 出口启动失灵、闭锁重合闸		

1.9　补充跳机装置简介

秦山电厂二期 4 台 650 MW 机组、三期 2 台 720 MW 机组接入秦山 500 kV 开关站。秦山 500 kV 开关站通过 4 条 500 kV 线路送出。其中，500 kV 秦乔 5413、500 kV 秦乔 5414 接入 500 kV 乔司变，500 kV 秦由 5415、500 kV 秦拳 5416 接入 500 kV 由拳变。

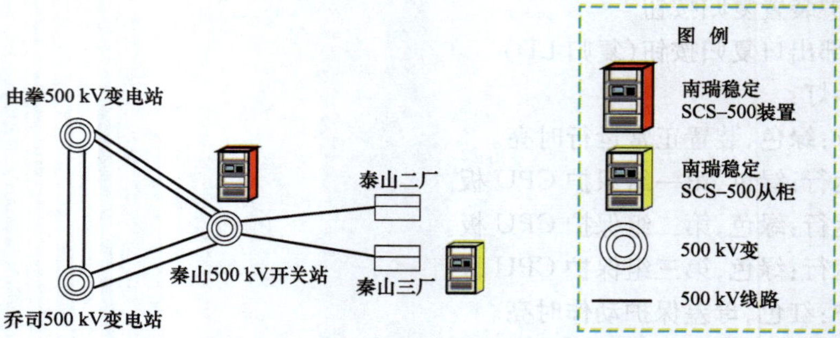

图 1-29　补充跳机装置配置图

1.9.1　装置功能简介

秦山 500 kV 开关站变主要功能为：监测 500 kV 秦乔 5413、500 kV 秦乔 5414、500 kV 秦由 5415、500 kV 秦拳 5416 运行状态；判断 500 kV 送出线路跳闸故障，若送出线路全部跳开，稳控装置跳秦山二厂、秦山三厂所有机组主变高压侧；若送出线路未全部跳开，查跳闸控制策略表，根据机组优先级顺序及允跳压板投退情况选择相应机组跳汽轮机。

全跳功能压板投入时，若出线全跳，装置跳所有允跳机组主变高压侧(无需查策略表)。若有出线发生跳闸但出线未全跳，根据事故前系统一次运行方式、跳闸功能压板的投入情况(全跳功能压板、乔司方向选跳功能、由拳方向选跳功能)、出线故障形式、事故前四回出线的断面潮流，查对应的故障策略表，得到需切机组台数。根据机组的允跳状态按优先级顺序选跳机组汽轮机。相应跳闸功能压板投入时，才可以查找对应故障策略表。

1.9.2　元件跳闸策略

(1) 全跳功能压板对应选跳策略

系统一次运行方式	装置判断系统一次运行方式	故障形式	潮流断面	断面功率/MW	切机台数
秦乔 5413 秦乔 5414 双线运行 秦由 5415 秦拳 5416 双线停运	秦乔 5413 秦乔 5414 双线运行 秦由 5415 秦拳 5416 双线停运	秦乔 5413 秦乔 5414 任一线跳闸	秦乔 5413 秦乔 5414 秦由 5415 秦拳 5416		
秦由 5415 秦拳 5416 双线运行 秦乔 5413 秦乔 5414 双线停运	秦由 5415 秦拳 5416 双线运行 秦乔 5413 秦乔 5414 双线停运	秦由 5415 秦拳 5416 任一线跳闸	秦乔 5413 秦乔 5414 秦由 5415 秦拳 5416		

(2) 乔司方向选跳功能压板对应选跳策略表

系统一次运行方式	装置判断系统一次运行方式	故障形式	潮流断面	断面功率/MW	切机台数
秦乔 5413 线停及第 4 串内任一开关停，“秦乔 5413 检修压板”投入或秦乔 5414 线停及第 3 串内任一开关停，“秦乔 5414 检修压板”投入	秦由 5415 秦拳 5416 双线或单线运行 秦乔 5413 秦乔 5414 单线检修	秦由 5415 秦拳 5416 断面开断	秦乔 5413 秦乔 5414 秦由 5415 秦拳 5416		
第 3、4 串内任一开关停或任一母线停	秦由 5415 秦拳 5416 双线或单线运行 秦乔 5413 秦乔 5414 双线或单线运行(无检修)	秦由 5415 秦拳 5416 断面开断	秦乔 5413 秦乔 5414 秦由 5415 秦拳 5416		

(3) 由拳方向选跳功能压板对应选跳策略表

系统一次运行方式	装置判断系统一次运行方式	故障形式	潮流断面	断面功率/MW	切机台数
秦由 5415 线停及第 6 串内任一开关停，“秦由 5415 检修压板”投入或秦拳 5416 线停及第 5 串内任一开关停，“秦拳 5416 检修压板”投入	秦乔 5413 秦乔 5414 双线或单线运行 秦由 5415 秦拳 5416 单线检修	秦乔 5413 秦乔 5414 断面开断	秦乔 5413 秦乔 5414 秦由 5415 秦拳 5416		
第 5、6 串内任一开关停或任一母线停	秦乔 5413 秦乔 5414 双线或单线运行 秦由 5415 秦拳 5416 双线或单线运行(无检修)	秦乔 5413 秦乔 5414 断面开断	秦乔 5413 秦乔 5414 秦由 5415 秦拳 5416		

注:元件跳闸策略表中装置判断系统一次运行方式表示装置监测四回出线的投停及检修压板投退状态。

1.9.3 补跳装置压板说明

第一排	1FLP1	1FLP2	1FLP3	1FLP4	1FLP5			
	传动试验压板	总出口压板	全跳功能压板	乔司方向选跳功能压板	由拳方向选跳功能压板			
第二排	2FLP1	2FLP2	2FLP3	2FLP4				
	秦乔5413检修压板	秦乔5414检修压板	秦由5415检修压板	秦拳5416检修压板				
第三排	3FLP1	3FLP2	3FLP3	3FLP4				
	二厂1号机允跳压板	二厂2号机允跳压板	二厂3号机允跳压板	二厂4号机允跳压板				
第四排	4TLP1	4TLP2	4TLP3	4TLP4	4TLP5	4TLP6	4TLP7	4TLP8
	二厂1号机汽机出口压板一	二厂2号机汽机出口压板一	二厂3号机汽机出口压板一	二厂4号机汽机出口压板一	二厂1号机汽机备用出口压板	二厂2号机汽机备用出口压板	二厂3号机汽机备用出口压板	二厂4号机汽机备用出口压板
第五排	5TLP1	5TLP2	5TLP3	5TLP4	5TLP5	5TLP6	5TLP7	5TLP8
	二厂1号机汽机出口压板二	二厂2号机汽机出口压板二	二厂3号机汽机出口压板二	二厂4号机汽机出口压板二	二厂1号机汽机备用出口压板	二厂2号机汽机备用出口压板	二厂3号机汽机备用出口压板	二厂4号机汽机备用出口压板
第六排	6TLP1	6TLP2	6TLP3	6TLP4				
	5032断路器出口压板一	5042断路器出口压板一	5012断路器出口压板一	5022断路器出口压板一				
第七排	7TLP1	7TLP2	7TLP3	7TLP4				
	5033断路器出口压板一	5041断路器出口压板一	5011断路器出口压板一	5023断路器出口压板一				
第八排	8TLP1	8TLP2	8TLP3	8TLP4				
	5032断路器出口压板二	5042断路器出口压板二	5012断路器出口压板二	5022断路器出口压板二				
第九排	9TLP1	9TLP2	9TLP3	9TLP4				
	5033断路器出口压板二	5041断路器出口压板二	5011断路器出口压板二	5023断路器出口压板二				

1）传动试验压板(压板编号 1FLP1):投入时可在自试菜单中自试出口传动;退出时不能自试。装置正常投运时应退出此压板!

2）总出口压板(压板编号 1FLP2):投入时装置开放出口,退出时装置逻辑可以判断,但闭锁装置出口。

3）全跳功能压板(压板编号 1FLP3)：投入则装置开放执行全跳功能压板对应选跳策略表功能，开放出线全跳切机组主变高压侧功能。

4）乔司方向选跳功能压板(压板编号 1FLP4)：投入则装置开放执行乔司方向选跳功能压板对应选跳策略表功能。

5）由拳方向选跳功能压板(压板编号 1FLP5)：投入则装置开放执行由拳方向选跳功能压板对应选跳策略表功能。

6）线路检修压板(压板编号 2FLP1～2FLP4)：投入则判线路为检修状态，屏蔽相应线路的异常判断，投停判断，跳闸判断，该线路潮流不参与逻辑判断，但是线路检修压板开入接点作为逻辑的一部分。

7）机组允跳压板(压板编号 3FLP1～3FLP4)：投入则机组允跳；退出则不允跳。

8）机组汽机出口压板(压板编号 4TLP1～4TLP8、5TLP1～5TLP8)：装置执行选跳策略表时执行切机组汽机功能。

9）断路器出口压板(压板编号 6TLP1～6TLP4、7TLP1～7TLP4、8TLP1～8TLP4、9TLP1～9TLP4)：装置判出出线全跳，执行全跳逻辑时切组变高压侧。

10）三厂通道压板(压板编号 1FLP6)：主屏到从屏的通道压板，投入配合从屏方式跳三厂机组，退出则无法实现。

1.9.4　装置指示灯介绍

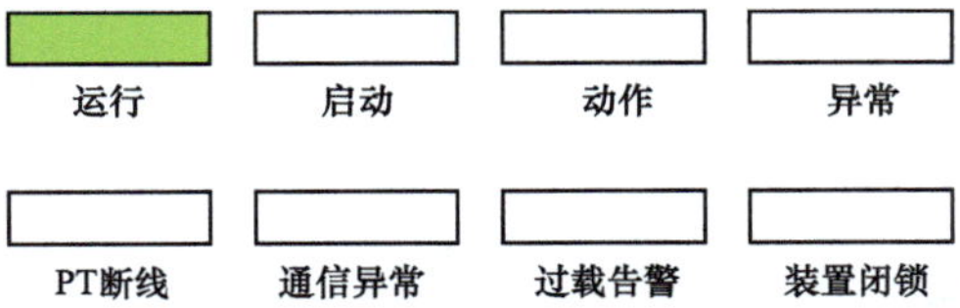

图 1-30　主控单元指示灯

1）运行灯：装置正常运行时，该灯闪亮(绿灯)。

2）启动灯：当装置判出启动时，面板“启动”信号灯被点亮，启动返回后该灯熄灭。出口板“启动”信号灯在装置动作时被点亮，装置启动返回后该灯熄灭。

3）动作灯：当装置判出故障需动作出口时，面板及出口板动作灯点亮，动作返回后，按装置上的复归按钮动作灯熄灭。

4）异常灯：当装置判出主控单元或 I/O 单元内除零序电压和低电压外的任一异常时，面板及出口板上异常灯点亮，异常消失后该灯自动熄灭。

5）PT 断线灯：当装置判出所采集任一元件零序电压或低压异常时，面板及出口板 PT 断线灯点亮，异常消失后该灯自动熄灭。

6）通信异常灯：如装置有站间通信，当装置接收不到对站数据或接收数据中错误帧过多时，面板及出口板通信异常灯点亮，通信正常时该灯自动熄灭。

7）过载告警灯：如装置有判别元件过载的功能，当元件过载达到过载告警定值时，面板及出口板过载告警灯点亮，过载告警返回时该灯自动熄灭。

8）动作灯 1-8：当装置上位机有相应的动作出口时，动作 1-8 的相应灯点亮。（动作 1-8 对应出口详见本说明书第 5 章装置输入输出说明）。

1.9.5 I/O 单元指示灯

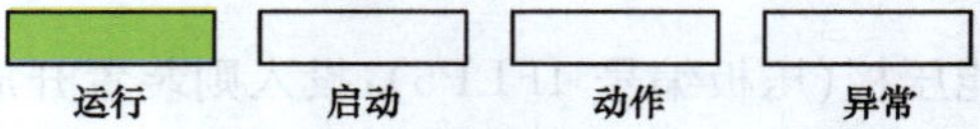

图 1-31 I/O 单元指示灯

1）运行灯：装置正常运行时，该灯闪亮（绿灯）。

2）启动灯：当装置检测到该 I/O 单元满足启动条件时，面板“启动”信号灯点亮，启动返回后该灯熄灭；出口板“启动”灯在本 I/O 单元动作时点亮，本 I/O 启动返回后该灯熄灭。

3）动作灯：面板及出口板“动作”灯在该 I/O 单元有动作出口时点亮，动作返回后面板上动作灯自动熄灭，出口板动作灯在动作返回后，按装置上的复归按钮后熄灭。异常灯：装置故障、电压异常、零序电流异常、电气量与检修压板不一致时亮。

1.10 保护配置图（以 3、4 串为例）

见图 1-32。

1.11 文件准备

相关保护操作票。

1.12 工器具准备

万用表。

1.13 模拟体准备

无。

1.14 辐射防护准备

无。

1.15 工业安全准备

保护操作不允许戴安全帽，万用表使用时注意档位。

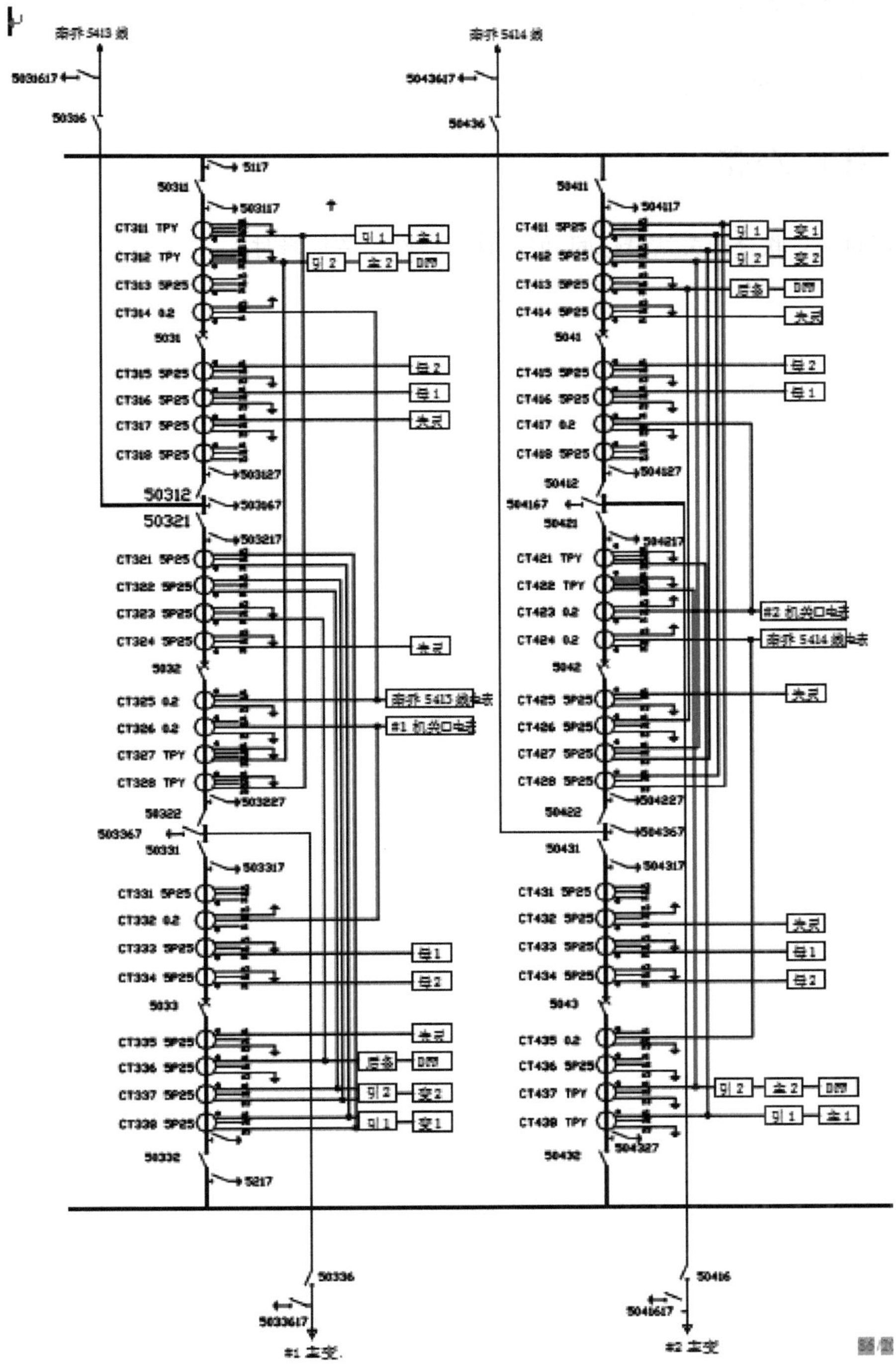

图 1-32　保护配置图

1.16 配合人员准备

在网控值班超过 3 年值班员。

1.17 场地准备

秦山 500 kV 联合开关站继保间,但在计划涉网设备检修时。

第二章　操作实施

2.1　保护相关知识普及

2.1.1　保护压板分类

保护压板从理论角度分为试验压板、回路压板、开入压板、开出压板和备用压板。

保护压板从运行角度分为功能压板、接口压板、跳闸压板和备用压板。

功能压板：指将保护装置中某一项功能投入。如试验、失灵保护、差动保护、零序保护、重合闸、远跳、检修等。功能压板分为软压板和硬压板，软压板通过保护装置显示屏进行设置（控制字），硬压板通过真实压板设置在显示屏中有同步变位。功能压板不需要测量电压。主要考虑显示屏中可以确认是否投入和万用表档位错误有误信号触发。

接口压板：指外部信号接入保护装置。如母差保护屏上开关失灵投入。

一般接口压板上游保护屏内还有一个串联压板。投入时不用测量电压。特别是一次设备运行时，投入接口压板如万用表档位错误将误信号送入，导致保护误动。

但补跳装置上跳汽机和开关压板虽是接口压板，中间却增加继电器，所以要测量电压。

跳闸压板：指保护装置动作后触发跳闸信号，将保护所属一次设备相关的开关跳闸。投入时必须测量电压，防止有信号存在，导致开关无法合闸和开关误跳。

压板测量：使用直流电压档，万用表数值变化，笔针交换。

2.1.2　保护状态分类

保护根据一次设备特性分为跳闸、信号、无通道跳闸、停用、用上。

线路保护：跳闸、信号、无通道跳闸、停用。

母线保护：跳闸、信号、停用。

开关保护：跳闸、信号、停用。

重合闸：用上、停用。

补跳装置：属于特殊类，信号、全跳、选跳。

跳闸：装置供电、装置运行正常、功能压板和选择开关正确、跳闸压板投入，当保护动作可以正确出口跳闸。

信号：装置供电、装置运行正常、功能压板和选择开关部分退出，跳闸压板退出，当保护动作能发信号，不能出口跳闸。

无通道跳闸：一次设备两侧保护通道联系中断，但本侧保护动作后延时跳本侧开关。

停用：跳闸压板、功能压板退出、装置断电。

用上：单指重合闸，除装置（与失灵保护合用），其他与跳闸一样。

全跳：跳主变高压侧开关。

选跳:跳汽轮机。

压板:网控保护压板是自带弹簧嵌入式,退出时不能太用力,投入时要推到位,退出时要放到退出孔内,防止接触不良和氧化。

2.2 线路保护操作

线路保护分为主保护和远方跳闸:

1) 线路的保护操作在一次设备冷备用状态进行,即线路从冷备用改为检修前退出和线路从检修改为冷备用后投入。

2) 由于线路保护根据一次设备状态和调度习惯,正常操作不发令,如保护有传动试验工作会单独发令。

3) 远方跳闸操作考虑线路相关开关合环运行,在线路停役操作时,调度会发令。

操作注意事项:

1) 电网发令保护改信号或停用,运行都是改信号。

2) 投保护时,先投功能压板后投跳闸压板。

3) 投跳闸压板必须测量电压,注意万用表档位。

4) 保护跟着一次设备走,严禁一次设备无保护运行。

5) 一个保护屏涉及多套保护时,注意压板分类,不能多投更不能少投。

2.3 边开关保护操作

边开关保护分为失灵保护和重合闸:

1) 边开关指母线侧开关,保护如果是线路侧则带重合闸,如果是主变侧则不带重合闸。

2) 边开关保护操作在一次设备冷备用状态进行,即开关从冷备用改为检修前退出和开关从检修改为冷备用后投入。

3) 由于一次设备状态和调度习惯,正常操作不发令,而且有时调度令直接跳过冷备用状态,就需要操作到冷备用状态时及时将保护进行投退。

4) 边开关保护操作涉及母差保护中开关失灵压板,正常运行不操作,如要操作由维修申请,复役时要检查。

2.4 中开关保护操作

中开关保护分为失灵保护和重合闸:

1) 中开关保护操作在一次设备冷备用状态进行,即开关从冷备用改为检修前退出和开关从检修改为冷备用后投入。

2) 由于一次设备状态和调度习惯,正常操作不发令,而且有时调度令直接跳过冷备用状态,就需要操作到冷备用状态时及时将保护进行投退。

2.5 短引线保护操作

短引线保护根据运行方式有几种状态:

1) 进出线闸刀合上,短引线保护回路退出,这时短引线由线路保护承担,短引线保护不需要操作。

2) 进出线闸刀断开,短引线保护回路投入,这时短引线保护只是保护回路投入,如果开关要合环运行,短引线保护压板才能投入,如开关陪停,短引线保护不需要操作。

3) 进出线闸刀合上,短引线保护强投,这时短引线保护作为线路或主变的后备保护,一般是线路或主变保护维修或更换过。短引线保护操作注意事项:

1) 短引线保护正常电网不发令,运行自己根据一次设备状态进行操作。

2) 短引线保护作为后备保护时,电网发令。

3) 由于进出线闸刀辅助接点目前只能通过指示灯判别,防止保护误动或拒动,电网有反错文件,要求平时将短引线保护压板退出,需要时运行自行投入。

2.6 短线保护操作

秦重 5421、5422 线短线保护和线路保护一些区别:

1) 短线保护没有保护压板,使用保护插板,插板投入保护退出,插板退出保护投入。

2) 短线保护操作需要与秦山三厂侧交叉操作,主要涉及保护装置发报警信号和两边状态的了解。

3) 短线保护没有功能压板,投退相对简单。

2.7 母线保护操作

1) 母线的保护操作在一次设备冷备用状态进行,即母线从冷备用改为检修前退出和母线从检修改为冷备用后投入。

2) 母线保护会单独发令。

3) 母线保护操作与其他保护操作类似。

操作注意事项:

母线保护投退时注意是否有边开关检修,如有检修要确认开关失灵压板的投退。

2.8 补充跳机装置操作

补跳装置操作原则

1) 补跳装置原则上在网控一次设备停役前投入,一次设备复役后退出。

2) 一次设备包括:线路、串内任一开关、母线。

3) 补跳装置投退指装置方式选择(如全跳、选跳)和机组投跳(如跳汽机或跳主变高压侧开关)。

4) 由于投跳三厂机组涉及通道压板投退时,装置会报警并闭锁,(在通道压板没有明确前,先按通道压板跟三厂机组同时投退执行)故在投入补跳装置操作时注意按先投装置方式再投三厂机组最后投二厂机组,退出时先退二厂机组后退三厂机组最后退装置。

5) 由于线路、开关、母线在停复役中存在先后顺序,导致补跳装置投跳机组数量跟着变化。特别是多条线路陆续复役和三厂机组先退。故要求:① 三厂机组先退时,先把二厂机组退出,再退出三厂机组,最后将装置方式改信号。然后根据新的装置投入要求,投入装置和投跳机组。② 装置方式要改变时,按前一条要求执行。

6) 补跳装置投退主要涉及三个方面,即装置方式、装置上投跳机组或开关、常规岛GPA008AR上投跳汽机和开关(包括三厂从屏操作)。前两个操作由网控执行,后一个由(根据调度关系,目前是1号主控)通知各主控执行,操作票由各运行处自己准备。

2.8.1 补跳装置操作票设置

1) 补跳装置从信号改为全跳方式

此操作票内容涉及三条线路检修一条线路运行和同方向两条线路检修另一方向两条线路运行。乔司和由拳方向选跳压板不投。

① 三条线路检修一条线路运行:补跳装置上机组投开关压板,常规岛投开关压板。

② 同方向两条线路检修另一方向两条线路运行:补跳装置上汽轮机和开关压板都投,常规岛汽轮机和开关压板都投。

2) **线从信号改为选跳方式

此操作票分成四份,即每条线路停役从信号改为选跳方式。

3) 不同方向各一条线路停役从信号改为选跳方式

此操作票有四份:13+15、13+16、14+15、14+16。乔司和由拳方向选跳压板都要投入。

4) 投入选跳机组

此操作票有8份,即二厂4台机组投入和退出。

5) 三厂机组投退

此操作票有4份:即三厂2台机组投入和退出。

不管全跳或选跳机组,在网控来说都是同一步操作,在操作票名称都是"投入选跳或全跳三厂1号机组",操作票内容中向三厂主控通知操作时都是网控侧已经操作完成,三厂侧可以操作,三厂机组是全跳还是选跳,由三厂值长根据要求执行。

6) 投入全跳选跳机组

此操作票有8份,即二厂4台机组投入和退出。

操作票内容分为全跳、全跳加选跳。根据不同要求进行投退。

7) 补跳装置改为信号

此操作票有1份:补跳装置在任何全跳或选跳方式下改回信号时,在操作票第一项要求确认全跳选跳机组已经退出。后面就直接退出所有压板,装置改信号要操作的功能压板不存在先后问题,所以适用所有装置改信号方式

8) 常规岛操作票准备时注意

常规岛操作涉及三种方式:跳汽轮机、跳开关、跳汽轮机+跳开关。

2.9 操作实施 1 巡检前的准备

巡检前的准备见表 2-1。

表 2-1 巡检前的准备

序号	操作步骤	操作要求	工器具	测评标准	备注
1	正确穿戴工作服	符合规范	无	符合规范	
2	正确佩戴安全帽	符合规范	无	符合规范	
3	正确穿戴劳保鞋	符合规范	无	符合规范	
4	携带手电	合理放置	无	合理放置	
5	携带笔、缺陷牌、绑扎带	合理放置	无	合理放置	
6	正确放置工作证、项链等	符合规范	无	符合规范	
7	掌握需关注缺陷	掌握需关注的缺陷	无	掌握需关注缺陷	

2.10 操作实施 2 500 kV 保护的巡检

500 kV 保护的巡检见表 2-2。

表 2-2 500 kV 保护的巡检

序号	操作步骤	操作要求	工器具	测评标准	备注
1	检查防火门是否关闭	正确关闭	目视	必须关闭	
2	检查保护区域有无异音	准确判断	听	准确判断	
3	检查保护区域有无异味	准确判断	闻	准确判断	
4	检查保护柜前后柜门	确认关闭	目视	必须关闭	
5	检查保护区域通风正常	确认有通风	目视	有通风	
6	检查保护装置指示灯	确认是否正常	目视	准确判断	
7	检查保护压板状态	确认是否正常	目视	准确判断	
8	检查房间温度、湿度是否正常	确认是否正常	感受	准确判断	
9	检查房间有无杂物	确认是否正常	目视	及时发现	
10	检查有无其他异常情况	确认是否正常	目视	及时发现	

2.11 操作实施 3 巡检后的注意事项

巡检后的注意事项见表 2-3。

表 2-3 巡检后的注意事项

序号	操作步骤	操作要求	工器具	测评标准	备注
1	及时填写缺陷单	及时准确	无	及时准确	
2	及时记录电子日志	及时准确	无	及时准确	
3	物资归还	及时准确	无	及时准确	

500 kV 保护操作,分为正常操作和特殊操作。正常操作一般配合一次设备状态改变来确定保护的投退操作。特殊操作指保护装置在运行中出现故障,通过检修才能将保护装置故障排除的操作,这适合保护双套设置。只有单套保护设置的保护故障时,只能通过一次设备的停役来进行。如涉及严重的保护故障,一次设备停役范围要扩大,通过保护传动试验进行验证。

2.12 操作实施 1 操作准备

500 kV 保护操作准备见表 2-4。

表 2-4 500 kV 保护操作准备

序号	操作步骤	操作要求	工器具	测评标准	备注
1	三段式沟通	符合规范	无	符合规范	
2	携带万用表	符合规范	无	符合规范	
3	操作票	符合规范	无	符合规范	
4	携带手电	合理放置	无	合理放置	
5	携带笔、缺陷牌、绑扎带	合理放置	无	合理放置	
6	正确放置工作证、项链等	符合规范	无	符合规范	
7	监护制度	符合规范	无	符合规范	
8	个人劳保用品	符合规范	无	符合规范	
9	工前会	符合规范	无	符合规范	

2.13　操作实施 2　操作过程

500 kV 保护操作过程见表 2-5。

表 2-5　500 kV 保护操作过程

序号	操作步骤	操作要求	工器具	测评标准	备注
1	三段式沟通	符合规范	无	符合规范	
2	操作任务明确	符合规范	无	符合规范	
3	检查到位	符合规范	目视	符合规范	
4	操作正确	符合规范	目视	符合规范	
5	万用表使用正确	符合规范	目视	符合规范	
6	压板投退正确	符合规范	目视	符合规范	
7	压板投退到位	符合规范	目视	符合规范	
8	三段式沟通	符合规范	无	符合规范	
9	监护到位	符合规范	目视	符合规范	

2.14　操作实施 3　操作后注意事项

500 kV 保护操作后注意事项见表 2-6。

表 2-6　500 kV 保护操作后注意事项

序号	操作步骤	操作要求	工器具	测评标准	备注
1	关好柜门	符合规范	无	符合规范	
2	检查操作记录	符合规范	无	符合规范	
3	三段式沟通	符合规范	无	符合规范	
4	工具物资归还	符合规范	无	符合规范	
5	工后会	符合规范	无	符合规范	

第三章　操作结束

3.1　操作结束后验证

现场巡检操作结束以后,确认现场设备状态正常,无工具和物品遗留在现场。

3.2　总结

对学员在巡检操作前的准备工作和巡检过程中的表现进行回顾,指出实际操作中表现优异的方面,总结不足的方面。将不足的方面汇总成表,提炼出学员所遇到的共性问题,以便下次培训时重点讲解。

3.3　评判

教员根据学员的陈述及实际巡检操作表现,依据评判表,对学员的学习情况作出整体评判。

3.4　工后会

工后会是对整个工作的过程的回顾以及必要的经验反馈。

对巡检操作前的准备工作、巡检操作过程、防人因工具的使用、巡检操作后的注意事项、巡检操作中发现的问题等进行总结,对学员进行评价。

第四章　经验反馈

4.1　5414 线 A 相故障、重合闸成功

2007 年 8 月 31 日 16 时 27 分秦山 500 kV 联合开关站秦乔 5414 线发生 A 相接地故障，5042/5043 开关自动重合闸成功。

保护报警信息：秦乔 5414 线 1/2 号主保护柜报警：

“A 相故障”“接地故障”“高频出口跳闸”“故障距离：47.4 KM”“保护动作时间：16：01”。

5042/5043 断路器保护柜重合闸装置：“79 灯亮”。

分析：

一次设备故障时，所属保护正确动作能快速隔离故障设备，源于保护正确投入，如没有正确投入，一次设备瞬时故障可能导致故障扩大。

4.2　万用表使用错误

2013 年 2 月 27 日，某核电厂仪控人员在处理设备冷却水波动箱补水阀 1 RRI 106VN 阀门打不开缺陷时，在继电器机架测量该阀门电磁阀是否带电，使用万用表测量电磁阀电压时，万用表表笔本应插在电压插孔，却误插在电流插孔，监护人员也没发现和指出，造成电磁阀电源正负端短路，导致该电磁阀供电电源 1 RRI 110 UP 失电。1 RRI 110 UP 失电导致正在运行的核岛冷冻水机组 1 DEG 201 GF 跳闸，安全壳喷淋系统 EAS 热交换器冷却水气动隔离阀 1 RRI 036VN 开启，对核岛系统正常运行造成影响。

分析：万用表正确使用既能发现保护误动信号，也能判断通道的完整性，否则就会影响设备误动，如错误测量 CT 或 PT，人身安全受到威胁。

第五章 习题

5.1 填空题

1. 投用继电保护时，先投保护______，后投保护______；保护停用过程与此相反。

答：装置电源　出口压板

2. 一般情况，开关失灵保护由母线、______、______、变压器等保护启动，加上本身______，瞬时再跳本开关，经延时跳本开关三相及相邻开关。

答：线路　短引线　相电流判别

3. 目前 500 kV 线路均选用______重合闸。

答：单一

4. 开关三相不一致保护一般装设在开关本体上，由各电厂或现场运行管理单位负责整定，原则上按可靠躲过______。

答：单相重合闸时间整定

5. 500 kV 厂站均采用每组母线上有两套母差保护，在运行中______同一母线的二套母差同时停用，若二套同时停用，则要求该母线______。

答：不考虑　停役

6. 电网发令重合闸状态只有______和______。

答：用上　停用

5.2 判断题

1. 操作期间，继保人员说保护压板不是这样操作的，你还是按照操作票执行了。 (√)

2. 分相电流差动保护停用，应先将保护装置直流电源断开。 (×)

3. 保护装置直流消失后，应立即退出该装置所有压板，待直流电源恢复正常后再投入保护压板。 (√)

4. 距离保护一段范围是线路全长。 (×)

5.3 选择题

1. 母差保护动作后，已经查明原因，对母差保护(B)。

A. 退出压板　　B. 复归继电器　　C. 停用母差

2. 主变或线路(母线)启动时的后备保护是(C)。

A. 母差保护　　B. 失灵保护　　C. 短引线保护

3. 保护双套设置动作后，第一套动作(　)，第二套动作(D)。

A. 线圈 1　　B. 线圈 2　　C. 线圈 3　　D. A/B

4. 远方跳闸信号是对侧的(C)信号。

A. 线路保护　　B. 母差保护　　C. 失灵保护

5. 短引线保护动作后,光子牌信息是(A)。

A. 与开关保护共用　　B. 无光子牌　　C. 不知道

6. 线路保护中,具有全线速断保护功能的是(C)。

A. 距离一段　　B. 距离二段　　C. 分相电流差动　　D. 远跳

7. 5032 开关保护柜内配置有(B)。

A. 重合闸、失灵、短引线

B. 重合闸、短引线

C. 失灵、短引线

5.4 简答题

保护操作的几种状态?

答:线路保护:跳闸、信号、无通道跳闸、停用

重合闸:用上、停用

其他:跳闸、信号、停用

5.5 实操题

试题 1:保护巡检前的准备工作

鉴定点:保护巡检前的准备工作

1. 准备要求

考场准备:

(1) 试题名称:保护巡检前的准备工作

(2) 本题分值:100

(3) 考核时间:30 min

(4) 考核形式:实操

考生准备:

(1) 试题名称:保护巡检前的准备工作

(2) 本题分值:100

(3) 考核时间:30 min

(4) 考核形式:实操

(5) 工具及其他准备:无

2. 考核要求

(1) 本题分值:100

(2) 考核时间:30 min

(3) 考核形式:实操

(4) 具体考核要求:准备过程正确、规范

(5) 否定项说明:无

3. 配分与评分标准

序号	考核内容	考核要点	配分	评分标准	扣分	得分
1	正确穿戴工作服	符合规范	15	不符合规范,扣十分		
2	正确佩戴安全帽	符合规范	15	不符合规范,扣十分		
3	正确穿戴劳保鞋	符合规范	15	不符合规范,扣十分		
4	携带手电	符合规范	10	不符合规范,扣十分		
5	携带笔、缺陷牌、绑扎带	符合规范	15	不符合规范,扣十分		
6	正确放置工作证、项链等	合理放置	15	不符合规范,扣十分		
7	掌握需关注缺陷	合理放置	15	不符合规范,扣十分		

评分人:　　年　　月　　日　　　　　　　　　　核分人:　　年　　月　　日

试题2:母线保护操作

鉴定点:母线保护操作

1. 准备要求

考场准备:

(1) 试题名称:母线保护操作

(2) 本题分值:100

(3) 考核时间:30 min

(4) 考核形式:实操

考生准备:

(1) 试题名称:母线保护操作

(2) 本题分值:100

(3) 考核时间:30 min

(4) 考核形式:实操

(5) 工具及其他准备:无

2. 考核要求

(1) 本题分值:100

(2) 考核时间:30 min

(3) 考核形式:实操

(4) 具体考核要求:准备充分、操作规范、三段式沟通。

(5) 否定项说明:无

3. 配分与评分标准

序号	考核内容	考核要点	配分	评分标准	扣分	得分
1	操作前准备	准备充分	10	准备充分		
2	三段式沟通	规范	10	规范		
3	操作任务明确	询问	10	明确		
4	检查到位	准确判断	10	准确判断		
5	操作正确	准确判断	10	准确判断		
6	万用表使用正确	确认	10	正确		
7	压板投退正确	确认是否正常	10	准确判断		
8	压板投退到位	确认是否正常	10	准确判断		
9	三段式沟通	规范	10	规范		
10	监护到位	规范	10	规范		

评分人：　年　月　日　　　　核分人：　年　月　日

试题 3:网控保护巡检

鉴定点:网控保护巡检

1. 准备要求

考场准备:

(1) 试题名称:网控保护巡检

(2) 本题分值:100

(3) 考核时间:30 min

(4) 考核形式:实操

考生准备:

(1) 试题名称:网控保护巡检

(2) 本题分值:100

(3) 考核时间:30 min

(4) 考核形式:实操

(5) 工具及其他准备:无

2. 考核要求

(1) 本题分值:100

(2) 考核时间:30 min

(3) 考核形式:实操

(4) 具体考核要求:准备充分、巡检规范、三段式沟通。

(5) 否定项说明:无

3. 配分与评分标准

序号	考核内容	考核要点	配分	评分标准	扣分	得分
1	巡检前准备	准备充分	10	准备充分		
2	三段式沟通	规范	10	规范		
3	巡检任务明确	询问	10	明确		
4	检查到位	准确判断	10	准确判断		
5	差异性知识	询问,查找	10	明确,查找正确		
6	压板投退正确	确认是否正常	10	准确判断		
7	压板投退到位	确认是否正常	10	准确判断		
8	三段式沟通	规范	10	规范		
9	监护到位	规范	10	规范		

评分人：　　年　　月　　日　　　　　　　　　　核分人：　　年　　月　　日